確率論

髙信　敏 著

新井仁之・小林俊行・斎藤　毅・吉田朋広 編

■共立講座
数学の
魅力■

共立出版

刊行にあたって

　数学の歴史は人類の知性の歴史とともにはじまり，その蓄積には膨大なものがあります．その一方で，数学は現在もとどまることなく発展し続け，その適用範囲を広げながら，内容を深化させています．「数学探検」，「数学の魅力」，「数学の輝き」の 3 部からなる本講座で，興味や準備に応じて，数学の現時点での諸相をぜひじっくりと味わってください．

　数学には果てしない広がりがあり，一つ一つのテーマも奥深いものです．本講座では，多彩な話題をカバーし，それでいて体系的にもしっかりとしたものを，豪華な執筆陣に書いていただきます．十分な時間をかけてそれをゆったりと満喫し，現在の数学の姿，世界をお楽しみください．

「数学の魅力」

　大学の数学科で学ぶ本格的な数学はどのようなものなのでしょうか？　数学科の学部 3 年生から 4 年生，修士 1 年で学ぶ水準の数学を独習できる本を揃えました．代数，幾何，解析，確率・統計といった数学科での講義の各定番科目について，必修の内容をしっかりと学んでください．ここで身につけたものは，ほんものの数学の力としてあなたを支えてくれることでしょう．さらに大学院レベルの数学をめざしたいという人にも，その先へと進む確かな準備ができるはずです．

編集委員

はじめに

'確率' については，大学2年次あるいは3年次において「確率・統計」とかの名の授業で習っている学生が多数いるだろう．ただ，この授業は教職絡みで，だから使える数学の道具が大学1・2年次の微分積分に限られるため，確率についての説明がどうしても歯切れが悪く，授業を受ける側（＝学生），また行う側（＝教員）の双方がもどかしい思いをする．

本書は，コルモゴロフにより始められた測度論を基(もと)にした確率論を扱う．上のような学生達にとっては，本書をテキストに使うことによりもどかしい思いが払拭されすっきりとした気分になれるのではないかと期待する．

「共立講座 数学の魅力」の刊行趣旨に '本格的な数学の学習をはじめようという読者に対し，数学科の学生が大学の学部3, 4年生から修士1年で学ぶ水準の数学を独習できる本を提供します' とある．本書は，この独習の手助けにと，計算や証明をていねいに与える．行間のギャップを埋めるために，説明や理由などを少しくどくなる位に書き込んでいる．今まで何気無く読み飛ばしていた行間にもちゃんとした根拠があったということに気付いて欲しい．1つ1つの小さな演繹の積み重ねにより定理，そして理論ができ上がる．このような読み方に慣れ，そしてそれが自力でできるようになれば，大定理も大理論も何も恐れることはない．

本書では，測度論・積分論は既知とする．念のため，付録において，確率測度に関する積分を泥縄式ではあるがまとめておいた．何かの足しになってくれればと思う．「外測度」，「直積測度」，「フビニの定理」などについては，小谷 [15], 佐藤 [21], 志賀 [22] の本を参照して欲しい．

以下で本書の内容を説明しよう．第1章では，確率論の基礎概念について見る．確率空間の定義から始め，確率変数，確率変数系の独立性，期待値，そして確率変数列の収束と行く．確率論特有の言葉使い・記号の使い方，すな

わち，確率変数とは実のところは関数であり，しかしそれを表すのに記号 'X' を用いるということに慣れてもらいたい．最初は違和感を覚えるだろうが，慣れてしまえば何てことはない．

第 2 章では，ユークリッド空間 $\mathbb{R}^d$ 上の確率測度（これを d 次元確率測度という）について見る．d 次元確率測度に収束概念 '漠収束' を導入し，また，これに対して特性関数を定義する．確率測度列の漠収束と対応する特性関数列の収束が同等であることがわかる．ここで，第 2 章のターゲットが d 次元確率測度であることを強調したい．多くの確率論のテキストでは，主に 1 次元確率測度を考え，多次元確率測度については，同様の計算でできるというように書いてある．しかし，実際のところは同様という言葉で済まされるものではなく，1 次元と多次元の間には大きなギャップがあると著者は感じる．数学は，1 次元 → 多次元 → 無限次元 という流れで進んで行くから，多次元に関することはどこかで必ずやらねばならない事柄である．だから，少々手間がかかるけれども，第 2 章において多次元確率測度を考えることにした．

第 3 章，および第 4 章では，極限定理について考える．順に

　　第 3 章　大数の強法則 (S̲trong L̲aw of L̲arge N̲umbers, 略して SLLN),

　　第 4 章　中心極限定理 (C̲entral L̲imit T̲heorem, 略して CLT)

である．第 2 章の説明でいったことに反するが，この 2 つの章では，対象とするのは実確率変数列とする．d 次元確率ベクトル列についても同様に成り立つところがあるが，簡単のため実確率変数列に限定する．

3.2 節のネタは Alexits [1], 3.3 節は福山 [9] である．3.1 節の SLLN, 4.1 節の CLT は独立確率変数列を対象としたもので，だから標準的な確率論のテキストにも載っている．しかし，3.2 節，3.3 節，4.2 節で考えるのは，必ずしも独立とは限らない確率変数列に対する SLLN, CLT であり，そのテキストでは扱っていない．ここで，「独立性は，SLLN, および CLT を独占しているわけではない！」ということを強調したい．私事であるが，昔，著者がリンデベルグの CLT しか知らない時分に福山 [10] の論文でマクレイシュの CLT の存在を知り，「へぇ〜，独立でない確率変数列に対しても CLT は成り立つんだ」という感想をもった．そのときの驚きをここに伝えるため，4.2 節ではマクレイシュの CLT の証明を与え，4.3 節では，この CLT の方が一般的であるという内容のことを書いておく．

各章の終りに付記を付けておく．これは本文で述べたことへの注意・補足，

述べ（られ）なかったが一言だけはいっておきたいこと等である．限られたスペースのため窮屈で文字が小さく読み悪いが勘弁して欲しい．本文とは異なり満足いく証明（= 本文と同じ深さの証明）は書いていない．その代り参考図書・文献をあげておいたので，関心のある読者諸氏はそちらを参照してくれるとありがたい．

付録では，先に述べたように確率測度に関する積分についてまとめておく．また，本文（第 1 章～第 4 章）で必要になった定理・命題などに証明を付けてここにまとめておく．「外測度」，「直積測度」，「フビニの定理」などの事項については，他書に譲ることにしたが，これら以外の事項は，ほぼ本書でまかなうようにしたつもりである．

本書を書くにあたり，貴重なご意見や修正箇所のご指摘をして下さった南就将氏，福山克司氏，および出版に際してお世話になった共立出版編集部の方々（赤城 圭さん，大越隆道氏，…）に感謝いたします．

2015 年 3 月　　　　　　　　　　　　　　　　　　　　　　　　　　著　者

本書を読むに際しての注意

本書に現れる '命題' は，「定理」，「命題」，「補題」，「系」，そして「Claim」である．「定理」は各節あるいは各項において主張したい '命題' である．「命題」は本書のいくつかのところで用いる '命題'，または他書で使うことも視野に入れた汎用性の高い '命題' である．「補題」は「定理」などを証明するために用意したローカルな '命題'，「系」は「定理」などから容易に従う '命題' である．これら以外の '命題' が「Claim」である．日本語に訳すと「主張」となるが，恰好付けて Claim と書くことにする．これをクレームと書いてしまうと「苦情」となってしまうので注意が要る．Claim にはそのような意味は全く入っていない！　この Claim の言葉に初めて出会ったという読者が多いと思うが，逸早く慣れてくれることを願う．

目 次

記　号 ... viii

第1章　確率論の基礎概念 ... 1
1.1　確率空間　*1*
1.2　確率変数　*12*
1.3　期待値　*27*
1.4　確率変数列の収束　*53*

第2章　ユークリッド空間上の確率測度 ... 59
2.1　$\mathcal{P}^d$ の分類　*60*
2.2　1次元確率測度の例　*70*
2.3　線形汎関数　*82*
2.4　確率測度列の収束　*99*
2.5　特性関数　*117*
2.6　畳み込み　*153*

第3章　大数の強法則 ... 168
3.1　独立系の場合　*168*
3.2　正規直交系の場合　*182*
3.3　乗法系の場合　*191*

第4章　中心極限定理 ... 202
4.1　リンデベルグの中心極限定理　*202*
4.2　マクレイシュの中心極限定理　*209*
4.3　リンデベルグ vs マクレイシュ　*217*

  4.4 リンデベルグ条件は必要条件！ *222*

付　録 _____ *232*

  A.1 d 次元ボレル集合族 *232*

  A.2 π-λ 定理 *236*

  A.3 P に関する積分 *238*

  A.4 $C_0(\mathbb{R}^d)$ の可分性 *273*

  A.5 ガンマ関数 *278*

  A.6 独立な実確率変数列の存在 *287*

問の略解 _____ *290*

参考文献 _____ *299*

定理索引 _____ *301*

索　引 _____ *303*

記　号

本書で使う記号をまとめておく．ただし代表的なものだけで，これ以外の記号は必要になるところで定義する．

- 命題 P, Q に対して，「P ならば Q である」を 'P $\Rightarrow$ Q' と表す．また「P は Q を含意する」という言い方もする．これは P implies Q の和訳である．imply の和訳の「**含意する**」は普段使うことのない単語で耳慣れないだろうが適当なのがないのでこれを用いることにする．なお imply の名詞形である implication を「**含意**」の訳で用いる．

  'P $\Leftrightarrow$ Q' は 'P $\Rightarrow$ Q かつ Q $\Rightarrow$ P' のことである．換言すると「P と Q は同値である」ということである．この同値性を明示したいときは 'P $\underset{\text{iff}}{\Leftrightarrow}$ Q' とかく．iff は <u>if</u> and only <u>if</u> の省略形である．

- $\mathbb{N}$ = 自然数全体の集合，
  $\mathbb{Z}$ = 整数全体の集合，
  $\mathbb{Q}$ = 有理数全体の集合，
  $\mathbb{R}$ = 実数全体の集合，
  $\mathbb{C}$ = 複素数全体の集合．

- $\mathcal{O}^d = \mathcal{O}(\mathbb{R}^d) := \{G; G \text{ は } \mathbb{R}^d \text{ の開集合 (open set)}\}$,
  $\mathcal{F}^d = \mathcal{F}(\mathbb{R}^d) := \{F; F \text{ は } \mathbb{R}^d \text{ の閉集合 (closed set)}\}$,
  $\mathcal{B}^d = \mathcal{B}(\mathbb{R}^d) := \sigma(\mathcal{O}^d) = \sigma(\mathcal{F}^d)$. ただし $\mathbb{R}^d$ の部分集合族 $\mathcal{G}$ に対して，$\sigma(\mathcal{G}) := \mathcal{G}$ を含む最小の $\mathbb{R}^d$ 上の σ-加法族．

- **虚数単位** (imaginary unit) を $\sqrt{-1}$ と表す．記号 'i' は添数 (index) として使いたいので，虚数単位には用いない．$z \in \mathbb{C}$ に対して，z の**実部** (real part), **虚部** (imaginary part) をそれぞれ $\mathrm{Re}\, z$, $\mathrm{Im}\, z$ と表す．z の**共役数** (conjugate) を $\bar{z}$, すなわち $\bar{z} = \mathrm{Re}\, z - \sqrt{-1}\, \mathrm{Im}\, z$, z の**絶対値** (absolute value) を $|z|$, すなわち $|z| = \sqrt{z\bar{z}} = \sqrt{(\mathrm{Re}\, z)^2 + (\mathrm{Im}\, z)^2}$ とする．

- $\lambda^d :=$ d **次元ルベーグ測度**. $d=1$ のときは λ^1 を簡単に λ とかく．なお記号 'λ' は，添数 (index)，あるいは実数，あるいは λ-系（集合族として），あるいは d 次元確率測度，あるいは関数と色々なところで使うので注意が必要である．
- $a, b \in \mathbb{R}$ に対して
$$a \vee b := \max\{a,b\}, \quad a \wedge b := \min\{a,b\},$$
$$a^+ := a \vee 0, \quad a^- := (-a)^+ = (-a) \vee 0.$$

- $\mathbf{1}_A(x) := \begin{cases} 1, & x \in A, \\ 0, & x \notin A. \end{cases}$ $\mathbf{1}_A$ を A の**定義関数** (defining function) という．

- $a \in \mathbb{R}$ に対して
$$\lfloor a \rfloor := \max\{n \in \mathbb{Z}; n \leq a\},$$
$$\lceil a \rceil := \min\{n \in \mathbb{Z}; a \leq n\}.$$

$\lfloor \cdot \rfloor : \mathbb{R} \to \mathbb{Z}$ を **floor 関数**，$\lceil \cdot \rceil : \mathbb{R} \to \mathbb{Z}$ を **ceiling 関数**という．また
$$\{a\} := a - \lfloor a \rfloor.$$

$\{a\} \in [0,1)$ である．$\{a\}$ を a の**小数部分** (fractional part)，$\lfloor a \rfloor$ を a の**整数部分** (integral part) という．

- 集合 A の**濃度**を $\operatorname{card} A$ と表す．$\aleph_0 = \operatorname{card} \mathbb{N}$, $\aleph = \operatorname{card} \mathbb{R}$ とする．$\aleph_0$ を**可算の濃度**，$\aleph$ を**連続の濃度**という．$\operatorname{card} A \leq \aleph_0$, すなわち A が高々可算集合のとき，$\operatorname{card} A$ を $\#A$ と書くことがある．$\#A$ は A の元の個数である．因みに $\aleph, \aleph_0$ をそれぞれアレフ (aleph), アレフ・ゼロ (aleph zero) と読む．

- 集合 A の**補集合** (complement) を $A^{\complement}$ と表す．

第 1 章

確率論の基礎概念

本章は 4 つの節から成る：

1.1 節は確率空間の定義から始める．この定義を一言でいうと「全測度が 1 の測度空間」となる．しかし，この節ではこれをていねいに（だが簡潔に）述べ，この定義から確率の基本的性質が従うことを見る．1.2 節では，確率変数，すなわち実確率変数，d 次元確率ベクトルを定義する．そして，確率変数系が独立であることの定義を与える．この '独立性' は確率論固有の概念（考え方）であるが，至極当り前のものとして受け入れられると思う．

1.3 節では，期待値を考える．期待値とは，確率空間上の積分のことである．この節では，期待値の基本的性質，そして独立性との関係を見る．L^p 空間（ただし $1 \leq p \leq \infty$ あるいは $p = 0$）を定義し，これがバナッハ空間 あるいは フレシェ空間となることを示す．なお，確率空間上の積分については，泥縄式ではあるが付録にまとめておく．何かあったときはそちらの方を参照して欲しい．1.4 節では，確率変数列に 3 種類の収束，概収束・確率収束・L^p-収束を定義し，それらの間の関係を見る．

本章において肝心なのは確率論特有の言葉使い・記号の使い方に逸速く慣れることである．

1.1 確率空間

▷ **定義 1.1** 次の (i), (ii), (iii) をみたすとき，3 つ組 $(\Omega, \mathcal{F}, P)$ は **確率空間** (probability space) であるという：
(i) Ω は集合 (set) である，
(ii) $\mathcal{F}$ は Ω 上の **σ-加法族** (σ-algebra) である，すなわち

σ.1) $\Omega \in \mathcal{F}$,

σ.2) $A \in \mathcal{F}$ ならば $A^{\mathrm{c}} \in \mathcal{F}$,

σ.3) $A_n \in \mathcal{F}, n \geq 1$ ならば $\bigcup_{n=1}^{\infty} A_n \in \mathcal{F}$,

(iii) P は $(\Omega, \mathcal{F})$ 上の **確率測度** (probability measure) である，すなわち

P.1) 任意の $A \in \mathcal{F}$ に対して, $0 \leq P(A) < \infty$,

P.2) $A_n \in \mathcal{F}$, $n \geq 1$ が**互いに素** (mutually exclusive), すなわち $A_n \cap A_m = \emptyset$ $(n \neq m)$ ならば $P\bigl(\sum_{n=1}^\infty A_n{}^{1)}\bigr) = \sum_{n=1}^\infty P(A_n)$,

P.3) $P(\Omega) = 1$.

Ω を**標本空間** (sample space), $\omega \in \Omega$ を**標本点** (sample point), $E \subset \Omega$ を**事象** (event), $E \in \mathcal{F}$ を**可測事象** (measurable event), $P(E)$ $(E \in \mathcal{F})$ を E の**確率** (probability) という.

！注意 1.2 $\mathcal{F}$ が Ω 上の σ-加法族のとき, 組 $(\Omega, \mathcal{F})$ を**可測空間** (measurable space) という.

▷**定義 1.3** $(\Omega, \mathcal{F}, P)$ を確率空間とする. $E, F, E_n \in \mathcal{F}$ $(n = 1, 2, \ldots)$ に対して次を定義する:

事象など	説明	Ω の部分集合
全事象 (total event)	必ず起こる事象	Ω
空事象 (empty event)	決して起こらない事象	$\emptyset$
和事象 (union)	E または F または $\cdots$	$E \cup F \cup \cdots$
積事象 (intersection)	E かつ F かつ $\cdots$	$E \cap F \cap \cdots$
余事象 (complement)	E の否定	E^{C}
含意 (implication)	E ならば F	$E \subset F$
排反 (exclusive)	E と F は同時には起こらない	$E \cap F = \emptyset$
上極限 (superior limit)	E_n の中の無限個が起こる	$\limsup_n E_n$ $:= \bigcap_{n=1}^\infty \bigcup_{k=n}^\infty E_k$
下極限 (inferior limit)	ある番号から先のすべての E_n が起こる	$\liminf_n E_n$ $:= \bigcup_{n=1}^\infty \bigcap_{k=n}^\infty E_k$
差事象 (difference)	E が起きて F が起きない	$E \cap F^{\mathsf{C}} = E \setminus F$

---

1) $A_n, n \geq 1$ が互いに素のとき, $\bigcup_{n=1}^\infty A_n$ を $\sum_{n=1}^\infty A_n$ と書く.

!注意 1.4 (i) 次の含意に注意せよ：

$$\omega \in \limsup_n E_n \Leftrightarrow \omega \in \bigcap_{n=1}^{\infty} \bigcup_{k=n}^{\infty} E_k$$
$$\Leftrightarrow {}^{\forall}n \geq 1,\ {}^{\exists}k \geq n \text{ s.t. } \omega \in E_k$$
$$\Leftrightarrow \omega \text{ は無限個の } E_n \text{ に入る},$$

$$\omega \in \liminf_n E_n \Leftrightarrow \omega \in \bigcup_{n=1}^{\infty} \bigcap_{k=n}^{\infty} E_k$$
$$\Leftrightarrow {}^{\exists}n \geq 1 \text{ s.t. } \omega \in E_k\ ({}^{\forall}k \geq n)$$
$$\Leftrightarrow \omega \text{ はある番号から先のすべての } E_n \text{ に入る}.$$

したがって，一般に $\liminf_n E_n \subset \limsup_n E_n$.
(ii) $\liminf_n E_n = \limsup_n E_n$ のとき，$\lim_n E_n := \liminf_n E_n$ と定義する．$\lim_n E_n$ を**極限事象** (limit event) という．
(iii) $E_1 \subset E_2 \subset \cdots \subset E_n \subset \cdots$ のときは，$\lim_n E_n = \bigcup_{n=1}^{\infty} E_n$（これを $E_n \nearrow \bigcup_{n=1}^{\infty} E_n =: \lim_n (\nearrow) E_n$ と表す）．$E_1 \supset E_2 \supset \cdots \supset E_n \supset \cdots$ のときは，$\lim_n E_n = \bigcap_{n=1}^{\infty} E_n$（これを $E_n \searrow \bigcap_{n=1}^{\infty} E_n =: \lim_n (\searrow) E_n$ と表す）．

$(\Omega, \mathcal{F}, P)$ を確率空間とする．

▶**定理 1.5** (i) $\emptyset \in \mathcal{F}$.
(ii) $E_n \in \mathcal{F},\ n \geq 1$ ならば，$\bigcup_{n=1}^{\infty} E_n, \bigcap_{n=1}^{\infty} E_n, \limsup_n E_n, \liminf_n E_n \in \mathcal{F}$.
(iii) $E, F \in \mathcal{F}$ ならば，$E \cup F, E \cap F, E \setminus F \in \mathcal{F}$.

[証明] (i) $\sigma.1$) と $\sigma.2$) より，$\emptyset = \Omega^{\complement} \in \mathcal{F}$.
(ii) $E_n \in \mathcal{F},\ n \geq 1$ とする．$\sigma.3$) より $\bigcup_{k=n}^{\infty} E_k \in \mathcal{F}\ ({}^{\forall}n \geq 1)$．$\sigma.2$) より $E_n^{\complement} \in \mathcal{F},\ n \geq 1$ なので，$\bigcup_{k=n}^{\infty} E_k^{\complement} \in \mathcal{F}\ ({}^{\forall}n \geq 1)$．再び $\sigma.2$) より

$$\Big(\bigcup_{k=n}^{\infty} E_k^{\complement}\Big)^{\complement} \in \mathcal{F}\ ({}^{\forall}n \geq 1).$$
$$\|$$
$$\bigcap_{k=n}^{\infty} E_k$$

$n = 1$ とすると $\bigcap_{n=1}^{\infty} E_n = \bigcap_{k=1}^{\infty} E_k \in \mathcal{F}$．$\sigma.3$) より

$$\liminf_n E_n = \bigcup_{n=1}^{\infty} \bigcap_{k=n}^{\infty} E_k \in \mathcal{F}.$$

E_n を $\bigcup_{k=n}^{\infty} E_k$ とすると

$$\limsup_n E_n = \bigcap_{n=1}^{\infty} \bigcup_{k=n}^{\infty} E_k \in \mathcal{F}.$$

(iii) $E, F \in \mathcal{F}$ とする．$A_n, n \geq 1$ を

$$A_1 = E, \ A_2 = F, \ A_n = \emptyset \ (n \geq 3)$$

とおくと，$A_n \in \mathcal{F}$．σ.3) より，$\bigcup_{n=1}^{\infty} A_n \in \mathcal{F}$ であるが，定義より $\bigcup_{n=1}^{\infty} A_n = E \cup F$ なので，$E \cup F \in \mathcal{F}$．E, F の代りに，それぞれ $E^{\complement}, F^{\complement}$ とすると，σ.2) より $E^{\complement}, F^{\complement} \in \mathcal{F}$ なので，いま，わかったことから $E^{\complement} \cup F^{\complement} \in \mathcal{F}$．再び σ.2) より

$$E \cap F = \left(E^{\complement} \cup F^{\complement}\right)^{\complement} \in \mathcal{F}.$$

F の代りに $F^{\complement}$ とすると，$E \setminus F = E \cap F^{\complement} \in \mathcal{F}$． ∎

▶**定理 1.6**　(i) $P(\emptyset) = 0$.
(ii) $E, F \in \mathcal{F}$ が排反ならば，$P(E \cup F^{2)}) = P(E) + P(F)$.
(iii) （**単調性**）$E, F \in \mathcal{F}$, $E \subset F$ ならば $P(E) \leq P(F)$.
(iv) $E \in \mathcal{F}$ に対して $P(E^{\complement}) = 1 - P(E)$.
(v) （**強加法性**）$E, F \in \mathcal{F}$ に対して $P(E) + P(F) = P(E \cup F) + P(E \cap F)$.
(vi) （**包除公式** (inclusion-exclusion formula)）$E_1, \ldots, E_n \in \mathcal{F}$ に対して

$$P(E_1 \cup \cdots \cup E_n) = \sum_{r=1}^{n} (-1)^{r-1} \sum_{1 \leq i_1 < \cdots < i_r \leq n} P(E_{i_1} \cap \cdots \cap E_{i_r}).$$

(vii) （**劣加法性**）$E_n \in \mathcal{F}$, $n \geq 1$ に対して

---

2) この場合，$E \cup F = E + F$ と書くことがある．

$$P\Bigl(\bigcup_{n=1}^{\infty} E_n\Bigr) \leq \sum_{n=1}^{\infty} P(E_n).$$

(viii)（**確率測度に関する単調収束定理**）$E_n \in \mathcal{F}$, $n \geq 1$ が $E_1 \subset E_2 \subset \cdots \subset E_n \subset \cdots$ ならば

$$P\Bigl(\bigcup_{n=1}^{\infty} E_n\Bigr) = \lim_{n \to \infty} P(E_n).$$

$E_n \in \mathcal{F}$, $n \geq 1$ が $E_1 \supset E_2 \supset \cdots \supset E_n \supset \cdots$ ならば

$$P\Bigl(\bigcap_{n=1}^{\infty} E_n\Bigr) = \lim_{n \to \infty} P(E_n).$$

(ix)（**確率測度に関するルベーグ–ファトゥ** (Lebesgue-Fatou) **の不等式**）$E_n \in \mathcal{F}$, $n \geq 1$ に対して

$$P(\liminf_n E_n) \leq \liminf_n P(E_n)$$
$$\leq \limsup_n P(E_n) \leq P(\limsup_n E_n).$$

とくに，$\lim_n E_n$ が存在するときは

$$P(\lim_n E_n) = \lim_n P(E_n).$$

[**証明**]　(i) A_n, $n \geq 1$ を $A_n = \emptyset$ ($^\forall n \geq 1$) ととると，明らかに $A_n \in \mathcal{F}$, $n \geq 1$ は互いに素であるから，P.2) より

$$P\Bigl(\sum_{n=1}^{\infty} A_n\Bigr) = \sum_{n=1}^{\infty} P(A_n).$$

ここで $\sum_{n=1}^{\infty} A_n = \emptyset$ に注意すると

$$\infty > P(\emptyset) = \sum_{n=1}^{\infty} P(\emptyset) = \begin{cases} 0, & P(\emptyset) = 0 \text{ のとき,} \\ \infty, & P(\emptyset) > 0 \text{ のとき.} \end{cases}$$

したがって $P(\emptyset) = 0$.

(ii) $E, F \in \mathcal{F}$ は排反とする．$A_n \in \mathcal{F}, n \geq 1$ を

$$A_1 = E,\ A_2 = F,\ A_n = \emptyset\ (n \geq 3)$$

ととると，$A_n \in \mathcal{F}, n \geq 1$ は互いに素となり，P.2) より

$$P\Big(\sum_{n=1}^{\infty} A_n\Big) = \sum_{n=1}^{\infty} P(A_n).$$

$\sum_{n=1}^{\infty} A_n = E \cup F$, $P(A_1) = P(E)$, $P(A_2) = P(F)$, $P(A_n) = P(\emptyset) = 0$ $(n \geq 3)$ [∵ (i) より] なので，$P(E \cup F) = P(E) + P(F)$．

(iii) $E, F \in \mathcal{F}, E \subset F$ とする．$E, F \setminus E \in \mathcal{F}$ は排反で $E \cup (F \setminus E) = F$ より，(ii) を適用して

$$P(F) = P\big(E \cup (F \setminus E)\big) = P(E) + P(F \setminus E)$$
$$\geq P(E)\quad [\because 0 \leq P(F \setminus E)].$$

(iv) $E \in \mathcal{F}$ とする．明らかに $E, E^{\complement}$ は排反で $E \cup E^{\complement} = \Omega$．P.3) と (ii) より

$$1 = P(\Omega) = P(E \cup E^{\complement}) = P(E) + P(E^{\complement})$$

なので，$P(E^{\complement}) = 1 - P(E)$．

(v) $E, F \in \mathcal{F}$ とする．$E \setminus F, F \setminus E, E \cap F \in \mathcal{F}$ は互いに素である．そして

$$E = (E \setminus F) \cup (E \cap F),$$
$$F = (F \setminus E) \cup (E \cap F),$$
$$E \cup F = (E \setminus F) \cup (F \setminus E) \cup (E \cap F)$$

が成り立つ．(ii) より

$$P(E) = P(E \setminus F) + P(E \cap F),$$
$$P(F) = P(F \setminus E) + P(E \cap F),$$
$$P(E \cup F) = P(E \setminus F) + P(F \setminus E) + P(E \cap F)$$

なので

$$P(E) + P(F) = P(E \setminus F) + P(E \cap F) + P(F \setminus E) + P(E \cap F)$$
$$= P(E \cup F) + P(E \cap F).$$

(vi) $n=1$ のときは明らかなので，$n \geq 2$ とする．n に関する帰納法で示す．

$n=2$ のときは

$$\text{右辺} = \sum_{1 \leq i_1 \leq 2} P(E_{i_1}) - \sum_{1 \leq i_1 < i_2 \leq 2} P(E_{i_1} \cap E_{i_2})$$
$$= P(E_1) + P(E_2) - P(E_1 \cap E_2)$$
$$= P(E_1 \cup E_2) + P(E_1 \cap E_2) - P(E_1 \cap E_2) \quad [\odot \text{ (v) より}]$$
$$= P(E_1 \cup E_2) = \text{左辺}$$

なので OK．

$n=k$ $(k \geq 2)$ のとき，件(くだん)の等式が成り立つと仮定する．$E_1, \ldots, E_{k+1} \in \mathcal{F}$ に対して

$$P(E_1 \cup \cdots \cup E_{k+1})$$
$$= P\big((E_1 \cup \cdots \cup E_k) \cup E_{k+1}\big)$$
$$= P(E_1 \cup \cdots \cup E_k) + P(E_{k+1}) - P\big((E_1 \cup \cdots \cup E_k) \cap E_{k+1}\big)$$
$$\quad [\odot \text{ (v) において } E = E_1 \cup \cdots \cup E_k, F = E_{k+1} \text{ とする}]$$
$$= P(E_1 \cup \cdots \cup E_k) + P(E_{k+1}) - P\big((E_1 \cap E_{k+1}) \cup \cdots \cup (E_k \cap E_{k+1})\big)$$
$$= \sum_{r=1}^{k} (-1)^{r-1} \sum_{1 \leq i_1 < \cdots < i_r \leq k} P(E_{i_1} \cap \cdots \cap E_{i_r}) + P(E_{k+1})$$
$$\quad - \sum_{r=1}^{k} (-1)^{r-1} \sum_{1 \leq i_1 < \cdots < i_r \leq k} P\big((E_{i_1} \cap E_{k+1}) \cap \cdots \cap (E_{i_r} \cap E_{k+1})\big)$$
$$\quad [\odot \text{ 帰納法の仮定より}]$$
$$= P(E_1) + \cdots + P(E_{k+1})$$
$$\quad + \sum_{r=2}^{k} (-1)^{r-1} \sum_{1 \leq i_1 < \cdots < i_r \leq k} P(E_{i_1} \cap \cdots \cap E_{i_r})$$
$$\quad + \sum_{r=1}^{k-1} (-1)^{r} \sum_{1 \leq i_1 < \cdots < i_r \leq k} P(E_{i_1} \cap \cdots \cap E_{i_r} \cap E_{k+1})$$
$$\quad + (-1)^{k} P(E_1 \cap \cdots \cap E_{k+1})$$
$$= P(E_1) + \cdots + P(E_{k+1})$$

$$+ \sum_{r=2}^{k}(-1)^{r-1} \sum_{1\leq i_1<\cdots<i_r\leq k} P(E_{i_1}\cap\cdots\cap E_{i_r})$$

$$+ \sum_{r=2}^{k}(-1)^{r-1} \sum_{1\leq i_1<\cdots<i_{r-1}\leq k} P(E_{i_1}\cap\cdots\cap E_{i_{r-1}}\cap E_{k+1})$$

$$+ (-1)^k P(E_1\cap\cdots\cap E_{k+1})$$

$$= P(E_1) + \cdots + P(E_{k+1})$$

$$+ \sum_{r=2}^{k}(-1)^{r-1}\bigg(\sum_{1\leq i_1<\cdots<i_r\leq k} P(E_{i_1}\cap\cdots\cap E_{i_r})$$

$$+ \sum_{1\leq i_1<\cdots<i_{r-1}\leq k} P(E_{i_1}\cap\cdots\cap E_{i_{r-1}}\cap E_{k+1})\bigg)$$

$$+ (-1)^k P(E_1\cap\cdots\cap E_{k+1})$$

$$= P(E_1) + \cdots + P(E_{k+1})$$

$$+ \sum_{r=2}^{k}(-1)^{r-1} \sum_{1\leq i_1<\cdots<i_r\leq k+1} P(E_{i_1}\cap\cdots\cap E_{i_r})$$

$$+ (-1)^k P(E_1\cap\cdots\cap E_{k+1})$$

$$= \sum_{r=1}^{k+1}(-1)^{r-1} \sum_{1\leq i_1<\cdots<i_r\leq k+1} P(E_{i_1}\cap\cdots\cap E_{i_r}).$$

したがって $n=k+1$ のときも OK.

よって任意の $n\in\mathbb{N}$ に対して (vi) の等式が成り立つ．

(vii) $E_n\in\mathcal{F}, n\geq 1$ を固定する．$A_n\subset\Omega, n\geq 1$ を次のように定義する：

$$\begin{cases} A_1 := E_1, \\ A_n := E_n \setminus \Big(\bigcup_{k=1}^{n-1} E_k\Big), & n\geq 2. \end{cases} \tag{1.1}$$

定理 1.5 より，$A_n\in\mathcal{F}$ ($^\forall n\geq 1$) である．また

(a) $A_n, n\geq 1$ は互いに素，

(b) $\sum_{k=1}^{n} A_k = \bigcup_{k=1}^{n} E_k$ ($n\geq 1$),

(c) $\sum_{n=1}^{\infty} A_n = \bigcup_{n=1}^{\infty} E_n$

が成り立つ．何となれば，(a) については，$m>n$ に対して

$$A_m \cap A_n = \Big(E_m \setminus \Big(\bigcup_{k=1}^{m-1} E_k\Big)\Big) \cap \Big(E_n \setminus \Big(\bigcup_{l=1}^{n-1} E_l\Big)\Big)$$
$$= E_m \cap \bigcap_{k=1}^{m-1} E_k^\complement \cap E_n \cap \bigcap_{l=1}^{n-1} E_l^\complement$$
$$\subset E_n^\complement \cap E_n \quad [\odot\ m > n\ \text{より}\ m - 1 \geq n]$$
$$= \emptyset,$$

(b) については

$$\omega \in \bigcup_{k=1}^n E_k \Leftrightarrow 1 \leq {}^\exists k \leq n\ \text{s.t.}\ \omega \in E_k$$
$$\Leftrightarrow 1 \leq {}^\exists j \leq n\ \text{s.t.}\ \begin{cases} \omega \in E_j, \\ \text{しかし}\ \omega \notin E_i (1 \leq {}^\forall i < j) \end{cases}$$
$$\Leftrightarrow 1 \leq {}^\exists j \leq n\ \text{s.t.}\ \omega \in E_j \setminus \bigcup_{1 \leq i < j} E_i$$
$$\Leftrightarrow 1 \leq {}^\exists j \leq n\ \text{s.t.}\ \omega \in A_j \Leftrightarrow \omega \in \sum_{j=1}^n A_j,$$

(c) については

$$\omega \in \sum_{n=1}^\infty A_n \Leftrightarrow {}^\exists n \geq 1\ \text{s.t.}\ \omega \in \sum_{k=1}^n A_k$$
$$\Leftrightarrow {}^\exists n \geq 1\ \text{s.t.}\ \omega \in \bigcup_{k=1}^n E_k \Leftrightarrow \omega \in \bigcup_{n=1}^\infty E_n.$$

したがって P.2) より

$$P\Big(\bigcup_{n=1}^\infty E_n\Big) = P\Big(\sum_{n=1}^\infty A_n\Big) = \sum_{n=1}^\infty P(A_n)$$
$$\leq \sum_{n=1}^\infty P(E_n) \quad \begin{bmatrix} \odot\ \text{定義より}\ A_n \subset E_n\ \text{なので,\ (iii) より} \\ P(A_n) \leq P(E_n) \end{bmatrix}.$$

(viii) $E_n \in \mathcal{F}$, $n \geq 1$ とする.

$E_1 \subset E_2 \subset \cdots \subset E_n \subset \cdots$ のときは,$A_n \in \mathcal{F}$, $n \geq 1$ を (1.1) で定義すると,(vii) の証明でわかった (a), (b), (c) より

$$P\Big(\bigcup_{n=1}^{\infty} E_n\Big) = P\Big(\sum_{n=1}^{\infty} A_n\Big) = \sum_{n=1}^{\infty} P(A_n) = \lim_{n\to\infty} \sum_{k=1}^{n} P(A_k)$$
$$= \lim_{n\to\infty} P\Big(\sum_{k=1}^{n} A_k\Big) \quad [\odot \text{ (ii)}]$$
$$= \lim_{n\to\infty} P\Big(\bigcup_{k=1}^{n} E_k\Big)$$
$$= \lim_{n\to\infty} P(E_n).$$

次に，$E_1 \supset E_2 \supset \cdots \supset E_n \supset \cdots$ のときは，$E_n^{\mathtt{C}} \in \mathcal{F}$ $({}^{\forall}n \geq 1)$, $E_1^{\mathtt{C}} \subset E_2^{\mathtt{C}} \subset \cdots \subset E_n^{\mathtt{C}} \subset \cdots$ より，いま，示したことから

$$P\Big(\bigcup_{n=1}^{\infty} E_n^{\mathtt{C}}\Big) = \lim_{n\to\infty} P(E_n^{\mathtt{C}}).$$

ここで (iv) より

$$P(E_n^{\mathtt{C}}) = 1 - P(E_n),$$
$$P\Big(\bigcup_{n=1}^{\infty} E_n^{\mathtt{C}}\Big) = P\Big(\Big(\bigcap_{n=1}^{\infty} E_n\Big)^{\mathtt{C}}\Big) = 1 - P\Big(\bigcap_{n=1}^{\infty} E_n\Big)$$

であるから

$$P\Big(\bigcap_{n=1}^{\infty} E_n\Big) = 1 - P\Big(\bigcup_{n=1}^{\infty} E_n^{\mathtt{C}}\Big) = 1 - \lim_{n\to\infty} P(E_n^{\mathtt{C}})$$
$$= \lim_{n\to\infty} \big(1 - P(E_n^{\mathtt{C}})\big) = \lim_{n\to\infty} P(E_n).$$

(ix) $E_n \in \mathcal{F}$, $n \geq 1$ を固定する．$A_n, B_n \in \mathcal{F}$, $n \geq 1$ を

$$A_n := \bigcap_{k=n}^{\infty} E_k, \quad B_n := \bigcup_{k=n}^{\infty} E_k$$

と定義すると

$$A_1 \subset A_2 \subset \cdots \subset A_n \subset \cdots,$$
$$B_1 \supset B_2 \supset \cdots \supset B_n \supset \cdots,$$

$$\liminf_n E_n = \bigcup_{n=1}^{\infty} A_n,$$
$$\limsup_n E_n = \bigcap_{n=1}^{\infty} B_n$$

である．(viii) より

$$P(\liminf_n E_n) = P\Big(\bigcup_{n=1}^{\infty} A_n\Big) = \lim_{n\to\infty} P(A_n),$$
$$P(\limsup_n E_n) = P\Big(\bigcap_{n=1}^{\infty} B_n\Big) = \lim_{n\to\infty} P(B_n).$$

ここで $A_n \subset E_n \subset B_n$ に注意すると，(iii) より $P(A_n) \leq P(E_n) \leq P(B_n)$ であるから

$$\lim_{n\to\infty} P(A_n) \leq \liminf_n P(E_n) \leq \limsup_n P(E_n) \leq \lim_{n\to\infty} P(B_n).$$

したがって

$$P(\liminf_n E_n) \leq \liminf_n P(E_n) \leq \limsup_n P(E_n) \leq P(\limsup_n E_n). \quad \blacksquare$$

!注意 1.7 期待値 [cf. 1.3 節] を用いることにより，包除公式をもっとすっきりとした形で，すなわち，帰納法を使わないで次のように証明できる：

$$\begin{aligned}
\mathbf{1}_{E_1 \cup \cdots \cup E_n} &= 1 - \big(1 - \mathbf{1}_{E_1 \cup \cdots \cup E_n}\big) \\
&= 1 - \mathbf{1}_{(E_1 \cup \cdots \cup E_n)^c} \\
&= 1 - \mathbf{1}_{E_1^c \cap \cdots \cap E_n^c} \\
&= 1 - \mathbf{1}_{E_1^c} \times \cdots \times \mathbf{1}_{E_n^c} \\
&= 1 - \prod_{i=1}^n \mathbf{1}_{E_i^c} \\
&= 1 - \prod_{i=1}^n \big(1 - \mathbf{1}_{E_i}\big) \\
&= 1 - \Big(1 + \sum_{r=1}^n (-1)^r \sum_{1 \leq i_1 < \cdots < i_r \leq n} \mathbf{1}_{E_{i_1}} \times \cdots \times \mathbf{1}_{E_{i_r}}\Big) \\
&= \sum_{r=1}^n (-1)^{r-1} \sum_{1 \leq i_1 < \cdots < i_r \leq n} \mathbf{1}_{E_{i_1} \cap \cdots \cap E_{i_r}}
\end{aligned}$$

より

$$\begin{aligned}
P(E_1 \cup \cdots \cup E_n) &= E\big[\mathbf{1}_{E_1 \cup \cdots \cup E_n}\big] \\
&= E\bigg[\sum_{r=1}^n (-1)^{r-1} \sum_{1 \le i_1 < \cdots < i_r \le n} \mathbf{1}_{E_{i_1} \cap \cdots \cap E_{i_r}}\bigg] \\
&= \sum_{r=1}^n (-1)^{r-1} \sum_{1 \le i_1 < \cdots < i_r \le n} E\big[\mathbf{1}_{E_{i_1} \cap \cdots \cap E_{i_r}}\big] \\
&= \sum_{r=1}^n (-1)^{r-1} \sum_{1 \le i_1 < \cdots < i_r \le n} P\big(E_{i_1} \cap \cdots \cap E_{i_r}\big).
\end{aligned}$$

1.2 確率変数

まず,$d \in \mathbb{N}$ に対して

- $\mathbb{R}^d = \{x = (x_1, \ldots, x_d); x_i \in \mathbb{R}\}$,
- $x, y \in \mathbb{R}^d$ に対して

$$\langle x, y \rangle := \sum_{j=1}^d x_j y_j, \quad |x| := \sqrt{\langle x, x \rangle} = \sqrt{\sum_{j=1}^d x_j^2},$$

- $\mathcal{O}^d = \mathcal{O}(\mathbb{R}^d) := \{G \subset \mathbb{R}^d; G \text{ は } \mathbb{R}^d \text{ の開集合 (open set)}\}$,
- $\mathcal{B}^d = \mathcal{B}(\mathbb{R}^d) := \sigma(\mathcal{O}^d)$,
- $A \in \mathcal{B}^d$ に対して $\lambda^d(A)$ を A のルベーグ測度 (Lebesgue measure)

とする.$\mathcal{B}^d$ を **d 次元ボレル集合族** (d-dimensional Borel σ-algebra),$\mathcal{B}^d$-可測集合を **d 次元ボレル集合** (d-dimensional Borel set),$\mathcal{B}^d$-可測関数を **d 次元ボレル可測関数** (d-dimensional Borel measurable function) という.

1.2.1 実確率変数,d 次元確率ベクトル

$(\Omega, \mathcal{F}, P)$ を確率空間とする.

▷**定義 1.8** $X: \Omega \to \mathbb{R}$ が **$\mathcal{F}$-可測** ($\mathcal{F}$-measurable) のとき,すなわち $\{X \le x\} = \{\omega \in \Omega; X(\omega) \le x\} \in \mathcal{F}$ ($^\forall x \in \mathbb{R}$) のとき,$X$ は $(\Omega, \mathcal{F}, P)$ 上の**実確率変数** (real random variable) であるという.

!注意 1.9 上の定義は，次のそれぞれと同値である [cf. 補題 A.13]:
- $\{X > x\} \in \mathcal{F} \ (^\forall x \in \mathbb{R})$,
- $\{X \geq x\} \in \mathcal{F} \ (^\forall x \in \mathbb{R})$,
- $\{X < x\} \in \mathcal{F} \ (^\forall x \in \mathbb{R})$.

▶**Claim 1.10** $X : \Omega \to \mathbb{R}$ に対して，X が実確率変数であるための必要十分条件は，$\{X \in A\}^{3)} = \{\omega \in \Omega; X(\omega) \in A\} \in \mathcal{F} \ (^\forall A \in \mathcal{B}^1)$ である．

[証明] $A = (-\infty, x]$ とすると，$A \in \mathcal{B}^1$ で，$\{X \leq x\} = \{X \in A\}$ なので，十分性は明らかである．

必要性を示す．$X : \Omega \to \mathbb{R}$ は実確率変数とする．$\mathbb{R}$ の部分集合族 $\mathcal{B}$ を

$$\mathcal{B} = \{A \in \mathcal{B}^1; X^{-1}(A) \in \mathcal{F}\}$$

とおく．このとき
(a) $\mathcal{B}$ は $\mathbb{R}$ 上の σ-加法族である．
(b) $\mathcal{B} \supset \mathcal{H}^1$．ただし

$$\mathcal{H}^1 := \{(a, b]; -\infty \leq a < b \leq \infty\} \cup \{\emptyset\},$$
$$(a, b] := \{x \in \mathbb{R}; a < x \leq b\}.$$

何となれば，(a) については
- $X^{-1}(\mathbb{R}) = \Omega \in \mathcal{F} \Rightarrow \mathbb{R} \in \mathcal{B}$,
- $A \in \mathcal{B} \Rightarrow A^\complement \in \mathcal{B}^1, \ X^{-1}(A^\complement) = (X^{-1}(A))^\complement \in \mathcal{F}$
  $\Rightarrow A^\complement \in \mathcal{B}$,
- $A_n \in \mathcal{B}, \ n \geq 1 \Rightarrow \bigcup_{n=1}^\infty A_n \in \mathcal{B}^1, \ X^{-1}\left(\bigcup_{n=1}^\infty A_n\right) = \bigcup_{n=1}^\infty X^{-1}(A_n) \in \mathcal{F}$
  $\Rightarrow \bigcup_{n=1}^\infty A_n \in \mathcal{B}$.

(b) については，$-\infty < a < b < \infty$ のときは

---

3) $X : \Omega \to \mathbb{R}^d, \ A \subset \mathbb{R}^d$ に対して，$\{\omega \in \Omega; X(\omega) \in A\}$ を簡単に $\{X \in A\}$ と書くことにする．$\{X \in A\} = X^{-1}(A)$ であることに注意せよ．

$$X^{-1}\big((a,b]\big) = X^{-1}\big((-\infty,b] \setminus (-\infty,a]\big)$$
$$= X^{-1}\big((-\infty,b]\big) \setminus X^{-1}\big((-\infty,a]\big)$$
$$= \{X \leq b\} \setminus \{X \leq a\} \in \mathcal{F}$$

より $(a,b] \in \mathcal{B}$. $-\infty = a < b < \infty$ のときは，$(-\infty,b] = \lim_{n\to\infty}(-n,b] \in \mathcal{B}$. $-\infty < a < b = \infty$ のときは，$(a,\infty] = \lim_{n\to\infty}(a,n] \in \mathcal{B}$. $-\infty = a < b = \infty$ のときは，$(-\infty,\infty] = \mathbb{R} \in \mathcal{B}$.

したがって $\mathcal{B} \supset \sigma(\mathcal{H}^1)$ となる．ここで $\sigma(\mathcal{H}^1) = \mathcal{B}^1$ [cf. 定理 A.5] に注意すると，$\mathcal{B} = \mathcal{B}^1$，すなわち $\{X \in A\} \in \mathcal{F}$ ($^\forall A \in \mathcal{B}^1$) がわかる． ∎

▷**定義 1.11** $X: \Omega \to \mathbb{R}^d$ が $\boldsymbol{\mathcal{F}/\mathcal{B}^d}$**-可測** ($\mathcal{F}/\mathcal{B}^d$-measurable) のとき，すなわち $\{X \in A\} \in \mathcal{F}$ ($^\forall A \in \mathcal{B}^d$) のとき，$X$ は $(\Omega, \mathcal{F}, P)$ 上の **d 次元確率ベクトル** (d-dimensional random vector) であるという．

Claim 1.10 より，1 次元確率ベクトル = 実確率変数である．さらに，次が成り立つ：

▶**Claim 1.12** $X = (X_1, \ldots, X_d): \Omega \to \mathbb{R}^d$ に対して，X が d 次元確率ベクトルであるための必要十分条件は，各 X_i が実確率変数であることである．

[証明] $a \in \mathbb{R}$ と $i \in \{1, \ldots, d\}$ に対して，$A = \{x = (x_1, \ldots, x_d); x_i \leq a\}$ とすると，$\{X_i \leq a\} = \{X \in A\}$ なので，必要性は明らかに成り立つ．

十分性を示す．各 X_i は実確率変数とする．$\mathbb{R}^d$ の部分集合族 $\mathcal{B}$ を

$$\mathcal{B} = \{A \in \mathcal{B}^d; X^{-1}(A) \in \mathcal{F}\}$$

とおく．このとき
  (a) $\mathcal{B}$ は $\mathbb{R}^d$ 上の σ-加法族である，
  (b) $\mathcal{B} \supset \mathcal{H}^d$．ただし

$$\mathcal{H}^d := \{(a_1, b_1] \times \cdots \times (a_d, b_d]; -\infty \leq a_i < b_i \leq \infty \ (i = 1, \ldots, d)\} \cup \{\emptyset\}.$$

何となれば，(a) については
  • $X^{-1}(\mathbb{R}^d) = \Omega \in \mathcal{F} \Rightarrow \mathbb{R}^d \in \mathcal{B}$,

- $A \in \mathcal{B} \Rightarrow A^\complement \in \mathcal{B}^d,\ X^{-1}(A^\complement) = \left(X^{-1}(A)\right)^\complement \in \mathcal{F}$
  $\Rightarrow A^\complement \in \mathcal{B}$,
- $A_n \in \mathcal{B},\ n \geq 1 \Rightarrow \bigcup_{n=1}^{\infty} A_n \in \mathcal{B}^d,\ X^{-1}\left(\bigcup_{n=1}^{\infty} A_n\right) = \bigcup_{n=1}^{\infty} X^{-1}(A_n) \in \mathcal{F}$
  $\Rightarrow \bigcup_{n=1}^{\infty} A_n \in \mathcal{B}.$

(b) については, $-\infty < a_i < b_i < \infty\ (i = 1, \ldots, d)$ のときは

$$X^{-1}((a_1, b_1] \times \cdots \times (a_d, b_d])$$
$$= X_1^{-1}((a_1, b_1]) \cap \cdots \cap X_d^{-1}((a_d, b_d])$$
$$= (\{X_1 \leq b_1\} \setminus \{X_1 \leq a_1\}) \cap \cdots \cap (\{X_d \leq b_d\} \setminus \{X_d \leq a_d\}) \in \mathcal{F}$$

より $(a_1, b_1] \times \cdots \times (a_d, b_d] \in \mathcal{B}$. $-\infty = a < b < \infty$ のとき, $(-\infty, b] = \lim_{n \to \infty}(-n, b]$, $-\infty < a < b = \infty$ のとき, $(a, \infty] = \lim_{n \to \infty}(a, n]$, $-\infty = a < b = \infty$ のとき, $(-\infty, \infty] = \lim_{n \to \infty}(-n, n]$ に注意すれば, $-\infty \leq a_i < b_i \leq \infty\ (i = 1, \ldots, d)$ に対して $(a_1, b_1] \times \cdots \times (a_d, b_d] \in \mathcal{B}$ となる.

したがって (a) と (b) より, $\mathcal{B} \supset \sigma(\mathcal{H}^d)$. ここで $\sigma(\mathcal{H}^d) = \mathcal{B}^d$ [cf. 定理 A.5] に注意すると, $\mathcal{B} = \mathcal{B}^d$, すなわち X は d 次元確率ベクトルである. ■

▶**系 1.13** $X_1, \ldots, X_d$ が実確率変数, $f : \mathbb{R}^d \to \mathbb{R}$ がボレル可測関数のとき, $f(X_1, \ldots, X_d)$ は実確率変数である.

[証明] 任意の $B \in \mathcal{B}^1$ に対して, $f^{-1}(B) \in \mathcal{B}^d$ なので

$$\{f(X_1, \ldots, X_d) \in B\} = \{(X_1, \ldots, X_d) \in f^{-1}(B)\} \in \mathcal{F}. \qquad ■$$

▶**定理 1.14** $(\Omega, \mathcal{F}, P)$ 上の d 次元確率ベクトル $X = (X_1, \ldots, X_d)$ に対して

$$\mu_X(B) = \mu_{X_1, \ldots, X_d}(B) := P((X_1, \ldots, X_d) \in B), \quad B \in \mathcal{B}^d$$

とすると, $\mu_X = \mu_{X_1, \ldots, X_d}$ は $(\mathbb{R}^d, \mathcal{B}^d)$ 上の確率測度である.

[証明] 任意の $B \in \mathcal{B}^d$ に対して, $\mu_X(B) = P(X \in B) \in [0, 1]$. $\mu_X(\mathbb{R}^d) = P(X \in \mathbb{R}^d) = P(\Omega) = 1$. $B_n \in \mathcal{B}^d,\ n \geq 1$ が互いに素ならば, $X^{-1}(B_n) \in \mathcal{F},\ n \geq 1$ も互いに素で $\bigcup_{n=1}^{\infty} X^{-1}(B_n) = X^{-1}\left(\bigcup_{n=1}^{\infty} B_n\right)$ であるから

$$\mu_X\Big(\bigcup_{n=1}^{\infty} B_n\Big) = P\Big(X^{-1}\Big(\bigcup_{n=1}^{\infty} B_n\Big)\Big) = P\Big(\bigcup_{n=1}^{\infty} X^{-1}(B_n)\Big)$$
$$= \sum_{n=1}^{\infty} P(X^{-1}(B_n))$$
$$= \sum_{n=1}^{\infty} \mu_X(B_n). \quad \blacksquare$$

▷ **定義 1.15** この $\mu_X = \mu_{X_1,\ldots,X_d}$ を $X = (X_1,\ldots,X_d)$ の**確率法則** (probability law) あるいは**確率分布** (probability distribution) という.

1.2.2 確率変数系の独立性

$(\Omega, \mathcal{F}, P)$ を確率空間とする.

▷ **定義 1.16** (i) X_j は $(\Omega, \mathcal{F}, P)$ 上の d_j 次元確率ベクトルとする $(j = 1, \ldots, n)$. 任意の $B_j \in \mathcal{B}^{d_j}$ $(j = 1, \ldots, n)$ に対して

$$P(X_1 \in B_1, \ldots, X_n \in B_n) = P(X_1 \in B_1) \times \cdots \times P(X_n \in B_n)$$

のとき, $\{X_1, \ldots, X_n\}$ は**独立**であるという. これを $\{X_1, \ldots, X_n\} \perp\!\!\!\perp$ と表す.

(ii) Λ は添数集合, X_λ は $(\Omega, \mathcal{F}, P)$ 上の d_λ 次元確率ベクトルとする $(\lambda \in \Lambda)$. 任意の空でない有限部分集合 $\Lambda_0 \subset \Lambda$ に対して, $\{X_\lambda\}_{\lambda \in \Lambda_0} \perp\!\!\!\perp$ のとき, $\{X_\lambda\}_{\lambda \in \Lambda}$ は**独立**であるという. これを $\{X_\lambda\}_{\lambda \in \Lambda} \perp\!\!\!\perp$ と表す.

▶ **定理 1.17** $\{X_1, \ldots, X_n\} \perp\!\!\!\perp \underset{\text{iff}}{\Longleftrightarrow} \mu_{X_1,\ldots,X_n} = \mu_{X_1} \times \cdots \times \mu_{X_n}$. ここで $\mu_{X_1} \times \cdots \times \mu_{X_n}$ は直積測度.

[証明] "⇒" について. $\{X_1, \ldots, X_n\}$ は独立とする. $\mathbb{R}^{d_1+\cdots+d_n}$ の部分集合族 $\mathcal{B}$ を

$$\mathcal{B} = \{B \in \mathcal{B}^{d_1+\cdots+d_n}; \mu_{X_1,\ldots,X_n}(B) = (\mu_{X_1} \times \cdots \times \mu_{X_d})(B)\}$$

とおく. $\mathcal{B}$ は λ-系 [cf. 定義 A.9(ii)], すなわち
- $\mathbb{R}^{d_1+\cdots+d_n} \in \mathcal{B}$,

- $A, B \in \mathcal{B}, A \supset B$ ならば $A \setminus B \in \mathcal{B}$,
- $A^{(m)} \in \mathcal{B}$, $A^{(m)} \nearrow A$, すなわち $A^{(1)} \subset A^{(2)} \subset \cdots \subset A^{(m)} \subset \cdots$, $\lim_{m \to \infty} A^{(m)} = A$ ならば $A \in \mathcal{B}$

である. また

$$\mathcal{C} = \{B_1 \times \cdots \times B_n ; B_j \in \mathcal{B}^{d_j} \ (j = 1, \ldots, n)\}$$

とおくと, $\mathcal{C}$ は π-系 [cf. 定義 A.9(i)], すなわち

- $C^{(1)}, C^{(2)} \in \mathcal{C}$ ならば $C^{(1)} \cap C^{(2)} \in \mathcal{C}$

である. そして $\mathcal{C} \subset \mathcal{B}$ が成り立つ. 何となれば, 任意の $B_j \in \mathcal{B}^{d_j}$ ($j = 1, \ldots, n$) に対して

$$\begin{aligned}
\mu_{X_1, \ldots, X_n}(B_1 \times \cdots \times B_n) &= P\big((X_1, \ldots, X_n) \in B_1 \times \cdots \times B_n\big) \\
&= P(X_1 \in B_1, \ldots, X_n \in B_n) \\
&= P(X_1 \in B_1) \times \cdots \times P(X_n \in B_n) \\
&= \mu_{X_1}(B_1) \times \cdots \times \mu_{X_n}(B_n) \\
&= (\mu_{X_1} \times \cdots \times \mu_{X_n})(B_1 \times \cdots \times B_n).
\end{aligned}$$

π-λ 定理 [cf. 命題 A.11] より, $\mathcal{B} \supset \sigma(\mathcal{C})$ であるが, $\mathcal{C} \supset \mathcal{H}^{d_1 + \cdots + d_n}$ より $\sigma(\mathcal{C}) \supset \sigma(\mathcal{H}^{d_1 + \cdots + d_n}) = \mathcal{B}^{d_1 + \cdots + d_n}$ なので, $\mathcal{B} = \mathcal{B}^{d_1 + \cdots + d_n}$, したがって $\mu_{X_1, \ldots, X_n} = \mu_{X_1} \times \cdots \times \mu_{X_n}$ がわかる.

"$\Leftarrow$" について. 任意の $B_j \in \mathcal{B}^{d_j}$ ($j = 1, \ldots, n$) に対して

$$\begin{aligned}
P(X_1 \in B_1, \ldots, X_n \in B_n) &= P\big((X_1, \ldots, X_n) \in B_1 \times \cdots \times B_n\big) \\
&= \mu_{X_1, \ldots, X_n}(B_1 \times \cdots \times B_n) \\
&= (\mu_{X_1} \times \cdots \times \mu_{X_n})(B_1 \times \cdots \times B_n) \\
&= \mu_{X_1}(B_1) \times \cdots \times \mu_{X_n}(B_n) \\
&= P(X_1 \in B_1) \times \cdots \times P(X_n \in B_n).
\end{aligned}$$

これは $\{X_1, \ldots, X_n\}$ が独立であることをいっている. ∎

⟨問 1.18⟩ 定理 1.17 の証明中の集合族 $\mathcal{B}, \mathcal{C}$ はそれぞれ λ-系, π-系であることを確かめよ.

▷**定義 1.19** (i) $A_j \in \mathcal{F}$, $j = 1, \ldots, n$ に対して，$\{\mathbf{1}_{A_j}\}_{j=1}^n \perp\!\!\!\perp$ のとき，$\{A_j\}_{j=1}^n$ は**独立**であるという．これを $\{A_j\}_{j=1}^n \perp\!\!\!\perp$ と表す．
(ii) $A_\lambda \in \mathcal{F}$, $\lambda \in \Lambda$（ただし Λ は添数集合）に対して，$\{\mathbf{1}_{A_\lambda}\}_{\lambda \in \Lambda} \perp\!\!\!\perp$ のとき，$\{A_\lambda\}_{\lambda \in \Lambda}$ は**独立**であるという．これを $\{A_\lambda\}_{\lambda \in \Lambda} \perp\!\!\!\perp$ と表す．

▶**定理 1.20**

$$\{A_\lambda\}_{\lambda \in \Lambda} \perp\!\!\!\perp \underset{\text{iff}}{\Longleftrightarrow} \begin{cases} \text{任意の空でない有限部分集合 } \Lambda_0 \subset \Lambda \text{ に対して} \\ P\Big(\bigcap_{\lambda \in \Lambda_0} A_\lambda\Big) = \prod_{\lambda \in \Lambda_0} P(A_\lambda). \end{cases}$$

[証明] "⇒" について．定義より

$\{A_\lambda\}_{\lambda \in \Lambda} \perp\!\!\!\perp$

$\Leftrightarrow \{\mathbf{1}_{A_\lambda}\}_{\lambda \in \Lambda} \perp\!\!\!\perp$

$\Leftrightarrow$ 任意の空でない有限部分集合 $\Lambda_0 \subset \Lambda$ に対して，$\{\mathbf{1}_{A_\lambda}\}_{\lambda \in \Lambda_0} \perp\!\!\!\perp$

$\Rightarrow$ 任意の空でない有限部分集合 $\Lambda_0 \subset \Lambda$ に対して
$$P\Big(\bigcap_{\lambda \in \Lambda_0} A_\lambda\Big) = P\Big(\bigcap_{\lambda \in \Lambda_0} \{\mathbf{1}_{A_\lambda} = 1\}\Big) = \prod_{\lambda \in \Lambda_0} P(\mathbf{1}_{A_\lambda} = 1) = \prod_{\lambda \in \Lambda_0} P(A_\lambda).$$

"⇐" について．任意の空でない有限部分集合 $\Lambda_0 \subset \Lambda$ に対して
$$P\Big(\bigcap_{\lambda \in \Lambda_0} A_\lambda\Big) = \prod_{\lambda \in \Lambda_0} P(A_\lambda)$$

とする．3 段階で示す．
1° 相異なる $\lambda_1, \ldots, \lambda_n \in \Lambda$ を固定する．任意の $(\varepsilon_1, \ldots, \varepsilon_n) \in \{1, \complement\}^n$ に対して

$$P\Big(\bigcap_{i=1}^n A_{\lambda_i}^{\varepsilon_i}\Big) = \prod_{i=1}^n P(A_{\lambda_i}^{\varepsilon_i}).$$

ただし，$\lambda \in \Lambda$, $\varepsilon \in \{1, \complement\}$ に対して

$$A_\lambda^\varepsilon := \begin{cases} A_\lambda, & \varepsilon = 1, \\ A_\lambda^\complement, & \varepsilon = \complement. \end{cases}$$

☺ $I_\complement := \{1 \leq i \leq n; \varepsilon_i = \complement\} = \emptyset$ のときは，$\varepsilon_1 = \cdots = \varepsilon_n = 1$ なので

$$P\Big(\bigcap_{i=1}^n A_{\lambda_i}^{\varepsilon_i}\Big) = P\Big(\bigcap_{i=1}^n A_{\lambda_i}\Big) = \prod_{i=1}^n P(A_{\lambda_i}) = \prod_{i=1}^n P(A_{\lambda_i}^{\varepsilon_i}).$$

$I_\complement \neq \emptyset$ のときは

$$\begin{aligned}
P\Big(\bigcap_{i=1}^n A_{\lambda_i}^{\varepsilon_i}\Big) &= P\Big(\bigcap_{i \in I_\complement} A_{\lambda_i}^\complement \cap \bigcap_{i \notin I_\complement} A_{\lambda_i}\Big) \\
&= P\Big(\Big(\bigcup_{i \in I_\complement} A_{\lambda_i}\Big)^\complement \cap \bigcap_{i \notin I_\complement} A_{\lambda_i}\Big) + P\Big(\Big(\bigcup_{i \in I_\complement} A_{\lambda_i}\Big) \cap \bigcap_{i \notin I_\complement} A_{\lambda_i}\Big) \\
&\quad - P\Big(\bigcup_{i \in I_\complement}\Big(A_{\lambda_i} \cap \bigcap_{j \notin I_\complement} A_{\lambda_j}\Big)\Big) \\
&= P\Big(\bigcap_{i \notin I_\complement} A_{\lambda_i}\Big) - \sum_{\emptyset \subsetneq I \subset I_\complement} (-1)^{\#I - 1} P\Big(\bigcap_{i \in I}\Big(A_{\lambda_i} \cap \bigcap_{j \notin I_\complement} A_{\lambda_j}\Big)\Big)
\end{aligned}$$

$[\text{☺ 定理 1.6(vi)}]$

$$\begin{aligned}
&= P\Big(\bigcap_{i \notin I_\complement} A_{\lambda_i}\Big) + \sum_{\emptyset \subsetneq I \subset I_\complement} (-1)^{\#I} P\Big(\Big(\bigcap_{i \in I} A_{\lambda_i}\Big) \cap \Big(\bigcap_{j \notin I_\complement} A_{\lambda_j}\Big)\Big) \\
&= \prod_{i \notin I_\complement} P(A_{\lambda_i}) + \sum_{\emptyset \subsetneq I \subset I_\complement} (-1)^{\#I} \prod_{i \in I} P(A_{\lambda_i}) \cdot \prod_{j \notin I_\complement} P(A_{\lambda_j}) \\
&= \Big(1 + \sum_{\emptyset \subsetneq I \subset I_\complement} (-1)^{\#I} \prod_{i \in I} P(A_{\lambda_i})\Big) \prod_{j \notin I_\complement} P(A_{\lambda_j}) \\
&= \prod_{i \in I_\complement} \big(1 - P(A_{\lambda_i})\big) \prod_{j \notin I_\complement} P(A_{\lambda_j}) \\
&= \prod_{i \in I_\complement} P(A_{\lambda_i}^\complement) \prod_{j \notin I_\complement} P(A_{\lambda_j}) = \prod_{i=1}^n P(A_{\lambda_i}^{\varepsilon_i}).
\end{aligned}$$

$\underline{2°}$ まず，$\lambda \in \Lambda$, $B \in \mathcal{B}^1$ に対して

$$\{\mathbf{1}_{A_\lambda} \in B\} = \begin{cases} \Omega, & 0 \in B,\ 1 \in B, \\ A_\lambda, & 0 \notin B,\ 1 \in B, \\ A_\lambda^{\complement}, & 0 \in B,\ 1 \notin B, \\ \emptyset, & 0 \notin B,\ 1 \notin B \end{cases}$$

に注意せよ．$\lambda_1, \ldots, \lambda_n \in \Lambda$ (ただし $i \neq j$ ならば $\lambda_i \neq \lambda_j$) と $B_1, \ldots, B_n \in \mathcal{B}^1$ を固定する．2 つの場合に分ける：

<u>Case 1</u> $1 \leq {}^\exists i \leq n$ s.t. $0 \notin B_i,\ 1 \notin B_i$.

このときは
$$P\big(\mathbf{1}_{A_{\lambda_1}} \in B_1, \ldots, \mathbf{1}_{A_{\lambda_n}} \in B_n\big) \leq P\big(\mathbf{1}_{A_{\lambda_i}} \in B_i\big) = P(\emptyset) = 0,$$
$$P\big(\mathbf{1}_{A_{\lambda_1}} \in B_1\big) \times \cdots \times P\big(\mathbf{1}_{A_{\lambda_n}} \in B_n\big) \leq P\big(\mathbf{1}_{A_{\lambda_i}} \in B_i\big) = P(\emptyset) = 0.$$

したがって
$$P\big(\mathbf{1}_{A_{\lambda_1}} \in B_1, \ldots, \mathbf{1}_{A_{\lambda_n}} \in B_n\big) = 0$$
$$= P\big(\mathbf{1}_{A_{\lambda_1}} \in B_1\big) \times \cdots \times P\big(\mathbf{1}_{A_{\lambda_n}} \in B_n\big).$$

<u>Case 2</u> 任意の $1 \leq i \leq n$ に対して $0 \in B_i$ あるいは $1 \in B_i$.

このときは
$$I_0 := \big\{1 \leq i \leq n; 0 \in B_i,\ 1 \notin B_i\big\},$$
$$I_1 := \big\{1 \leq i \leq n; 0 \notin B_i,\ 1 \in B_i\big\}$$

とおくと
$$\{\mathbf{1}_{A_{\lambda_1}} \in B_1, \ldots, \mathbf{1}_{A_{\lambda_n}} \in B_n\} = \{\mathbf{1}_{A_{\lambda_1}} \in B_1\} \cap \cdots \cap \{\mathbf{1}_{A_{\lambda_n}} \in B_n\}$$
$$= \Big(\bigcap_{i \in I_0} A_{\lambda_i}^{\complement}\Big) \cap \Big(\bigcap_{i \in I_1} A_{\lambda_i}\Big),$$
$$P\big(\mathbf{1}_{A_{\lambda_1}} \in B_1\big) \times \cdots \times P\big(\mathbf{1}_{A_{\lambda_n}} \in B_n\big) = \Big(\prod_{i \in I_0} P(A_{\lambda_i}^{\complement})\Big) \cdot \Big(\prod_{i \in I_1} P(A_{\lambda_i})\Big)$$

となるので，1° より

$$P(\mathbf{1}_{A_{\lambda_1}} \in B_1, \ldots, \mathbf{1}_{A_{\lambda_n}} \in B_n) = P\Big(\Big(\bigcap_{i \in I_0} A_{\lambda_i}^{\complement}\Big) \cap \Big(\bigcap_{i \in I_1} A_{\lambda_i}\Big)\Big)$$
$$= \Big(\prod_{i \in I_0} P(A_{\lambda_i}^{\complement})\Big) \cdot \Big(\prod_{i \in I_1} P(A_{\lambda_i})\Big)$$
$$= P(\mathbf{1}_{A_{\lambda_1}} \in B_1) \times \cdots \times P(\mathbf{1}_{A_{\lambda_n}} \in B_n).$$

$\underline{3^\circ}$ 2° より,$\{\mathbf{1}_{A_\lambda}\}_{\lambda \in \Lambda}$ は独立, すなわち, $\{A_\lambda\}_{\lambda \in \Lambda}$ は独立である. ∎

▶**定理 1.21**(ボレル-カンテリ (Borel-Cantelli) の補題[4]) $A_n \in \mathcal{F}$, $n \geq 1$ に対して

(i) もし $\sum_{n=1}^{\infty} P(A_n) < \infty$ ならば $P(\limsup_n A_n) = 0$.

(ii) もし $\{A_n\}_{n=1}^{\infty} \perp\!\!\!\perp$ かつ $\sum_{n=1}^{\infty} P(A_n) = \infty$ ならば $P(\limsup_n A_n) = 1$.

[証明] (i) $\limsup_n A_n = \bigcap_{n=1}^{\infty} \bigcup_{k=n}^{\infty} A_k \subset \bigcup_{k=n}^{\infty} A_k$ ($^\forall n$) なので, 単調性 [cf. 定理 1.6(iii)] と劣加法性 [cf. 定理 1.6(vii)] より

$$P(\limsup_n A_n) \leq P\Big(\bigcup_{k=n}^{\infty} A_k\Big) \leq \sum_{k=n}^{\infty} P(A_k) \quad (^\forall n).$$

ここで $\sum_{n=1}^{\infty} P(A_n) < \infty$ とすると, $\lim_{n \to \infty} \sum_{k=n}^{\infty} P(A_k) = 0$ であるから, $P(\limsup_n A_n) = 0$.

(ii) $\{A_n\}_{n=1}^{\infty}$ は独立とする. 定理 1.20 の "⇐" の証明の 1° より, 任意の $1 \leq n < m < \infty$ に対して

$$P\Big(\bigcap_{k=n}^{m} A_k^{\complement}\Big) = \prod_{k=n}^{m} P(A_k^{\complement}).$$

ここで不等式 $1 - x \leq e^{-x}$ ($x \in \mathbb{R}$) より

$$\text{右辺} = \prod_{k=n}^{m} (1 - P(A_k)) \leq \prod_{k=n}^{m} e^{-P(A_k)} \quad [1 - P(A_k) \geq 0 \text{ にも注意}]$$
$$= e^{-\sum_{k=n}^{m} P(A_k)}.$$

---

[4] (i), (ii) をそれぞれボレル-カンテリの第 1 補題, 第 2 補題ということがある.

また

$$\text{左辺} = P\Big(\Big(\bigcup_{k=n}^{m} A_k\Big)^{\complement}\Big) = 1 - P\Big(\bigcup_{k=n}^{m} A_k\Big)$$

であるから

$$1 - e^{-\sum_{k=n}^{m} P(A_k)} \leq P\Big(\bigcup_{k=n}^{m} A_k\Big) \leq 1.$$

$m \to \infty$ とすると，$\bigcup_{k=n}^{m} A_k \nearrow \bigcup_{k=n}^{\infty} A_k$ なので，確率測度に関する単調収束定理 [cf. 定理 1.6(viii)] より

$$1 - e^{-\sum_{k=n}^{\infty} P(A_k)} \leq P\Big(\bigcup_{k=n}^{\infty} A_k\Big) \leq 1.$$

$\sum_{n=1}^{\infty} P(A_n) = \infty$ とすると，$\sum_{k=n}^{\infty} P(A_k) = \infty$ ($^{\forall}n$) より，$P\big(\bigcup_{k=n}^{\infty} A_k\big) = 1$ ($^{\forall}n$). $n \to \infty$ のとき，$\bigcup_{k=n}^{\infty} A_k \searrow \limsup_n A_n$ であるから，$P(\limsup_n A_n) = 1$ がわかる. ∎

【例 1.22】 $\Omega = [0,1)$, $\mathcal{F} = \mathcal{B}([0,1))$, $P(A) = \lambda(A)$ $(A \in \mathcal{F})$ とする[5]．ただし $\mathcal{B}([0,1)) = \{A \subset [0,1); A \in \mathcal{B}^1\}$, $\lambda = \lambda^1$ ($= 1$ 次元ルベーグ測度)．$\omega \in \Omega = [0,1)$ に対して

$$X_n(\omega) := \lfloor 2^n \omega \rfloor - 2\lfloor 2^{n-1}\omega \rfloor, \quad n = 1, 2, \ldots$$

と定義すると

(i) X_n は $\{0,1\}$-値確率変数で，$P(X_n = 0) = P(X_n = 1) = \frac{1}{2}$．
(ii) $\{X_n\}_{n=1}^{\infty}$ ⊥⊥．

[証明] 4 段階で示す．
1° まず

$$[0,1) = \sum_{k=1}^{2^{n-1}} \Big[\frac{k-1}{2^{n-1}}, \frac{k}{2^{n-1}}\Big)$$

---

5) $([0,1), \mathcal{B}([0,1)), d\omega)$ を**ルベーグ確率空間** (Lebesgue probability space) という．

$$= \sum_{k=1}^{2^{n-1}} \Big[\frac{2k-2}{2^n}, \frac{2k}{2^n}\Big)$$

$$= \sum_{k=1}^{2^{n-1}} \Big(\Big[\frac{2k-2}{2^n}, \frac{2k-1}{2^n}\Big) \cup \Big[\frac{2k-1}{2^n}, \frac{2k}{2^n}\Big)\Big)$$

$$= \Big(\sum_{k=1}^{2^{n-1}} \Big[\frac{2k-2}{2^n}, \frac{2k-1}{2^n}\Big)\Big) \cup \Big(\sum_{k=1}^{2^{n-1}} \Big[\frac{2k-1}{2^n}, \frac{2k}{2^n}\Big)\Big)$$

に注意せよ．次に

$$\omega \in \sum_{k=1}^{2^{n-1}} \Big[\frac{2k-2}{2^n}, \frac{2k-1}{2^n}\Big) \Leftrightarrow 1 \leq {}^{\exists}k \leq 2^{n-1} \text{ s.t. } \frac{2k-2}{2^n} \leq \omega < \frac{2k-1}{2^n}$$

$$\Rightarrow 2k-2 \leq 2^n \omega < 2k-1,$$
$$k-1 \leq 2^{n-1}\omega < k - \frac{1}{2} < k$$

$$\Rightarrow \lfloor 2^n \omega \rfloor = 2k-2,$$
$$\lfloor 2^{n-1}\omega \rfloor = k-1$$

$$\Rightarrow X_n(\omega) = \lfloor 2^n \omega \rfloor - 2\lfloor 2^{n-1}\omega \rfloor$$
$$= 2k-2 - 2(k-1) = 0,$$

$$\omega \in \sum_{k=1}^{2^{n-1}} \Big[\frac{2k-1}{2^n}, \frac{2k}{2^n}\Big) \Leftrightarrow 1 \leq {}^{\exists}k \leq 2^{n-1} \text{ s.t. } \frac{2k-1}{2^n} \leq \omega < \frac{2k}{2^n}$$

$$\Rightarrow 2k-1 \leq 2^n \omega < 2k,$$
$$k - \frac{1}{2} \leq 2^{n-1}\omega < k$$

$$\Rightarrow \lfloor 2^n \omega \rfloor = 2k-1,$$
$$\lfloor 2^{n-1}\omega \rfloor = k-1$$

$$\Rightarrow X_n(\omega) = \lfloor 2^n \omega \rfloor - 2\lfloor 2^{n-1}\omega \rfloor$$
$$= 2k-1 - 2(k-1) = 1$$

の含意 (implication) より，$X_n \in \{0, 1\}$ [cf. 注意 A.35]，そして

$$\{X_n = \varepsilon\} = \sum_{k=1}^{2^{n-1}} \Big[\frac{2k-2+\varepsilon}{2^n}, \frac{2k-1+\varepsilon}{2^n}\Big), \quad \varepsilon \in \{0,1\}$$

がわかる．これは X_n は $\{0,1\}$-値確率変数で

$$\begin{aligned}
P(X_n = \varepsilon) &= P\Big(\sum_{k=1}^{2^{n-1}} \Big[\frac{2k-2+\varepsilon}{2^n}, \frac{2k-1+\varepsilon}{2^n}\Big)\Big) \\
&= \sum_{k=1}^{2^{n-1}} P\Big(\Big[\frac{2k-2+\varepsilon}{2^n}, \frac{2k-1+\varepsilon}{2^n}\Big)\Big) \\
&= \sum_{k=1}^{2^{n-1}} \Big(\frac{2k-1+\varepsilon}{2^n} - \frac{2k-2+\varepsilon}{2^n}\Big) \\
&= \sum_{k=1}^{2^{n-1}} \frac{1}{2^n} = \frac{2^{n-1}}{2^n} = \frac{1}{2}
\end{aligned}$$

を含意する．

$\underline{2^\circ}$ $\varepsilon_1,\ldots,\varepsilon_n \in \{0,1\}$ に対して

$$\{X_1 = \varepsilon_1, \cdots, X_n = \varepsilon_n\} = \Big[\sum_{k=1}^n \frac{\varepsilon_k}{2^k}, \sum_{k=1}^n \frac{\varepsilon_k}{2^k} + \frac{1}{2^n}\Big).$$

⊙ これは次の含意よりわかる：

$$\omega \in 右辺 \Leftrightarrow \sum_{k=1}^n \frac{\varepsilon_k}{2^k} \leq \omega < \sum_{k=1}^n \frac{\varepsilon_k}{2^k} + \frac{1}{2^n}$$

$\Rightarrow$ 任意の $0 \leq m \leq n$ に対して

$$\begin{aligned}
2^m \omega &\geq 2^m \sum_{k=1}^n \frac{\varepsilon_k}{2^k} \\
&= 2^m \sum_{1 \leq k \leq m} \frac{\varepsilon_k}{2^k} + 2^m \sum_{m < k \leq n} \frac{\varepsilon_k}{2^k} \\
&= \sum_{1 \leq k \leq m} \varepsilon_k 2^{m-k} + \sum_{m < k \leq n} \frac{\varepsilon_k}{2^{k-m}} \\
&= \sum_{1 \leq k \leq m} \varepsilon_k 2^{m-k} + \sum_{1 \leq l \leq n-m} \frac{\varepsilon_{l+m}}{2^l} \geq \sum_{1 \leq k \leq m} \varepsilon_k 2^{m-k},
\end{aligned}$$

$$2^m \omega < 2^m \Big(\sum_{k=1}^n \frac{\varepsilon_k}{2^k} + \frac{1}{2^n}\Big)$$

$$
\begin{aligned}
&= \sum_{1 \leq k \leq m} \varepsilon_k 2^{m-k} + \sum_{1 \leq l \leq n-m} \frac{\varepsilon_{l+m}}{2^l} + \frac{1}{2^{n-m}} \\
&= \sum_{1 \leq k \leq m} \varepsilon_k 2^{m-k} + \sum_{1 \leq l \leq n-m} \frac{\varepsilon_{l+m}}{2^l} + \sum_{l \geq n-m+1} \frac{1}{2^l} \\
&\leq \sum_{1 \leq k \leq m} \varepsilon_k 2^{m-k} + \sum_{l \geq 1} \frac{1}{2^l} = \sum_{1 \leq k \leq m} \varepsilon_k 2^{m-k} + 1
\end{aligned}
$$

$\Rightarrow$ 任意の $0 \leq m \leq n$ に対して
$$\sum_{1 \leq k \leq m} \varepsilon_k 2^{m-k} \leq 2^m \omega < \sum_{1 \leq k \leq m} \varepsilon_k 2^{m-k} + 1$$

$\Rightarrow$ 任意の $0 \leq m \leq n$ に対して $\lfloor 2^m \omega \rfloor = \sum_{1 \leq k \leq m} \varepsilon_k 2^{m-k}$

$\Rightarrow$ 任意の $1 \leq m \leq n$ に対して
$$
\begin{aligned}
X_m(\omega) &= \lfloor 2^m \omega \rfloor - 2 \lfloor 2^{m-1} \omega \rfloor \\
&= \sum_{1 \leq k \leq m} \varepsilon_k 2^{m-k} - 2 \sum_{1 \leq k \leq m-1} \varepsilon_k 2^{m-1-k} \\
&= \sum_{1 \leq k \leq m} \varepsilon_k 2^{m-k} - \sum_{1 \leq k \leq m-1} \varepsilon_k 2^{m-k} = \varepsilon_m
\end{aligned}
$$

$\Rightarrow \omega \in$ 左辺.

$\omega \in$ 左辺 $\Leftrightarrow$ 任意の $1 \leq m \leq n$ に対して
$$\lfloor 2^m \omega \rfloor - 2\lfloor 2^{m-1} \omega \rfloor = \varepsilon_m$$

$\Rightarrow$ 任意の $1 \leq m \leq n$ に対して
$$\frac{\lfloor 2^m \omega \rfloor}{2^m} - \frac{\lfloor 2^{m-1} \omega \rfloor}{2^{m-1}} = \frac{\varepsilon_m}{2^m}$$

$\Rightarrow \displaystyle\sum_{m=1}^{n} \frac{\varepsilon_m}{2^m} = \sum_{m=1}^{n} \left(\frac{\lfloor 2^m \omega \rfloor}{2^m} - \frac{\lfloor 2^{m-1} \omega \rfloor}{2^{m-1}} \right)$
$$= \frac{\lfloor 2^n \omega \rfloor}{2^n} \quad \left[\because \omega \in [0,1) \text{ より } \lfloor \omega \rfloor = 0 \right]$$

$\Rightarrow \displaystyle\sum_{m=1}^{n} \frac{\varepsilon_m}{2^m} \leq \omega < \sum_{m=1}^{n} \frac{\varepsilon_m}{2^m} + \frac{1}{2^n}$
$$\left[\begin{array}{l} \because \lfloor 2^n \omega \rfloor \leq 2^n \omega < \lfloor 2^n \omega \rfloor + 1 \text{ より,} \frac{\lfloor 2^n \omega \rfloor}{2^n} \leq \\ \omega < \frac{\lfloor 2^n \omega \rfloor}{2^n} + \frac{1}{2^n} \end{array} \right]$$

$\Rightarrow \omega \in$ 右辺.

3° 2° と 1° より，任意の $n \geq 1, \varepsilon_1, \ldots, \varepsilon_n \in \{0,1\}$ に対して

$$P(X_1 = \varepsilon_1, \cdots, X_n = \varepsilon_n) = P\Big(\Big[\sum_{k=1}^n \frac{\varepsilon_k}{2^k}, \sum_{k=1}^n \frac{\varepsilon_k}{2^k} + \frac{1}{2^n}\Big)\Big)$$

$$= \frac{1}{2^n}$$

$$= \underbrace{\frac{1}{2} \times \cdots \times \frac{1}{2}}_{n}$$

$$= P(X_1 = \varepsilon_1) \times \cdots \times P(X_n = \varepsilon_n).$$

4° 任意の $n \geq 1, 1 \leq k_1 < \cdots < k_n$ に対して

$$P(X_{k_1} = 1, \cdots, X_{k_n} = 1) = P\Big(\bigcup_{\substack{\varepsilon_1,\ldots,\varepsilon_{k_n} \in \{0,1\}; \\ \varepsilon_{k_1}=1,\ldots,\varepsilon_{k_n}=1}} \{X_1 = \varepsilon_1, \ldots, X_{k_n} = \varepsilon_{k_n}\}\Big)$$

$$= \sum_{\substack{\varepsilon_1,\ldots,\varepsilon_{k_n} \in \{0,1\}; \\ \varepsilon_{k_1}=1,\ldots,\varepsilon_{k_n}=1}} P(X_1 = \varepsilon_1, \ldots, X_{k_n} = \varepsilon_{k_n})$$

$$= \sum_{\substack{\varepsilon_1,\ldots,\varepsilon_{k_n} \in \{0,1\}; \\ \varepsilon_{k_1}=1,\ldots,\varepsilon_{k_n}=1}} \frac{1}{2^{k_n}} \quad [\odot\ 3°\ \text{より}]$$

$$= \frac{2^{k_n - n}}{2^{k_n}} = \frac{1}{2^n} = \underbrace{\frac{1}{2} \times \cdots \times \frac{1}{2}}_{n}$$

$$= P(X_{k_1} = 1) \times \cdots \times P(X_{k_n} = 1) \quad [\odot\ 1°\ \text{より}].$$

これは $\{\{X_k = 1\}\}_{k\in\mathbb{N}} \perp\!\!\!\perp$, つまり $\{\mathbf{1}_{\{X_k=1\}}\}_{k\in\mathbb{N}} \perp\!\!\!\perp$ を含意する [cf. 定理 1.20]．$\mathbf{1}_{\{X_k=1\}} = X_k$ なので $\{X_n\}_{n=1}^\infty$ は独立である． ∎

! 注意 1.23 (i) 任意の $\omega \in [0,1)$ に対して $\omega = \sum_{n=1}^\infty \frac{X_n(\omega)}{2^n}$．
(ii) $\mathfrak{X} := \big\{(x_n)_{n=1}^\infty \in \{0,1\}^\mathbb{N}; {}^{\sharp}n \geq 1\ \text{s.t.}\ x_m = 1\ (\forall m \geq n)\big\}$ とおくと[6)]
- $(X_n(\omega))_{n=1}^\infty \in \mathfrak{X}\ (\forall \omega \in [0,1))$ (したがって $X_n(\omega)$ は ω を 2 進小数展開したときの第 n 位の数である)，
- 写像 $[0,1) \ni \omega \mapsto (X_n(\omega))_{n=1}^\infty \in \mathfrak{X}$ は全単射である．

[証明] (i) 例 1.22 の証明の 2° より，任意の $n \geq 1$ に対して $0 \leq \omega - \sum_{k=1}^n \frac{X_k(\omega)}{2^k} < \frac{1}{2^n}$．$n \to \infty$ とすれば $\omega = \sum_{k=1}^\infty \frac{X_k(\omega)}{2^k}$ がわかる．

[6)] '${}^{\sharp}n \geq 1\ \text{s.t.}\ x_m = 1\ (\forall m \geq n)$' は，'$\exists n \geq 1\ \text{s.t.}\ x_m = 1\ (\forall m \geq n)$' の否定である．したがって換言すると '$\#\{m \geq 1; x_m = 0\} = \infty$' となる．

(ii) 3 段階で示す.

$\underline{1^\circ}$ $(X_n(\omega))_{n=1}^\infty \in \mathfrak{X}$ $(^\forall \omega \in [0,1))$.

☺ $\omega \in [0,1)$ を固定する. 任意の $n \geq 1$ に対して

$$\sum_{k=n+1}^\infty \frac{X_k(\omega)}{2^k} = \sum_{k=1}^\infty \frac{X_k(\omega)}{2^k} - \sum_{k=1}^n \frac{X_k(\omega)}{2^k} = \omega - \sum_{k=1}^n \frac{X_k(\omega)}{2^k}$$
$$< \frac{1}{2^n} = \sum_{k=n+1}^\infty \frac{1}{2^k},$$

したがって $\sum_{k=n+1}^\infty \frac{1-X_k(\omega)}{2^k} > 0$ となるので, $^\exists k > n$ s.t. $X_k(\omega) = 0$. これは $(X_n(\omega))_{n=1}^\infty \in \mathfrak{X}$ を示している.

$\underline{2^\circ}$ $\omega \mapsto (X_n(\omega))_{n=1}^\infty$ の単射性.

☺ $(X_n(\omega))_{n=1}^\infty = (X_n(\omega'))_{n=1}^\infty$ とすると, (i) より

$$\omega = \sum_{n=1}^\infty \frac{X_n(\omega)}{2^n} = \sum_{n=1}^\infty \frac{X_n(\omega')}{2^n} = \omega'.$$

$\underline{3^\circ}$ $\omega \mapsto (X_n(\omega))_{n=1}^\infty$ の全射性.

☺ $(x_n)_{n=1}^\infty \in \mathfrak{X}$ を固定する. このとき $\omega := \sum_{n=1}^\infty \frac{x_n}{2^n}$ とすると, $\omega \in [0,1)$ で, 任意の $n \geq 1$ に対して

$$\omega = \sum_{k=1}^\infty \frac{x_k}{2^k} = \sum_{k=1}^n \frac{x_k}{2^k} + \sum_{k=n+1}^\infty \frac{x_k}{2^k} \begin{cases} \geq \sum_{k=1}^n \frac{x_k}{2^k}, \\ < \sum_{k=1}^n \frac{x_k}{2^k} + \sum_{k=n+1}^\infty \frac{1}{2^k} = \sum_{k=1}^n \frac{x_k}{2^k} + \frac{1}{2^n}. \end{cases}$$

例 1.22 の証明の 2° より, $X_1(\omega) = x_1, \ldots, X_n(\omega) = x_n$ となるので

$$(x_n)_{n=1}^\infty = (X_n(\omega))_{n=1}^\infty$$

がわかる. ■

1.3 期待値

$(\Omega, \mathcal{F}, P)$ を確率空間とする.

$(\Omega, \mathcal{F}, P)$ 上の実確率変数 X に対して

$$X^+ := X \vee 0, \ X^- := (-X) \vee 0$$

とおくと，$X^\pm$ は $[0,\infty)$-値の確率変数で，$X = X^+ - X^-$, $|X| = X^+ + X^-$ が成り立つ．

▷**定義 1.24** もし $\int_\Omega X^+ dP < \infty$ あるいは $\int_\Omega X^- dP < \infty$ ならば，$\int_\Omega X \, dP := \int_\Omega X^+ dP - \int_\Omega X^- dP \in [-\infty, \infty]$ は定義されるが，これを確率論の慣習に従い，$E[X]$ と表す．$E[X]$ を X の**期待値** (expectation) あるいは**平均値** (mean) という．

この定義は，実確率変数に限定する必要は全くない．一般に，$[-\infty, \infty]$-値確率変数 X が，$\int_\Omega X^+ dP < \infty$ あるいは $\int_\Omega X^- dP < \infty$ のときも，$\int_\Omega X \, dP = \int_\Omega X^+ dP - \int_\Omega X^- dP$ を $E[X]$ と表すことにする．

P に関する積分については，付録の A.3 にまとめておいたので必要ならば参照して欲しい．

▷**定義 1.25** (i) $1 \le p < \infty$ に対して

$$L^p = L^p(\Omega, \mathcal{F}, P)$$
$$:= \{X; X \text{ は } (\Omega, \mathcal{F}, P) \text{ 上の実確率変数で } E\big[|X|^p\big] < \infty\},$$
$$\|X\|_p := \big(E\big[|X|^p\big]\big)^{\frac{1}{p}}, \ X \in L^p$$

と定義する．
(ii) $p = 2$ のとき，$\langle X, Y \rangle := E[XY], \ X, Y \in L^2$ と定義する．
(iii) $p = \infty$ のときは

$$L^\infty = L^\infty(\Omega, \mathcal{F}, P)$$
$$:= \left\{X; \begin{array}{l} X \text{ は } (\Omega, \mathcal{F}, P) \text{ 上の実確率変数で，} {}^\exists a > 0 \\ \text{s.t. } P(|X| > a) = 0 \end{array}\right\},$$
$$\|X\|_\infty := \inf\{a > 0; P(|X| > a) = 0\}, \ X \in L^\infty$$

と定義する[7]．

---

[7] 一般に実確率変数 X（(iv) の記号を使うと $X \in L^0$）に対して，$\operatorname{ess\,sup} |X(\omega)| := \inf\{a > 0; P(|X| > a) = 0\}$ を X の**本質的上限** (essential supremum) という．$\operatorname{ess\,sup} |X(\omega)| \in$

(iv) $p=0$ のときは

$$L^0 = L^0(\Omega, \mathcal{F}, P) := \{X; X \text{ は } (\Omega, \mathcal{F}, P) \text{ 上の実確率変数}\},$$
$$\|X\|_0 := E\Big[\frac{|X|}{1+|X|}\Big], \quad X \in L^0$$

と定義する.

! 注意 1.26 系 1.13 を思い起こそう:

$$\mathbb{R} \ni x \mapsto |x|^p \in [0, \infty),$$
$$\mathbb{R}^2 \ni (x, y) \mapsto xy \in \mathbb{R},$$
$$\mathbb{R} \ni x \mapsto \frac{|x|}{1+|x|} \in [0, \infty)$$

は連続, したがってボレル可測なので, $|X|^p$, XY, $\frac{|X|}{1+|X|}$ は実確率変数である. また

$$|XY| \leq \frac{1}{2}(X^2 + Y^2), \quad \frac{|X|}{1+|X|} < 1$$

より

$$E[|XY|] < \infty \ (X, Y \in L^2), \quad E\Big[\frac{|X|}{1+|X|}\Big] < \infty \ (X \in L^0)$$

なので, 上の $\langle X, Y \rangle$, $\|X\|_0$ は定義できる.

▷**定義 1.27** $X, Y \in L^p$ (ただし $1 \leq p \leq \infty$ あるいは $p = 0$) に対して, $X = Y$ P-a.e., すなわち $P(X \neq Y) = 0$ のとき, X, Y は $\boldsymbol{L^p}$ **で等しい**といい, これを $X = Y$ in L^p と表す.

1.3.1 期待値の基本的性質

▶**定理 1.28** (i) $X \in L^0$, $X \geq 0$ P-a.e. ならば, $0 \leq E[X] \leq \infty$.
(ii) $X, Y \in L^1$, $a, b \in \mathbb{R}$ に対して, $aX + bY \in L^1$ で,

$$E[aX + bY] = aE[X] + bE[Y].$$

$[0, \infty]$ である. ess sup $|X(\omega)| < \infty$ のとき X は**本質的に有界** (essentially bounded) であるという. したがって $L^\infty = \{X \in L^0; X \text{ は本質的に有界}\}$, $\|X\|_\infty = \text{ess sup } |X(\omega)|$ となる.

(iii) $1 \in L^1$ で $E[1] = 1$.

(iv) (**期待値に関する単調収束定理**) $X_n \in L^0$, $n \geq 1$ が $0 \leq X_1 \leq X_2 \leq \cdots \leq X_n \leq \cdots$ ならば，$\lim_n(\nearrow)X_n$ は $[0, \infty]$-値の確率変数（換言すると $\lim_n(\nearrow)X_n \in \mathbb{M}^+(\Omega, \mathcal{F})$）で，

$$E\bigl[\lim_n(\nearrow)X_n\bigr] = \lim_n E[X_n] \in [0, \infty].$$

(v) (**期待値に関するファトゥ (Fatou) の不等式**) $X_n \in L^0$, $n \geq 1$ が $X_n \geq 0$ ならば，$\liminf_n X_n$ は $[0, \infty]$-値の確率変数（換言すると $\liminf_n X_n \in \mathbb{M}^+(\Omega, \mathcal{F})$）で，

$$E\bigl[\liminf_n X_n\bigr] \leq \liminf_n E[X_n].$$

(vi) (**期待値に関するルベーグ–ファトゥの不等式**) $X_n \in L^1$, $n \geq 1$ は

$${}^\exists Y \in L^1 \quad \text{s.t.} \quad \begin{cases} \bullet\ Y \geq 0, \\ \bullet\ |X_n| \leq Y \quad P\text{-a.e.} \ (n \geq 1) \end{cases}$$

とする．このとき $[-\infty, \infty]$-値の確率変数 $\liminf_n X_n$, $\limsup_n X_n$ は

$$E\bigl[|\liminf_n X_n|\bigr] < \infty, \quad E\bigl[|\limsup_n X_n|\bigr] < \infty$$

(換言すると $\liminf_n X_n, \limsup_n X_n \in \mathbb{L}(\Omega, \mathcal{F}, P)$) で

$$E\bigl[\liminf_n X_n\bigr] \leq \liminf_n E[X_n] \leq \limsup_n E[X_n] \leq E\bigl[\limsup_n X_n\bigr].$$

(vii) (**ルベーグの収束定理**) $X_n \in L^1$, $n \geq 1$ は

- ${}^\exists \lim_n X_n$ P-a.e.,

- ${}^\exists Y \in L^1$ s.t. $\begin{cases} \bullet\ Y \geq 0, \\ \bullet\ |X_n| \leq Y \quad P\text{-a.e.} \ (n \geq 1) \end{cases}$

とする．このとき $\lim_n E[X_n]$ が存在し

$$\lim_n E[X_n] = E\bigl[\lim_n X_n\bigr].$$

[**証明**] (i) $X \in L^0$, $X \geq 0$ P-a.e. とする．$N = \{X < 0\}$ とおくと，$P(N) = 0$. $X^- = X^- \mathbf{1}_N$ なので，定理 A.47(i) より，$\int_\Omega X^- dP = \int_N X^- dP$

$= 0$. したがって

$$E[X] = E[X^+] - E[X^-] = E[X^+] \in [0, \infty].$$

(ii) $X, Y \in L^1$, $a, b \in \mathbb{R}$ とする．定理 A.52(i) より，$aX, bY \in L^1$，したがって定理 A.52(ii) より $aX + bY \in L^1$．そして

$$\begin{aligned} E[aX + bY] &= \int_\Omega (aX + bY) dP \\ &= \int_\Omega aX dP + \int_\Omega bY dP \\ &= a \int_\Omega X dP + b \int_\Omega Y dP = aE[X] + bE[Y]. \end{aligned}$$

(iii) は明らか．
(iv) は定理 A.40 より従う．
(v) は定理 A.45 より従う．
(vi) $X_n \in L^1$, $n \geq 1$ は，適当な $Y \in L^1$, $Y \geq 0$ に対して

$$|X_n| \leq Y \quad P\text{-a.e.} \quad (n \geq 1)$$

とする．$N_n := \{|X_n| > Y\}$ $(n \geq 1)$ とおく．$N = \bigcup_{n=1}^\infty N_n \in \mathcal{F}$ は $P(N) = 0$ である．$|X_n \mathbf{1}_{N^c}| \leq Y$ $(^\forall n)$ なので，補題 A.53 より

$$\int_\Omega \left| \liminf_n (X_n \mathbf{1}_{N^c}) \right| dP < \infty,$$
$$\int_\Omega \left| \limsup_n (X_n \mathbf{1}_{N^c}) \right| dP < \infty,$$

そして

$$\begin{aligned} \int_\Omega \liminf_n (X_n \mathbf{1}_{N^c}) dP &\leq \liminf_n \int_\Omega X_n \mathbf{1}_{N^c} dP \\ &\leq \limsup_n \int_\Omega X_n \mathbf{1}_{N^c} dP \leq \int_\Omega \limsup_n (X_n \mathbf{1}_{N^c}) dP \end{aligned}$$

が成り立つ．ここで定理 A.47(i) より

$$\int_\Omega X_n^\pm \mathbf{1}_N \, dP = 0,$$
$$\int_\Omega \left(\liminf_n (X_n \mathbf{1}_N)\right)^\pm dP = 0,$$
$$\int_\Omega \left(\limsup_n (X_n \mathbf{1}_N)\right)^\pm dP = 0$$

に注意すると

$$\int_\Omega \left|\liminf_n X_n\right| dP < \infty,$$
$$\int_\Omega \left|\limsup_n X_n\right| dP < \infty,$$
$$\int_\Omega \liminf_n X_n \, dP \le \liminf_n \int_\Omega X_n \, dP$$
$$\le \limsup_n \int_\Omega X_n \, dP \le \int_\Omega \limsup_n X_n \, dP$$

がわかる．これは (vi) の主張である．

(vii) $X_n \in L^1$, $n \ge 1$ は，

- 適当な $Y \in L^1$, $Y \ge 0$ に対して，$|X_n| \le Y$　P-a.e.　$(n \ge 1)$,
- $^\exists \lim_n X_n$　P-a.e.

とする．まず，(vi) の不等式が成り立つ．次に

$$\{X_n \text{ が収束する}\} = \{\{X_n\} \text{ はコーシー列}\}$$
$$= \bigcap_{k=1}^\infty \bigcup_{l=1}^\infty \bigcap_{m,n \ge l} \left\{|X_m - X_n| < \frac{1}{k}\right\} \in \mathcal{F}$$

より，$N := \{X_n \text{ は収束しない}\} \in \mathcal{F}$．仮定より $P(N) = 0$．$N^\complement$ 上で

$$\liminf_n X_n = \limsup_n X_n = \lim_n X_n$$

であるから

$$\int_\Omega \liminf_n X_n \, dP = \int_\Omega \limsup_n X_n \, dP.$$

したがって $\lim_n \int_\Omega X_n \, dP$ が存在して

$$\lim_n \int_\Omega X_n \, dP = \int_\Omega \liminf_n X_n \, dP = \int_\Omega \limsup_n X_n \, dP$$

となる．

$\lim_n X_n$ は Ω 全体では定義されず, N 上で不定である. しかし, $P(N) = 0$ より, N 上で $\lim_n X_n$ をいかように定義しても, Ω での積分 $\int_\Omega \lim_n X_n \, dP$ の値は変わらず

$$\int_\Omega \lim_n X_n \, dP = \int_\Omega \liminf_n X_n \, dP = \int_\Omega \limsup_n X_n \, dP$$

となる. よって (vii) の主張

$$\lim_n \int_\Omega X_n \, dP = \int_\Omega \lim_n X_n \, dP$$

が成り立つ. ■

▶**定理 1.29（ヘルダーの不等式）** $p, q > 0$, $\frac{1}{p} + \frac{1}{q} = 1$ とする. $X, Y \in L^0$ に対して

$$E[|XY|] \leq \left(E[|X|^p]\right)^{\frac{1}{p}} \left(E[|Y|^q]\right)^{\frac{1}{q}}.$$

これを**ヘルダー** (Hölder) **の不等式**という. とくに $p = q = 2$ のときは**シュワルツ** (Schwarz) **の不等式**という.

[証明] これは定理 A.57 より従う. ■

▶**定理 1.30** (i) $0 < p < q < \infty$, $X \in L^0$ に対して

$$\left(E[|X|^p]\right)^{\frac{1}{p}} \leq \left(E[|X|^q]\right)^{\frac{1}{q}}.$$

(ii) $X \in L^0$ に対して

$$\lim_{p \to \infty} \left(E[|X|^p]\right)^{\frac{1}{p}} = \operatorname{ess\,sup} |X(\omega)|.$$

(iii) $1 \leq p < q < \infty$ に対して $L^\infty \subset L^q \subset L^p \subset L^1 \subset L^0$.

[証明] (i) $0 < p < q < \infty$, $X \in L^0$ とする.

$$1 = \frac{q}{q} = \frac{p + q - p}{q} = \frac{p}{q} + \frac{q - p}{q} = \frac{1}{\frac{q}{p}} + \frac{1}{\frac{q}{q-p}}$$

より, ヘルダーの不等式を適用して

$$E\bigl[|X|^p\bigr] = E\bigl[|X|^p \cdot 1\bigr] \leq \Bigl(E\bigl[(|X|^p)^{\frac{q}{p}}\bigr]\Bigr)^{\frac{p}{q}} \bigl(E\bigl[1^{\frac{q}{q-p}}\bigr]\bigr)^{\frac{q-p}{q}}$$
$$= \bigl(E\bigl[|X|^q\bigr]\bigr)^{\frac{p}{q}}.$$

両辺を $\frac{1}{p}$ 乗すれば，(i) の不等式が得られる．

(ii) $X \in L^0$ とする．$\operatorname{ess\,sup}|X(\omega)| < \infty$ あるいは $= \infty$ の 2 つの場合に分ける：

<u>Case 1</u> $\operatorname{ess\,sup}|X(\omega)| = a < \infty$ のとき．

ess sup の定義より，任意の $\varepsilon > 0$ に対して $P(|X| > a + \varepsilon) = 0$．$\varepsilon \searrow 0$ のとき $\{|X| > a+\varepsilon\} \nearrow \{|X| > a\}$ なので，$P(|X| > a) = \lim_{\varepsilon \searrow 0} P(|X| > a+\varepsilon) = 0$．換言すると $|X| \leq a$ P-a.e. となるから，$\bigl(E\bigl[|X|^p\bigr]\bigr)^{\frac{1}{p}} \leq a$ $(^\forall p > 0)$．(i) より，$p \mapsto \bigl(E\bigl[|X|^p\bigr]\bigr)^{\frac{1}{p}}$ は単調増加であるので，$\lim_{p \to \infty} \bigl(E\bigl[|X|^p\bigr]\bigr)^{\frac{1}{p}}$ は存在して
$$\lim_{p \to \infty} \bigl(E\bigl[|X|^p\bigr]\bigr)^{\frac{1}{p}} \leq a.$$

ここで $a = 0$ のときは，$\lim_{p \to \infty}\bigl(E\bigl[|X|^p\bigr]\bigr)^{\frac{1}{p}} = 0 = \operatorname{ess\,sup}|X(\omega)|$．$a > 0$ のときは，ess sup の定義より $P(|X| > a - \varepsilon) > 0$ $(0 < {}^\forall\varepsilon < a)$ に注意して
$$\bigl(E\bigl[|X|^p\bigr]\bigr)^{\frac{1}{p}} \geq \bigl(E\bigl[|X|^p \mathbf{1}_{\{|X| > a-\varepsilon\}}\bigr]\bigr)^{\frac{1}{p}}$$
$$\geq \bigl((a-\varepsilon)^p P(|X| > a-\varepsilon)\bigr)^{\frac{1}{p}}$$
$$= (a-\varepsilon)\bigl(P(|X| > a-\varepsilon)\bigr)^{\frac{1}{p}}, \quad 0 < \varepsilon < a,\ p > 0.$$

$p \to \infty$ とすると，$\frac{1}{p} \to 0$ より $\bigl(P(|X| > a-\varepsilon)\bigr)^{\frac{1}{p}} \to 1$ なので
$$\lim_{p \to \infty} \bigl(E\bigl[|X|^p\bigr]\bigr)^{\frac{1}{p}} \geq a - \varepsilon \to a \ \ (\varepsilon \searrow 0).$$

したがって $\lim_{p \to \infty}\bigl(E\bigl[|X|^p\bigr]\bigr)^{\frac{1}{p}} = a = \operatorname{ess\,sup}|X(\omega)|$．

<u>Case 2</u> $\operatorname{ess\,sup}|X(\omega)| = \infty$ のとき．

このときは $P(|X| > a) > 0$ $(^\forall a > 0)$ であるから
$$\bigl(E\bigl[|X|^p\bigr]\bigr)^{\frac{1}{p}} \geq \bigl(E\bigl[|X|^p \mathbf{1}_{\{|X|>a\}}\bigr]\bigr)^{\frac{1}{p}} \geq \bigl(a^p P(|X|>a)\bigr)^{\frac{1}{p}}$$
$$= a\bigl(P(|X|>a)\bigr)^{\frac{1}{p}}, \quad a > 0,\ p > 0.$$

$p \to \infty$ とすると
$$\lim_{p \to \infty} \bigl(E\bigl[|X|^p\bigr]\bigr)^{\frac{1}{p}} \geq a \to \infty = \operatorname{ess\,sup}|X(\omega)| \ \ (a \to \infty).$$

(iii) $1 < p < q < \infty$ とする. (i) より

$$X \in L^p \Leftrightarrow E[|X|^p] < \infty \Rightarrow E[|X|] \leq (E[|X|^p])^{\frac{1}{p}} < \infty$$
$$\Rightarrow X \in L^1,$$
$$X \in L^q \Leftrightarrow E[|X|^q] < \infty \Rightarrow E[|X|^p] \leq (E[|X|^q])^{\frac{p}{q}} < \infty$$
$$\Rightarrow X \in L^p.$$

(ii) の証明より

$$X \in L^\infty \Leftrightarrow \operatorname{ess\,sup}|X(\omega)| < \infty$$
$$\Rightarrow |X| \leq \operatorname{ess\,sup}|X(\omega)| \quad P\text{-a.e.}$$
$$\Rightarrow E[|X|^q] \leq \left(\operatorname{ess\,sup}|X(\omega)|\right)^q < \infty$$
$$\Rightarrow X \in L^q. \qquad\blacksquare$$

▶**定理 1.31（イェンセンの不等式）** $-\infty \leq a < b \leq \infty$ とし，X は $(\Omega, \mathcal{F}, P)$ 上の (a,b)-値確率変数（すなわち $X : \Omega \to (a,b)$ は $\mathcal{F}$-可測），$\varphi : (a,b) \to \mathbb{R}$ は**凸関数** (convex function)，すなわち $x, y \in (a,b)$, $\alpha \in (0,1)$ に対して

$$\varphi(\alpha x + (1-\alpha)y) \leq \alpha \varphi(x) + (1-\alpha)\varphi(y)$$

とする．もし $X \in L^1$ かつ $\varphi(X) \in L^{1\,8)}$ ならば

$$\varphi(E[X]) \leq E[\varphi(X)].$$

これを**イェンセン** (Jensen) **の不等式**という．

この定理の証明のために，次の補題を用意する：

▶**補題 1.32** $-\infty \leq a < b \leq \infty$ とし，$\varphi : (a,b) \to \mathbb{R}$ は凸関数とする．
(i) φ は (a,b) の各点で右微分 φ'_+，左微分 φ'_- をもち，$\varphi'_- \leq \varphi'_+$．$\varphi'_\pm$ は (a,b) 上で単調増加である．

---

8) 補題 1.32(ii) より，φ は連続なので，$\varphi(X)$ は $\mathcal{F}$-可測である．

(ii) φ は (a,b) 上で連続である．
(iii) 任意の $x,c \in (a,b)$ に対して，$\varphi(x) \geq \varphi'_+(c)(x-c) + \varphi(c)$.
(iv) 任意の $x \in (a,b)$ に対して，$\varphi(x) = \sup_{r \in \mathbb{Q} \cap (a,b)} \bigl(\varphi'_+(r)(x-r) + \varphi(r)\bigr)$.

[証明]　6 段階で示す．
$1°$　$a < x < y < z < b$ に対して
$$\frac{\varphi(y)-\varphi(x)}{y-x} \leq \frac{\varphi(z)-\varphi(x)}{z-x} \leq \frac{\varphi(z)-\varphi(y)}{z-y}.$$
∵ $a < x < y < z < b$ とする．
$$y = \frac{z-x}{z-x}y = \frac{zx+zy-xy-zx}{z-x} = \frac{z-y}{z-x}x + \frac{y-x}{z-x}z,$$
$$\frac{z-y}{z-x}, \frac{y-x}{z-x} > 0,\ \frac{z-y}{z-x} + \frac{y-x}{z-x} = \frac{z-x}{z-x} = 1$$
より
$$\varphi(y) = \varphi\left(\frac{z-y}{z-x}x + \frac{y-x}{z-x}z\right) \leq \frac{z-y}{z-x}\varphi(x) + \frac{y-x}{z-x}\varphi(z)$$
$$\begin{cases} = \varphi(x) + \dfrac{y-x}{z-x}\bigl(\varphi(z)-\varphi(x)\bigr), \\ = \varphi(z) - \dfrac{z-y}{z-x}\bigl(\varphi(z)-\varphi(x)\bigr). \end{cases}$$

これを整理すれば，$1°$ の主張が従う．
$2°$　$\varphi'_\pm$ が存在し，$\varphi'_- \leq \varphi'_+$.
∵ $a < x < b$, $0 < \delta' < \delta < (x-a) \wedge (b-x)$ とする．$a < x-\delta < x-\delta' < x < x+\delta' < x+\delta < b$ なので，$1°$ より
$$\frac{\varphi(x)-\varphi(x-\delta)}{\delta} \leq \frac{\varphi(x)-\varphi(x-\delta')}{\delta'} \leq \frac{\varphi(x+\delta')-\varphi(x)}{\delta'}$$
$$\leq \frac{\varphi(x+\delta)-\varphi(x)}{\delta}.$$

このことから
$$\left(\frac{\varphi(x)-\varphi(x-\delta')}{\delta'}\right)_{0<\delta'<\delta} \text{は上に有界で，}\delta' \searrow 0 \text{ のとき単調増加，}$$
$$\left(\frac{\varphi(x+\delta')-\varphi(x)}{\delta'}\right)_{0<\delta'<\delta} \text{は下に有界で，}\delta' \searrow 0 \text{ のとき単調減少}$$

がわかる．したがって，左微分 $\varphi'_-(x)$, 右微分 $\varphi'_+(x)$ が存在する．上の不等式から $\varphi'_-(x) \leq \varphi'_+(x)$ もわかる．

3° $\varphi'_\pm$ は (a,b) 上で単調増加である．

☺ $a < x < y < b$ とする．$0 < \delta, \delta' < \frac{y-x}{2}$ に対して，$a < x < x + \delta < y - \delta' < y < b$ なので，1° より

$$\frac{\varphi(x+\delta) - \varphi(x)}{\delta} \leq \frac{\varphi(y) - \varphi(y-\delta')}{\delta'}.$$

$\delta, \delta' \searrow 0$ とすると，$\varphi'_+(x) \leq \varphi'_-(y)$. これと 2° より

$$\varphi'_-(x) \leq \varphi'_+(x) \leq \varphi'_-(y) \leq \varphi'_+(y).$$

これは 3° の主張を示している．

4° φ は (a,b) 上で連続である．

☺ 2° より，φ は各点で右微分・左微分可能であるから，明らかにその点で連続である．

5° 任意の $x, c \in (a,b)$ に対して，$\varphi(x) \geq \varphi'_+(c)(x-c) + \varphi(c)$.

☺ $x, c \in (a,b)$ を固定する．$x = c$ のときは，この不等式は明らかに成り立つので $x \neq c$ とする．

$x > c$ のとき．$0 < \delta < x - c$ に対して，$a < c < c + \delta < x < b$ なので，1° より

$$\frac{\varphi(c+\delta) - \varphi(c)}{\delta} \leq \frac{\varphi(x) - \varphi(c)}{x - c}.$$

整理すると

$$\varphi(x) \geq \frac{\varphi(c+\delta) - \varphi(c)}{\delta}(x-c) + \varphi(c).$$

$\delta \searrow 0$ とすれば，5° の主張の不等式が従う．

$x < c$ のとき．$0 < \delta < b - c$ に対して，$a < x < c < c + \delta < b$ なので，1° より

$$\frac{\varphi(c) - \varphi(x)}{c - x} \leq \frac{\varphi(c+\delta) - \varphi(c)}{\delta}.$$

整理すると

$$\varphi(x) \geq \frac{\varphi(c+\delta) - \varphi(c)}{\delta}(x-c) + \varphi(c).$$

$\delta \searrow 0$ とすれば,5° の主張の不等式が従う.

<u>6°</u> 任意の $x \in (a,b)$ に対して,$\varphi(x) = \sup_{r \in \mathbb{Q} \cap (a,b)} \bigl(\varphi'_+(r)(x-r) + \varphi(r)\bigr)$.

☺ $x \in (a,b)$ を固定する.5° より,左辺 $\geq$ 右辺 である.有理数列 $\{r_n\}_{n=1}^{\infty}$ を $a < r_n \leq r_{n+1} < x\ (^{\forall}n),\ \lim_{n \to \infty} r_n = x$ となるようにとると,$\lim_{n \to \infty}\bigl(\varphi'_+(r_n)(x-r_n) + \varphi(r_n)\bigr) = \varphi(x)$.これは 左辺 $\leq$ 右辺 を示している.したがって 左辺 $=$ 右辺. ∎

[定理 1.31 の証明] $-\infty \leq a < b \leq \infty$,$\varphi : (a,b) \to \mathbb{R}$ は凸関数,$X : \Omega \to (a,b)$ は $\mathcal{F}$-可測で,$X \in L^1$,$\varphi(X) \in L^1$ とする.2 段階で示す.

<u>1°</u> $E[X] \in (a,b)$.

☺ $a = -\infty\ (b = \infty)$ のときは何もすることはないので,$a > -\infty\ (b < \infty)$ とする.このときは $X - a > 0\ (b - X > 0)$ であるから,$E[X-a] \geq 0$ $(E[b-X] \geq 0)$.もし $E[X-a] = 0(E[b-X] = 0)$ とすると,$X - a = 0$ $(b - X = 0)$ P-a.e. しかしこれは $X-a > 0\ (b-X > 0)$ に矛盾するので,$E[X-a] > 0\ (E[b-X] > 0)$,すなわち $E[X] > a\ (E[X] < b)$ でなければならない.

<u>2°</u> 補題 1.32(iii) において,$x = X$,$c = E[X]$ とすると
$$\varphi(X) \geq \varphi'_+\bigl(E[X]\bigr)\bigl(X - E[X]\bigr) + \varphi\bigl(E[X]\bigr).$$

期待値 E をとると
$$\begin{aligned}E\bigl[\varphi(X)\bigr] &\geq E\Bigl[\varphi'_+\bigl(E[X]\bigr)\bigl(X - E[X]\bigr) + \varphi\bigl(E[X]\bigr)\Bigr] \\ &= \varphi'_+\bigl(E[X]\bigr)E\bigl[X - E[X]\bigr] + \varphi\bigl(E[X]\bigr) = \varphi\bigl(E[X]\bigr).\end{aligned}$$

これは求める不等式である. ∎

⟨問 1.33⟩ $-\infty \leq a < b \leq \infty$ とし,$\varphi : (a,b) \to \mathbb{R}$ は 2 回微分可能,$\varphi''(x) \geq 0$ とする.このとき φ は凸関数であることを示せ.

1.3.2 確率変数の関数

▶定理 1.34 $X_1, \ldots, X_d$ は $(\Omega, \mathcal{F}, P)$ 上の実確率変数,$f : \mathbb{R}^d \to \mathbb{R}$ はボレル可測関数とする.このとき $Y(\omega) := f\bigl(X_1(\omega), \ldots, X_d(\omega)\bigr)$ は $(\Omega, \mathcal{F}, P)$ 上の実確率変数である.そして $E[Y]$ が存在する,すなわち $E[Y^+] < \infty$ あるいは

$E[Y^-] < \infty$ であるための必要十分条件は,$\int_{\mathbb{R}^d} f(x)\mu_{X_1,\ldots,X_d}(dx)$ が存在すること,すなわち $\int_{\mathbb{R}^d} f^+(x)\mu_{X_1,\ldots,X_d}(dx) < \infty$ あるいは $\int_{\mathbb{R}^d} f^-(x)\mu_{X_1,\ldots,X_d}(dx) < \infty$ となることである.この場合

$$E[Y] = \int_{\mathbb{R}^d} f(x)\mu_{X_1,\ldots,X_d}(dx)$$

となる.

[証明] 系 1.13 より,$Y = f(X_1,\ldots,X_d)$ は実確率変数である.

簡単のため $X = (X_1,\ldots,X_d)$ とかく.

まず,f は $[0,\infty)$-値とする.このとき Y は $[0,\infty)$-値の確率変数である.

$$f_n := \sum_{k=1}^{2^n n} \frac{k-1}{2^n} \mathbf{1}_{\{\frac{k-1}{2^n} \leq f < \frac{k}{2^n}\}} + n\mathbf{1}_{\{f \geq n\}}, \quad n = 1, 2, \ldots$$

とおくと,f_n は $[0,\infty)$-値のボレル可測関数で $f_n \nearrow f$.$Y_n := f_n(X)$ は $[0,\infty)$-値の確率変数で $Y_n \nearrow Y$.したがって単調収束定理より

$$E[Y] = \lim_{n \to \infty} E[Y_n],$$
$$\int_{\mathbb{R}^d} f(x)\mu_X(dx) = \lim_{n \to \infty} \int_{\mathbb{R}^d} f_n(x)\mu_X(dx).$$

ここで

$$\begin{aligned}\int_{\mathbb{R}^d} f_n(x)\mu_X(dx) &= \sum_{k=1}^{2^n n} \frac{k-1}{2^n}\mu_X\left(\frac{k-1}{2^n} \leq f < \frac{k}{2^n}\right) + n\mu_X(f \geq n)\\ &= \sum_{k=1}^{2^n n} \frac{k-1}{2^n} P\left(\frac{k-1}{2^n} \leq f(X) < \frac{k}{2^n}\right) + nP(f(X) \geq n)\\ &= E\left[\sum_{k=1}^{2^n n} \frac{k-1}{2^n}\mathbf{1}_{\{\frac{k-1}{2^n} \leq f(X) < \frac{k}{2^n}\}} + n\mathbf{1}_{\{f(X) \geq n\}}\right]\\ &= E[f_n(X)] = E[Y_n]\end{aligned}$$

に注意すると

$$E[Y] = \int_{\mathbb{R}^d} f(x)\mu_X(dx)$$

がわかる.

次に f が一般のときは $f^+ = f \vee 0$, $f^- = (-f) \vee 0$ とすると，$f^\pm$ は $[0, \infty)$-値なので，上でわかったことから

$$E[f^\pm(X)] = \int_{\mathbb{R}^d} f^\pm(x) \mu_X(dx).$$

$Y^\pm = f^\pm(X)$ に注意して

$${}^\exists E[Y] \underset{\text{iff}}{\Longleftrightarrow} {}^\exists \int_{\mathbb{R}^d} f(x) \mu_X(dx)$$

がわかる．この場合

$$\begin{aligned} E[Y] = E[Y^+] - E[Y^-] &= E[f^+(X)] - E[f^-(X)] \\ &= \int_{\mathbb{R}^d} f^+(x) \mu_X(dx) - \int_{\mathbb{R}^d} f^-(x) \mu_X(dx) \\ &= \int_{\mathbb{R}^d} f(x) \mu_X(dx) \end{aligned}$$

となる． ∎

▷**定義 1.35**　(i) $X \in L^2$ に対して

$$\sigma^2(X) := E\left[(X - E[X])^2\right] = \int_{\mathbb{R}} (x - E[X])^2 \mu_X(dx) \in [0, \infty).$$

$\sigma^2(X)$ を X の**分散** (variance) という．
(ii) $X, Y \in L^2$ に対して

$$\begin{aligned} \text{cov}(X, Y) &:= E\left[(X - E[X])(Y - E[Y])\right] \\ &= \int_{\mathbb{R}} (x - E[X])(y - E[Y]) \mu_{X,Y}(dxdy) \in \mathbb{R}. \end{aligned}$$

$\text{cov}(X, Y)$ を X と Y の**共分散** (covariance) という．

▶**定理 1.36 (チェビシェフの不等式)**　$X \in L^2$ とする．任意の $t > 0$ に対して

$$P\left(|X - E[X]| \geq t\right) \leq \frac{\sigma^2(X)}{t^2}.$$

このタイプの不等式を**チェビシェフ** (Chebyshev) **の不等式**という．

[証明]　$t > 0$ に対して

$$\begin{aligned}
\sigma^2(X) &= E\left[(X - E[X])^2\right] \\
&= E\left[(X - E[X])^2 \mathbf{1}_{\{|X - E[X]| \geq t\}} + (X - E[X])^2 \mathbf{1}_{\{|X - E[X]| < t\}}\right] \\
&\geq E\left[(X - E[X])^2 \mathbf{1}_{\{|X - E[X]| \geq t\}}\right] \\
&\geq E\left[t^2 \mathbf{1}_{\{|X - E[X]| \geq t\}}\right] = t^2 P\left(|X - E[X]| \geq t\right).
\end{aligned}$$

両辺を t^2 で割れば，求める不等式が得られる．　　■

1.3.3　独立性と期待値

▶定理 1.37　各 $j = 1, \ldots, n$ に対して，X_j は $(\Omega, \mathcal{F}, P)$ 上の d_j 次元確率ベクトル，$f_j : \mathbb{R}^{d_j} \to \mathbb{R}$ はボレル可測関数，$Y_j := f_j(X_j)$ とする．このとき

$$\{X_1, \ldots, X_n\} \perp\!\!\!\perp \text{ ならば } \{Y_1, \ldots, Y_n\} \perp\!\!\!\perp.$$

さらに $Y_j \in L^1$ $(j = 1, \ldots, n)$ ならば，$Y_1 \cdots Y_n \in L^1$ で

$$E[Y_1 \cdots Y_n] = E[Y_1] \times \cdots \times E[Y_n].$$

[証明]　$\{X_1, \ldots, X_n\}$ は独立であるとする．$B_j \in \mathcal{B}^1$ $(j = 1, \ldots, n)$ に対して

$$\begin{aligned}
&f_j^{-1}(B_j) \in \mathcal{B}^{d_j}, \\
&\{Y_j \in B_j\} = \{X_j \in f_j^{-1}(B_j)\}
\end{aligned}$$

に注意すると

$$\begin{aligned}
P(Y_1 \in B_1, \ldots, Y_n \in B_n) &= P(X_1 \in f_1^{-1}(B_1), \ldots, X_n \in f_n^{-1}(B_n)) \\
&= P(X_1 \in f_1^{-1}(B_1)) \times \cdots \times P(X_n \in f_n^{-1}(B_n)) \\
&= P(Y_1 \in B_1) \times \cdots \times P(Y_n \in B_n).
\end{aligned}$$

これは $\{Y_1, \ldots, Y_n\}$ が独立であることをいっている．

次に $Y_j \in L^1$ $(j = 1, \ldots, n)$ とする．定理 1.34 と定理 1.17 より

$$E\bigl[|Y_1\cdots Y_n|\bigr] = \int_{\mathbb{R}^n} |y_1\cdots y_n|\mu_{Y_1,\ldots,Y_n}(dy_1\cdots dy_n)$$
$$= \int_{\mathbb{R}^n} |y_1\cdots y_n|(\mu_{Y_1}\times\cdots\times\mu_{Y_n})(dy_1\cdots dy_n)$$
$$= \int_{\mathbb{R}^n} |y_1|\cdots|y_n|(\mu_{Y_1}\times\cdots\times\mu_{Y_n})(dy_1\cdots dy_n)$$
$$= \left(\int_{\mathbb{R}} |y_1|\mu_{Y_1}(dy_1)\right)\times\cdots\times\left(\int_{\mathbb{R}} |y_n|\mu_{Y_n}(dy_n)\right)$$
$$[\odot \text{ フビニの定理}]$$
$$= E\bigl[|Y_1|\bigr]\times\cdots\times E\bigl[|Y_n|\bigr] < \infty$$

となるので，$Y_1\cdots Y_n \in L^1$．再び定理 1.34 と定理 1.17 を適用して

$$E[Y_1\cdots Y_n] = \int_{\mathbb{R}^n} y_1\cdots y_n \mu_{Y_1,\ldots,Y_n}(dy_1\cdots dy_n)$$
$$= \int_{\mathbb{R}^n} y_1\cdots y_n (\mu_{Y_1}\times\cdots\times\mu_{Y_n})(dy_1\cdots dy_n)$$
$$= \left(\int_{\mathbb{R}} y_1\mu_{Y_1}(dy_1)\right)\times\cdots\times\left(\int_{\mathbb{R}} y_n\mu_{Y_n}(dy_n)\right)$$
$$= E[Y_1]\times\cdots\times E[Y_n]. \qquad\blacksquare$$

1.3.4　実バナッハ空間 $(L^p, \|\cdot\|_p)$, 実フレシェ空間 $(L^0, \|\cdot\|_0)$

▶**定理 1.38**　$1 \le p < \infty$ とする．$\bigl(L^p, \|\cdot\|_p\bigr)$ は実バナッハ (Banach) 空間である．すなわち

(i)　L^p は実線形空間である：

　　(i.a)　$X \in L^p, a \in \mathbb{R}$ に対して $aX \in L^p$，

　　(i.b)　$X, Y \in L^p$ に対して $X + Y \in L^p$．

(ii)　$\|\cdot\|_p$ は $\boldsymbol{L^p}$ **のノルム** (norm) である：

　　(ii.a) $0 \le \|X\|_p < \infty$,
$$\|X\|_p = 0 \underset{\text{iff}}{\iff} X = 0 \text{ in } L^p,$$
　　(ii.b) $\|aX\|_p = |a|\,\|X\|_p$,
　　(ii.c) $\|X + Y\|_p \le \|X\|_p + \|Y\|_p$．

(iii)　L^p は $\|\cdot\|_p$ に関して完備である：$\{X_n\}_{n=1}^{\infty} \subset L^p$ がコーシー列，すなわち $\lim_{n,m\to\infty} \|X_n - X_m\|_p = 0$ ならば，$^{\exists}X \in L^p$ s.t. $\lim_{n\to\infty} \|X_n - X\|_p = 0$.

[証明] (i) $X, Y \in L^p, a \in \mathbb{R}$ とする. $aX, X+Y$ は共に $\mathcal{F}$-可測で

$$\int_\Omega |(aX)(\omega)|^p P(d\omega) = \int_\Omega |a|^p |X(\omega)|^p P(d\omega)$$
$$= |a|^p \int_\Omega |X(\omega)|^p P(d\omega) < \infty,$$
$$\int_\Omega |(X+Y)(\omega)|^p P(d\omega) = \int_\Omega |X(\omega) + Y(\omega)|^p P(d\omega)$$
$$\leq \int_\Omega \bigl(|X(\omega)| + |Y(\omega)|\bigr)^p P(d\omega)$$
$$\leq \int_\Omega 2^{p-1} \bigl(|X(\omega)|^p + |Y(\omega)|^p\bigr) P(d\omega) \quad [\text{cf. 問 1.39}]$$
$$= 2^{p-1} \Bigl(\int_\Omega |X(\omega)|^p P(d\omega) + \int_\Omega |Y(\omega)|^p P(d\omega)\Bigr) < \infty.$$

これは $aX, X+Y \in L^p$ を示している.

(ii) (ii.a) の前半は明らか. 後半は

$$\|X\|_p = 0 \Leftrightarrow \int_\Omega |X(\omega)|^p P(d\omega) = 0$$
$$\Leftrightarrow |X|^p = 0 \quad P\text{-a.e. on } \Omega$$
$$[\odot \text{``}\Rightarrow\text{''} \text{ は定理 A.47(v), ``}\Leftarrow\text{''} \text{ は定理 A.47(ii)}]$$
$$\Leftrightarrow X = 0 \quad P\text{-a.e. on } \Omega$$
$$\Leftrightarrow X = 0 \quad \text{in } L^p.$$

(ii.b) について. $X \in L^p, a \in \mathbb{R}$ に対して

$$\|aX\|_p = \Bigl(\int_\Omega |(aX)(\omega)|^p P(d\omega)\Bigr)^{\frac{1}{p}} = \Bigl(|a|^p \int_\Omega |X(\omega)|^p P(d\omega)\Bigr)^{\frac{1}{p}}$$
$$= |a| \Bigl(\int_\Omega |X(\omega)|^p P(d\omega)\Bigr)^{\frac{1}{p}} = |a| \, \|X\|_p.$$

(ii.c) について. $X, Y \in L^p$ に対して, ミンコフスキーの不等式 [cf. 定理 A.58] より

$$\|X+Y\|_p = \Bigl(\int_\Omega |(X+Y)(\omega)|^p P(d\omega)\Bigr)^{\frac{1}{p}}$$
$$\leq \Bigl(\int_\Omega \bigl(|X(\omega)| + |Y(\omega)|\bigr)^p P(d\omega)\Bigr)^{\frac{1}{p}}$$

$$\leq \Big(\int_\Omega |X(\omega)|^p P(d\omega)\Big)^{\frac{1}{p}} + \Big(\int_\Omega |Y(\omega)|^p P(d\omega)\Big)^{\frac{1}{p}}$$
$$= \|X\|_p + \|Y\|_p.$$

(iii) $\{X_n\}_{n=1}^\infty \subset L^p$ を $\|X_n - X_m\|_p \to 0 \ (n,m \to \infty)$ とする．3段階で示す．
$\underline{1^\circ}$ $^\exists \{n_k\}_{k=1}^\infty$: 部分列 s.t. $\|X_n - X_{n_k}\|_p < \frac{1}{2^k}$ $(^\forall n \geq n_k)$．
☺ 仮定より

$$^\forall \varepsilon > 0, \ ^\exists N \geq 1 \ \text{s.t.} \ \|X_n - X_m\|_p < \varepsilon \ (n,m \geq N).$$

ここで $\varepsilon = \frac{1}{2}$ とすると

$$^\exists n_1 \geq 1 \ \text{s.t.} \ \|X_n - X_{n_1}\|_p < \frac{1}{2} \ (^\forall n \geq n_1).$$

次に $\varepsilon = \frac{1}{2^2}$ に対して

$$^\exists n_2 > n_1 \ \text{s.t.} \ \|X_n - X_{n_2}\|_p < \frac{1}{2^2} \ (^\forall n \geq n_2).$$

以下，これを繰り返すことにより求める部分列 $\{n_k\}_{k=1}^\infty$ が得られる．
$\underline{2^\circ}$ $k \geq 1$ に対して，$\mathcal{F}$-可測関数 $Y_k : \Omega \to [0,\infty)$ を

$$Y_k(\omega) := |X_{n_1}(\omega)| + \sum_{j=1}^{k-1} |X_{n_{j+1}}(\omega) - X_{n_j}(\omega)|$$

とおく．$Y_k \in L^p, \|Y_k\|_p \leq \|X_{n_1}\|_p + 1$ である．何となれば，(ii.c) と 1° より

$$\|Y_k\|_p = \Big\| |X_{n_1}| + \sum_{j=1}^{k-1} |X_{n_{j+1}} - X_{n_j}| \Big\|_p$$
$$\leq \|X_{n_1}\|_p + \sum_{j=1}^{k-1} \|X_{n_{j+1}} - X_{n_j}\|_p$$
$$< \|X_{n_1}\|_p + \sum_{j=1}^{k-1} \frac{1}{2^j}$$
$$< \|X_{n_1}\|_p + \sum_{j=1}^{\infty} \frac{1}{2^j} = \|X_{n_1}\|_p + 1.$$

$Y \in \mathbb{M}^+(\Omega, \mathcal{F})$, すなわち $\mathcal{F}$-可測関数 $Y : \Omega \to [0,\infty]$ を

$$Y(\omega) := |X_{n_1}(\omega)| + \sum_{j=1}^{\infty} |X_{n_{j+1}}(\omega) - X_{n_j}(\omega)|$$

とおく．$Y_k \nearrow Y$ なので，単調収束定理より

$$\int_\Omega Y(\omega)^p P(d\omega) = \lim_{k\to\infty} \int_\Omega Y_k(\omega)^p P(d\omega)$$
$$= \lim_{k\to\infty} \|Y_k\|_p^p \le \left(\|X_{n_1}\|_p + 1\right)^p < \infty.$$

これは，定理 A.47(iv) より，$Y < \infty$ P-a.e. on Ω を含意する．そこで $X: \Omega \to \mathbb{R}$ を次のように定義する：

$$X(\omega) := \begin{cases} \lim_{k\to\infty} X_{n_k}(\omega), & Y(\omega) < \infty \text{ のとき,} \\ 0, & Y(\omega) = \infty \text{ のとき.} \end{cases}$$

$k > l$ に対して

$$|X_{n_k}(\omega) - X_{n_l}(\omega)| = \Big|\sum_{j=l}^{k-1} \left(X_{n_{j+1}}(\omega) - X_{n_j}(\omega)\right)\Big|$$
$$\le \sum_{j=l}^{k-1} |X_{n_{j+1}}(\omega) - X_{n_j}(\omega)| = Y_k(\omega) - Y_l(\omega)$$

に注意すれば，X は well-defined．定義より X は $\mathcal{F}$-可測である．$\{Y < \infty\}$ 上で $|X - X_{n_l}| \le Y - Y_l$ なので

$$\int_\Omega |X(\omega) - X_{n_l}(\omega)|^p P(d\omega) = \int_{\{Y<\infty\}} |X(\omega) - X_{n_l}(\omega)|^p P(d\omega)$$
$$\left[\odot\ P(Y=\infty) = 0\right]$$
$$\le \int_{\{Y<\infty\}} |Y(\omega) - Y_l(\omega)|^p P(d\omega)$$
$$\to 0 \ (l \to \infty) \quad \left[\odot\text{ ルベーグの収束定理}\right].$$

これは $X \in L^p$，そして $\|X - X_{n_l}\|_p \to 0 \ (l \to \infty)$ を含意する．

<u>3°</u> $\|X_n - X\|_p \to 0 \ (n \to \infty)$．
$\odot$ 1° より

$$\|X_n - X\|_p \leq \|X_n - X_{n_l}\|_p + \|X_{n_l} - X\|_p$$
$$< \frac{1}{2^l} + \|X_{n_l} - X\|_p, \quad {}^\forall n \geq n_l.$$

$n \to \infty$ とすると

$$\limsup_{n \to \infty} \|X_n - X\|_p \leq \frac{1}{2^l} + \|X_{n_l} - X\|_p \to 0 \quad (l \to \infty) \quad \bigl[\odot\ 2^\circ\bigr]. \quad \blacksquare$$

〈問 1.39〉 $(u+v)^p \leq 2^{p-1}(u^p + v^p)$ $(u, v \geq 0, 1 \leq p < \infty)$ を示せ.

▶**定理 1.40** $(L^\infty, \|\cdot\|_\infty)$ は実バナッハ空間である. すなわち

(i) L^∞ は実線形空間である:

(i.a) $X \in L^\infty, a \in \mathbb{R}$ に対して $aX \in L^\infty$,

(i.b) $X, Y \in L^\infty$ に対して $X + Y \in L^\infty$.

(ii) $\|\cdot\|_\infty$ は L^∞ のノルムである:

(ii.a) $0 \leq \|X\|_\infty < \infty$,
$$\|X\|_\infty = 0 \underset{\text{iff}}{\iff} X = 0 \ \text{in}\ L^\infty,$$

(ii.b) $\|aX\|_\infty = |a|\, \|X\|_\infty$,

(ii.c) $\|X+Y\|_\infty \leq \|X\|_\infty + \|Y\|_\infty$.

(iii) L^∞ は $\|\cdot\|_\infty$ に関して完備である: $\{X_n\}_{n=1}^\infty \subset L^\infty$ がコーシー列, すなわち $\lim_{n,m \to \infty} \|X_n - X_m\|_\infty = 0$ ならば, ${}^\exists X \in L^\infty$ s.t. $\lim_{n \to \infty} \|X_n - X\|_\infty = 0$.

［証明］ (i) $X, Y \in L^\infty, a \in \mathbb{R}$ とする. このとき

$$|X(\omega)| \leq \|X\|_\infty, \quad |Y(\omega)| \leq \|Y\|_\infty \quad P\text{-a.a.}\ \omega$$

より, P-a.a. ω に対して

$$|aX(\omega)| = |a|\, |X(\omega)| \leq |a|\, \|X\|_\infty,$$
$$|X(\omega) + Y(\omega)| \leq |X(\omega)| + |Y(\omega)| \leq \|X\|_\infty + \|Y\|_\infty.$$

これは $aX, X+Y \in L^\infty$ を示している.

(ii) (ii.a) の前半は明らか. 後半は

$$\|X\|_\infty = 0 \Leftrightarrow \operatorname{ess\,sup} |X(\omega)| = 0$$
$$\Leftrightarrow {}^\forall n \in \mathbb{N} \text{ に対して } |X(\omega)| \leq \tfrac{1}{n} \quad P\text{-a.a. } \omega$$
$$\Leftrightarrow |X(\omega)| = 0 \quad P\text{-a.a. } \omega$$
$$\Leftrightarrow X = 0 \quad P\text{-a.e.}$$
$$\Leftrightarrow X = 0 \ \text{in } L^\infty.$$

(ii.b) について．$X \in L^\infty$, $a \in \mathbb{R}$ を固定する．$\|X\|_\infty = 0$ のときは，上のことから $\|aX\|_\infty = 0 = |a|\,\|X\|_\infty$．$\|X\|_\infty > 0$ のときは，定義より

$$|X| \leq \|X\|_\infty \quad P\text{-a.e.},$$
$$P(|X| > \gamma) > 0 \quad (0 \leq {}^\forall \gamma < \|X\|_\infty)$$

に注意すると，$a \neq 0$ に対して

$$|aX| = |a|\,|X| \leq |a|\|X\|_\infty \quad P\text{-a.e.},$$
$$P(|aX| > |a|\gamma) = P(|X| > \gamma) > 0 \quad (0 \leq {}^\forall \gamma < \|X\|_\infty).$$

これは $\|aX\|_\infty = |a|\,\|X\|_\infty$ を含意する．$a = 0$ のときは $\|aX\|_\infty = 0 = |a|\,\|X\|_\infty$．したがって (ii.b) の主張がわかる．

(ii.c) について．$X, Y \in L^\infty$ に対して

$$|X| \leq \|X\|_\infty, \quad |Y| \leq \|Y\|_\infty \quad P\text{-a.e.}$$

なので

$$|X + Y| \leq |X| + |Y| \leq \|X\|_\infty + \|Y\|_\infty \quad P\text{-a.e.}$$

これは $\|X + Y\|_\infty \leq \|X\|_\infty + \|Y\|_\infty$ を示している．

(iii) $\{X_n\}_{n=1}^\infty \subset L^\infty$ を $\|X_n - X_m\|_\infty \to 0 \ (n, m \to \infty)$ とする．$N_{n,m} \in \mathcal{F}$ を

$$N_{n,m} := \{|X_n - X_m| > \|X_n - X_m\|_\infty\}$$

とおくと $P(N_{n,m}) = 0 \ ({}^\forall n, {}^\forall m)$ なので，$N := \bigcup_{n,m \geq 1} N_{n,m} \in \mathcal{F}$ は $P(N) = 0$ をみたす．定義より $N^{\complement}$ 上では

$$|X_n - X_m| \le \|X_n - X_m\|_\infty \quad (\forall n, \forall m).$$

そこで $X : \Omega \to \mathbb{R}$ を

$$X(\omega) := \begin{cases} \lim_{n\to\infty} X_n(\omega), & \omega \in N^{\complement}, \\ 0, & \omega \in N \end{cases}$$

と定義すると，X は well-defined で $\mathcal{F}$-可測．$N^{\complement}$ 上では

$$|X_n - X| = \lim_{m\to\infty} |X_n - X_m| \le \lim_{m\to\infty} \|X_n - X_m\|_\infty$$

に注意すると

$$\operatorname{ess\,sup} |X_n(\omega) - X(\omega)| \le \lim_{m\to\infty} \|X_n - X_m\|_\infty, \quad \forall n.$$

これは $X \in L^\infty$, $\|X_n - X\|_\infty \to 0 \ (n \to \infty)$ を含意する． ∎

▶**定理 1.41** $\left(L^0, \|\cdot\|_0\right)$ は実フレシェ (Fréchet) 空間である．すなわち
(i) L^0 は実線形空間である：
  (i.a) $X \in L^0, a \in \mathbb{R}$ に対して $aX \in L^0$,
  (i.b) $X, Y \in L^0$ に対して $X + Y \in L^0$.
(ii) $\|\cdot\|_0$ は $\boldsymbol{L^0}$ の擬ノルム (pseudo-norm) である：
  (ii.a) $0 \le \|X\|_0 < \infty$,
    $\|X\|_0 = 0 \underset{\text{iff}}{\Longleftrightarrow} X = 0 \text{ in } L^0$,
  (ii.b) $\|-X\|_0 = \|X\|_0$,
    $a_n \to a$, $\|X_n - X\|_0 \to 0$ ならば $\|a_n X_n - aX\|_0 \to 0$,
  (ii.c) $\|X + Y\|_0 \le \|X\|_0 + \|Y\|_0$.
(iii) L^0 は $\|\cdot\|_0$ に関して完備である：$\{X_n\}_{n=1}^\infty \subset L^0$ がコーシー列，すなわち $\lim_{n,m\to\infty} \|X_n - X_m\|_0 = 0$ ならば，$\exists X \in L^0$ s.t. $\lim_{n\to\infty} \|X_n - X\|_0 = 0$.

この定理の証明のために，次の補題を用意する：

▶**補題 1.42** $\varphi(t) := \frac{t}{1+t} \ (t \in [0, \infty))$ とおく．このとき
(i) φ は連続，狭義単調増加，$0 \le \varphi(t) \le 1$, $\varphi(0) = 0$.

(ii) $\varphi(t+s) \leq \varphi(t) + \varphi(s)$.

(iii) 任意の $\varepsilon > 0, a \geq 0$ に対して

$$\mathbf{1}_{(\varepsilon,\infty)}(t)\varphi(a\varepsilon) \leq \varphi(at) \leq \varphi(a\varepsilon) + \mathbf{1}_{(\varepsilon,\infty)}(t).$$

[証明] (i) $\varphi'(t) = \left(1 - \frac{1}{1+t}\right)' = \frac{1}{(1+t)^2} > 0$ より，φ は狭義単調増加である．明らかに $0 \leq \varphi(t) \leq 1, \varphi(0) = 0$.

(ii) $t, s \geq 0$ に対して

$$\begin{aligned}
&\varphi(t) + \varphi(s) - \varphi(t+s) \\
&= \frac{t}{1+t} + \frac{s}{1+s} - \frac{t+s}{1+t+s} \\
&= \frac{t+s+2ts}{1+t+s+ts} - \frac{t+s}{1+t+s} \\
&= \frac{(t+s)(1+t+s) + 2ts(1+t+s) - (t+s)(1+t+s) - ts(t+s)}{(1+t+s+ts)(1+t+s)} \\
&= \frac{ts(2 + 2(t+s) - (t+s))}{(1+t+s+ts)(1+t+s)} \\
&= \frac{ts(2+t+s)}{(1+t+s+ts)(1+t+s)} \geq 0.
\end{aligned}$$

(iii) 任意の $\varepsilon > 0, a \geq 0$ を固定する．このとき

$$\varphi(at) = \mathbf{1}_{\{t \leq \varepsilon\}}\varphi(at) + \mathbf{1}_{\{t > \varepsilon\}}\varphi(at)$$

$$\begin{cases}
\leq \mathbf{1}_{\{t \leq \varepsilon\}}\varphi(a\varepsilon) + \mathbf{1}_{\{t > \varepsilon\}}\varphi(at) \quad [\odot\ t \leq \varepsilon \Rightarrow \varphi(at) \leq \varphi(a\varepsilon)] \\
\leq \varphi(a\varepsilon) + \mathbf{1}_{\{t > \varepsilon\}} \quad [\odot\ \mathbf{1}_{\{t \leq \varepsilon\}} \leq 1, \varphi(at) \leq 1] \\
= \varphi(a\varepsilon) + \mathbf{1}_{(\varepsilon,\infty)}(t), \\
\geq \mathbf{1}_{\{t > \varepsilon\}}\varphi(at) \\
\geq \mathbf{1}_{\{t > \varepsilon\}}\varphi(a\varepsilon) \quad [\odot\ t > \varepsilon \Rightarrow \varphi(at) \geq \varphi(a\varepsilon)] \\
= \mathbf{1}_{(\varepsilon,\infty)}(t)\varphi(a\varepsilon).
\end{cases}$$

∎

[定理 1.41 の証明] (i) は明らかである．

(ii) (ii.a) の前半は明らか．後半は

$$\|X\|_0 = 0 \Leftrightarrow \int_\Omega \frac{|X|}{1+|X|} dP = 0 \Leftrightarrow \frac{|X|}{1+|X|} = 0 \ \ P\text{-a.e.}$$
$$\Leftrightarrow |X| = 0 \ \ P\text{-a.e.}$$
$$\Leftrightarrow X = 0 \ \ P\text{-a.e.}$$
$$\Leftrightarrow X = 0 \ \ \text{in } L^0.$$

(ii.c) を先に示す．補題 1.42(i) と (ii) より

$$\|X+Y\|_0 = \int_\Omega \varphi(|X+Y|)dP \le \int_\Omega \varphi(|X|+|Y|)dP$$
$$\le \int_\Omega \bigl(\varphi(|X|) + \varphi(|Y|)\bigr)dP$$
$$= \int_\Omega \varphi(|X|)dP + \int_\Omega \varphi(|Y|)dP$$
$$= \|X\|_0 + \|Y\|_0.$$

(ii.b) の前半は明らか．後半の収束は，まず，補題 1.42(iii) より

$$\|a_n X_n - aX\|_0 = \|a_n(X_n - X) + (a_n - a)X\|_0$$
$$\le \|a_n(X_n - X)\|_0 + \|(a_n - a)X\|_0 \quad \bigl[\odot\ (\text{ii.c})\bigr]$$
$$= \int_\Omega \varphi(|a_n(X_n - X)|)dP + \int_\Omega \varphi(|(a_n - a)X|)dP$$
$$= \int_\Omega \varphi(|a_n||X_n - X|)dP + \int_\Omega \varphi(|a_n - a||X|)dP$$
$$\le \int_\Omega \bigl(\varphi(|a_n|\varepsilon) + \mathbf{1}_{(\varepsilon,\infty)}(|X_n - X|)\bigr)dP$$
$$\quad + \int_\Omega \bigl(\varphi(|X|\varepsilon) + \mathbf{1}_{(\varepsilon,\infty)}(|a_n - a|)\bigr)dP$$
$$\bigl[\text{ここで } \varepsilon > 0\bigr]$$
$$\le \int_\Omega \Bigl(\varphi(|a_n|\varepsilon) + \frac{\varphi(|X_n - X|)}{\varphi(\varepsilon)}\Bigr)dP$$
$$\quad + \int_\Omega \Bigl(\varphi(|X|\varepsilon) + \frac{\varphi(|a_n - a|)}{\varphi(\varepsilon)}\Bigr)dP$$
$$= \varphi(|a_n|\varepsilon) + \frac{\|X_n - X\|_0}{\varphi(\varepsilon)}$$

$$+ \int_\Omega \varphi(|X|\varepsilon)dP + \frac{\varphi(|a_n - a|)}{\varphi(\varepsilon)}$$

と上から評価する．ここで $a_n \to a$, $\|X_n - X\|_0 \to 0$ とすると $\varphi(|a_n|\varepsilon) \to \varphi(|a|\varepsilon)$, $\varphi(|a_n - a|) \to 0$ であるから

$$\limsup_{n \to \infty} \|a_n X_n - aX\|_0 \leq \varphi(|a|\varepsilon) + \int_\Omega \varphi(|X|\varepsilon)dP.$$

あとは $\varepsilon \searrow 0$ とすれば，右辺 $\to 0$ なので [$\because \varphi(|X|\varepsilon) \searrow 0$, $0 \leq \varphi(|X|\varepsilon) < 1$，そしてルベーグの収束定理]，$\|a_n X_n - aX\|_0 \to 0$ $(n \to \infty)$ がわかる．
(iii) $\{X_n\}_{n=1}^\infty \subset L^0$ を $\|X_n - X_m\|_0 \to 0$ $(n, m \to \infty)$ とする．補題 1.42(iii) より，任意の $\varepsilon > 0$ に対して

$$P(|X_n - X_m| > \varepsilon) \leq \frac{1}{\varphi(\varepsilon)} \int_\Omega \varphi(|X_n - X_m|)dP$$
$$= \frac{\|X_n - X_m\|_0}{\varphi(\varepsilon)} \to 0 \quad (n, m \to \infty) \qquad (1.2)$$

である．3 段階で示す．
$1°$ $\exists \{n_k\}_{k=1}^\infty$: 部分列 s.t. $P(|X_n - X_{n_k}| > \frac{1}{2^k}) < \frac{1}{2^k}$ $(\forall n \geq n_k)$.
$\because$ (1.2)において，$\varepsilon = \frac{1}{2}$ とすると

$$\exists n_1 \in \mathbb{N} \text{ s.t. } P(|X_n - X_m| > \frac{1}{2}) < \frac{1}{2} \quad (\forall n, \forall m \geq n_1).$$

次に (1.2) において，$\varepsilon = \frac{1}{2^2}$ とすると

$$\exists n_2 > n_1 \text{ s.t. } P(|X_n - X_m| > \frac{1}{2^2}) < \frac{1}{2^2} \quad (\forall n, \forall m \geq n_2).$$

以下，これを繰り返すことにより

$$\exists \{n_k\}_{k=1}^\infty: 部分列 \text{ s.t. } P(|X_n - X_m| > \frac{1}{2^k}) < \frac{1}{2^k} \quad (\forall n, \forall m \geq n_k).$$

$2°$ $P\left(\limsup_k \{|X_{n_{k+1}} - X_{n_k}| > \frac{1}{2^k}\}\right) = 0$.
$\because$ $1°$ より

$$\sum_{k=1}^\infty P\left(|X_{n_{k+1}} - X_{n_k}| > \frac{1}{2^k}\right) \leq \sum_{k=1}^\infty \frac{1}{2^k} = 1 < \infty$$

なので，ボレル-カンテリの補題を適用して，$2°$ の主張は直ぐにわかる．

3° 簡単のため $N := \limsup_k \{|X_{n_{k+1}} - X_{n_k}| > \frac{1}{2^k}\} \in \mathcal{F}$ とおくと,2° より $P(N) = 0$. また $N^{\complement}$ 上で $\sum_{k=1}^{\infty} |X_{n_{k+1}} - X_{n_k}| < \infty$ である.何となれば

$$\omega \in N^{\complement} \Rightarrow {}^{\exists}l \in \mathbb{N} \text{ s.t. } |X_{n_{k+1}}(\omega) - X_{n_k}(\omega)| \leq \frac{1}{2^k} \quad ({}^{\forall}k \geq l)$$

$$\Rightarrow \sum_{k=1}^{\infty} |X_{n_{k+1}}(\omega) - X_{n_k}(\omega)|$$

$$= \sum_{k<l} |X_{n_{k+1}}(\omega) - X_{n_k}(\omega)| + \sum_{k \geq l} |X_{n_{k+1}}(\omega) - X_{n_k}(\omega)|$$

$$\leq \sum_{k<l} |X_{n_{k+1}}(\omega) - X_{n_k}(\omega)| + \sum_{k \geq l} \frac{1}{2^k} < \infty.$$

したがって $X : \Omega \to \mathbb{R}$ を

$$X(\omega) := \begin{cases} \lim_{k \to \infty} X_{n_k}(\omega), & \omega \in N^{\complement}, \\ 0, & \omega \in N \end{cases}$$

と定義する.明らかに $X \in L^0$ で

$$\|X_{n_k} - X\|_0 = \int_{\Omega} \varphi(|X_{n_k} - X|) dP$$

$$= \int_{N^{\complement}} \varphi(|X_{n_k} - X|) dP \quad [\because P(N) = 0]$$

$$\to 0 \quad (k \to \infty)$$

$$\begin{bmatrix} \because N^{\complement} \text{ 上で } \varphi(|X_{n_k} - X|) \to 0, \varphi(|X_{n_k} - X|) \leq 1, \\ \text{そしてルベーグの収束定理} \end{bmatrix}$$

となる.よって

$$\limsup_{n \to \infty} \|X_n - X\|_0 \leq \limsup_{n \to \infty} (\|X_n - X_{n_k}\|_0 + \|X_{n_k} - X\|_0)$$

$$= \lim_{n \to \infty} \|X_n - X_{n_k}\|_0 + \|X_{n_k} - X\|_0$$

$$\to 0 \quad (k \to \infty). \qquad \blacksquare$$

⟨問 1.43⟩[9] $0 < p < 1$ に対して,$L^p := \{X \in L^0; E[|X|^p] < \infty\}$,$\|X\|_p := E[|X|^p]$ $(X \in L^p)$ と定義すると,$(L^p, \|\cdot\|_p)$ は実フレシェ空間となることを示せ.

---
[9] cf. 本章の付記.

（定義 1.27 同様，$X = Y$ P-a.e. のとき $X = Y$ in L^p とする.）

1.4 確率変数列の収束

$(\Omega, \mathcal{F}, P)$ を確率空間とする.

$\{X_n\}_{n=1}^\infty$, X はそれぞれ $(\Omega, \mathcal{F}, P)$ 上の実確率変数列，実確率変数とする.

▷ **定義 1.44** (i) $P\bigl(\{\omega \in \Omega; X_n(\omega) \to X(\omega) \ (n \to \infty)\}\bigr) = 1$ のとき, X_n は $n \to \infty$ のとき X に **概収束** (almost sure convergence) するという．これを $X_n \to X$ a.s. あるいは $X_n \to X$ （概収束）と表す.

(ii) 任意の $\varepsilon > 0$ に対して $P(|X_n - X| > \varepsilon) \to 0 \ (n \to \infty)$ のとき，X_n は $n \to \infty$ のとき X に **確率収束** (convergence in probability) するという．これを $X_n \to X$ i.p. あるいは $X_n \to X$ （確率収束）と表す.

(iii) $1 \le p \le \infty$ とする．$X_n \ (n \ge 1)$, $X \in L^p$ に対して，$\|X_n - X\|_p \to 0$ $(n \to \infty)$ のとき，X_n は $n \to \infty$ のとき X に **L^p-収束** (L^p-convergence) するという．これを $X_n \to X$ in L^p あるいは $X_n \to X$ （L^p-収束）と表す.

! **注意 1.45**

$$\{\omega \in \Omega; X_n(\omega) \to X(\omega) \ (n \to \infty)\}$$
$$= \bigcap_{k=1}^\infty \bigcup_{l=1}^\infty \bigcap_{n=l}^\infty \left\{\omega \in \Omega; |X_n(\omega) - X(\omega)| < \frac{1}{k}\right\} \in \mathcal{F}.$$

▶ **定理 1.46** 次の含意が成り立つ：

(i) 概収束 $\Rightarrow$ 確率収束.

(ii) 確率収束 $\Leftrightarrow$ L^0-収束. すなわち $X_n \to X$ i.p. $\Leftrightarrow$ $\|X_n - X\|_0 \to 0$.

(iii) $1 \le p < \infty$ のとき，L^p-収束 $\Rightarrow$ 確率収束.

(iv) L^∞-収束 $\Rightarrow$ 概収束.

(v) 確率収束 $\Rightarrow$ $\exists$ 部分列 s.t. 概収束. すなわち

$X_n \to X$ i.p. $\Rightarrow$ $\exists \{n_k\}_{k=1}^\infty$: 部分列 s.t. $X_{n_k} \to X$ a.s. $(k \to \infty)$.

(vi) $1 \le p < \infty$ のとき，L^p-収束 $\Rightarrow$ $\exists$ 部分列 s.t. 概収束.

(vii) $1 \leq p \leq \infty$ のとき，一般に，概収束 $\not\Rightarrow$ L^p-収束.
(viii) $1 \leq p < \infty$ のとき，一般に，L^p-収束 $\not\Rightarrow$ 概収束.
(ix) 一般に，確率収束 $\not\Rightarrow$ 概収束.

[**証明**]　(i) 注意 1.45 より

$$\{X_n \not\to X\} = \bigcup_{k=1}^{\infty} \bigcap_{l=1}^{\infty} \bigcup_{n=l}^{\infty} \left\{|X_n - X| \geq \frac{1}{k}\right\}$$
$$\supset \bigcap_{l=1}^{\infty} \bigcup_{n=l}^{\infty} \left\{|X_n - X| \geq \frac{1}{k}\right\} = \limsup_n \left\{|X_n - X| \geq \frac{1}{k}\right\}, \quad {}^\forall k \in \mathbb{N}$$

であるから，確率測度に関するルベーグ-ファトゥの不等式 [cf. 定理 1.6(ix)] より

$$P(X_n \not\to X) \geq P\left(\limsup_n \left\{|X_n - X| \geq \frac{1}{k}\right\}\right)$$
$$\geq \limsup_n P\left(|X_n - X| \geq \frac{1}{k}\right), \quad {}^\forall k \in \mathbb{N}.$$

ここで，$X_n \to X$ a.s. とすると，最左辺 $= 0$，したがって $\lim_n P(|X_n - X| \geq \frac{1}{k}) = 0$ $({}^\forall k \in \mathbb{N})$ となる．これは $X_n \to X$ i.p. をいっている．

(ii) 補題 1.42(iii) において，$\varepsilon > 0, a = 1, t = |X_n - X|$ とすると

$$\mathbf{1}_{(\varepsilon, \infty)}(|X_n - X|)\varphi(\varepsilon) \leq \varphi(|X_n - X|) \leq \varphi(\varepsilon) + \mathbf{1}_{(\varepsilon, \infty)}(|X_n - X|)$$

となるので，期待値 E をとって

$$\varphi(\varepsilon) P(|X_n - X| > \varepsilon) \leq \|X_n - X\|_0 \leq \varphi(\varepsilon) + P(|X_n - X| > \varepsilon).$$

$X_n \to X$ i.p. のときは

$$\limsup_n \|X_n - X\|_0 \leq \lim_n \left(\varphi(\varepsilon) + P(|X_n - X| > \varepsilon)\right)$$
$$= \varphi(\varepsilon) \to 0 \quad (\varepsilon \searrow 0).$$

これは $\|X_n - X\|_0 \to 0$ を含意する．逆に $\|X_n - X\|_0 \to 0$ のときは

$$\limsup_n P(|X_n - X| > \varepsilon) \leq \lim_n \frac{\|X_n - X\|_0}{\varphi(\varepsilon)} = 0, \quad {}^\forall \varepsilon > 0.$$

これは $X_n \to X$ i.p. である．

(iii) $1 \leq p < \infty$, X_n $(n \geq 1)$, $X \in L^p$ とする． $\varepsilon > 0$ に対して

$$\|X_n - X\|_p^p = E\bigl[|X_n - X|^p\bigr] \geq E\bigl[|X_n - X|^p \mathbf{1}_{\{|X_n - X| > \varepsilon\}}\bigr]$$
$$\geq E\bigl[\varepsilon^p \mathbf{1}_{\{|X_n - X| > \varepsilon\}}\bigr]$$
$$= \varepsilon^p P\bigl(|X_n - X| > \varepsilon\bigr)$$

であるから，$X_n \to X$ in L^p のときは，$X_n \to X$ i.p. となる．

(iv) X_n $(n \geq 1)$, $X \in L^\infty$ とする．ess sup の定義より，$|X_n - X| \leq \mathrm{ess\,sup} |X_n(\omega) - X(\omega)| = \|X_n - X\|_\infty$ P-a.e. である．$X_n \to X$ in L^∞ のときは，$|X_n - X| \to 0$ P-a.e., したがって $X_n \to X$ a.s. となる．

(v) $X_n \to X$ i.p. とする．(ii) より $\|X_n - X\|_0 \to 0$ である．このとき $\|X_n - X_m\|_0 \to 0$ $(n, m \to \infty)$ なので，定理 1.41(iii) の証明より

$$\exists \{n_k\}_{k=1}^\infty : \text{部分列}, \; \exists X' \in L^0 \; \text{s.t.} \; X_{n_k} \to X' \; \text{a.s.}$$

(i) と (ii) より，$\|X_{n_k} - X'\|_0 \to 0$ $(k \to \infty)$ となるから

$$\|X - X'\|_0 \leq \|X - X_{n_k}\|_0 + \|X_{n_k} - X'\|_0 \to 0 \; (k \to \infty).$$

これは $X = X'$ P-a.e., したがって $X_{n_k} \to X$ a.s. を含意する．

(vi) (iii) と (v) より

$$L^p\text{-収束} \Rightarrow \text{確率収束} \Rightarrow \exists \text{部分列 s.t. 概収束}$$

となる．

(vii) 反例をあげる．$(\Omega, \mathcal{F}, P)$ をルベーグ確率空間，すなわち例 1.22 における確率空間とする．$X_n(\omega) := n^2 \mathbf{1}_{[1-\frac{1}{n}, 1)}(\omega)$, $n = 1, 2, \ldots$ とすると

$$\lim_{n \to \infty} X_n(\omega) = 0, \quad \forall \omega \in [0, 1).$$

何となれば，各 $\omega \in [0, 1)$ に対して，$n_0 \in \mathbb{N}$ を $\frac{1}{n_0} < 1 - \omega$ となるようにとると

$$n \geq n_0 \Rightarrow \frac{1}{n} \leq \frac{1}{n_0} \Rightarrow \omega < 1 - \frac{1}{n_0} \leq 1 - \frac{1}{n} \Rightarrow X_n(\omega) = 0$$

となるから…．一方，$1 \leq p < \infty$ のときは

$$\|X_n\|_p = \Big(\int_{[0,1)} X_n(\omega)^p d\omega\Big)^{\frac{1}{p}} = \Big(\int_{1-\frac{1}{n}}^1 n^{2p} d\omega\Big)^{\frac{1}{p}}$$
$$= n^{2-\frac{1}{p}} \to \infty \ (n \to \infty),$$

$p = \infty$ のときは
$$\|X_n\|_\infty = n^2 \to \infty \ (n \to \infty)$$

であるので,この $\{X_n\}_{n=1}^\infty$ が (vii) の反例である.

(viii) 確率空間 $(\Omega, \mathcal{F}, P)$ は (vii) と同じ. $0 \leq k < 2^m$, $m \geq 1$ に対して
$$Y_{m,k} := \mathbf{1}_{[\frac{k}{2^m}, \frac{k+1}{2^m})}$$

とおく.$n \in \mathbb{N}$ に対して,$n+1 \geq 2$ であるから
$$\exists^1 m \in \mathbb{N} \ \text{s.t.} \ 2^m \leq n+1 < 2^{m+1}$$

($m = \lfloor \frac{\log(n+1)}{\log 2} \rfloor$ である!).$0 \leq n+1-2^m < 2^m$ なので
$$X_n := Y_{m, n+1-2^m}$$

と定義する.このとき

(a) $\lim_n \|X_n\|_p = 0 \ (1 \leq p < \infty)$,
(b) $\limsup_n X_n = 1, \liminf_n X_n = 0$.

何となれば,(a) については
$$\|X_n\|_p^p = \int_\Omega (Y_{m,n+1-2^m})^p dP = \int_0^1 \mathbf{1}_{[\frac{n+1-2^m}{2^m}, \frac{n+2-2^m}{2^m})} dP$$
$$= \frac{1}{2^m} < \frac{2}{n+1} \to 0 \ (n \to \infty).$$

(b) については,各 $m \in \mathbb{N}$ に対して,$[0,1) = \sum_{0 \leq k < 2^m} \left[\frac{k}{2^m}, \frac{k+1}{2^m}\right)$ より,任意の $\omega \in [0,1)$ に対して,$0 \leq \exists^1 k < 2^m$ s.t. $\frac{k}{2^m} \leq \omega < \frac{k+1}{2^m}$. このとき,$2^m \leq 2^m + k < 2^{m+1}$ なので
$$X_{2^m+k-1}(\omega) = Y_{m,k}(\omega) = \mathbf{1}_{[\frac{k}{2^m}, \frac{k+1}{2^m})}(\omega) = 1.$$

$2^m \leq n+1 < 2^{m+1}$, $n+1 \neq 2^m + k$ に対して

$$n+1 < 2^m + k \Rightarrow n+2 \leq 2^m + k \Rightarrow \frac{n+2-2^m}{2^m} \leq \frac{k}{2^m},$$
$$n+1 > 2^m + k \Rightarrow n+1 \geq 2^m + k + 1 \Rightarrow \frac{n+1-2^m}{2^m} \geq \frac{k+1}{2^m}$$

より

$$X_n(\omega) = Y_{m,n+1-2^m}(\omega) = \mathbf{1}_{[\frac{n+1-2^m}{2^m}, \frac{n+2-2^m}{2^m})}(\omega) = 0.$$

したがって

$$\#\{2^m \leq n+1 < 2^{m+1}; X_n(\omega) = 1\} = 1,$$
$$\#\{2^m \leq n+1 < 2^{m+1}; X_n(\omega) = 0\} = 2^m - 1.$$

このことから

$$\#\{n \geq 1; X_n(\omega) = 1\} = \#\{n \geq 1; X_n(\omega) = 0\} = \infty$$

がわかり，$\limsup_n X_n(\omega) = 1$, $\liminf_n X_n(\omega) = 0$ となる．この $\{X_n\}_{n=1}^\infty$ が (viii) の反例である．

(ix) (viii) の反例 $\{X_n\}_{n=1}^\infty$ は，(iii) より $X_n \to 0$ i.p. である．しかし，$X_n \not\to 0$ a.s. なので，(ix) の反例でもある． ∎

本節では，確率変数列の収束を実確率変数に限定して話をした．が，それを d 次元確率ベクトル列の収束についていうのは全く問題なくできる．

$x = (x_1, \ldots, x_d) \in \mathbb{R}^d$, $1 \leq p < \infty$, $a, b > 0$ に対して

- $\max_{1 \leq i \leq d} |x_i| \leq |x| \leq |x_1| + \cdots + |x_d| \leq d \max_{1 \leq i \leq d} |x_i|$,
- $\max_{1 \leq i \leq d} |x_i|^p \leq |x|^p \leq d^p \max_{1 \leq i \leq d} |x_i|^p \leq d^p (|x_1|^p + \cdots + |x_d|^p)$,
- $|x| > a \Rightarrow |x_1| > \frac{a}{d}$, あるいは $\cdots$, あるいは $|x_d| > \frac{a}{d}$,
  $|x_1| > b$, あるいは $\cdots$, あるいは $|x_d| > b \Rightarrow |x| > b$

が成り立つことより，結局のところは実確率変数列の収束に帰着するので，これについて議論しておけば十分だと判断し，d 次元確率ベクトル列の収束についての議論はしなかった．次章以降で d 次元確率ベクトル列の収束が現れたときは，本節でやったことを適当に変えて読み進んで欲しい．

付 記

- 本書では「初等条件付き確率・初等条件付き期待値」は割愛する．ラドン–ニコディムの定理に基づいて（部分 σ-加法族に関する）条件付き期待値・条件付き確率を定義し，その例として初等条件付き確率等を引合いに出せば，その意味するところがはっきりし，一般の条件付き期待値を理解する上での手助けになると思う．しかし，本書では一般の条件付き期待値は扱わない．だから初等条件付き確率等も取り上げない．しかしそれが気になる読者諸氏は西尾 [18]，舟木 [12] を参照して欲しい．
- 本書では「有限直積測度」は既知で度々現れる．しかし「無限直積確率測度」は知らないという立場をとる．だから，与えられた確率分布をもつ独立な実確率変数列の存在は明らかなことでない．それはまずかろうというわけで，付録において無限直積確率測度の代替物として命題 A.68 を用意する．この命題より，ルベーグ確率空間上に件の確率分布をもつ独立な実確率変数列が構成される．その際の基になるのが，例 1.22 のルベーグ確率空間上の独立 $\{0,1\}$-値確率変数列 $\{X_n\}_{n=1}^\infty$ である．件の例では紙面を割いてていねいな証明を与えている．
- L^p 空間（$1 \leq p \leq \infty$ あるいは $p = 0$）については，紙面を割いてていねいに説明している．$0 < p < 1$ のときの L^p 空間は，その定義を問 1.43 で与えている．これが，確かに実フレシェ空間であることを概略だが証明しておく：$0 < p < 1$ とする．$(s+t)^p \leq s^p + t^p$ $(s, t \geq 0)$ より，L^p が実線形空間であること，また $\|\cdot\|_p$ が擬ノルムであることは容易にわかる．あとは $(L^p, \|\cdot\|_p)$ が完備であることである．$\{X_n\}_{n=1}^\infty \subset L^p$ を $\|X_n - X_m\|_p \to 0$ $(n, m \to \infty)$ とする．

$$\|X\|_0 \leq \tfrac{1}{\varepsilon^p}\|X\|_p + \tfrac{\varepsilon}{1+\varepsilon} \quad (X \in L^p,\ \varepsilon > 0)$$

より $\|X_n - X_m\|_0 \to 0$ $(n, m \to \infty)$．定理 1.41(iii) の証明より $^\exists \{n_k\}_{k=1}^\infty$：部分列，$^\exists X \in L^0$ s.t. $X_{n_k} \to X$ a.s. ファトゥの不等式より $E[|X|^p] \leq \liminf_k E[|X_{n_k}|^p] = \lim_n \|X_n\|_p < \infty$ なので $X \in L^p$．再びファトゥの不等式より $\|X_n - X\|_p = E[|X_n - X|^p] \leq \liminf_k E[|X_n - X_{n_k}|^p] = \lim_m \|X_n - X_m\|_p \to 0$ $(n \to \infty)$．したがって $(L^p, \|\cdot\|_p)$ の完備性がわかる．

第 2 章
ユークリッド空間上の確率測度

まず
$$\mathcal{P}^d = \mathcal{P}(\mathbb{R}^d)^{1)} := \{\mu; \mu \text{ は } (\mathbb{R}^d, \mathcal{B}^d) \text{ 上の確率測度}\}$$
とおく．$(\mathbb{R}^d, \mathcal{B}^d)$ 上の確率測度を **d 次元確率測度** (d-dimensional probability measure) あるいは **d 次元確率分布** (d-dimensional probability distribution) あるいは簡単に **d 次元分布** (d-dimensional distribution) という．

本章では，d 次元分布について考える．内容は盛り沢山である[2]．

2.1 節では，d 次元分布のルベーグ分解について見る．また絶対連続分布であるための必要十分条件を与えるラドン–ニコディムの定理を示す．

2.2 節では，1 次元分布の例をいくつかあげる．

2.3 節では，リース–バナッハの定理（スペシャル・ケース）を示す．これは，「d 次元分布と L.1), L.2), L.3) の条件をみたす $C_0(\mathbb{R}^d)$ 上の汎関数の間には 1 対 1 の対応がある」ことを主張する．関数解析的性格の定理であるが，2.4 節などで用いるため手間がかかるがこの節で証明を与えておく．

2.4 節では，空間 $\mathcal{P}^d$ に収束概念 '漠収束' を導入する．この収束より $\mathcal{P}^d$ に距離が定まり，$\mathcal{P}^d$ は距離空間となる．$\mathcal{P}^d$ の部分集合が「タイトである」ことの定義を与える．これは件(くだん)の部分集合が「相対コンパクトである」ことと同等であり，実際の計算のとき確認し易い条件となっている．

2.5 節では，d 次元分布の特性関数を考える．特性関数は，その d 次元分布の情報をすべてもっているといっても過言ではない．その証(あかし)の 1 つとして，d 次元分布列の漠収束と対応する特性関数列の収束は一致する．だから漠収束性を調べるときは，対応する特性関数列の収束を確かめればよいことになる．

2.6 節では，d 次元分布の畳み込みを考える．これは空間 $\mathcal{P}^d$ における '積' である．実際，対応する特性関数の方では確かに積となっ

---

1) この $\mathcal{P}(\mathbb{R}^d)$ は，今の場合，$\mathbb{R}^d$ のベキ集合 ($= \mathbb{R}^d$ の部分集合全体の集合) ではない．間違いのないように…．
2) だから以下の説明が長くなってしまった．

ている.

　本章での我々のターゲットは $\dot{d}$ 次元分布である．1 次元の場合だけなら 'リース–バナッハの定理（スペシャル・ケース）' は 'ヘリーの選出定理' に取って代わり，証明は大分すっきりし紙面も節約されるだろう．しかし本書では将来のために多次元の場合を扱うことにする．

2.1　$\mathcal{P}^d$ の分類

▷ **定義 2.1**　$\mu \in \mathcal{P}^d$ に対して，$\mu(\{x\}) > 0$ なる x $(\in \mathbb{R}^d)$ を μ の **不連続点** (discontinuity point of μ) という．μ の不連続点全体を D_μ とする．

! **注意 2.2**　D_μ は高々可算集合である．

[証明]　まず

$$D_\mu = \bigcup_{n=1}^\infty \left\{ x \in \mathbb{R}^d ; \mu(\{x\}) \geq \frac{1}{n} \right\}$$

に注意せよ．次に $\#\{x ; \mu(\{x\}) \geq \frac{1}{n}\} \leq n$ である．これは

$$x_1, \ldots, x_k \text{ が } \left\{x ; \mu(\{x\}) \geq \tfrac{1}{n}\right\} \text{ の相異なる元}$$
$$\Rightarrow 1 \geq \mu(\{x_1, \ldots, x_k\}) = \sum_{i=1}^k \mu(\{x_i\}) \geq \sum_{i=1}^k \frac{1}{n} = \frac{k}{n}$$
$$\Rightarrow k \leq n$$

の含意よりわかる．したがって D_μ は高々可算である．　■

▷ **定義 2.3**　$\mu \in \mathcal{P}^d$ に対して，$\mu(D_\mu) = 1$ のとき，μ は **純不連続** (purely discontinuous) であるという．$D_\mu = \emptyset$, すなわち $\mu(\{x\}) = 0$ $(^\forall x \in \mathbb{R}^d)$ のとき，μ は **連続** (continuous) であるという．

▷ **定義 2.4**　$\mu \in \mathcal{P}^d$ に対して，$\lambda^d(E) = 0$ なる任意の $E \in \mathcal{B}^d$ に対して $\mu(E) = 0$ のとき，μ はルベーグ測度に関して **絶対連続** (absolutely continuous) であるという．$^\exists S \in \mathcal{B}^d$ s.t. $\lambda^d(S) = 0$, $\mu(S) = 1$ のとき，μ はルベーグ

測度に関して**特異** (singular) であるという．

▶**Claim 2.5** (i) 純不連続 ⇒ 特異．
(ii) 絶対連続 ⇒ 連続．
(iii) $^\exists \mu \in \mathcal{P}^d$ s.t. μ は特異かつ連続．

[証明] (i) $\mu \in \mathcal{P}^d$ は純不連続であるとする．定義より $\mu(D_\mu) = 1$．注意 2.2 より D_μ は高々可算なので $\lambda^d(D_\mu) = 0$．したがって $S = D_\mu$ ととれば μ はルベーグ測度に関して特異である．
(ii) $\mu \in \mathcal{P}^d$ はルベーグ測度に関して絶対連続であるとする．各 $x \in \mathbb{R}^d$ に対して，$\lambda^d(\{x\}) = 0$ なので，$\mu(\{x\}) = 0$．したがって $D_\mu = \emptyset$ となるから，μ は連続である．
(iii) 例を 2 つあげる．1 つは $d = 2$ のとき，もう 1 つは $d = 1$ のとき．

$d = 2$ のときの例．$(\Omega, \mathcal{F}, P)$ はルベーグ確率空間とする．$X, Y \in L^0$ を $X(\omega) = 0$, $Y(\omega) = \omega$ とし，$\mu \in \mathcal{P}^2$ を $\mu = \mu_{X,Y}$ ととる．このとき $S = \{(0, y); y \in \mathbb{R}\}$ は

$$\mu(S) = \mu_{X,Y}(S) = P((X, Y) \in S) = P(X = 0, Y \in \mathbb{R})$$
$$= P(Y \in \mathbb{R}) = 1,$$
$$\lambda^2(S) = 0$$

をみたすので，μ はルベーグ測度に関して特異である．
次に，各 $(x, y) \in \mathbb{R}^2$ に対して

$$\{(X, Y) = (x, y)\} = \{\omega \in \Omega; X(\omega) = x,\ Y(\omega) = y\}$$
$$= \begin{cases} \emptyset, & x \neq 0 \text{ あるいは } y \notin [0, 1), \\ \{y\}, & x = 0 \text{ かつ } y \in [0, 1) \end{cases}$$

なので

$$\mu(\{(x, y)\}) = P((X, Y) = (x, y)) = 0.$$

これは μ は連続であることをいっている．したがって，この μ が (iii) の $d = 2$ のときの例である．

$d = 1$ のときの例．この例は，次節の 2.2.3 項で与える．そちらを参照して

欲しい. ∎

〈問 2.6〉 (iii) の証明において 1° を真似て, $d \geq 3$ のときの特異かつ連続な $\mu \in \mathcal{P}^d$ の存在を確かめよ.

▶ **定理 2.7（ルベーグ分解）** $\mu \in \mathcal{P}^d$ に対して

$$^{\exists 1}(\nu_{\mathrm{ac}}, \nu_{\mathrm{cs}}, \nu_{\mathrm{pd}})$$

s.t.
- ν_{ac} は $(\mathbb{R}^d, \mathcal{B}^d)$ 上の絶対連続な測度である, すなわち
$$E \in \mathcal{B}^d, \lambda^d(E) = 0 \text{ 対して } \nu_{\mathrm{ac}}(E) = 0,$$

- ν_{cs} は $(\mathbb{R}^d, \mathcal{B}^d)$ 上の特異かつ連続な測度である, すなわち
$$\begin{cases} {}^{\exists} S \in \mathcal{B}^d \ \text{ s.t. } \ \lambda^d(S) = 0 \ \text{かつ} \ \nu_{\mathrm{cs}}(S^{\complement}) = 0, \\ \nu_{\mathrm{cs}}(\{x\}) = 0 \ ({}^{\forall} x \in \mathbb{R}^d), \end{cases}$$

- ν_{pd} は $(\mathbb{R}^d, \mathcal{B}^d)$ 上の純不連続な測度である, すなわち
$${}^{\exists} D \subset \mathbb{R}^d : \text{高々可算集合 s.t. } \nu_{\mathrm{pd}}(D^{\complement}) = 0,$$

- $\mu = \nu_{\mathrm{ac}} + \nu_{\mathrm{cs}} + \nu_{\mathrm{pd}}.$

これを μ の d 次元ルベーグ測度 λ^d に関する**ルベーグ分解** (Lebesgue's decomposition) という.

[証明] $\mu \in \mathcal{P}^d$ を固定する. 2 段階で示す.
1° 存在性.
$0 \leq s \leq 1$ を次のようにおく:

$$s := \sup\{\mu(E \cap D_\mu^{\complement}); E \in \mathcal{B}^d, \lambda^d(E) = 0\}.$$

このとき, 定義より

$$0 \leq s \leq \mu(D_\mu^{\complement}) = 1 - \mu(D_\mu),$$

$${}^{\forall} n \geq 1, \ {}^{\exists} E_n \in \mathcal{B}^d \ \text{ s.t. } \begin{cases} \lambda^d(E_n) = 0, \\ s - \dfrac{1}{n} < \mu(E_n \cap D_\mu^{\complement}). \end{cases}$$

天下り的ではあるが, $S := \bigcup_{n=1}^{\infty} E_n$ とすると, $S \in \mathcal{B}^d$, $\lambda^d(S) = 0$ より

$\mu(S \cap D_\mu^\complement) \leq s$. 一方, $S \supset E_n \ (\forall n)$ なので, $\mu(S \cap D_\mu^\complement) \geq \mu(E_n \cap D_\mu^\complement) > s - \frac{1}{n} \to s \ (n \to \infty)$. したがって $s = \mu(S \cap D_\mu^\complement)$ となる.

いま, $(\mathbb{R}^d, \mathcal{B}^d)$ 上の測度 ν_1, ν_2, ν_3 を

$$\nu_1(\cdot) := \mu(\cdot \cap S^\complement \cap D_\mu^\complement),$$
$$\nu_2(\cdot) := \mu(\cdot \cap S \cap D_\mu^\complement),$$
$$\nu_3(\cdot) := \mu(\cdot \cap D_\mu)$$

とおく. 明らかに $\mu = \nu_1 + \nu_2 + \nu_3$ が成り立つ. 以下, 各 ν_1, ν_2, ν_3 について見ていく.

1°-1 ν_3 は純不連続である.

☺ D_μ は注意 2.2 より高々可算で, $\nu_3(D_\mu^\complement) = \mu(D_\mu^\complement \cap D_\mu) = \mu(\emptyset) = 0$. ν_3 は確かに純不連続である.

1°-2 ν_2 は特異かつ連続である.

☺ $\lambda^d(S) = 0$, $\nu_2(S^\complement) = \mu(S^\complement \cap S \cap D_\mu^\complement) = \mu(\emptyset) = 0$ より, ν_2 は特異である. 次に, 各 $x \in \mathbb{R}^d$ に対して

$$\nu_2(\{x\}) = \mu(\{x\} \cap S \cap D_\mu^\complement) \leq \mu(\{x\} \cap D_\mu^\complement) = \begin{cases} \mu(\emptyset), & x \in D_\mu, \\ \mu(\{x\}), & x \in D_\mu^\complement \end{cases} = 0$$

なので, ν_2 は連続である.

1°-3 ν_1 は絶対連続である.

☺ $E \in \mathcal{B}^d$, $\lambda^d(E) = 0$ とする. $S \cup E \in \mathcal{B}^d$ は, $\lambda^d(S \cup E) \leq \lambda^d(S) + \lambda^d(E) = 0$ なので, s の定義より

$$\mu(S \cap D_\mu^\complement) = s \geq \mu((S \cup E) \cap D_\mu^\complement) = \mu((S + E \cap S^\complement) \cap D_\mu^\complement)$$
$$= \mu(S \cap D_\mu^\complement) + \mu(E \cap S^\complement \cap D_\mu^\complement)$$
$$= \mu(S \cap D_\mu^\complement) + \nu_1(E)$$

となる. これは $\nu_1(E) = 0$ を含意し, ν_1 が絶対連続であることがわかる.

2° 一意性.

$\mu = \mu_1 + \mu_2 + \mu_3$, ただし μ_1 は絶対連続, μ_2 は特異かつ連続, μ_3 は純不連続とする. 1° より

$$\mu_1 + \mu_2 + \mu_3 = \nu_1 + \nu_2 + \nu_3 \tag{2.1}$$

である.

$\mu_1, \mu_2, \nu_1, \nu_2$ は連続なので[cf. Claim 2.5(ii)], $\mu_3(\{x\}) = \nu_3(\{x\})$ ($^\forall x \in \mathbb{R}^d$). μ_3, ν_3 の純不連続性より, $^\exists D \subset \mathbb{R}^d$: 高々可算集合 s.t. $\mu_3(D^\complement) = \nu_3(D^\complement) = 0$. このとき任意の $E \in \mathcal{B}^d$ に対して

$$\begin{aligned}\mu_3(E) &= \mu_3(E \cap (D + D^\complement)) \\ &= \mu_3(E \cap D + E \cap D^\complement) \\ &= \mu_3(E \cap D) + \mu_3(E \cap D^\complement) \\ &= \mu_3(E \cap D) \quad [\odot\ 0 \leq \mu_3(E \cap D^\complement) \leq \mu_3(D^\complement) = 0] \\ &= \sum_{x \in E \cap D} \mu_3(\{x\}) = \sum_{x \in E \cap D} \nu_3(\{x\}) = \nu_3(E \cap D) \\ &= \nu_3(E \cap D) + \nu_3(E \cap D^\complement) \\ &= \nu_3(E \cap D + E \cap D^\complement) = \nu_3(E).\end{aligned}$$

したがって $\mu_3 = \nu_3$. これを (2.1)に代入すると, $\mu_1 + \mu_2 = \nu_1 + \nu_2$, 書き直すと

$$\mu_1 - \nu_1 = \nu_2 - \mu_2 \tag{2.2}$$

となる. μ_2, ν_2 の特異性より, $^\exists S \in \mathcal{B}^d$ s.t. $\lambda^d(S) = 0, \mu_2(S^\complement) = \nu_2(S^\complement) = 0$. このとき任意の $E \in \mathcal{B}^d$ に対して

$$\begin{aligned}&\mu_1(E) - \nu_1(E) \\ &= \mu_1(E \cap S + E \cap S^\complement) - \nu_1(E \cap S + E \cap S^\complement) \\ &= \mu_1(E \cap S) + \mu_1(E \cap S^\complement) - \nu_1(E \cap S) - \nu_1(E \cap S^\complement) \\ &= \mu_1(E \cap S^\complement) - \nu_1(E \cap S^\complement) \\ &\quad \begin{bmatrix}\odot\ \lambda^d(E \cap S) = 0\ \text{なので}, \mu_1, \nu_1\ \text{の絶対連続性より}\ \mu_1(E \cap S) = \\ \nu_1(E \cap S) = 0\end{bmatrix} \\ &= \nu_2(E \cap S^\complement) - \mu_2(E \cap S^\complement) \quad [\odot\ (2.2)] \\ &= 0 \quad [\odot\ 0 \leq \nu_2(E \cap S^\complement) \leq \nu_2(S^\complement) = 0,\ 0 \leq \mu_2(E \cap S^\complement) \leq \mu_2(S^\complement) = 0].\end{aligned}$$

したがって $\mu_1 = \nu_1$. これを (2.2)に代入すれば $\mu_2 = \nu_2$ がわかる. ∎

▶**定理 2.8 (ラドン-ニコディム (Radon-Nikodym) の定理)** $\mu \in \mathcal{P}^d$ に対して，μ が絶対連続であるための必要十分条件は

$$\exists p : \mathbb{R}^d \to [0, \infty) \text{ ボレル可測 s.t. } \begin{cases} \int_{\mathbb{R}^d} p(x)dx = 1, \\ \mu(E) = \int_E p(x)dx \quad (\forall E \in \mathcal{B}^d) \end{cases}$$

である．なおこの $p(\cdot)$ はルベーグ測度に関して a.e. の違いを除いて一意的である．

▷**定義 2.9** この $p(\cdot)$ を μ の**確率密度関数** (probability density function) という．そして上のことを（すなわち絶対連続な確率測度 μ が確率密度関数 $p(\cdot)$ をもつことを）簡単に $\mu(dx) = p(x)dx$ と表す．

[**定理 2.8 の証明**] 十分性は明らかである．必要性を示す．$\mu \in \mathcal{P}^d$ はルベーグ測度に関して絶対連続とする．$k = (k_1, \ldots, k_d) \in \mathbb{Z}^d$ に対して

$$I^{(k)} := [k_1, k_1 + 1) \times \cdots \times [k_d, k_d + 1),$$
$$\mathcal{B}^{(k)} := \{E \subset I^{(k)}; E \in \mathcal{B}^d\},$$
$$\lambda^{(k)} := \lambda^d \big|_{(I^{(k)}, \mathcal{B}^{(k)})}$$

とおく．$\lambda^{(k)}$ は $(I^{(k)}, \mathcal{B}^{(k)})$ 上の確率測度である．そして

$$\mathbb{F}^{(k)} := \left\{ f; \begin{matrix} f : I^{(k)} \to [0, \infty) \text{ は } \mathcal{B}^{(k)}\text{-可測}, \\ \int_E f(x)dx \leq \mu(E) \quad (\forall E \in \mathcal{B}^{(k)}) \end{matrix} \right\},$$
$$M^{(k)} := \sup_{f \in \mathbb{F}^{(k)}} \int_{I^{(k)}} f(x)dx$$

とおく．$0 \in \mathbb{F}^{(k)}$ なので，$\mathbb{F}^{(k)} \neq \emptyset$，したがって $M^{(k)}$ は定義でき，$0 \leq M^{(k)} \leq \mu(I^{(k)}) < \infty$ である．4 段階で示す．

$1°$ $\exists f \in \mathbb{F}^{(k)}$ s.t. $M^{(k)} = \int_{I^{(k)}} f(x)dx$.
☺ $M^{(k)}$ の定義より，$\exists \{g_m\}_{m=1}^\infty \subset \mathbb{F}^{(k)}$ s.t. $\int_{I^{(k)}} g_m(x)dx > M^{(k)} - \frac{1}{m}$. $f_m := g_1 \vee \cdots \vee g_m$, $m = 1, 2, \ldots$ とおく．$0 \leq f_m \leq f_{m+1}$, f_m は $\mathcal{B}^{(k)}$-可測，$f_1 = g_1 \in \mathbb{F}^{(k)}$ である．$f_m \in \mathbb{F}^{(k)}$ とすると，任意の $E \in \mathcal{B}^{(k)}$ に対して

$$\int_E f_{m+1}(x)dx = \int_E f_m(x) \vee g_{m+1}(x)dx$$
$$= \int_{E \cap \{f_m > g_{m+1}\}} f_m(x)dx + \int_{E \cap \{f_m \le g_{m+1}\}} g_{m+1}(x)dx$$
$$\le \mu(E \cap \{f_m > g_{m+1}\}) + \mu(E \cap \{f_m \le g_{m+1}\})$$
$$[\odot \ f_m, g_{m+1} \in \mathbb{F}^{(k)} \text{ なので}]$$
$$= \mu(E)$$

より，$f_{m+1} \in \mathbb{F}^{(k)}$．したがって $f_m \in \mathbb{F}^{(k)}$ ($^\forall m \ge 1$) がわかる．

$f := \lim_{m \to \infty} (\nearrow) f_m$ とおく．$0 \le f \le \infty$，f は $\mathcal{B}^{(k)}$-可測である．単調収束定理より

$$\int_E f(x)dx = \lim_{m \to \infty} \int_E f_m(x)dx \le \mu(E), \quad ^\forall E \in \mathcal{B}^{(k)}.$$

また $f_m \ge g_m$ より

$$\int_{I^{(k)}} f(x)dx = \lim_{m \to \infty} \int_{I^{(k)}} f_m(x)dx \ge \limsup_{m \to \infty} \int_{I^{(k)}} g_m(x)dx$$
$$\ge \lim_{m \to \infty} \left(M^{(k)} - \frac{1}{m} \right) = M^{(k)}.$$

よって f (正確には $f \cdot \mathbf{1}_{\{f < \infty\}}$) が求めるものである．

2° $\nu(E) = \mu(E) - \int_E f(x)dx$ ($E \in \mathcal{B}^{(k)}$) とおく．$\nu(E) \ge 0$ なので，ν は $(I^{(k)}, \mathcal{B}^{(k)})$ 上の有限測度である．$\nu(I^{(k)}) > 0$ と仮定し，

$$\begin{cases} \Phi(E) := \nu(E) - \frac{1}{2}\nu(I^{(k)})\lambda^d(E), \\ \theta(E) := \inf_{\substack{A \in \mathcal{B}^{(k)}; \\ A \subset E}} \Phi(A), \end{cases} \quad E \in \mathcal{B}^{(k)}$$

とおく．$\Phi(E) \ge -\frac{1}{2}\nu(I^{(k)})$ ($^\forall E \in \mathcal{B}^{(k)}$) より $\theta(E)$ は定義できる．このとき

$$^\exists B \in \mathcal{B}^{(k)} \text{ s.t. } \Phi(B) > 0, \ \theta(B) \ge 0.$$

$\odot$ まず，$\theta(E) < 0$ なる $E \in \mathcal{B}^{(k)}$ に対して

$$^\exists E' \in \mathcal{B}^{(k)} \text{ s.t. } E' \subset E, \ \Phi(E') < \frac{1}{2}\theta(E) < 0.$$

$B \in \mathcal{B}^{(k)}$ を次のようにして定義する．$A_0 = I^{(k)}$ とする．仮定より，$\Phi(A_0)$

$= \frac{1}{2}\nu(I^{(k)}) > 0$. $\theta(A_0) \geq 0$ のときは,$B := A_0$ とおく.$\theta(A_0) < 0$ のときは,$A_1 = A_0'$ とし

$$A_1 \subset A_0, \quad \Phi(A_1) < \frac{1}{2}\theta(A_0) < 0,$$

そして

$$\Phi(A_0 \setminus A_1) = \Phi(A_0) - \Phi(A_1) > \Phi(A_0) + \frac{1}{2}(-\theta(A_0)) > 0.$$

$\theta(A_0 \setminus A_1) \geq 0$ のときは,$B := A_0 \setminus A_1$ とおく.$\theta(A_0 \setminus A_1) < 0$ のときは,$A_2 = (A_0 \setminus A_1)'$ とし

$$A_2 \subset A_0 \setminus A_1, \quad \Phi(A_2) < \frac{1}{2}\theta(A_0 \setminus A_1) < 0,$$

そして

$$\Phi\big(A_0 \setminus (A_1 \cup A_2)\big) = \Phi(A_0) - \big(\Phi(A_1) + \Phi(A_2)\big)$$
$$> \Phi(A_0) + \frac{1}{2}\big(-\theta(A_0)\big) + \frac{1}{2}\big(-\theta(A_0 \setminus A_1)\big) > 0.$$

以下,これを繰り返して

$$\exists \{A_i\}_{i=0}^n \subset \mathcal{B}^{(k)} \text{ s.t. } \begin{cases} A_i \subset A_0 \setminus (A_1 \cup \cdots \cup A_{i-1}), \\ \theta\big(A_0 \setminus (A_1 \cup \cdots \cup A_{i-1})\big) < 0, & i = 1, \ldots, n \\ \Phi(A_i) < \frac{1}{2}\theta\big(A_0 \setminus (A_1 \cup \cdots \cup A_{i-1})\big), \end{cases}$$

とすると

$$\Phi\big(A_0 \setminus (A_1 \cup \cdots \cup A_n)\big)$$
$$= \Phi(A_0) - \big(\Phi(A_1) + \cdots + \Phi(A_n)\big)$$
$$> \Phi(A_0) + \sum_{i=1}^n \frac{1}{2}\big(-\theta(A_0 \setminus (A_1 \cup \cdots \cup A_{i-1}))\big) > 0.$$

$\theta\big(A_0 \setminus (A_1 \cup \cdots \cup A_n)\big) \geq 0$ ならば,$B := A_0 \setminus (A_1 \cup \cdots \cup A_n)$ とおく.
$\theta\big(A_0 \setminus (A_1 \cup \cdots \cup A_n)\big) < 0$ ならば,$A_{n+1} = \big(A_0 \setminus (A_1 \cup \cdots \cup A_n)\big)'$ とし,

$$A_{n+1} \subset A_0 \setminus (A_1 \cup \cdots \cup A_n),$$
$$\Phi(A_{n+1}) < \frac{1}{2}\theta\big(A_0 \setminus (A_1 \cup \cdots \cup A_n)\big)$$

となり，この議論は次に続く．何回かこれを繰り返して前者の場合になったら，すなわち，m 回目で $\theta(A_0 \setminus (A_1 \cup \cdots \cup A_m)) \geq 0$ となったら，$B := A_0 \setminus (A_1 \cup \cdots \cup A_m)$ とおく．いつまでも後者の場合は

$$^\exists \{A_i\}_{i=0}^\infty \subset \mathcal{B}^{(k)} \text{ s.t.} \begin{cases} A_i \subset A_0 \setminus (A_1 \cup \cdots \cup A_{i-1}), \\ \theta\big(A_0 \setminus (A_1 \cup \cdots \cup A_{i-1})\big) < 0, \\ \Phi(A_i) < \dfrac{1}{2}\theta\big(A_0 \setminus (A_1 \cup \cdots \cup A_{i-1})\big), \end{cases} \quad i=1,2,\ldots$$

となる．このときは $A = \sum_{i=1}^\infty A_i \in \mathcal{B}^{(k)}$ とすると

$$\frac{1}{2}\nu(I^{(k)})$$
$$\text{I}\!\vee$$
$$-\Phi(A) = -\sum_{i=1}^\infty \Phi(A_i) = \sum_{i=1}^\infty (-\Phi(A_i))$$
$$> \sum_{i=1}^\infty \frac{1}{2}\Big(-\theta\big(A_0 \setminus (A_1 \cup \cdots \cup A_{i-1})\big)\Big) > 0.$$

正項級数 $\sum_{i=1}^\infty \frac{1}{2}(-\theta(A_0 \setminus (A_1 \cup \cdots \cup A_{i-1})))$ が収束するので，とくに $\lim_{i \to \infty} \theta(A_0 \setminus (A_1 \cup \cdots \cup A_{i-1})) = 0$．$A_1 \cup \cdots \cup A_{i-1} \subset A$ より，$A_0 \setminus (A_1 \cup \cdots \cup A_{i-1}) \supset A_0 \setminus A$ なので，θ の定義より

$$\theta(A_0 \setminus A) \geq \theta\big(A_0 \setminus (A_1 \cup \cdots \cup A_{i-1})\big) \to 0 \ (i \to \infty).$$

したがって $\theta(A_0 \setminus A) \geq 0$ がわかる．

$$\Phi(A_0 \setminus A) = \Phi(A_0) - \Phi(A) = \Phi(A_0) + \sum_{i=1}^\infty (-\Phi(A_i))$$
$$> \Phi(A_0) + \sum_{i=1}^\infty \frac{1}{2}\Big(-\theta\big(A_0 \setminus (A_1 \cup \cdots \cup A_{i-1})\big)\Big) > 0$$

であるから，$B := A_0 \setminus A$ とおく．

$\underline{3^\circ}$ まず，$\theta(B) \geq 0$ より，$\Phi(A) \geq 0$（$^\forall A \in \mathcal{B}^{(k)}, A \subset B$）に注意せよ．任意の $E \in \mathcal{B}^{(k)}$ に対して

$$\mu(E) = \int_E f(x)dx + \nu(E)$$
$$\geq \int_E f(x)dx + \nu(E \cap B)$$

$$= \int_E f(x)dx + \Phi(E \cap B) + \frac{1}{2}\nu(I^{(k)})\lambda^d(E \cap B)$$
$$\geq \int_E f(x)dx + \int_E \frac{1}{2}\nu(I^{(k)})\mathbf{1}_B(x)dx$$
$$= \int_E \Big(f(x) + \frac{1}{2}\nu(I^{(k)})\mathbf{1}_B(x)\Big)dx$$

となるので, $f + \frac{1}{2}\nu(I^{(k)})\mathbf{1}_B \in \mathbb{F}^{(k)}$. $M^{(k)}$ の定義より

$$M^{(k)} \geq \int_{I^{(k)}} \Big(f(x) + \frac{1}{2}\nu(I^{(k)})\mathbf{1}_B(x)\Big)dx$$
$$= \int_{I^{(k)}} f(x)dx + \frac{1}{2}\nu(I^{(k)})\lambda^d(B)$$
$$= M^{(k)} + \frac{1}{2}\nu(I^{(k)})\lambda^d(B)$$

であるから, $\nu(I^{(k)}) > 0$ に注意して $\lambda^d(B) = 0$. μ の絶対連続性より, $\nu(B) = \mu(B) - \int_B f(x)dx = 0$. したがって $\Phi(B) = \nu(B) - \frac{1}{2}\nu(I^{(k)})\lambda^d(B) = 0$. これは $\Phi(B) > 0$ に反する. よって $\nu(I^{(k)}) = 0$ でなければならない. ゆえに

$$\mu(E) = \int_E f(x)dx, \quad E \in \mathcal{B}^{(k)}$$

がわかる.

<u>4°</u> 各 $k \in \mathbb{Z}^d$ に対して

$$^\exists f^{(k)} : I^{(k)} \to [0, \infty)\ \mathcal{B}^{(k)}\text{-可測 s.t. } \mu(E) = \int_E f^{(k)}(x)dx, \quad ^\forall E \in \mathcal{B}^{(k)}$$

がわかった. そこで, $p : \mathbb{R}^d \to [0, \infty)$ を

$$p(x) = \sum_{k \in \mathbb{Z}^d} \mathbf{1}_{I^{(k)}}(x) f^{(k)}(x)$$

と定義すると, p はボレル可測で

$$\int_E p(x)dx = \sum_{k \in \mathbb{Z}^d} \int_{E \cap I^{(k)}} p(x)dx = \sum_{k \in \mathbb{Z}^d} \int_{E \cap I^{(k)}} f^{(k)}(x)dx$$
$$= \sum_{k \in \mathbb{Z}^d} \mu(E \cap I^{(k)})$$
$$= \mu(E), \quad E \in \mathcal{B}^d$$

となる. この p が求める関数である.

最後に, p の一意性を示しておく. 別にボレル可測関数 $q : \mathbb{R}^d \to [0, \infty)$ も

$\int_E q(x)dx = \mu(E)$ ($^\forall E \in \mathcal{B}^d$) をみたすとする.このとき

$$\begin{aligned}
\int_{\mathbb{R}^d} |p(x) - q(x)|dx &= \int_{\{p \geq q\}} |p(x) - q(x)|dx + \int_{\{p < q\}} |p(x) - q(x)|dx \\
&= \int_{\{p \geq q\}} (p(x) - q(x))dx + \int_{\{p < q\}} (q(x) - p(x))dx \\
&= \int_{\{p \geq q\}} p(x)dx - \int_{\{p \geq q\}} q(x)dx \\
&\quad + \int_{\{p < q\}} q(x)dx - \int_{\{p < q\}} p(x)dx = 0.
\end{aligned}$$

これは $|p(x) - q(x)| = 0$ λ^d-a.a. x, すなわち $p(\cdot) = q(\cdot)$ λ^d-a.e. を含意する. ∎

2.2 1次元確率測度の例

1次元確率測度の例をいくつかあげておく.

2.2.1 純不連続分布の例

【例 2.10】(デルタ分布) $a \in \mathbb{R}$ に対して

$$\delta_a(E) := \mathbf{1}_E(a) = \begin{cases} 1, & a \in E, \\ 0, & a \notin E \end{cases} \quad E \in \mathcal{B}^1$$

とすると,$\delta_a \in \mathcal{P}^1$ で純不連続である.これを a での(ディラック (Dirac) の)**デルタ分布** (delta distribution) という.とくに $a = 0$ のときは**単位分布** (unit distribution) という.

【例 2.11】(2項分布) $n \in \mathbb{N}, 0 < p < 1$ に対して

$$Bin(n,p)(E) := \sum_{k=0}^n \binom{n}{k} p^k (1-p)^{n-k} \delta_k(E), \quad E \in \mathcal{B}^1$$

とすると,$Bin(n,p) \in \mathcal{P}^1$ で純不連続である.これをパラメータ n, p の **2項分布** (binomial distribution) という.

$$\sum_{k=0}^{n} \binom{n}{k} p^k (1-p)^{n-k} = (p+1-p)^n = 1$$

より，$Bin(n,p) \in \mathcal{P}^1$ である．

【例 2.12】(幾何分布)　$0 < p < 1$ に対して

$$G_p(E) := \sum_{k=0}^{\infty} (1-p)^k p \delta_k(E), \quad E \in \mathcal{B}^1$$

とすると，$G_p \in \mathcal{P}^1$ で純不連続である．これをパラメータ p の**幾何分布** (geometric distribution) という．

$$\sum_{k=0}^{\infty} (1-p)^k p = \frac{p}{1-(1-p)} = \frac{p}{p} = 1$$

より，$G_p \in \mathcal{P}^1$ である．

【例 2.13】(パスカル分布あるいは負の 2 項分布)　$m \in \mathbb{N}, 0 < p < 1$ に対して

$$NB(m,p)(E) := \sum_{k=m}^{\infty} \binom{k-1}{m-1} p^m (1-p)^{k-m} \delta_k(E), \quad E \in \mathcal{B}^1$$

とすると，$NB(m,p) \in \mathcal{P}^1$ で純不連続である．これをパラメータ m, p の**パスカル分布** (Pascal distribution) あるいは**負の 2 項分布** (negative binomial distribution) という．

$NB(m,p) \in \mathcal{P}^1$ であること，すなわち

$$\sum_{k=m}^{\infty} \binom{k-1}{m-1} p^m (1-p)^{k-m} = 1$$

を確かめておく[3]．そのために，次の claim を用意する：

---

3) これは他の例に比べて明らかでないので….

▶**Claim 2.14** $\alpha \in \mathbb{R}, z \in \mathbb{C}, |z| < 1$ に対して

$$(1+z)^\alpha = 1 + \sum_{n=1}^\infty \frac{\alpha(\alpha-1)\cdots(\alpha-n+1)}{n!} z^n.$$

ただし

$$\text{左辺} = e^{\alpha \log(1+z)},$$
$$\log(1+z) = \sum_{n=1}^\infty \frac{(-1)^{n-1}}{n} z^n$$

と解する.

[証明] $\alpha \in \mathbb{Z}_{\geq 0} = \{0, 1, 2, \ldots\}$ のときは, 右辺のベキ級数は有限和で

$$\text{右辺} = 1 + \sum_{n=1}^\alpha \binom{\alpha}{n} z^n = (1+z)^\alpha = \text{左辺}.$$

$\alpha \notin \mathbb{Z}_{\geq 0}$ のときは, $a_n := \frac{\alpha(\alpha-1)\cdots(\alpha-n+1)}{n!} \neq 0$ ($^\forall n \geq 1$).

$$\frac{a_n}{a_{n+1}} = \frac{\alpha(\alpha-1)\cdots(\alpha-n+1)}{n!} \frac{(n+1)!}{\alpha(\alpha-1)\cdots(\alpha-n+1)(\alpha-n)}$$
$$= \frac{n+1}{\alpha-n} \to -1 \quad (n \to \infty)$$

なので, 右辺のベキ級数の収束半径は 1. したがって $|z| < 1$ でこのベキ級数は収束する. 極限関数を $f(z)$ と表すと, 項別微分より

$$(1+z)f'(z) = (1+z) \sum_{n=1}^\infty \frac{\alpha(\alpha-1)\cdots(\alpha-n+1)}{n!} n z^{n-1}$$
$$= \sum_{n=1}^\infty \frac{\alpha(\alpha-1)\cdots(\alpha-n+1)}{(n-1)!} z^{n-1}$$
$$+ \sum_{n=1}^\infty \frac{\alpha(\alpha-1)\cdots(\alpha-n+1)}{(n-1)!} z^n$$
$$= \sum_{n=0}^\infty \frac{\alpha(\alpha-1)\cdots(\alpha-n)}{n!} z^n$$
$$+ \sum_{n=1}^\infty \frac{\alpha(\alpha-1)\cdots(\alpha-n+1)}{(n-1)!} z^n$$

$$= \alpha + \sum_{n=1}^{\infty} \frac{\alpha(\alpha-1)\cdots(\alpha-n+1)}{(n-1)!}\left(\frac{\alpha-n}{n}+1\right)z^n$$

$$= \alpha + \sum_{n=1}^{\infty} \frac{\alpha(\alpha-1)\cdots(\alpha-n+1)}{(n-1)!}\frac{\alpha-n+n}{n}z^n$$

$$= \alpha\Big(1 + \sum_{n=1}^{\infty} \frac{\alpha(\alpha-1)\cdots(\alpha-n+1)}{n!}z^n\Big) = \alpha f(z)$$

の微分方程式が得られる.

$$((1+z)^{-\alpha}f(z))' = -\alpha(1+z)^{-\alpha-1}f(z) + (1+z)^{-\alpha}f'(z)$$
$$= (1+z)^{-\alpha-1}\big(-\alpha f(z) + (1+z)f'(z)\big) = 0$$

より, $(1+z)^{-\alpha}f(z) = f(0) = 1$. したがって $f(z) = (1+z)^\alpha$ がわかる. ∎

この claim より

$$\sum_{k=m}^{\infty} \binom{k-1}{m-1} p^m (1-p)^{k-m}$$
$$= p^m \sum_{l=0}^{\infty} \binom{l+m-1}{m-1}(1-p)^l$$
$$= p^m \sum_{l=0}^{\infty} \frac{(l+m-1)!}{(m-1)!\,l!}(1-p)^l$$
$$= p^m \Big(1 + \sum_{l=1}^{\infty} \frac{(l+m-1)(l+m-2)\cdots m}{l!}(-1)^l(p-1)^l\Big)$$
$$= p^m \Big(1 + \sum_{l=1}^{\infty} \frac{(m+l-1)(m+l-2)\cdots(m+1)(m+0)}{l!}(-1)^l$$
$$\qquad\cdot (p-1)^l\Big)$$
$$= p^m \Big(1 + \sum_{l=1}^{\infty} \frac{(-m-(l-1))(-m-(l-2))\cdots(-m-1)(-m-0)}{l!}$$
$$\qquad\cdot (p-1)^l\Big)$$
$$= p^m \Big(1 + \sum_{l=1}^{\infty} \frac{(-m-0)(-m-1)\cdots(-m-(l-1))}{l!}(p-1)^l\Big)$$
$$= p^m(1+p-1)^{-m} = p^m p^{-m} = 1$$

となる.

【例 2.15】(ポアソン分布) $\lambda > 0$ に対して

$$P(\lambda)(E) := \sum_{k=0}^{\infty} \frac{e^{-\lambda}\lambda^k}{k!}\delta_k(E), \quad E \in \mathcal{B}^1$$

とすると，$P(\lambda) \in \mathcal{P}^1$ で純不連続である．これをパラメータ λ の**ポアソン分布** (Poisson distribution) という．

$$\sum_{k=0}^{\infty} \frac{e^{-\lambda}\lambda^k}{k!} = e^{-\lambda}\sum_{k=0}^{\infty} \frac{\lambda^k}{k!} = e^{-\lambda}e^{\lambda} = 1$$

より $P(\lambda) \in \mathcal{P}^1$ である．

2.2.2 絶対連続分布の例

【例 2.16】(指数分布) $\lambda > 0$ に対して

$$\mathbf{1}_{[0,\infty)}(x)\lambda e^{-\lambda x}$$

を確率密度関数にもつ分布をパラメータ λ の**指数分布** (exponential distribution) といい，E_λ と表す．$\mathbf{1}_{[0,\infty)}(x)\lambda e^{-\lambda x} \geq 0$ で，

$$\int_{\mathbb{R}} \mathbf{1}_{[0,\infty)}(x)\lambda e^{-\lambda x}dx = \int_0^{\infty} \lambda e^{-\lambda x}dx = \left[-e^{-\lambda x}\right]_0^{\infty} = 1$$

より，$\mathbf{1}_{[0,\infty)}(x)\lambda e^{-\lambda x}$ は確率密度関数である．

【例 2.17】(一様分布) $-\infty < a < b < \infty$ に対して

$$\frac{1}{b-a}\mathbf{1}_{(a,b)}(x)$$

を確率密度関数にもつ分布をパラメータ a,b $(a < b)$ の**一様分布** (uniform distribution) といい，$U_{a,b}$ と表す．$\frac{1}{b-a}\mathbf{1}_{(a,b)}(x) \geq 0$ で

$$\int_{\mathbb{R}} \frac{1}{b-a}\mathbf{1}_{(a,b)}(x)dx = 1$$

より，$\frac{1}{b-a}\mathbf{1}_{(a,b)}(x)$ は確率密度関数である．

2.2 1次元確率測度の例

【例 2.18】(コーシー分布) $m \in \mathbb{R}, c > 0$ に対して

$$\frac{c}{\pi} \frac{1}{c^2 + (x-m)^2}$$

を確率密度関数にもつ分布をパラメータ m, c の**コーシー分布** (Cauchy distribution) といい，$C_{m,c}$ と表す．$\frac{c}{\pi}\frac{1}{c^2+(x-m)^2} \geq 0$ で

$$\int_\mathbb{R} \frac{c}{\pi} \frac{1}{c^2+(x-m)^2} dx = \frac{1}{\pi}\Big[\tan^{-1}\frac{x-m}{c}\Big]_{-\infty}^{\infty} = \frac{1}{\pi}\Big(\frac{\pi}{2}+\frac{\pi}{2}\Big) = 1$$

より，$\frac{c}{\pi}\frac{1}{c^2+(x-m)^2}$ は確率密度関数である．

【例 2.19】(正規分布あるいはガウス分布) $m \in \mathbb{R}, v > 0$ に対して

$$\frac{1}{\sqrt{2\pi v}} \exp\Big\{-\frac{(x-m)^2}{2v}\Big\}$$

を確率密度関数にもつ分布をパラメータ m, v の**正規分布** (normal distribution) あるいは **ガウス分布** (Gauss distribution) といい，$N(m, v)$ と表す．とくに，$m = 0, v = 1$ のときは $N(0, 1)$ を**標準正規分布** (standard normal distribution) という．

$\frac{1}{\sqrt{2\pi v}} \exp\big\{-\frac{(x-m)^2}{2v}\big\}$ が確率密度関数になることを，念のため確かめておく．そのため，次の claim を用意する：

▶**Claim 2.20** $\Gamma(\cdot)$ を**ガンマ関数** (gamma function)，$B(\cdot, *)$ を**ベータ関数** (beta function) とする．すなわち

$$\Gamma(s) = \int_0^\infty x^{s-1} e^{-x} dx \quad (s > 0), \tag{2.3}$$

$$B(s, t) = \int_0^1 x^{s-1}(1-x)^{t-1} dx \quad (s, t > 0). \tag{2.4}$$

このとき次が成り立つ：

(i) $B(s, t) = \displaystyle\int_0^\infty \frac{u^{t-1}}{(1+u)^{s+t}} du = 2\int_0^{\frac{\pi}{2}} \sin^{2s-1}\theta \cos^{2t-1}\theta\, d\theta$.

(ii) $B(s, t) = \dfrac{\Gamma(s)\Gamma(t)}{\Gamma(s+t)}$.

(iii) $\Gamma\Big(\dfrac{1}{2}\Big) = \sqrt{\pi}$.

[証明] (i) 変数変換 $u = \frac{1-x}{x}$ $(0 < x < 1)$ より

$$\int_0^1 x^{s-1}(1-x)^{t-1}dx = \int_\infty^0 (u+1)^{-s+1}\left(\frac{u}{u+1}\right)^{t-1} \cdot -(u+1)^{-2}du$$
$$= \int_0^\infty \frac{u^{t-1}}{(u+1)^{s+t}}du.$$

また変数変換 $x = \sin^2\theta$ $(0 < \theta < \frac{\pi}{2})$ より

$$\int_0^1 x^{s-1}(1-x)^{t-1}dx = \int_0^{\frac{\pi}{2}} (\sin^2\theta)^{s-1}(\cos^2\theta)^{t-1} 2\sin\theta\cos\theta\, d\theta$$
$$= 2\int_0^{\frac{\pi}{2}} \sin^{2s-1}\theta \cos^{2t-1}\theta\, d\theta.$$

(ii) フビニの定理より

$$\Gamma(s)\Gamma(t) = \int_0^\infty x^{s-1}e^{-x}dx \int_0^\infty y^{t-1}e^{-y}dy$$
$$= \int_0^\infty x^{s-1}e^{-x}dx \int_0^\infty (xu)^{t-1}e^{-xu}x\,du$$
$$[\odot \text{ 変数変換 } y = xu]$$
$$= \int_0^\infty u^{t-1}du \int_0^\infty x^{s+t-1}e^{-(1+u)x}dx$$
$$= \int_0^\infty u^{t-1}du \int_0^\infty \left(\frac{v}{1+u}\right)^{s+t-1}e^{-v}\frac{dv}{1+u}$$
$$[\odot \text{ 変数変換 } v = (1+u)x]$$
$$= \int_0^\infty \frac{u^{t-1}}{(1+u)^{s+t}}du \int_0^\infty v^{s+t-1}e^{-v}dv$$
$$= B(s,t)\Gamma(s+t) \quad [\odot \text{ (i) より}].$$

したがって $B(s,t) = \dfrac{\Gamma(s)\Gamma(t)}{\Gamma(s+t)}.$

(iii) (i) の第 2 の等式と (ii) において,$s = t = \frac{1}{2}$ とすると

$$B\left(\tfrac{1}{2}, \tfrac{1}{2}\right) = 2\int_0^{\frac{\pi}{2}} d\theta = \pi$$
$$\|$$
$$\frac{\Gamma\left(\frac{1}{2}\right)^2}{\Gamma(1)} = \Gamma\left(\frac{1}{2}\right)^2 \quad [\odot\ \Gamma(1) = 1].$$

$\Gamma\left(\tfrac{1}{2}\right) > 0$ なので $\Gamma\left(\tfrac{1}{2}\right) = \sqrt{\pi}.$ ∎

Claim 2.20(iii) より

$$\int_{\mathbb{R}} \frac{1}{\sqrt{2\pi v}} \exp\left\{-\frac{(x-m)^2}{2v}\right\} dx$$
$$= \int_{\mathbb{R}} \frac{1}{\sqrt{2\pi v}} e^{-\frac{y^2}{2}} \sqrt{v}\, dy \quad [\because 変数変換\ y = \tfrac{x-m}{\sqrt{v}}]$$
$$= \frac{1}{\sqrt{2\pi}} \int_{\mathbb{R}} e^{-\frac{y^2}{2}} dy$$
$$= \sqrt{\frac{2}{\pi}} \int_0^\infty e^{-\frac{y^2}{2}} dy \quad [\because y \mapsto e^{-\frac{y^2}{2}}\ は偶関数]$$
$$= \sqrt{\frac{2}{\pi}} \int_0^\infty e^{-z} 2^{-\frac{1}{2}} z^{-\frac{1}{2}} dz \quad [\because 変数変換\ z = \tfrac{y^2}{2}]$$
$$= \frac{1}{\sqrt{\pi}} \int_0^\infty z^{\frac{1}{2}-1} e^{-z} dz$$
$$= \frac{\Gamma(\tfrac{1}{2})}{\sqrt{\pi}} = 1 \qquad (2.5)$$

となる．

2.2.3 特異かつ連続な分布の例

$\{X_n\}_{n=1}^\infty$ を例 1.22 で定義した $([0,1), \mathcal{B}([0,1)), P(d\omega) = d\omega)$ 上の独立な実確率変数列とする．$Y : [0,1) \to \mathbb{R}$ を

$$Y(\omega) := \sum_{n=1}^\infty \frac{2X_n(\omega)}{3^n}$$

により定義すると，確率分布 μ_Y が求める分布，すなわち，特異かつ連続な分布となる．これを 5 段階で示す．

<u>1°</u> $\mathfrak{X} := \{(x_n)_{n=1}^\infty \in \{0,1\}^{\mathbb{N}}; {}^\sharp n \geq 1\ \text{s.t.}\ x_m = 1\ (^\forall m \geq n)\}$ とおくと

$$\mathfrak{X} \ni (x_n)_{n=1}^\infty \mapsto \sum_{n=1}^\infty \frac{2x_n}{3^n} \in [0,1)$$

は単射である．

$\because$ 任意の $(x_n)_{n=1}^\infty \in \mathfrak{X}$ を固定し，$y = \sum_{n=1}^\infty \frac{2x_n}{3^n}$ とおく．このとき，任意の $n \geq 1$ に対して

$$y = \sum_{k=1}^{\infty} \frac{2x_k}{3^k} = \sum_{k=1}^{n} \frac{2x_k}{3^k} + \sum_{k=n+1}^{\infty} \frac{2x_k}{3^k}$$

$$\begin{cases} \geq \sum_{k=1}^{n} \frac{2x_k}{3^k}, \\ < \sum_{k=1}^{n} \frac{2x_k}{3^k} + \sum_{k=n+1}^{\infty} \frac{2}{3^k} \quad \left[\odot\ {}^{\exists}l \geq n+1\ \text{s.t.}\ x_l = 0\right] \\ = \sum_{k=1}^{n} \frac{2x_k}{3^k} + \frac{1}{3^n} \end{cases}$$

となるので

$$\sum_{k=1}^{n} 3^{n-k} \cdot 2x_k \leq 3^n y < \sum_{k=1}^{n} 3^{n-k} \cdot 2x_k + 1.$$

これは $\lfloor 3^n y \rfloor = \sum_{k=1}^{n} 3^{n-k} \cdot 2x_k$ を含意し

$$\lfloor 3^n y \rfloor - 3\lfloor 3^{n-1} y \rfloor = \sum_{k=1}^{n} 3^{n-k} \cdot 2x_k - 3\sum_{k=1}^{n-1} 3^{n-1-k} \cdot 2x_k$$

$$= \sum_{k=1}^{n} 3^{n-k} \cdot 2x_k - \sum_{k=1}^{n-1} 3^{n-k} \cdot 2x_k = 2x_n,$$

したがって $x_n = \frac{1}{2}\left(\lfloor 3^n y \rfloor - 3\lfloor 3^{n-1} y \rfloor\right),\ n = 1, 2, \ldots$ がわかる.

いま, $(x_n)_{n=1}^{\infty}, (x_n')_{n=1}^{\infty} \in \mathfrak{X}$ が, $\sum_{n=1}^{\infty} \frac{2x_n}{3^n} = \sum_{n=1}^{\infty} \frac{2x_n'}{3^n} = y$ とすると, このことから

$$x_n = \frac{1}{2}\left(\lfloor 3^n y \rfloor - 3\lfloor 3^{n-1} y \rfloor\right) = x_n', \quad n = 1, 2, \ldots$$

である. よって件の写像の単射性がわかる.

2° 注意 1.23(ii) より

$$Y\bigl([0,1)\bigr) = \left\{\sum_{n=1}^{\infty} \frac{2x_n}{3^n}; (x_n)_{n=1}^{\infty} \in \mathfrak{X}\right\}$$

である. $y \notin Y\bigl([0,1)\bigr)$ のときは, $\{Y = y\} = \emptyset$ なので, $\mu_Y(\{y\}) = P(Y = y) = P(\emptyset) = 0$. $y \in Y\bigl([0,1)\bigr)$ のときは, ${}^{\exists}(x_n)_{n=1}^{\infty} \in \mathfrak{X}$ s.t. $y = \sum_{n=1}^{\infty} \frac{2x_n}{3^n}$ より

$$\{Y = y\} = \Big\{\sum_{n=1}^{\infty} \frac{2X_n}{3^n} = \sum_{n=1}^{\infty} \frac{2x_n}{3^n}\Big\}$$
$$= \{X_n = x_n \ (^\forall n \geq 1)\} \quad [\odot 1^\circ \text{より}] = \bigcap_{n=1}^{\infty}\{X_n = x_n\}.$$

確率をとると

$$\mu_Y(\{y\}) = P(Y = y) = P\Big(\bigcap_{n=1}^{\infty}\{X_n = x_n\}\Big)$$
$$= \lim_{m \to \infty} P\Big(\bigcap_{n=1}^{m}\{X_n = x_n\}\Big)$$
$$= \lim_{m \to \infty} \prod_{n=1}^{m} P(X_n = x_n)$$
$$[\odot \text{例 } 1.22(\text{ii}) \text{ より, } \{X_n\}_{n=1}^{\infty} \perp\!\!\!\perp]$$
$$= \lim_{m \to \infty} \Big(\frac{1}{2}\Big)^m \quad [\odot \text{例 } 1.22(\text{i})] = 0.$$

よって $D_{\mu_Y} = \emptyset$ となるので, μ_Y は連続である.

3° $C := \overline{Y([0,1))}^{\mathbb{R}}$ ($= Y([0,1))$ の $\mathbb{R}$ における閉包) とおくと

$$C = \Big\{\sum_{n=1}^{\infty} \frac{2x_n}{3^n}; (x_n)_{n=1}^{\infty} \in \{0,1\}^{\mathbb{N}}\Big\}.$$

(C は**カントール集合** (Cantor set) である [cf. 志賀 [22, 例 1.1]].)
$\odot$ 簡単のため, 右辺の集合を C_0 と表す. まず, 写像

$$\{0,1\}^{\mathbb{N}} \ni (x_n)_{n=1}^{\infty} \mapsto \sum_{n=1}^{\infty} \frac{2x_n}{3^n} \in \mathbb{R}$$

はコンパクト空間 $\{0,1\}^{\mathbb{N}}$ から距離空間 $\mathbb{R}$ への連続写像であるから [cf. 問 2.21], C_0 はコンパクト集合である. したがって, 2° より $C = \overline{Y([0,1))}^{\mathbb{R}} \subset C_0$.

$y = \sum_{n=1}^{\infty} \frac{2x_n}{3^n}$, $(x_n)_{n=1}^{\infty} \in \{0,1\}^{\mathbb{N}}$ とする. $(x_n)_{n=1}^{\infty} \in \mathfrak{X}$ のときは, $y \in Y([0,1)) \subset C$. $(x_n)_{n=1}^{\infty} \notin \mathfrak{X}$ のときは, $^\exists \nu \in \mathbb{N}$ s.t. $x_n = 1 \ (^\forall n \geq \nu)$ となるので, $(x_n^{(k)})_{n=1}^{\infty} \in \{0,1\}^{\mathbb{N}}$ を

$$x_n^{(k)} := \begin{cases} x_n, & 1 \leq n \leq \nu + k, \\ 0, & n > \nu + k \end{cases}$$

とおくと，$(x_n^{(k)})_{n=1}^\infty \in \mathfrak{X}$ より

$$Y\big([0,1)\big)$$
$$\cup$$
$$\sum_{n=1}^\infty \frac{2x_n^{(k)}}{3^n} = \sum_{n=1}^{\nu+k} \frac{2x_n}{3^n} = \sum_{n=1}^{\nu-1} \frac{2x_n}{3^n} + \sum_{n=\nu}^{\nu+k} \frac{2}{3^n} \to y \quad (k \to \infty).$$

これは $y \in C$ を示している．したがって逆向きの包含関係 $C \supset C_0$ がわかり，先のと合わせて 3° の主張を得る．

<u>4°</u> $\lambda^1(C) = 0$.

☉ $S_0, S_1 : \mathbb{R} \to \mathbb{R}$ を，$S_0(x) = \frac{x}{3}$, $S_1(x) = \frac{x+2}{3}$ とおく．このとき $C = S_0(C) \cup S_1(C)$ が成り立つ．これは次の含意よりわかる：

$$y \in C \Leftrightarrow \text{ある } (x_n)_{n=1}^\infty \in \{0,1\}^{\mathbb{N}} \text{ に対して } y = \sum_{n=1}^\infty \frac{2x_n}{3^n}$$

$$\Rightarrow S_0(y) = \frac{y}{3} = \sum_{n=1}^\infty \frac{2x_n}{3^{n+1}} = \frac{2 \cdot 0}{3^1} + \sum_{n=2}^\infty \frac{2x_{n-1}}{3^n} \in C,$$

$$S_1(y) = \frac{y+2}{3} = \frac{2 \cdot 1}{3^1} + \sum_{n=2}^\infty \frac{2x_{n-1}}{3^n} \in C,$$

$$y \in C \Leftrightarrow \text{ある } (x_n)_{n=1}^\infty \in \{0,1\}^{\mathbb{N}} \text{ に対して } y = \sum_{n=1}^\infty \frac{2x_n}{3^n}$$

$$\Rightarrow \sum_{n=1}^\infty \frac{2x_{n+1}}{3^n} \in C \text{ で}$$

$$S_0\Big(\sum_{n=1}^\infty \frac{2x_{n+1}}{3^n}\Big) = \frac{1}{3} \sum_{n=1}^\infty \frac{2x_{n+1}}{3^n} = \sum_{n=1}^\infty \frac{2x_{n+1}}{3^{n+1}}$$
$$= \frac{2 \cdot 0}{3^1} + \sum_{n=2}^\infty \frac{2x_n}{3^n}$$
$$= y, \ x_1 = 0 \text{ のとき,}$$

$$S_1\Big(\sum_{n=1}^\infty \frac{2x_{n+1}}{3^n}\Big) = \frac{2}{3} + \frac{1}{3} \sum_{n=1}^\infty \frac{2x_{n+1}}{3^n} = \frac{2 \cdot 1}{3^1} + \sum_{n=2}^\infty \frac{2x_n}{3^n}$$
$$= y, \ x_1 = 1 \text{ のとき.}$$

$Y([0,1)) \subset [0,1)$ より，$C \subset [0,1]$ である．$S_0([0,1]) = [0, \frac{1}{3}]$, $S_1([0,1]) = [\frac{2}{3}, 1]$ より，$S_0(C) \cap S_1(C) = \emptyset$．したがって $\lambda^1(C) = \lambda^1(S_0(C) + S_1(C)) = \lambda^1(S_0(C)) + \lambda^1(S_1(C))$．ここで $i = 0, 1$ に対して

$$\begin{aligned}
\lambda^1(S_i(C)) &= \int_{\mathbb{R}} \mathbf{1}_{S_i(C)}(x) dx \\
&= \int_{\mathbb{R}} \mathbf{1}_{S_i(C)}(S_i(y)) \frac{dy}{3} \\
&\quad \left[\smiley \text{ 変数変換 } x = S_i(y). \text{ このとき } dx = \frac{dy}{3} \right] \\
&= \frac{1}{3} \int_{\mathbb{R}} \mathbf{1}_C(y) dy \quad [\smiley \ S_i(y) \in S_i(C) \Leftrightarrow y \in C] = \frac{1}{3}\lambda^1(C)
\end{aligned}$$

となるので

$$\lambda^1(C) = \frac{1}{3}\lambda^1(C) + \frac{1}{3}\lambda^1(C) = \frac{2}{3}\lambda^1(C).$$

これは $\lambda^1(C) = 0$ を含意する．

5° $Y([0,1)) \subset C$ より，$\{Y \in C\} = [0,1)$ なので，$\mu_Y(C) = P(Y \in C) = 1$. これと 4° より，$\mu_Y$ は特異である． ∎

〈問 2.21〉 3° の証明での写像 $\{0,1\}^{\mathbb{N}} \ni (x_n)_{n=1}^{\infty} \mapsto \sum_{n=1}^{\infty} \frac{2x_n}{3^n} \in \mathbb{R}$ は連続であることを確かめよ．

! 注意 2.22 実は，写像 $\{0,1\}^{\mathbb{N}} \ni (x_n)_{n=1}^{\infty} \mapsto \sum_{n=1}^{\infty} \frac{2x_n}{3^n} \in C$ は全単射である．全射性は明らかなので，単射性を調べておく．$(x_n)_{n=1}^{\infty} \neq (y_n)_{n=1}^{\infty}$ とし，$n_0 \in \mathbb{N}$ を $x_k = y_k \ (1 \leq k < n_0)$, $x_{n_0} \neq y_{n_0}$ ととると

$$\begin{aligned}
\left| \sum_{n=1}^{\infty} \frac{2x_n}{3^n} - \sum_{n=1}^{\infty} \frac{2y_n}{3^n} \right| &= \left| \frac{2}{3^{n_0}}(x_{n_0} - y_{n_0}) + \sum_{n=n_0+1}^{\infty} \frac{2}{3^n}(x_n - y_n) \right| \\
&\geq \frac{2}{3^{n_0}}|x_{n_0} - y_{n_0}| - \sum_{n=n_0+1}^{\infty} \frac{2}{3^n}|x_n - y_n| \\
&\geq \frac{2}{3^{n_0}} - \sum_{n=n_0+1}^{\infty} \frac{2}{3^n} = \frac{2}{3^{n_0}} - \frac{1}{3^{n_0}} = \frac{1}{3^{n_0}} > 0.
\end{aligned}$$

これは件の写像が単射であることを示している．
$\mathrm{card}\{0,1\}^{\mathbb{N}} = \aleph$ であるから，カントール集合 C は連続濃度をもつ．

! 注意 2.23 性質「$C = S_0(C) \cup S_1(C)$」[cf. 4° の証明] を C の**自己相似性** (self-similarity) という．$\mathbb{R}$ のコンパクト集合全体を $\mathcal{K}$ と表すと，S_0, S_1 の連続性より，写像 $\mathcal{K} \setminus \{\emptyset\} \ni K \mapsto S_0(K) \cup S_1(K) \in \mathcal{K} \setminus \{\emptyset\}$ が定義できる．このとき，カントール集合 C はこの写像の唯一つの**不動点**となるのである [cf. [25, 定理 3.5.1(ii)]]！

2.3 線形汎関数

▷定義 2.24

$$C(\mathbb{R}^d) := \{f; f : \mathbb{R}^d \to \mathbb{R} \text{ は連続}\},$$
$$C_b(\mathbb{R}^d) := \{f \in C(\mathbb{R}^d); \|f\|_\infty := \sup_{x \in \mathbb{R}^d} |f(x)| < \infty\},$$
$$C_\infty(\mathbb{R}^d) := \{f \in C(\mathbb{R}^d); \lim_{|x| \to \infty} f(x) = 0\},$$
$$C_0(\mathbb{R}^d) := \{f \in C(\mathbb{R}^d); \operatorname{supp}(f) \text{ はコンパクト集合}\}.$$

ここで $\operatorname{supp}(f) := \overline{\{f \neq 0\}}$．これを f の**台** (support) という．

$C_0(\mathbb{R}^d) \subset C_\infty(\mathbb{R}^d) \subset C_b(\mathbb{R}^d) \subset C(\mathbb{R}^d)$ の包含関係が成り立つ．通常の和・スカラー倍により，$C(\mathbb{R}^d), C_b(\mathbb{R}^d), C_\infty(\mathbb{R}^d), C_0(\mathbb{R}^d)$ はそれぞれ実線形空間である．また $f, g : \mathbb{R}^d \to \mathbb{R}$ に対して

$$(f \vee g)(x) := f(x) \vee g(x),$$
$$(f \wedge g)(x) := f(x) \wedge g(x),$$
$$(f \cdot g)(x) := f(x)g(x)$$

と，$f \vee g, f \wedge g, f \cdot g^{4)} : \mathbb{R}^d \to \mathbb{R}$ を定義すると，各 $C(\mathbb{R}^d), C_b(\mathbb{R}^d), C_\infty(\mathbb{R}^d), C_0(\mathbb{R}^d)$ はそれぞれ演算 $\vee, \wedge, \cdot$ について閉じている．

$\|\cdot\|_\infty$ は $C_b(\mathbb{R}^d)$ のノルムで，$(C_b(\mathbb{R}^d), \|\cdot\|_\infty)$ は実バナッハ空間．$C_\infty(\mathbb{R}^d)$ は $C_b(\mathbb{R}^d)$ の閉集合，$C_0(\mathbb{R}^d)$ は $C_\infty(\mathbb{R}^d)$ で稠密 (dense) である．

〈問 2.25〉 上のこと，すなわち
- $(C_b(\mathbb{R}^d), \|\cdot\|_\infty)$ は実バナッハ空間， • $C_\infty(\mathbb{R}^d)$ は $C_b(\mathbb{R}^d)$ の閉集合，
- $C_0(\mathbb{R}^d)$ は $C_\infty(\mathbb{R}^d)$ で稠密

であることを確かめよ．

---
4) $f \cdot g$ を簡単に fg と書くこともある．

簡単のため

$$\mathcal{O}^d = \mathcal{O}(\mathbb{R}^d) := \{G \subset \mathbb{R}^d; G \text{ は } \mathbb{R}^d \text{ の開集合}\},$$
$$\mathcal{F}^d = \mathcal{F}(\mathbb{R}^d) := \{F \subset \mathbb{R}^d; F \text{ は } \mathbb{R}^d \text{ の閉集合}\},$$
$$\mathcal{K}^d = \mathcal{K}(\mathbb{R}^d) := \{K \subset \mathbb{R}^d; K \text{ は } \mathbb{R}^d \text{ のコンパクト集合}\}$$

とおく.

▶**Claim 2.26** (i) $^\forall G \in \mathcal{O}^d$, $^\exists \{f_n\}_{n=1}^\infty \subset C_0(\mathbb{R}^d)$ s.t. $0 \leq f_n \nearrow \mathbf{1}_G$, すなわち各 $x \in \mathbb{R}^d$ に対して, $0 \leq f_n(x) \leq f_{n+1}(x)$ ($^\forall n$), $f_n(x) \to \mathbf{1}_G(x)$ ($n \to \infty$).

(ii) $^\forall K \in \mathcal{K}^d$, $^\exists \{f_n\}_{n=1}^\infty \subset C_0(\mathbb{R}^d)$

s.t. $\begin{cases} \bullet\ 1 \geq f_n \searrow \mathbf{1}_K,\ \text{すなわち各}\ x \in \mathbb{R}^d\ \text{に対して,}\ 1 \geq f_n(x) \geq f_{n+1}(x)(^\forall n),\ f_n(x) \to \mathbf{1}_K(x)\ (n \to \infty), \\ \bullet\ \mathrm{supp}(f_n) \searrow K. \end{cases}$

[証明] (i) 各 $N \in \mathbb{N}$ に対して, $h_N \in C_0(\mathbb{R}^d)$ を

$$h_N(x_1, \ldots, x_d) := \psi_N(x_1) \cdots \psi_N(x_d) \tag{2.6}$$

とおく. ただし $\phi: \mathbb{R} \to [0,1]$, $\psi_N: \mathbb{R} \to [0,1]$ を

$$\phi(t) := \begin{cases} 0, & t \geq 1, \\ 1-t, & 0 \leq t \leq 1, \\ 1, & t \leq 0, \end{cases} \tag{2.7}$$

$$\psi_N(t) := \phi(|t| - N) = \begin{cases} 1, & |t| \leq N, \\ N+1-|t|, & N \leq |t| \leq N+1, \\ 0, & |t| \geq N+1 \end{cases} \tag{2.8}$$

とする. このとき $0 \leq h_N \nearrow 1$ ($N \to \infty$) に注意せよ.

$G \in \mathcal{O}^d$ を固定する.

$G = \mathbb{R}^d$ のときは, $f_n = h_n$ ととればよい.

$G \subsetneq \mathbb{R}^d$ とする. $G^\complement \neq \emptyset$ に注意して

$$\mathrm{dis}(x, G^{\complement}) = \inf_{y \in G^{\complement}} |x-y|, \quad x \in \mathbb{R}^d$$

とする[5]．$x \mapsto \mathrm{dis}(x, G^{\complement})$ はリプシッツ (Lipschitz) 連続，すなわち，

$$|\mathrm{dis}(x, G^{\complement}) - \mathrm{dis}(y, G^{\complement})| \leq |x-y|, \quad x, y \in \mathbb{R}^d$$

が成り立つ [cf. 問 2.27(i)]．また，$G^{\complement}$ が閉集合なので

$$\mathrm{dis}(x, G^{\complement}) = 0 \Leftrightarrow x \in G^{\complement}$$

である [cf. 問 2.27(ii)]．いま，$k_N : \mathbb{R}^d \to [0,1]$ を $k_N(x) := 1 - \phi(N\mathrm{dis}(x, G^{\complement}))$ とすると，$k_N \in C_b(\mathbb{R}^d)$, $0 \leq k_N \nearrow \mathbf{1}_G$ となる．したがって $f_n = h_n k_n$ が求めるものである．

(ii) $K \in \mathcal{K}^d$ を固定する．$K \neq \emptyset$ としてよい．各 $n \in \mathbb{N}$ に対して，$f_n : \mathbb{R}^d \to [0,1]$ を $f_n(x) := \phi(n\mathrm{dis}(x, K))$ とおく．定義より，$f_n \in C(\mathbb{R}^d)$, $0 \leq f_n \leq 1$, そして $f_n \searrow \mathbf{1}_K$ である．$f_n \geq f_{n+1} \geq 0$ より，$\{f_n \neq 0\} \supset \{f_{n+1} \neq 0\}$ なので，$\mathrm{supp}(f_n) \supset \mathrm{supp}(f_{n+1})$．さらに

$$f_n(x) \neq 0 \Leftrightarrow n\mathrm{dis}(x, K) < 1 \Leftrightarrow \mathrm{dis}(x, K) < \frac{1}{n}$$

より，$\{f_n \neq 0\} = \{x \in \mathbb{R}^d; \mathrm{dis}(x, K) < \frac{1}{n}\}$. これは

$$K = \{x \in \mathbb{R}^d; \mathrm{dis}(x, K) = 0\} \subset \left\{x \in \mathbb{R}^d; \mathrm{dis}(x, K) < \frac{1}{n}\right\} = \{f_n \neq 0\}$$
$$\subset \mathrm{supp}(f_n)$$
$$\subset \left\{x \in \mathbb{R}^d; \mathrm{dis}(x, K) \leq \frac{1}{n}\right\}$$

を含意し，$\mathrm{supp}(f_n) \searrow K$ がわかる．

K のコンパクト性より，$r > 0$ を $K \subset \{x \in \mathbb{R}^d; |x| \leq r\}$ となるようにとる．

$$\mathrm{dis}(x, K) \leq \frac{1}{n} \Rightarrow {}^{\exists} y \in K \text{ s.t. } |x-y| \leq \frac{1}{n}$$
$$\Rightarrow |x| \leq |x-y| + |y| \leq \frac{1}{n} + r \leq 1 + r$$

---

[5] 一般に，$\emptyset \subsetneq A \subset \mathbb{R}^d$ に対して $\mathrm{dis}(x, A) := \inf_{y \in A} |x-y|$, $x \in \mathbb{R}^d$ と定義する．これを点 $\boldsymbol{x}$ と集合 $\boldsymbol{A}$ の距離 (distance) という．

の含意より, $\mathrm{supp}(f_n) \in \mathcal{K}^d$, したがって $f_n \in C_0(\mathbb{R}^d)$ がわかる. ∎

⟨問 2.27⟩ 次を確かめよ:
(i) $|\mathrm{dis}(x,A) - \mathrm{dis}(y,A)| \leq |x-y|$ $(x,y \in \mathbb{R}^d)$.
(ii) $F \in \mathcal{F}^d$ に対して, $\mathrm{dis}(x,F) = 0 \Leftrightarrow x \in F$.

▷定義 2.28 $\mu \in \mathcal{P}^d$ に対して
$$L_\mu(f) := \int_{\mathbb{R}^d} f\, d\mu, \quad f \in C_0(\mathbb{R}^d)$$
と定義する.

$L = L_\mu : C_0(\mathbb{R}^d) \to \mathbb{R}$ は, 次の L.1), L.2), L.3) をみたす:
L.1) $f, g \in C_0(\mathbb{R}^d)$, $a, b \in \mathbb{R}$ に対して, $L(af + bg) = aL(f) + bL(g)$,
L.2) $f \in C_0(\mathbb{R}^d)$ が $f \geq 0$ (すなわち $f(x) \geq 0$, $\forall x \in \mathbb{R}^d$) ならば, $L(f) \geq 0$,
L.3) $\{f_n\}_{n=1}^\infty \subset C_0(\mathbb{R}^d)$ が $0 \leq f_n \nearrow 1$ ならば, $L(f_n) \nearrow 1$.

⟨問 2.29⟩ 上のこと, すなわち L_μ が L.1), L.2), L.3) をみたすことを確かめよ.

これの逆が成り立つ:

▶定理 2.30 (リース-バナッハ (Riesz-Banach) の定理 (スペシャル・ケース))
$L : C_0(\mathbb{R}^d) \to \mathbb{R}$ が上の L.1), L.2), L.3) をみたすならば, $\exists^1 \mu \in \mathcal{P}^d$ s.t. $L = L_\mu$.

[μ の存在性の証明][6] L.1), L.2), L.3) をみたす $L : C_0(\mathbb{R}^d) \to \mathbb{R}$ を固定する. 9 段階で示す.
1° 任意の $f \in C_0(\mathbb{R}^d)$ に対して $|L(f)| \leq \|f\|_\infty$.
☺ まず $f \in C_0(\mathbb{R}^d)$, ≥ 0 とする. $\varepsilon > 0$ に対して, $g_\varepsilon := \frac{f}{\|f\|_\infty + \varepsilon}$ とおくと,

---
[6] これは本書で一番長い証明である. 手間がかかる. 本書を最初に読む際は, この証明をスキップして先に進んだ方がよいだろう. 定理 2.30 の必要性に気付いたときここに戻って来てくれたらありがたい.

$g_\varepsilon \in C_0(\mathbb{R}^d)$, $0 \leq g_\varepsilon < 1$. $h_n \in C_0(\mathbb{R}^d)$ を (2.6) で定義される関数とすると, $0 \leq h_n \nearrow 1$ $(n \to \infty)$.

$$g_\varepsilon \vee h_n \in C_0(\mathbb{R}^d), \geq 0,$$
$$g_\varepsilon \vee h_n \nearrow g_\varepsilon \vee 1 = 1 \quad (n \to \infty)$$

なので, L.3) より $L(g_\varepsilon \vee h_n) \nearrow 1$. $g_\varepsilon \leq g_\varepsilon \vee h_n$ であるから, L.2) より

$$L(g_\varepsilon) \leq L(g_\varepsilon \vee h_n) \leq 1$$
$$\|$$
$$\frac{L(f)}{\|f\|_\infty + \varepsilon} \quad [\odot \text{ L.1)}].$$

したがって $L(f) \leq \|f\|_\infty + \varepsilon$ となる. $\varepsilon \searrow 0$ とすれば $L(f) \leq \|f\|_\infty$ がわかる.

次に, 一般の $f \in C_0(\mathbb{R}^d)$ については, $|f| \in C_0(\mathbb{R}^d)$, ≥ 0, $-|f| \leq f \leq |f|$ に注意すると, L.2) と L.1) より

$$L(|f|) \geq 0, \ -L(|f|) \leq L(f) \leq L(|f|)$$

なので, 上でわかったことから

$$|L(f)| \leq L(|f|) \leq \big\||f|\big\|_\infty = \|f\|_\infty$$

となる.

<u>2°</u> $f_n \in C_0(\mathbb{R}^d)$ $(n \geq 1)$, $f \in C_0(\mathbb{R}^d)$ が $0 \leq f_n \nearrow f$ ならば $L(f_n) \nearrow L(f)$.
$\odot$ まず, 1° より $0 \leq L(f - f_n) \leq \|f - f_n\|_\infty$ $(^\forall n)$ である. $f - f_n \searrow 0$ $(n \to \infty)$ なので, 任意の $\varepsilon > 0$ に対して $\{f - f_n < \varepsilon\} \nearrow \mathbb{R}^d$ $(n \to \infty)$. $\mathrm{supp}(f)$ はコンパクト集合であるから, $^\exists n_0 \in \mathbb{N}$ s.t. $\mathrm{supp}(f) \subset \{f - f_n < \varepsilon\}$ $(^\forall n \geq n_0)$ $[\odot \ \{\{f - f_n < \varepsilon\}\}_{n=1}^\infty$ は $\mathbb{R}^d$ の開被覆なので$\cdots$]. 換言すると

$$\mathrm{supp}(f) \text{ 上で } 0 \leq f - f_n < \varepsilon \ (^\forall n \geq n_0)$$

となる. $(\mathrm{supp}(f))^\complement$ 上では, $f = 0$, したがって $f_n = 0$ $(^\forall n)$ なので

$$(\mathrm{supp}(f))^\complement \text{ 上で } f - f_n = 0 \ (^\forall n).$$

よって $\|f - f_n\|_\infty < \varepsilon$ $(^\forall n \geq n_0)$ がわかる. これは $\|f - f_n\|_\infty \to 0$ $(n \to \infty)$ を含意し, 2° の主張を得る.

$\underline{3^\circ}$ $G \in \mathcal{O}^d$ とする.

(i) $\sup_{0 \leq f \leq \mathbf{1}_G} L(f) \in [0, 1]$.

(ii) $\{f_n\}_{n=1}^\infty \subset C_0(\mathbb{R}^d)$, $0 \leq f_n \nearrow \mathbf{1}_G$ に対して, $\sup_{0 \leq f \leq \mathbf{1}_G} L(f) = \lim_n L(f_n)$.

☉ $G \in \mathcal{O}^d$ を固定する.

(i) $f \in C_0(\mathbb{R}^d)$, $0 \leq f \leq \mathbf{1}_G$ に対して $\|f\|_\infty \leq 1$. 1° と L.2) より, $0 \leq L(f) \leq \|f\|_\infty \leq 1$ なので, (i) の主張は明らかである.

(ii) $\{f_n\}_{n=1}^\infty \subset C_0(\mathbb{R}^d)$, $0 \leq f_n \nearrow \mathbf{1}_G$ とする. $0 \leq f_n \leq \mathbf{1}_G$ ($^\forall n$) より

$$L(f_n) \leq \sup_{0 \leq g \leq \mathbf{1}_G} L(g) \quad (^\forall n).$$

$n \to \infty$ とすると

$$\lim_n L(f_n) \leq \sup_{0 \leq g \leq \mathbf{1}_G} L(g).$$

$f \in C_0(\mathbb{R}^d)$, $0 \leq f \leq \mathbf{1}_G$ とする. $f \cdot f_n \in C_0(\mathbb{R}^d)$, $0 \leq f \cdot f_n \nearrow f \cdot \mathbf{1}_G = f$ なので, 2° より $L(f \cdot f_n) \nearrow L(f)$. $f \cdot f_n \leq f_n$ より, $L(f \cdot f_n) \leq L(f_n)$ であるから

$$L(f) = \lim_n L(f \cdot f_n) \leq \lim_n L(f_n).$$

f について sup をとると

$$\sup_{0 \leq f \leq \mathbf{1}_G} L(f) \leq \lim_n L(f_n).$$

したがって (ii) の主張を得る.

$\underline{4^\circ}$ $G \in \mathcal{O}^d$ に対して, $L^*(G) := \sup_{0 \leq f \leq \mathbf{1}_G} L(f)$ とする. このとき

(i) $L^*(\emptyset) = 0$, $L^*(\mathbb{R}^d) = 1$.

(ii) $G, H \in \mathcal{O}^d$, $G \subset H$ に対して, $L^*(G) \leq L^*(H)$.

(iii) $G, H \in \mathcal{O}^d$ に対して

$$L^*(G \cup H) + L^*(G \cap H) = L^*(G) + L^*(H).$$

したがって $L^*(G \cup H) \leq L^*(G) + L^*(H)$.

(iv) $\{G_n\}_{n=1}^\infty \subset \mathcal{O}^d$, $G \in \mathcal{O}^d$ が $G_n \nearrow G$ ならば, $L^*(G_n) \nearrow L^*(G)$.

(v) $\{G_n\}_{n=1}^\infty \subset \mathcal{O}^d$ に対して, $L^*\left(\bigcup_{n=1}^\infty G_n\right) \leq \sum_{n=1}^\infty L^*(G_n)$.

☺ (i) $G = \emptyset$ のときは，$L(0) = 0$ より明らか．$G = \mathbb{R}^d$ のときは，Claim 2.26(i), 3°(ii), そして L.3) より，$L^*(\mathbb{R}^d) = 1$ である．
(ii) $G, H \in \mathcal{O}^d$, $G \subset H$ とすると

$$\{f \in C_0(\mathbb{R}^d); 0 \le f \le \mathbf{1}_G\} \subset \{f \in C_0(\mathbb{R}^d); 0 \le f \le \mathbf{1}_H\}$$

なので，(ii) の主張は明らかである．
(iii) $G, H \in \mathcal{O}^d$ とする．Claim 2.26(i) より

$$\exists \{f_n\}_{n=1}^\infty,\ \exists \{g_n\}_{n=1}^\infty \subset C_0(\mathbb{R}^d)\ \text{s.t.}\ 0 \le f_n \nearrow \mathbf{1}_G,\ 0 \le g_n \nearrow \mathbf{1}_H.$$

このとき $f_n \vee g_n, f_n \wedge g_n \in C_0(\mathbb{R}^d)$, $0 \le f_n \vee g_n \nearrow \mathbf{1}_G \vee \mathbf{1}_H = \mathbf{1}_{G \cup H}$, $0 \le f_n \wedge g_n \nearrow \mathbf{1}_G \wedge \mathbf{1}_H = \mathbf{1}_{G \cap H}$ なので，3°(ii) より

$$L^*(G \cup H) = \lim_n L(f_n \vee g_n),$$
$$L^*(G \cap H) = \lim_n L(f_n \wedge g_n).$$

ここで $a \vee b + a \wedge b = a + b\ (a, b \in \mathbb{R})$ に注意すると，L.1) より

$$\begin{aligned}L^*(G \cup H) + L^*(G \cap H) &= \lim_n L(f_n \vee g_n) + \lim_n L(f_n \wedge g_n) \\ &= \lim_n \bigl(L(f_n \vee g_n) + L(f_n \wedge g_n)\bigr) \\ &= \lim_n L(f_n \vee g_n + f_n \wedge g_n) \\ &= \lim_n L(f_n + g_n) \\ &= \lim_n \bigl(L(f_n) + L(g_n)\bigr) \\ &= \lim_n L(f_n) + \lim_n L(g_n) = L^*(G) + L^*(H).\end{aligned}$$

これは (iii) の主張である．
(iv) $\{G_n\}_{n=1}^\infty \subset \mathcal{O}^d$, $G \in \mathcal{O}^d$, $G_n \nearrow G$ とする．(ii) より $L^*(G_n) \le L^*(G)$ ($\forall n$) なので，$\lim_n L^*(G_n) \le L^*(G)$ である．

逆向きの不等式を示す．$f \in C_0(\mathbb{R}^d)$, $0 \le f \le \mathbf{1}_G$ を固定する．$N \in \mathbb{N}$ を $\mathrm{supp}(f) \subset [-N, N]^d$ となるようにとる．任意の $\varepsilon > 0$ に対して，$\{f \ge \varepsilon\}$ はコンパクト集合で，$\{f \ge \varepsilon\} \subset G = \bigcup_{n=1}^\infty G_n$ より，$\exists n_0 \in \mathbb{N}$ s.t. $\{f \ge \varepsilon\} \subset G_{n_0}$. このとき

2.3 線形汎関数　89

$$0 \leq (f - \varepsilon h_N) \vee 0 \leq \mathbf{1}_{G_{n_0}}$$

となる（ただし h_N は (2.6) で定義される関数）．これは次の含意よりわかる：

$$x \notin G_{n_0},\ x \in [-N, N]^d \Rightarrow (f - \varepsilon h_N)(x) = f(x) - \varepsilon h_N(x)$$
$$= f(x) - \varepsilon < 0,$$
$$x \notin G_{n_0},\ x \notin [-N, N]^d \Rightarrow (f - \varepsilon h_N)(x) = f(x) - \varepsilon h_N(x)$$
$$= -\varepsilon h_N(x) \leq 0,$$
$$x \in G_{n_0} \Rightarrow (f - \varepsilon h_N)(x) = f(x) - \varepsilon h_N(x) \leq f(x) \leq 1.$$

したがって L^* の定義より

$$\lim_n L^*(G_n) \geq L^*(G_{n_0}) \geq L\big((f - \varepsilon h_N) \vee 0\big) \geq L(f - \varepsilon h_N)$$
$$= L(f) - \varepsilon L(h_N)$$
$$\to L(f) \quad (\varepsilon \searrow 0).$$

f について sup をとると，$\lim_n L^*(G_n) \geq L^*(G)$ がわかる．

(v) $\{G_n\}_{n=1}^\infty \subset \mathcal{O}^d$ を固定する．各 $n \in \mathbb{N}$ に対して，$H_n = \bigcup_{j=1}^n G_j$ とおくと，$\{H_n\}_{n=1}^\infty \subset \mathcal{O}^d$, $H_n \nearrow \bigcup_{n=1}^\infty G_n$ である．(iv) より

$$L^*\Big(\bigcup_{n=1}^\infty G_n\Big) = \lim_n L^*(H_n) = \lim_n L^*\Big(\bigcup_{j=1}^n G_j\Big).$$

ここで (iii) より

$$L^*\Big(\bigcup_{j=1}^n G_j\Big) \leq L^*\Big(\bigcup_{j=1}^{n-1} G_j\Big) + L^*(G_n)$$
$$\leq L^*\Big(\bigcup_{j=1}^{n-2} G_j\Big) + L^*(G_{n-1}) + L^*(G_n)$$
$$\leq \cdots \leq \sum_{j=1}^n L^*(G_j)$$

であるから

$$L^*\Big(\bigcup_{n=1}^{\infty} G_n\Big) \leq \sum_{j=1}^{\infty} L^*(G_j)$$

がわかる.

<u>5°</u> $A \subset \mathbb{R}^d$ に対して, $\Gamma(A) := \inf_{\substack{G \in \mathcal{O}^d; \\ A \subset G}} L^*(G)$ とおく. このとき

(i) Γ は $\mathbb{R}^d$ 上の外測度 (outer measure), すなわち

  Γ.1) $0 \leq \Gamma(A) \leq 1, \Gamma(\emptyset) = 0, \Gamma(\mathbb{R}^d) = 1$.

  Γ.2) $A \subset B$ ならば $\Gamma(A) \leq \Gamma(B)$.

  Γ.3) $\{A_n\}_{n=1}^{\infty} \subset \mathbb{R}^d$ に対して, $\Gamma(\bigcup_{n=1}^{\infty} A_n) \leq \sum_{n=1}^{\infty} \Gamma(A_n)$.

(ii) $\Gamma(G) = L^*(G), {}^{\forall}G \in \mathcal{O}^d$.

☺ (i) Γ.1), Γ.2), Γ.3) を確かめる.

  Γ.1) について. 3°(i) より, $0 \leq L^* \leq 1$ なので, $0 \leq \Gamma \leq 1$. 4°(i) より, $\Gamma(\emptyset) = 0, \Gamma(\mathbb{R}^d) = 1$.

  Γ.2) について. $A \subset B$ のとき

$$\{G \in \mathcal{O}^d; A \subset G\} \supset \{G \in \mathcal{O}^d; B \subset G\}$$

なので, inf をとって $\Gamma(A) \leq \Gamma(B)$.

  Γ.3) について. $\{A_n\}_{n=1}^{\infty} \subset \mathbb{R}^d$ とする. 任意の $\varepsilon > 0$ を固定する. Γ の定義より, 各 $n \in \mathbb{N}$ に対して, ${}^{\exists}G_n \in \mathcal{O}^d$ s.t. $A_n \subset G_n, L^*(G_n) < \Gamma(A_n) + \frac{\varepsilon}{2^n}$. n について辺々足すと

$$\sum_{n=1}^{\infty} L^*(G_n) \leq \sum_{n=1}^{\infty} \Gamma(A_n) + \varepsilon.$$

$\bigcup_{n=1}^{\infty} G_n \in \mathcal{O}^d, \bigcup_{n=1}^{\infty} A_n \subset \bigcup_{n=1}^{\infty} G_n$ なので, Γ の定義より

$$\Gamma\Big(\bigcup_{n=1}^{\infty} A_n\Big) \leq L^*\Big(\bigcup_{n=1}^{\infty} G_n\Big).$$

したがって, 4°(v) より

$$\Gamma\Big(\bigcup_{n=1}^{\infty} A_n\Big) \leq \sum_{n=1}^{\infty} L^*(G_n) \leq \sum_{n=1}^{\infty} \Gamma(A_n) + \varepsilon.$$

最後に $\varepsilon \searrow 0$ とすれば，求める不等式が得られる．

(ii) $G \in \mathcal{O}^d$ を固定する．まず，$G \subset G$ より，$L^*(G) \geq \Gamma(G)$．次に，4°(ii) より，$G_1 \in \mathcal{O}^d$, $G \subset G_1$ に対して，$L^*(G) \leq L^*(G_1)$ なので，$L^*(G) \leq \Gamma(G)$．したがって $\Gamma(G) = L^*(G)$．

<u>6°</u> $\mathcal{B}_\Gamma :=$ Γ-可測集合全体，すなわち

$$\mathcal{B}_\Gamma := \{A \subset \mathbb{R}^d ; \Gamma(E) \geq \Gamma(E \cap A) + \Gamma(E \cap A^{\complement}), \ {}^\forall E \subset \mathbb{R}^d\},$$

$\mu_\Gamma := \Gamma|_{\mathcal{B}_\Gamma}$ とすると，一般論 [cf. 小谷 [15, 定理 3.2] あるいは 志賀 [22, 定理 A.1]] より，$\mathcal{B}_\Gamma$ は $\mathbb{R}^d$ 上の σ-加法族，μ_Γ は $(\mathbb{R}^d, \mathcal{B}_\Gamma)$ 上の測度となる．今の場合は，μ_Γ は確率測度となる．実際，5°(i) $\Gamma.1$) より $\mu_\Gamma(\mathbb{R}^d) = \Gamma(\mathbb{R}^d) = 1$ なので…．

<u>7°</u> $\mathcal{B}_\Gamma \supset \mathcal{B}^d$．すなわち任意の $F \in \mathcal{F}^d, A \subset \mathbb{R}^d$ に対して

$$\Gamma(A) \geq \Gamma(A \cap F) + \Gamma(A \cap F^{\complement}).$$

(これがいえると，$\mathcal{F}^d \subset \mathcal{B}_\Gamma$．$\mathcal{B}_\Gamma$ は $\mathbb{R}^d$ 上の σ-加法族なので，$\mathcal{O}^d \subset \mathcal{B}_\Gamma$．したがって $\mathcal{B}^d = \sigma(\mathcal{O}^d) \subset \mathcal{B}_\Gamma$ がわかる．)

☺ 2 段階で示す．

<u>7°-1</u> 任意の $G \in \mathcal{O}^d, F \in \mathcal{F}^d$ に対して，$L^*(G) \geq \Gamma(G \cap F) + L^*(G \cap F^{\complement})$.

☺ $F \in \mathcal{F}^d, G \in \mathcal{O}^d$ を固定する．$F \neq \emptyset$ としてよい．$n \in \mathbb{N}$ に対して

$$H_n := \left\{x \in \mathbb{R}^d ; \operatorname{dis}(x, F) < \frac{1}{n+1}\right\},$$
$$G_n := \left\{x \in \mathbb{R}^d ; \operatorname{dis}(x, F) > \frac{1}{n}\right\}$$

とおく．$H_n, G_n \in \mathcal{O}^d$, $H_n \cap G_n = \emptyset$, $H_n \supset F$, そして $G_n \nearrow F^{\complement} \in \mathcal{O}^d$．ここで $G \cap H_n \supset G \cap F$ より，$\Gamma(G \cap F) \leq L^*(G \cap H_n)$, また 4°(iv) より $L^*(G \cap G_n) \nearrow L^*(G \cap F^{\complement})$ に注意せよ．4°(iii) より

$$L^*(G \cap H_n) + L^*(G \cap G_n)$$
$$= L^*((G \cap H_n) \cup (G \cap G_n)) + L^*((G \cap H_n) \cap (G \cap G_n))$$
$$= L^*(G \cap (H_n \cup G_n)) + L^*(\emptyset) \leq L^*(G)$$

であるので，これと上の注意を合わせれば 7°-1 の主張がわかる．

<u>7°-2</u> $F \in \mathcal{F}^d, A \subset \mathbb{R}^d$ を固定する．任意の $\varepsilon > 0$ に対して

$$^\exists G \in \mathcal{O}^d \ \ \text{s.t.} \ \ A \subset G, \ L^*(G) < \Gamma(A) + \varepsilon.$$

7°-1 より

$$\begin{aligned}
L^*(G) &\geq \Gamma(G \cap F) + L^*(G \cap F^{\complement}) \\
&\geq \Gamma(A \cap F) + L^*(G \cap F^{\complement}) \quad [\odot \ G \cap F \supset A \cap F] \\
&\geq \Gamma(A \cap F) + \Gamma(A \cap F^{\complement}) \\
&\quad [\odot \ G \cap F^{\complement} \in \mathcal{O}^d, \ A \cap F^{\complement} \subset G \cap F^{\complement}].
\end{aligned}$$

したがって

$$\Gamma(A) + \varepsilon \geq \Gamma(A \cap F) + \Gamma(A \cap F^{\complement})$$

を得る.$\varepsilon \searrow 0$ とすれば 7° の主張が従う.

8° $\mu \in \mathcal{P}^d$ を $\mu := \mu_\Gamma|_{\mathcal{B}^d}$ と定義する.このとき $G \in \mathcal{O}^d$, $\{f_n\}_{n=1}^\infty \subset C_0(\mathbb{R}^d)$, $0 \leq f_n \nearrow \mathbf{1}_G$ に対して,$\lim_n L(f_n) = \mu(G)$.

$\odot$ $G \in \mathcal{O}^d$, $\{f_n\}_{n=1}^\infty \subset C_0(\mathbb{R}^d)$, $0 \leq f_n \nearrow \mathbf{1}_G$ とする.5°(ii) より $\mu(G) = \Gamma(G) = L^*(G)$.3°(ii) より $L^*(G) = \lim_n L(f_n)$.したがって 8° の主張を得る.

9° $L = L_\mu$.

$\odot$ 任意の $f \in C_0(\mathbb{R}^d)$ に対して

$$L(f) = \int_{\mathbb{R}^d} f \, d\mu \tag{2.9}$$

を示す.$0 \leq f \leq 1$ としてよい.何となれば,$c = \|f\|_\infty + 1$ とすると,$0 \leq \frac{f^\pm}{c} \leq 1$, $f = c\bigl(\frac{f^+}{c} - \frac{f^-}{c}\bigr)$ なので….

以下,3 段階で (2.9) を示す.

9°-1 $f \in C_0(\mathbb{R}^d)$, $0 \leq f \leq 1$ に対して $\displaystyle\int_{\mathbb{R}^d} f \, d\mu \leq L(f)$.

$\odot$ 簡単のため

$$s_n := \sum_{j=0}^{2^n-1} \frac{j}{2^n} \mathbf{1}_{\{\frac{j}{2^n} < f \leq \frac{j+1}{2^n}\}}, \quad n = 1, 2, \ldots$$

とおく.$s_n \nearrow f$ より

$$\int_{\mathbb{R}^d} f\, d\mu = \lim_{n\to\infty} \int_{\mathbb{R}^d} s_n\, d\mu \tag{2.10}$$

である. s_n を次のように書き直す:

$$\begin{aligned}
s_n &= \sum_{j=0}^{2^n-1} \frac{j}{2^n} \Big(\mathbf{1}_{\{f\le \frac{j+1}{2^n}\}} - \mathbf{1}_{\{f\le \frac{j}{2^n}\}}\Big) \\
&= \sum_{j=0}^{2^n-1} \frac{j+1-1}{2^n}\mathbf{1}_{\{f\le \frac{j+1}{2^n}\}} - \sum_{j=0}^{2^n-1}\frac{j}{2^n}\mathbf{1}_{\{f\le \frac{j}{2^n}\}} \\
&= \sum_{j=1}^{2^n} \frac{j-1}{2^n}\mathbf{1}_{\{f\le \frac{j}{2^n}\}} - \sum_{j=0}^{2^n-1}\frac{j}{2^n}\mathbf{1}_{\{f\le \frac{j}{2^n}\}} \\
&= \frac{2^n-1}{2^n} - \sum_{j=1}^{2^n-1}\frac{1}{2^n}\mathbf{1}_{\{f\le \frac{j}{2^n}\}} \\
&= \sum_{j=1}^{2^n-1}\frac{1}{2^n}\Big(1 - \mathbf{1}_{\{f\le \frac{j}{2^n}\}}\Big) \\
&= \frac{1}{2^n}\sum_{j=1}^{2^n-1} \mathbf{1}_{\{f> \frac{j}{2^n}\}} \\
&= \frac{1}{2^n}\sum_{j=1}^{2^n-1} \mathbf{1}_{G_{n,j}} \quad \Big[ここで\ G_{n,j} := \{f > \tfrac{j}{2^n}\} \in \mathcal{O}^d\Big].
\end{aligned}$$

各 n, j に対して, Claim 2.26(i) より, $\{g_{n,j,m}\}_{m=1}^{\infty} \subset C_0(\mathbb{R}^d)$ を $0 \le g_{n,j,m} \nearrow \mathbf{1}_{G_{n,j}}\ (m\to\infty)$ となるようにとる. このとき

$$\frac{1}{2^n}\sum_{j=1}^{2^n-1} g_{n,j,m} \le \frac{1}{2^n}\sum_{j=1}^{2^n-1} \mathbf{1}_{G_{n,j}} = s_n \le f$$

より

$$L(f) \ge L\Big(\frac{1}{2^n}\sum_{j=1}^{2^n-1} g_{n,j,m}\Big) = \frac{1}{2^n}\sum_{j=1}^{2^n-1} L(g_{n,j,m}).$$

ここで 8° より $\lim_{m\to\infty} L(g_{n,j,m}) = \mu(G_{n,j})$ なので

$$L(f) \ge \lim_{m\to\infty}\frac{1}{2^n}\sum_{j=1}^{2^n-1} L(g_{n,j,m}) = \frac{1}{2^n}\sum_{j=1}^{2^n-1}\mu(G_{n,j}) = \int_{\mathbb{R}^d} s_n\, d\mu.$$

あとは $n\to\infty$ とすれば, (2.10)より 9°-1 の主張がわかる.

<u>9°-2</u> $f \in C_0(\mathbb{R}^d)$, $0 \leq f \leq 1$ に対して $\int_{\mathbb{R}^d} f \, d\mu \geq L(f)$.

☉ h_n を (2.6) で定義される関数とすると，$(1-f)h_n \in C_0(\mathbb{R}^d)$，$0 \leq (1-f)h_n \leq 1$ なので，9°-1 より

$$\int_{\mathbb{R}^d} (1-f)h_n \, d\mu \leq L\big((1-f)h_n\big).$$

$0 \leq h_n \nearrow 1$ より，$0 \leq (1-f)h_n \nearrow 1-f$ であるから，単調収束定理より

$$\text{左辺} \to \int_{\mathbb{R}^d} (1-f) d\mu = 1 - \int_{\mathbb{R}^d} f \, d\mu.$$

一方，右辺 $= L(h_n - fh_n) = L(h_n) - L(fh_n)$．ここで L.3) より $L(h_n) \nearrow 1$，2° より $L(fh_n) \nearrow L(f)$ なので

$$\text{右辺} \to 1 - L(f).$$

したがって

$$1 - \int_{\mathbb{R}^d} f \, d\mu \leq 1 - L(f),$$

すなわち $\int_{\mathbb{R}^d} f \, d\mu \geq L(f)$ がわかる．

<u>9°-3</u> $f \in C_0(\mathbb{R}^d)$，$0 \leq f \leq 1$ に対して (2.9) が成り立つ．
☉ 9°-1 と 9°-2 より明らかである． ∎

μ の一意性の証明のために，次の claim を用意する：

▶**Claim 2.31** 任意の $\nu \in \mathcal{P}^d$ に対して

$$\nu(E) = \inf_{\substack{G \in \mathcal{O}^d; \\ E \subset G}} \nu(G) = \sup_{\substack{F \in \mathcal{F}^d; \\ F \subset E}} \nu(F), \quad {}^\forall E \in \mathcal{B}^d.$$

この性質を ν の**正則性** (regularity) という．

[証明] $\nu \in \mathcal{P}^d$ を固定する．$\mathbb{R}^d$ の部分集合族 $\mathcal{B}$ を次のようにおく：

$$\mathcal{B} := \left\{ E \in \mathcal{B}^d; \begin{array}{l} {}^\forall \varepsilon > 0, \ {}^\exists G \in \mathcal{O}^d, \ {}^\exists F \in \mathcal{F}^d \\ \text{s.t. } F \subset E \subset G, \ \nu(G \setminus F) < \varepsilon \end{array} \right\}.$$

以下で
 (a) $\mathcal{B} \supset \mathcal{F}^d$,
 (b) $\mathcal{B}$ は $\mathbb{R}^d$ 上の σ-加法族である

を示す．これがいえれば，$\mathcal{B} = \mathcal{B}^d$, すなわち

$$^\forall E \in \mathcal{B}^d, \ ^\forall \varepsilon > 0, \ ^\exists G \in \mathcal{O}^d, \ ^\exists F \in \mathcal{F}^d \ \text{s.t.} \ \begin{cases} F \subset E \subset G, \\ \nu(G \setminus F) < \varepsilon \end{cases}$$

がわかる．このとき

$$\nu(G) = \nu(G \setminus E) + \nu(E) \leq \nu(G \setminus F) + \nu(E) < \varepsilon + \nu(E),$$
$$\nu(E) = \nu(E \setminus F) + \nu(F) \leq \nu(G \setminus F) + \nu(F) < \varepsilon + \nu(F)$$

なので

$$\nu(E) \leq \inf_{\substack{G_1 \in \mathcal{O}^d; \\ E \subset G_1}} \nu(G_1) \leq \nu(G) < \varepsilon + \nu(E),$$

$$\nu(E) \geq \sup_{\substack{F_1 \in \mathcal{F}^d; \\ F_1 \subset E}} \nu(F_1) \geq \nu(F) > \nu(E) - \varepsilon.$$

$\varepsilon \searrow 0$ とすれば，claim の主張が従う．

(a) について．$E \in \mathcal{F}^d$ とする．$G_n \in \mathcal{O}^d$ を

$$G_n := \left\{ x \in \mathbb{R}^d; \operatorname{dis}(x, E) < \frac{1}{n} \right\}, \quad n = 1, 2, \ldots$$

とおくと，$G_n \searrow E \ (n \to \infty)$, したがって $\nu(G_n \setminus E) \to 0 \ (n \to \infty)$. $\varepsilon > 0$ に対して，$n_0 \in \mathbb{N}$ を $\nu(G_{n_0} \setminus E) < \varepsilon$ となるようにとり，$F = E, G = G_{n_0}$ とすると，$F \in \mathcal{F}^d, G \in \mathcal{O}^d, F \subset E \subset G, \nu(G \setminus F) < \varepsilon$ となる．したがって $\mathcal{F}^d \subset \mathcal{B}$ がわかる．

(b) について．$\mathcal{B}$ が $\sigma.1), \sigma.2), \sigma.3)$ をみたすことを確かめる．

$E = \emptyset$ に対しては，$\emptyset \in \mathcal{O}^d, \emptyset \in \mathcal{F}^d, \emptyset \subset \emptyset \subset \emptyset, \nu(\emptyset \setminus \emptyset) = \nu(\emptyset) = 0$ なので，$\emptyset \in \mathcal{B}$ となる．したがって $\sigma.1)$ は OK．

$E \in \mathcal{B}$ とする．このとき $E^\complement \in \mathcal{B}^d$. 任意の $\varepsilon > 0$ に対して，$^\exists G \in \mathcal{O}^d, ^\exists F \in \mathcal{F}^d$ s.t. $F \subset E \subset G, \nu(G \setminus F) < \varepsilon$. $G^\complement \in \mathcal{F}^d, F^\complement \in \mathcal{O}^d, G^\complement \subset E^\complement \subset F^\complement, \nu(F^\complement \setminus G^\complement) = \nu(G \setminus F) < \varepsilon$ なので，$E^\complement \in \mathcal{B}$ がわかる．したがって $\sigma.2)$ も OK．

$E_n \in \mathcal{B}$, $n = 1, 2, \ldots$ とする．$\bigcup_{n=1}^{\infty} E_n \in \mathcal{B}^d$ である．任意の $\varepsilon > 0$ を固定する．各 $n \in \mathbb{N}$ に対して

$$^\exists G_n \in \mathcal{O}^d, \ ^\exists F_n \in \mathcal{F}^d \ \text{ s.t. } \begin{cases} F_n \subset E_n \subset G_n, \\ \nu(G_n \setminus F_n) < \dfrac{\varepsilon}{2^{n+1}}. \end{cases}$$

$\bigcup_{k=1}^{n} F_k \nearrow \bigcup_{k=1}^{\infty} F_k$ $(n \to \infty)$ より，$n_0 \in \mathbb{N}$ を $\nu(\bigcup_{k=1}^{\infty} F_k \setminus \bigcup_{k=1}^{n_0} F_k) < \frac{\varepsilon}{2}$ となるようにとる．このとき

$$G = \bigcup_{n=1}^{\infty} G_n, \quad F = \bigcup_{k=1}^{n_0} F_k$$

とおくと，$G \in \mathcal{O}^d$, $F \in \mathcal{F}^d$, $F \subset \bigcup_{n=1}^{\infty} E_n \subset G$，そして

$$\begin{aligned}
\nu(G \setminus F) &= \nu\Big(\bigcup_{n=1}^{\infty} G_n \setminus \bigcup_{k=1}^{n_0} F_k\Big) \\
&= \nu\Big(\bigcup_{n=1}^{\infty} G_n \cap \Big(\bigcup_{k=1}^{n_0} F_k\Big)^{\mathsf{c}}\Big) \\
&= \nu\Big(\bigcup_{n=1}^{\infty} G_n \cap \Big(\Big(\bigcup_{k=1}^{\infty} F_k\Big)^{\mathsf{c}} \cup \Big(\bigcup_{k=1}^{\infty} F_k \setminus \bigcup_{k=1}^{n_0} F_k\Big)\Big)\Big) \\
&= \nu\Big(\Big(\bigcup_{n=1}^{\infty} G_n \cap \Big(\bigcup_{k=1}^{\infty} F_k\Big)^{\mathsf{c}}\Big) \cup \Big(\bigcup_{n=1}^{\infty} G_n \cap \Big(\bigcup_{k=1}^{\infty} F_k \setminus \bigcup_{k=1}^{n_0} F_k\Big)\Big)\Big) \\
&\leq \nu\Big(\Big(\bigcup_{n=1}^{\infty} G_n\Big) \cap \Big(\bigcap_{k=1}^{\infty} F_k^{\mathsf{c}}\Big)\Big) + \nu\Big(\bigcup_{k=1}^{\infty} F_k \setminus \bigcup_{k=1}^{n_0} F_k\Big) \\
&< \nu\Big(\bigcup_{n=1}^{\infty} \Big(G_n \cap \bigcap_{k=1}^{\infty} F_k^{\mathsf{c}}\Big)\Big) + \frac{\varepsilon}{2} \\
&\leq \nu\Big(\bigcup_{n=1}^{\infty} (G_n \setminus F_n)\Big) + \frac{\varepsilon}{2} \\
&\leq \sum_{n=1}^{\infty} \nu(G_n \setminus F_n) + \frac{\varepsilon}{2} < \sum_{n=1}^{\infty} \frac{\varepsilon}{2^{n+1}} + \frac{\varepsilon}{2} = \varepsilon.
\end{aligned}$$

したがって $\bigcup_{n=1}^{\infty} E_n \in \mathcal{B}$ がわかる．よって $\sigma.3)$ も OK. ∎

▶**系 2.32** 任意の $\nu \in \mathcal{P}^d$ に対して次が成り立つ：

$^\forall E \in \mathcal{B}^d$,
$\quad ^\exists A : \boldsymbol{G_\delta}$ **集合**，すなわちある $G_n \in \mathcal{O}^d$, $n \geq 1$ に対して $A = \bigcap_{n=1}^{\infty} G_n$,
$\quad ^\exists B : \boldsymbol{F_\sigma}$ **集合**，すなわちある $F_n \in \mathcal{F}^d$, $n \geq 1$ に対して $B = \bigcup_{n=1}^{\infty} F_n$
$\quad$ s.t. $B \subset E \subset A$, $\nu(A \setminus B) = 0$.

[証明] $\nu \in \mathcal{P}^d$, $E \in \mathcal{B}^d$ とする．Claim 2.31 より，任意の $n \in \mathbb{N}$ に対して

$$^\exists G_n \in \mathcal{O}^d, \ ^\exists F_n \in \mathcal{F}^d \ \text{s.t.} \ F_n \subset E \subset G_n, \ \nu(G_n \setminus F_n) < \frac{1}{n}.$$

このとき

$$A = \bigcap_{n=1}^{\infty} G_n, \quad B = \bigcup_{n=1}^{\infty} F_n$$

とおくと，A は G_δ 集合，B は F_σ 集合で，$B \subset E \subset A$，そして

$$\begin{aligned}
\nu(A \setminus B) &= \nu\Big(\bigcap_{n=1}^{\infty} G_n \setminus \bigcup_{m=1}^{\infty} F_m\Big) \\
&= \nu\Big(\bigcap_{n=1}^{\infty}\Big(G_n \cap \bigcap_{m=1}^{\infty} F_m^\complement\Big)\Big) \\
&\leq \nu\Big(\bigcap_{n=1}^{\infty}(G_n \setminus F_n)\Big) \\
&\leq \nu(G_n \setminus F_n) < \frac{1}{n} \to 0 \ (n \to \infty)
\end{aligned}$$

となる．∎

[**μ の一意性の証明**] $\mu_1, \mu_2 \in \mathcal{P}^d$ は，$L_{\mu_1} = L = L_{\mu_2}$ とする．任意の $G \in \mathcal{O}^d$ に対して，Claim 2.26(i) より，$^\exists \{f_n\}_{n=1}^{\infty} \subset C_0(\mathbb{R}^d)$ s.t. $0 \leq f_n \nearrow \mathbf{1}_G$. このとき単調収束定理より

$$\mu_1(G) = \lim_n L_{\mu_1}(f_n) = \lim_n L(f_n) = \lim_n L_{\mu_2}(f_n) = \mu_2(G).$$

したがって $\mathcal{O}^d$ 上で $\mu_1 = \mu_2$ である．

次に，Claim 2.31 より，任意の $E \in \mathcal{B}^d$ に対して

$$\mu_1(E) = \inf_{\substack{G \in \mathcal{O}^d; \\ E \subset G}} \mu_1(G) = \inf_{\substack{G \in \mathcal{O}^d; \\ E \subset G}} \mu_2(G) = \mu_2(E).$$

よって $\mu_1 = \mu_2$ がわかる. ∎

▷**定義 2.33**

$$\mathcal{L}^d = \mathcal{L}(\mathbb{R}^d) := \{L; L: C_0(\mathbb{R}^d) \to \mathbb{R} \text{ は L.1), L.2), L.3) をみたす}\}.$$

この節でわかったことを手短にいうと, 「写像 $\mathcal{P}^d \ni \mu \mapsto L_\mu \in \mathcal{L}^d$ は全単射である」となる.

▷**定義 2.34** $\mu \in \mathcal{P}^d, f \in C_0(\mathbb{R}^d)$ に対して

$$\langle \mu, f \rangle := L_\mu(f) = \int_{\mathbb{R}^d} f \, d\mu$$

と定義する. $\langle \mu, f \rangle$ を $\mu(f)$ と書くこともある.

!**注意 2.35** リース–バナッハの定理の一般形は次の通り:

「$L: C_0(\mathbb{R}^d) \to \mathbb{R}$ が L.1) と L.2) をみたす

$\underset{\text{iff}}{\Longleftrightarrow}$ $\exists^1 \mu$: $(\mathbb{R}^d, \mathcal{B}^d)$ 上の測度 s.t. $\begin{cases} \bullet \ \mu(K) < \infty \ \ (^\forall K \in \mathcal{K}^d), \\ \bullet \ L(f) = \int_{\mathbb{R}^d} f \, d\mu \ \ (^\forall f \in C_0(\mathbb{R}^d)). \end{cases}$」

条件 L.3) がなくても定理は成り立つ. ただし, その場合, μ は確率測度ではなくなる. L.3) は μ が確率測度になるための条件である. 本書 (= 確率論の本) では, 我々は条件 L.3) をさらに加えたものを扱うことにし, それを'リース–バナッハの定理 (スペ・シャ・ル・ケ・ー・ス・)' と名づけた[7]. L.3) のあるおかげで証明が少し易しくなっているところがある.

---

[7] 本書だけの呼称である. なお, 圏点は注意喚起のために付けた.

2.4　確率測度列の収束

2.4.1　漠収束と $\mathcal{P}^d$ の位相

▷**定義 2.36**　$\{\mu_n\}_{n=1}^\infty \subset \mathcal{P}^{d\,8)}$, $\mu \in \mathcal{P}^d$ に対して，$\langle \mu_n, f \rangle \to \langle \mu, f \rangle$ $(n \to \infty)$, $^\forall f \in C_0(\mathbb{R}^d)$ のとき，μ_n は $n \to \infty$ のとき μ に**漠収束** (vague convergence) するという．これを $\mu_n \to \mu$ vaguely あるいは $\mu_n \to \mu$（漠収束）と表す．

▷**定義 2.37**　各 $\mu \in \mathcal{P}^d$ に対して

$$\mathcal{U}(\mu) := \left\{ U_{\varepsilon; f_1,\ldots,f_n}(\mu); \varepsilon > 0, f_1,\ldots,f_n \in C_0(\mathbb{R}^d), n \geq 1 \right\}$$

とおく．ただし

$$U_{\varepsilon; f_1,\ldots,f_n}(\mu) := \left\{ \nu \in \mathcal{P}^d; |\langle \nu, f_j \rangle - \langle \mu, f_j \rangle| < \varepsilon, j = 1,\ldots,n \right\}.$$

▶**Claim 2.38**　$\{\mathcal{U}(\mu)\}_{\mu \in \mathcal{P}^d}$ は次の 3 つの条件をみたす：
(a) $\mathcal{U}(\mu) \neq \emptyset$．$U \in \mathcal{U}(\mu)$ ならば $\mu \in U$．
(b) $U_1, U_2 \in \mathcal{U}(\mu)$ に対して，$^\exists U \in \mathcal{U}(\mu)$ s.t. $U \subset U_1 \cap U_2$．
(c) $U \in \mathcal{U}(\mu), \nu \in U$ に対して，$^\exists V \in \mathcal{U}(\nu)$ s.t. $V \subset U$．

[**証明**]　(a) は明らか．

(b) について．$U_1 = U_{\varepsilon; f_1,\ldots,f_m}(\mu), U_2 = U_{\delta; g_1,\ldots,g_n}(\mu)$ とする．天下り的に，$U \in \mathcal{U}(\mu)$ を，$U = U_{\varepsilon \wedge \delta; f_1,\ldots,f_m,g_1,\ldots,g_n}(\mu)$ ととると

$$\nu \in U \Rightarrow |\langle \nu, f_i \rangle - \langle \mu, f_i \rangle| < \varepsilon \wedge \delta \leq \varepsilon \ (i = 1,\ldots,m),$$
$$|\langle \nu, g_j \rangle - \langle \mu, g_j \rangle| < \varepsilon \wedge \delta \leq \delta \ (j = 1,\ldots,n)$$
$$\Rightarrow \nu \in U_1 \cap U_2$$

の含意より，$U \subset U_1 \cap U_2$．

(c) について．$U = U_{\varepsilon; f_1,\ldots,f_n}(\mu), \nu \in U$ とする．$|\langle \nu, f_j \rangle - \langle \mu, f_j \rangle| < \varepsilon$ $(j = 1,\ldots,n)$ より，$\delta > 0$ を，$\delta := \varepsilon - \max_{1 \leq j \leq n} |\langle \nu, f_j \rangle - \langle \mu, f_j \rangle|, V \in \mathcal{U}(\nu)$

---

[8]　'$\{\mu_n\}_{n=1}^\infty \subset \mathcal{P}^d$' は「$\{\mu_n\}_{n=1}^\infty$ は $\mathcal{P}^d$ の列である」ことを意味する．以下でも同じである．これを素直に読むと「点列 $\{\mu_n\}_{n=1}^\infty$ が $\mathcal{P}^d$ に含まれる」となり，厳密には変なので念のためにここで注意しておく．

を，$V := U_{\delta; f_1, \ldots, f_n}(\nu)$ ととる．このとき

$$\lambda \in V \Leftrightarrow |\langle \lambda, f_j \rangle - \langle \nu, f_j \rangle| < \delta \quad (j = 1, \ldots, n)$$
$$\Rightarrow 1 \leq i \leq n \text{ に対して}$$
$$|\langle \lambda, f_i \rangle - \langle \mu, f_i \rangle|$$
$$= |\langle \lambda, f_i \rangle - \langle \nu, f_i \rangle + \langle \nu, f_i \rangle - \langle \mu, f_i \rangle|$$
$$\leq |\langle \lambda, f_i \rangle - \langle \nu, f_i \rangle| + |\langle \nu, f_i \rangle - \langle \mu, f_i \rangle|$$
$$< \delta + |\langle \nu, f_i \rangle - \langle \mu, f_i \rangle|$$
$$= \varepsilon - \left(\max_{1 \leq j \leq n} |\langle \nu, f_j \rangle - \langle \mu, f_j \rangle| - |\langle \nu, f_i \rangle - \langle \mu, f_i \rangle| \right) \leq \varepsilon$$
$$\Rightarrow \lambda \in U_{\varepsilon; f_1, \ldots, f_n}(\mu)$$
$$\Rightarrow \lambda \in U$$

の含意より，$V \subset U$. ∎

$\{\mathcal{U}(\mu)\}_{\mu \in \mathcal{P}^d}$ は $\mathcal{P}^d$ に位相 (topology) $\mathcal{O}(\mathcal{P}^d)$ を生成する：$\mathcal{O}(\mathcal{P}^d)$ は $\bigcup_{\mu \in \mathcal{P}^d} \mathcal{U}(\mu)$ の部分族の和として表される集合の全体である．すなわち

$$\mathcal{O}(\mathcal{P}^d) = \left\{ \bigcup_{U \in \mathcal{U}} U; \mathcal{U} \subset \bigcup_{\mu \in \mathcal{P}^d} \mathcal{U}(\mu) \right\}.$$

〈問 2.39〉 右辺の集合族が $\mathcal{P}^d$ の位相であることを確かめよ．

定理 A.59 より，$C_0(\mathbb{R}^d)$ の稠密な関数列 $\{g_k\}_{k=1}^{\infty}$ を 1 つとる．

▶**Claim 2.40** (i) $\mu, \nu \in \mathcal{P}^d$ に対して

$$\rho(\mu, \nu) := \sum_{k=1}^{\infty} \frac{1}{2^k} \frac{|\langle \mu, g_k \rangle - \langle \nu, g_k \rangle|}{1 + |\langle \mu, g_k \rangle - \langle \nu, g_k \rangle|}$$

とおく．このとき ρ は $\mathcal{P}^d$ の距離となる．
(ii) ρ から導かれる位相は $\mathcal{O}(\mathcal{P}^d)$ と一致する．

[証明] (i) ρ が距離の 3 公理，すなわち
 (a) $\rho(\mu,\nu) \geq 0$, $\rho(\mu,\nu) = 0 \Leftrightarrow \mu = \nu$,
 (b) $\rho(\mu,\nu) = \rho(\nu,\mu)$,
 (c) $\rho(\mu,\nu) \leq \rho(\mu,\lambda) + \rho(\lambda,\nu)$
をみたすことを確かめる.

定義より, $0 \leq \rho \leq 1$, $\mu = \nu$ ならば $\rho(\mu,\nu) = 0$ である. 逆に
$$\rho(\mu,\nu) = 0 \Rightarrow \langle \mu, g_k \rangle = \langle \nu, g_k \rangle \quad (\forall k).$$

$\{g_k\}_{k=1}^\infty$ は $C_0(\mathbb{R}^d)$ で稠密なので, 任意の $f \in C_0(\mathbb{R}^d)$, $\varepsilon > 0$ に対して, $\exists k \in \mathbb{N}$ s.t. $\|f - g_k\|_\infty < \varepsilon$. このとき

$$|\langle \mu, f \rangle - \langle \nu, f \rangle| = |\langle \mu, f \rangle - \langle \mu, g_k \rangle + \langle \mu, g_k \rangle - \langle \nu, g_k \rangle + \langle \nu, g_k \rangle - \langle \nu, f \rangle|$$
$$= \left| \int_{\mathbb{R}^d} (f - g_k) d\mu + \int_{\mathbb{R}^d} (g_k - f) d\nu \right|$$
$$\leq \int_{\mathbb{R}^d} |f - g_k| d\mu + \int_{\mathbb{R}^d} |g_k - f| d\nu$$
$$\leq 2\|f - g_k\|_\infty < 2\varepsilon \to 0 \quad (\varepsilon \searrow 0)$$

より $\langle \mu, f \rangle = \langle \nu, f \rangle$ ($\forall f \in C_0(\mathbb{R}^d)$) がわかる. これは $\mu = \nu$ を含意する [cf. 定理 2.30 の一意性の証明]. したがって ρ は (a) をみたす.

(b) は明らかである.

(c) について. まず
$$\rho(\mu,\nu) = \sum_{k=1}^\infty \frac{1}{2^k} \varphi\big(|\langle \mu, g_k \rangle - \langle \nu, g_k \rangle|\big) \tag{2.11}$$

に注意せよ. ただし φ は補題 1.42 で定義した関数である. 補題 1.42(i) と (ii) より

$$\rho(\mu,\nu) = \sum_{k=1}^\infty \frac{1}{2^k} \varphi\big(|\langle \mu, g_k \rangle - \langle \lambda, g_k \rangle + \langle \lambda, g_k \rangle - \langle \nu, g_k \rangle|\big)$$
$$\leq \sum_{k=1}^\infty \frac{1}{2^k} \varphi\big(|\langle \mu, g_k \rangle - \langle \lambda, g_k \rangle| + |\langle \lambda, g_k \rangle - \langle \nu, g_k \rangle|\big)$$
$$\leq \sum_{k=1}^\infty \frac{1}{2^k} \Big(\varphi\big(|\langle \mu, g_k \rangle - \langle \lambda, g_k \rangle|\big) + \varphi\big(|\langle \lambda, g_k \rangle - \langle \nu, g_k \rangle|\big) \Big)$$

$$= \sum_{k=1}^{\infty} \frac{1}{2^k} \varphi\bigl(|\langle \mu, g_k \rangle - \langle \lambda, g_k \rangle|\bigr) + \sum_{k=1}^{\infty} \frac{1}{2^k} \varphi\bigl(|\langle \lambda, g_k \rangle - \langle \nu, g_k \rangle|\bigr)$$
$$= \rho(\mu, \lambda) + \rho(\lambda, \nu).$$

これは (c) の不等式である.

(ii) 示すことは次の 2 つである：

(a) 任意の $\mu \in \mathcal{P}^d$, $\varepsilon > 0$, $n \geq 1$, $f_1, \ldots, f_n \in C_0(\mathbb{R}^d)$ に対して

$$^{\exists} \delta > 0 \;\; \text{s.t.} \;\; U_{\varepsilon; f_1, \ldots, f_n}(\mu) \supset \bigl\{\nu; \rho(\mu, \nu) < \delta\bigr\}.$$

(b) 任意の $\mu \in \mathcal{P}^d$, $\delta > 0$ に対して

$$^{\exists}\varepsilon > 0, \;\; ^{\exists}n \geq 1, \;\; ^{\exists}f_1, \ldots, ^{\exists}f_n \in C_0(\mathbb{R}^d)$$
$$\text{s.t.} \;\; \bigl\{\nu; \rho(\mu, \nu) < \delta\bigr\} \supset U_{\varepsilon; f_1, \ldots, f_n}(\mu).$$

(a) について. $\mu \in \mathcal{P}^d$, $\varepsilon > 0$, $n \geq 1$, $f_1, \ldots, f_n \in C_0(\mathbb{R}^d)$ を固定する. 各 $i \in \{1, \ldots, n\}$ に対して, $^{\exists} l_i \in \mathbb{N}$ s.t. $\|f_i - g_{l_i}\|_\infty < \frac{\varepsilon}{4}$. $l = \max_{1 \leq i \leq n} l_i$ とし, $\delta = \frac{1}{2^l} \varphi\bigl(\frac{\varepsilon}{2}\bigr)$ ととる. 補題 1.42(iii) より

$$\rho(\mu, \nu) = \sum_{k=1}^{\infty} \frac{1}{2^k} \varphi\bigl(|\langle \mu, g_k \rangle - \langle \nu, g_k \rangle|\bigr)$$
$$\geq \sum_{k=1}^{l} \frac{1}{2^k} \varphi\bigl(|\langle \mu, g_k \rangle - \langle \nu, g_k \rangle|\bigr)$$
$$\geq \sum_{k=1}^{l} \frac{1}{2^k} \mathbf{1}_{(\frac{\varepsilon}{2}, \infty)}\bigl(|\langle \mu, g_k \rangle - \langle \nu, g_k \rangle|\bigr) \varphi\Bigl(\frac{\varepsilon}{2}\Bigr)$$
$$\geq \frac{\varphi\bigl(\frac{\varepsilon}{2}\bigr)}{2^l} \sum_{k=1}^{l} \mathbf{1}_{(\frac{\varepsilon}{2}, \infty)}\bigl(|\langle \mu, g_k \rangle - \langle \nu, g_k \rangle|\bigr)$$
$$= \delta \; \# \Bigl\{1 \leq k \leq l; |\langle \mu, g_k \rangle - \langle \nu, g_k \rangle| > \frac{\varepsilon}{2}\Bigr\}$$

と評価されるので, $\rho(\mu, \nu) < \delta$ のときは, $|\langle \mu, g_k \rangle - \langle \nu, g_k \rangle| \leq \frac{\varepsilon}{2}$ $(1 \leq k \leq l)$ が成り立つ. これは, $1 \leq i \leq n$ に対して

$$\bigl|\langle \mu, f_i \rangle - \langle \nu, f_i \rangle\bigr|$$
$$= \bigl|\langle \mu, f_i \rangle - \langle \mu, g_{l_i} \rangle + \langle \mu, g_{l_i} \rangle - \langle \nu, g_{l_i} \rangle + \langle \nu, g_{l_i} \rangle - \langle \nu, f_i \rangle\bigr|$$

$$= \Big| \int_{\mathbb{R}^d} (f_i - g_{l_i}) d\mu + \langle \mu, g_{l_i} \rangle - \langle \nu, g_{l_i} \rangle + \int_{\mathbb{R}^d} (g_{l_i} - f_i) d\nu \Big|$$

$$\le 2\|f_i - g_{l_i}\|_\infty + |\langle \mu, g_{l_i} \rangle - \langle \nu, g_{l_i} \rangle| < \frac{\varepsilon}{2} + \frac{\varepsilon}{2} = \varepsilon$$

を含意し，したがって $\{\nu; \rho(\mu, \nu) < \delta\} \subset U_{\varepsilon; f_1, \dots, f_n}(\mu)$ がわかる．

(b) について．$\mu \in \mathcal{P}^d$ と $\delta > 0$ を固定する．$\varepsilon > 0$, $n \in \mathbb{N}$ を $\varphi(\varepsilon) \le \frac{\delta}{2}$, $\frac{1}{2^n} \le \frac{\delta}{2}$ となるようにとると

$$\nu \in U_{\varepsilon; g_1, \dots, g_n}(\mu)$$
$$\Leftrightarrow |\langle \mu, g_k \rangle - \langle \nu, g_k \rangle| < \varepsilon \quad (1 \le k \le n)$$
$$\Rightarrow \rho(\mu, \nu) = \sum_{k=1}^\infty \frac{1}{2^k} \varphi(|\langle \mu, g_k \rangle - \langle \nu, g_k \rangle|)$$
$$= \sum_{k=1}^n \frac{1}{2^k} \varphi(|\langle \mu, g_k \rangle - \langle \nu, g_k \rangle|) + \sum_{k=n+1}^\infty \frac{1}{2^k} \varphi(|\langle \mu, g_k \rangle - \langle \nu, g_k \rangle|)$$
$$< \sum_{k=1}^n \frac{1}{2^k} \varphi(\varepsilon) + \sum_{k=n+1}^\infty \frac{1}{2^k} \quad [\text{cf. 補題 1.42(i)}]$$
$$\le \frac{\delta}{2}\Big(\sum_{k=1}^n \frac{1}{2^k} + 1\Big) < \delta$$

の含意が成り立つ．したがって $U_{\varepsilon; g_1, \dots, g_n}(\mu) \subset \{\nu; \rho(\mu, \nu) < \delta\}$ がわかる． ∎

▶ **Claim 2.41** $\{\mu_n\}_{n=1}^\infty \subset \mathcal{P}^d$, $\mu \in \mathcal{P}^d$ に対して

$$\mu_n \to \mu \text{ vaguely} \underset{\text{iff}}{\Longleftrightarrow} \rho(\mu_n, \mu) \to 0.$$

[証明] $\{\mu_n\}_{n=1}^\infty \subset \mathcal{P}^d$, $\mu \in \mathcal{P}^d$ とする．まず (2.11) より

$$\rho(\mu_n, \mu) = \sum_{k=1}^\infty \frac{1}{2^k} \varphi(|\langle \mu_n, g_k \rangle - \langle \mu, g_k \rangle|).$$

"$\Rightarrow$" について．$\mu_n \to \mu$ vaguely とする．このとき $\langle \mu_n, g_k \rangle \to \langle \mu, g_k \rangle$ ($^\forall k$) より，$\varphi(|\langle \mu_n, g_k \rangle - \langle \mu, g_k \rangle|) \to 0$ ($^\forall k$)．$0 \le \varphi(t) < 1$ ($^\forall t \ge 0$) なので，ルベーグの収束定理より，$\rho(\mu_n, \mu) \to 0$ がわかる．

"$\Leftarrow$" について．逆に $\rho(\mu_n, \mu) \to 0$ とする．上式より，$\varphi(|\langle \mu_n, g_k \rangle -$

$\langle \mu, g_k \rangle|) \to 0$, すなわち $\langle \mu_n, g_k \rangle \to \langle \mu, g_k \rangle$ $(^\forall k)$ である.

$f \in C_0(\mathbb{R}^d)$ を固定する. $\{g_k\}_{k=1}^\infty$ の $C_0(\mathbb{R}^d)$ での稠密性より, $^\forall \varepsilon > 0$, $^\exists k \in \mathbb{N}$ s.t. $\|f - g_k\|_\infty < \varepsilon$. このとき

$$\begin{aligned}
&|\langle \mu_n, f \rangle - \langle \mu, f \rangle| \\
&= |\langle \mu_n, f \rangle - \langle \mu_n, g_k \rangle + \langle \mu_n, g_k \rangle - \langle \mu, g_k \rangle + \langle \mu, g_k \rangle - \langle \mu, f \rangle| \\
&= \left| \int_{\mathbb{R}^d} (f - g_k) d\mu_n + \langle \mu_n, g_k \rangle - \langle \mu, g_k \rangle + \int_{\mathbb{R}^d} (g_k - f) d\mu \right| \\
&\leq \int_{\mathbb{R}^d} |f - g_k| d\mu_n + |\langle \mu_n, g_k \rangle - \langle \mu, g_k \rangle| + \int_{\mathbb{R}^d} |g_k - f| d\mu \\
&\leq 2\|f - g_k\|_\infty + |\langle \mu_n, g_k \rangle - \langle \mu, g_k \rangle| \\
&< 2\varepsilon + |\langle \mu_n, g_k \rangle - \langle \mu, g_k \rangle|
\end{aligned}$$

となるので

$$\limsup_n |\langle \mu_n, f \rangle - \langle \mu, f \rangle| \leq 2\varepsilon \to 0 \quad (\varepsilon \searrow 0).$$

したがって $\langle \mu_n, f \rangle \to \langle \mu, f \rangle$ $(^\forall f \in C_0(\mathbb{R}^d))$ がわかる. これは $\mu_n \to \mu$ vaguely である. ∎

距離 ρ は稠密な関数列 $\{g_k\}_{k=1}^\infty$ により定義されるので, 正確には $\rho(\cdot, *; \{g_k\}_{k=1}^\infty)$ と書くべきかもしれない. が, $\{g_k\}_{k=1}^\infty$ (の取り方) によらずに Claim 2.40(ii), Claim 2.41 がいつでも成り立つ. そのため簡単に $\rho(\cdot, *)$ とした.

2.4.2 漠収束と同値な条件

▷**定義 2.42** $\mu \in \mathcal{P}^d$ に対して, $\mu(\partial E) = 0$ なる $E \in \mathcal{B}^d$ を **μ-連続集合** (μ-continuity set) という. ただし $\partial E = \overline{E} \setminus \mathring{E}$.

▶**定理 2.43** $\{\mu_n\}_{n=1}^\infty \subset \mathcal{P}^d$, $\mu \in \mathcal{P}^d$ に対して, 次は同値である:
(i) $\mu_n \to \mu$ vaguely $(n \to \infty)$.
(ii) 任意の $G \in \mathcal{O}^d$ に対して $\liminf_{n\to\infty} \mu_n(G) \geq \mu(G)$.
(iii) 任意の $F \in \mathcal{F}^d$ に対して $\limsup_{n\to\infty} \mu_n(F) \leq \mu(F)$.
(iv) 任意の $E \in \{\mu\text{-連続集合}\}$ に対して $\lim_{n\to\infty} \mu_n(E) = \mu(E)$.

[証明]　$\{\mu_n\}_{n=1}^\infty \subset \mathcal{P}^d$, $\mu \in \mathcal{P}^d$ とする.

"(i) $\Rightarrow$ (ii)" について. $\mu_n \to \mu$ vaguely とする. $G \in \mathcal{O}^d$ を固定する. Claim 2.26(i) より, $\exists \{f_m\}_{m=1}^\infty \subset C_0(\mathbb{R}^d)$ s.t. $0 \leq f_m \nearrow \mathbf{1}_G$. 各 $n, m \in \mathbb{N}$ に対して $\mu_n(G) \geq \langle \mu_n, f_m \rangle$ であるから, $n \to \infty$ として

$$\liminf_n \mu_n(G) \geq \lim_n \langle \mu_n, f_m \rangle = \langle \mu, f_m \rangle = \int_{\mathbb{R}^d} f_m \, d\mu \nearrow \mu(G) \quad (m \to \infty).$$

これは (ii) の主張である.

"(ii) $\Leftrightarrow$ (iii)" について. $G \in \mathcal{O}^d$, $F \in \mathcal{F}^d$ に対して, $G^\complement \in \mathcal{F}^d$, $F^\complement \in \mathcal{O}^d$ で

$$\mu_n(F) = 1 - (1 - \mu_n(F)) = 1 - \mu_n(F^\complement),$$
$$\mu_n(G) = 1 - (1 - \mu_n(G)) = 1 - \mu_n(G^\complement).$$

$n \to \infty$ とすると

$$\limsup_n \mu_n(F) = \limsup_n \bigl(1 - \mu_n(F^\complement)\bigr) = 1 + \limsup_n \bigl(-\mu_n(F^\complement)\bigr)$$
$$= 1 - \liminf_n \mu_n(F^\complement),$$
$$\liminf_n \mu_n(G) = \liminf_n \bigl(1 - \mu_n(G^\complement)\bigr) = 1 + \liminf_n \bigl(-\mu_n(G^\complement)\bigr)$$
$$= 1 - \limsup_n \mu_n(G^\complement).$$

したがって, (ii) が成り立つときは

$$\limsup_n \mu_n(F) \leq 1 - \mu(F^\complement) = \mu(F).$$

(iii) が成り立つときは

$$\liminf_n \mu_n(G) \geq 1 - \mu(G^\complement) = \mu(G).$$

よって (ii) $\Rightarrow$ (iii), (iii) $\Rightarrow$ (ii) がわかる.

"(iii) $\Rightarrow$ (iv)" について. (iii) が成り立つとする. 上のことから (ii) も成り立つ. $E \in \mathcal{B}^d$ は μ-連続集合とする. (ii) と (iii) より

$$\liminf_n \mu_n(\mathring{E}) \geq \mu(\mathring{E}),$$
$$\limsup_n \mu_n(\overline{E}) \leq \mu(\overline{E}).$$

$\mathring{E} \subset E \subset \overline{E}$ より,$\mu_n(\mathring{E}) \leq \mu_n(E) \leq \mu_n(\overline{E})$ なので

$$\mu(\mathring{E}) \leq \liminf_n \mu_n(\mathring{E}) \leq \liminf_n \mu_n(E)$$
$$\leq \limsup_n \mu_n(E) \leq \limsup_n \mu_n(\overline{E}) \leq \mu(\overline{E}).$$

E は μ-連続集合より,$\mu(\overline{E}) - \mu(\mathring{E}) = \mu(\overline{E} \setminus \mathring{E}) = \mu(\partial E) = 0$, したがって $\mu(\mathring{E}) = \mu(\overline{E}) = \mu(E)$ となるから,$\lim_n \mu_n(E) = \mu(E)$ がわかる.

"(iv) ⇒ (i)" について. (iv) が成り立つとする. 任意の $f \in C_0(\mathbb{R}^d)$ に対して,$\langle \mu_n, f \rangle \to \langle \mu, f \rangle$ を示す. 一般性を失なうことなく $f \geq 0$ としてよい $\bigl[\odot$ 一般の f は,$f = f^+ - f^-$ ($f^+, f^- \geq 0$) と書けるので…$\bigr]$.

$f \in C_0(\mathbb{R}^d)$, ≥ 0 を固定する. $A := \{a \in \mathbb{R}; \mu(f = a) > 0\}$ とおく. $A_l = \{a \in \mathbb{R}; \mu(f = a) \geq \frac{1}{l}\}$ ($l = 1, 2, \ldots$) は,$A_l \nearrow A$,$\#A_l \leq l$ なので,$\operatorname{card} A \leq \aleph_0$, したがって $A^\complement$ は $\mathbb{R}$ で稠密である. 任意の $\varepsilon > 0$ を固定する. 各 $j \in \mathbb{N}$ に対して,$\bigl(\frac{\varepsilon}{2}(j-1), \frac{\varepsilon}{2}j\bigr) \cap A^\complement \neq \emptyset$ より,$^\exists a_j \in \bigl(\frac{\varepsilon}{2}(j-1), \frac{\varepsilon}{2}j\bigr) \cap A^\complement$. このとき $0 < a_j - a_{j-1} < \varepsilon$, $a_j \notin A$ ($j \geq 1$). ただし $a_0 := 0$. $E_j \in \mathcal{B}^d$ を

$$E_j := \{x \in \mathbb{R}^d; a_{j-1} \leq f(x) < a_j\}$$

とおくと,$\mu(\partial E_j) = 0$. 何となれば,f が連続関数なので

$$\overline{E_j} \subset \begin{cases} \{f \leq a_1\}, & j = 1, \\ \{a_{j-1} \leq f \leq a_j\}, & j \geq 2, \end{cases}$$

$$\mathring{E_j} \supset \begin{cases} \{f < a_1\}, & j = 1, \\ \{a_{j-1} < f < a_j\}, & j \geq 2. \end{cases}$$

これは

$$\partial E_j = \overline{E_j} \setminus \mathring{E_j} \subset \begin{cases} \{f = a_1\}, & j = 1, \\ \{f = a_{j-1}\} \cup \{f = a_j\}, & j \geq 2 \end{cases}$$

を含意し,$a_j \notin A$ より,$\mu(\partial E_j) = 0$ がわかる.

$p \in \mathbb{N}$ を $a_{p-1} \leq \|f\|_\infty < a_p$ となるようにとる $\bigl[[0, \infty) = \sum_{j=1}^\infty [a_{j-1}, a_j)$ なので, このような p は唯一つ存在する$\bigr]$ と,$E_j = \emptyset$ ($j > p$) なので,$\sum_{j=1}^p E_j = \mathbb{R}^d$.

いま

$$g := \sum_{j=1}^{p} a_{j-1} \mathbf{1}_{E_j}, \quad h := \sum_{j=1}^{p} a_j \mathbf{1}_{E_j}$$

とおくと，$g \leq f \leq h, 0 \leq h - g \leq \varepsilon$ なので

$$\begin{aligned}
&|\langle \mu_n, f \rangle - \langle \mu, f \rangle| \\
&= \Big| \int_{\mathbb{R}^d} f \, d\mu_n - \int_{\mathbb{R}^d} f \, d\mu \Big| \\
&= \Big| \int_{\mathbb{R}^d} (f - g) d\mu_n + \int_{\mathbb{R}^d} g \, d\mu_n - \int_{\mathbb{R}^d} g \, d\mu - \int_{\mathbb{R}^d} (f - g) d\mu \Big| \\
&\leq \int_{\mathbb{R}^d} (f - g) d\mu_n + \Big| \sum_{j=1}^{p} a_{j-1} \big(\mu_n(E_j) - \mu(E_j) \big) \Big| + \int_{\mathbb{R}^d} (f - g) d\mu \\
&\leq 2\varepsilon + \Big| \sum_{j=1}^{p} a_{j-1} \big(\mu_n(E_j) - \mu(E_j) \big) \Big|.
\end{aligned}$$

(iv) より $\mu_n(E_j) \to \mu(E_j)$ $(^\forall j)$ なので

$$\limsup_n |\langle \mu_n, f \rangle - \langle \mu, f \rangle| \leq 2\varepsilon \to 0 \quad (\varepsilon \searrow 0).$$

よって $\langle \mu_n, f \rangle \to \langle \mu, f \rangle$ がわかる． ∎

2.4.3 正規族とタイト性

▷ **定義 2.44** $\emptyset \subsetneq \mathcal{N} \subset \mathcal{P}^d$ に対して，

$$^\forall \{\mu_n\}_{n=1}^{\infty} \subset \mathcal{N}, \ ^\exists \{n_k\}_{k=1}^{\infty} : \text{部分列}, \ ^\exists \mu \in \mathcal{P}^d$$
$$\text{s.t.} \ \mu_{n_k} \to \mu \ \text{vaguely} \ (k \to \infty)$$

のとき，$\mathcal{N}$ は**正規族** (normal family) であるという．また

$$^\forall \varepsilon > 0, \ ^\exists K \in \mathcal{K}^d \ \text{s.t.} \ \mu(K) \geq 1 - \varepsilon \ (^\forall \mu \in \mathcal{N})$$

のとき，$\mathcal{N}$ は**タイト** (tight) であるという．

▶ **定理 2.45** $\emptyset \subsetneq \mathcal{N} \subset \mathcal{P}^d$ に対して

$$\mathcal{N} \text{ は正規族である} \underset{\text{iff}}{\Longleftrightarrow} \mathcal{N} \text{ はタイトである}.$$

[証明] "⇒" について. $\mathcal{N}$ は正規族とする. $\mathcal{N}$ はタイトでないと仮定する. このとき

$$0 < {}^{\exists}\varepsilon_0 < 1 \text{ s.t. } \begin{cases} {}^{\forall}n \in \mathbb{N}, \ {}^{\exists}\mu_n \in \mathcal{N} \\ \text{s.t. } \mu_n\bigl([-n,n]^d\bigr) < 1 - \varepsilon_0. \end{cases}$$

$\mathcal{N}$ は正規族なので, ${}^{\exists}\{n_k\}_{k=1}^{\infty}$: 部分列, ${}^{\exists}\mu \in \mathcal{P}^d$ s.t. $\mu_{n_k} \to \mu$ vaguely $(k \to \infty)$. $n_0 \in \mathbb{N}$ を $\mu\bigl((-n_0, n_0)^d\bigr) > 1 - \frac{\varepsilon_0}{2}$ となるようにとる. $k \gg 1$ に対して, $n_k > n_0$ より

$$1 - \varepsilon_0 > \mu_{n_k}\bigl([-n_k, n_k]^d\bigr) \geq \mu_{n_k}\bigl([-n_0, n_0]^d\bigr) \geq \mu_{n_k}\bigl((-n_0, n_0)^d\bigr).$$

$k \to \infty$ とすると

$$\mu\bigl((-n_0, n_0)^d\bigr) > 1 - \frac{\varepsilon_0}{2} > 1 - \varepsilon_0 \geq \limsup_k \mu_{n_k}\bigl((-n_0, n_0)^d\bigr)$$
$$\geq \liminf_k \mu_{n_k}\bigl((-n_0, n_0)^d\bigr)$$
$$\geq \mu\bigl((-n_0, n_0)^d\bigr) \quad [\odot \text{ 定理 2.43(ii)}].$$

矛盾が生ずるから, $\mathcal{N}$ はタイトでなければならない.

"⇐" について. $\mathcal{N}$ はタイトであるとする. $\{\mu_n\}_{n=1}^{\infty} \subset \mathcal{N}$ を固定する. $\{g_k\}_{k=1}^{\infty}$ を $C_0(\mathbb{R}^d)$ の稠密な関数列とする. 4 段階で示す.

<u>1°</u> $|\langle \mu_n, g_m \rangle| \leq \|g_m\|_{\infty}$ (${}^{\forall}n$) なので, 対角線論法より

$${}^{\exists}\{n_k\}_{k=1}^{\infty}: \text{部分列 s.t. 各 } m \in \mathbb{N} \text{ に対して } \{\langle \mu_{n_k}, g_m \rangle\}_{k=1}^{\infty} \text{ は収束列.}$$

<u>2°</u> 任意の $f \in C_0(\mathbb{R}^d)$ に対して, $\{\langle \mu_{n_k}, f \rangle\}_{k=1}^{\infty}$ は収束する.

$\odot$ $f \in C_0(\mathbb{R}^d)$ を固定する. 任意の $\varepsilon > 0$ に対して, ${}^{\exists}m \in \mathbb{N}$ s.t. $\|f - g_m\|_{\infty} < \frac{\varepsilon}{4}$. $\{\langle \mu_{n_k}, g_m \rangle\}_{k=1}^{\infty}$ は収束するので, ${}^{\exists}j \in \mathbb{N}$ s.t. $|\langle \mu_{n_k}, g_m \rangle - \langle \mu_{n_l}, g_m \rangle| < \frac{\varepsilon}{2}$ $(k, l \geq j)$. このとき, $k, l \geq j$ に対して

$$|\langle \mu_{n_k}, f \rangle - \langle \mu_{n_l}, f \rangle|$$
$$= |\langle \mu_{n_k}, f - g_m \rangle + \langle \mu_{n_k}, g_m \rangle - \langle \mu_{n_l}, g_m \rangle + \langle \mu_{n_l}, g_m - f \rangle|$$
$$\leq |\langle \mu_{n_k}, f - g_m \rangle| + |\langle \mu_{n_k}, g_m \rangle - \langle \mu_{n_l}, g_m \rangle| + |\langle \mu_{n_l}, g_m - f \rangle|$$
$$< 2\|f - g_m\|_{\infty} + \frac{\varepsilon}{2} < \frac{\varepsilon}{2} + \frac{\varepsilon}{2} = \varepsilon.$$

これは $\{\langle \mu_{n_k}, f\rangle\}_{k=1}^{\infty}$ がコーシー列，したがって $\{\langle \mu_{n_k}, f\rangle\}_{k=1}^{\infty}$ は収束することをいっている．

<u>3°</u> $L(f) := \lim_k \langle \mu_{n_k}, f\rangle, f \in C_0(\mathbb{R}^d)$ とおくと，$L \in \mathcal{L}^d$. すなわち L は L.1), L.2), L.3) をみたす．

☺ $f, g \in C_0(\mathbb{R}^d), a, b \in \mathbb{R}$ に対して，

$$\begin{aligned}L(af+bg) &= \lim_k \langle \mu_{n_k}, af+bg\rangle \\ &= \lim_k (a\langle \mu_{n_k}, f\rangle + b\langle \mu_{n_k}, g\rangle) \\ &= a \lim_k \langle \mu_{n_k}, f\rangle + b \lim_k \langle \mu_{n_k}, g\rangle = aL(f) + bL(g).\end{aligned}$$

したがって L.1) は OK.

$f \in C_0(\mathbb{R}^d)$ が $f \geq 0$ のときは，$\langle \mu_{n_k}, f\rangle \geq 0$ ($\forall k$) なので，$L(f) = \lim_k \langle \mu_{n_k}, f\rangle \geq 0$. したがって L.2) も OK.

$\{f_n\}_{n=1}^{\infty} \subset C_0(\mathbb{R}^d), 0 \leq f_n \nearrow 1$ とする．$\mathcal{N}$ のタイト性より，$\forall \varepsilon > 0$, $\exists K \in \mathcal{K}^d$ s.t. $\mu(K) \geq 1 - \varepsilon$ ($\forall \mu \in \mathcal{N}$). このとき，$k, n \geq 1$ に対して

$$\langle \mu_{n_k}, f_n\rangle = \int_{\mathbb{R}^d} f_n \, d\mu_{n_k} \begin{cases} \leq 1 & [\text{☺ } f_n \leq 1 \text{ なので}], \\ \geq \int_K f_n \, d\mu_{n_k} & [\text{☺ } f_n \geq 0 \text{ なので}] \\ \geq (\min_{x\in K} f_n(x)) \mu_{n_k}(K) \\ \geq (\min_{x\in K} f_n(x))(1-\varepsilon). \end{cases}$$

$k \to \infty$ とすると

$$(\min_{x\in K} f_n(x))(1-\varepsilon) \leq L(f_n) \leq 1 \quad (\forall n).$$

ここで $\min_{x\in K} f_n(x) \to 1$ ($n \to \infty$) に注意すると [☺ 任意の $\delta > 0$ に対して，$\{1 - f_n < \delta\} \nearrow \mathbb{R}^d$ ($n \to \infty$). K はコンパクト集合なので，$\exists n_0 \in \mathbb{N}$ s.t. $K \subset \{1 - f_n < \delta\}$ ($n \geq n_0$). 換言すると $1 - \delta < \min_{x\in K} f_n(x) \leq 1$ ($n \geq n_0$)]，

$$1 - \varepsilon \leq \liminf_n L(f_n) \leq \limsup_n L(f_n) \leq 1.$$

$\varepsilon \searrow 0$ とすれば $L(f_n) \to 1$ ($n \to \infty$) がわかる．したがって L.3) も OK.

<u>4°</u> 定理 2.30 より，$\exists^1 \mu \in \mathcal{P}^d$ s.t. $L = L_\mu$. このとき，任意の $f \in C_0(\mathbb{R}^d)$

に対して

$$\langle \mu_{n_k}, f \rangle \to L(f) = L_\mu(f) = \langle \mu, f \rangle \quad (k \to \infty).$$

したがって $\mu_{n_k} \to \mu$ vaguely $(k \to \infty)$. ∎

!注意 2.46 距離空間での言い回しでは，正規族とは相対点列コンパクトのことである．したがって

$\mathcal{N}$ が相対点列コンパクト，すなわち閉包 $\overline{\mathcal{N}}$ が点列コンパクトである

$\underset{\text{iff}}{\Longleftrightarrow} \mathcal{N}$ がタイトである

となる．また，一般論 [cf. 内田 [26, 定理 27.2] あるいは矢野 [27, 定理 4.3]] より，距離空間において点列コンパクトとコンパクトは一致する．よって

$\mathcal{N}$ が相対コンパクト，すなわち閉包 $\overline{\mathcal{N}}$ がコンパクトである

$\underset{\text{iff}}{\Longleftrightarrow} \mathcal{N}$ がタイトである

となる．

距離空間 $(\mathcal{P}^d, \rho)$ について補足をしておく：

▶**Claim 2.47** $(\mathcal{P}^d, \rho)$ は可分である．しかし完備ではない．

[証明] 完備でないことを先に見る．反例をあげる．$\lim_{n\to\infty} |x_n| = \infty$ なる $\mathbb{R}^d$ の点列 $\{x_n\}_{n=1}^\infty$ を1つとり，$\mu_n = \delta_{x_n}$ (x_n でのデルタ測度) とする．このとき，任意の $K \in \mathcal{K}^d$ に対して，$^\exists n_0 \in \mathbb{N}$ s.t. $x_n \notin K$ ($^\forall n \geq n_0$) なので，$\mu_n(K) = \mathbf{1}_K(x_n) = 0$ ($^\forall n \geq n_0$). これは，$\{\mu_n\}_{n=1}^\infty$ はタイトではないことをいっている．したがって定理 2.45 と Claim 2.41 より，$\{\mu_n\}_{n=1}^\infty$ は収束列でない．

一方，任意の $f \in C_0(\mathbb{R}^d)$ に対して，$\langle \mu_n, f \rangle = f(x_n) \to 0$ $(n \to \infty)$ なので，$\lim_{n,m\to\infty} \varphi(|\langle \mu_n, g_k \rangle - \langle \mu_m, g_k \rangle|) = 0$ $(^\forall k)$. これは $\lim_{n,m\to\infty} \rho(\mu_n, \mu_m) = 0$, したがって $\{\mu_n\}_{n=1}^\infty$ はコーシー列であることを含意する．よって，この $\{\mu_n\}_{n=1}^\infty$ が完備でないことを示す反例である．

次に，可分であることを示す．3段階で示す．
$\underline{1°}$ $\mu \in \mathcal{P}^d$ を固定する．$n_0 \in \mathbb{N}$ を $\mu([-n_0, n_0)^d) > 0$ とする．$n \geq n_0$ に対して，$\mu_n \in \mathcal{P}^d$ を

$$\mu_n := \sum_{k \in \{-n^2, -n^2+1, \ldots, n^2-1\}^d} \frac{\mu([\frac{k_1}{n}, \frac{k_1+1}{n}) \times \cdots \times [\frac{k_d}{n}, \frac{k_d+1}{n}))}{\mu([-n,n)^d)} \delta_{\frac{k}{n}}$$

と定義する．このとき $\rho(\mu_n, \mu) \to 0 \ (n \to \infty)$．

☉ Claim 2.41 より，$\langle \mu_n, f \rangle \to \langle \mu, f \rangle \ (\forall f \in C_0(\mathbb{R}^d))$ を確かめればよい．
任意の $f \in C_0(\mathbb{R}^d)$ を固定する．μ_n の定義より

$$\langle \mu_n, f \rangle$$
$$= \frac{1}{\mu([-n,n)^d)}$$
$$\times \sum_{k \in \{-n^2, -n^2+1, \ldots, n^2-1\}^d} \mu\left(\prod_{i=1}^d \left[\frac{k_i}{n}, \frac{k_i+1}{n}\right)\right) f\left(\frac{k_1}{n}, \ldots, \frac{k_d}{n}\right)$$
$$= \frac{1}{\mu([-n,n)^d)}$$
$$\times \sum_{k \in \{-n^2, -n^2+1, \ldots, n^2-1\}^d} \int_{\prod_{i=1}^d [\frac{k_i}{n}, \frac{k_i+1}{n})} f\left(\frac{\lfloor nx_1 \rfloor}{n}, \ldots, \frac{\lfloor nx_d \rfloor}{n}\right) \mu(dx)$$
$$= \frac{1}{\mu([-n,n)^d)} \int_{[-n,n)^d} f\left(\frac{\lfloor nx_1 \rfloor}{n}, \ldots, \frac{\lfloor nx_d \rfloor}{n}\right) \mu(dx)$$

に注意すると

$$\left| \langle \mu_n, f \rangle - \langle \mu, f \rangle \right|$$
$$= \left| \left(\frac{1}{\mu([-n,n)^d)} - 1\right) \int_{[-n,n)^d} f\left(\frac{\lfloor nx_1 \rfloor}{n}, \ldots, \frac{\lfloor nx_d \rfloor}{n}\right) \mu(dx) \right.$$
$$+ \int_{[-n,n)^d} \left(f\left(\frac{\lfloor nx_1 \rfloor}{n}, \ldots, \frac{\lfloor nx_d \rfloor}{n}\right) - f(x_1, \ldots, x_d) \right) \mu(dx)$$
$$\left. + \int_{\mathbb{R}^d \setminus [-n,n)^d} f(x) \mu(dx) \right|$$
$$\leq \left(\frac{1}{\mu([-n,n)^d)} - 1\right) \int_{[-n,n)^d} \left| f\left(\frac{\lfloor nx_1 \rfloor}{n}, \ldots, \frac{\lfloor nx_d \rfloor}{n}\right) \right| \mu(dx)$$
$$+ \int_{[-n,n)^d} \left| f\left(\frac{\lfloor nx_1 \rfloor}{n}, \ldots, \frac{\lfloor nx_d \rfloor}{n}\right) - f(x_1, \ldots, x_d) \right| \mu(dx)$$
$$+ \int_{\mathbb{R}^d \setminus [-n,n)^d} |f(x)| \mu(dx)$$
$$\leq \left(\frac{1}{\mu([-n,n)^d)} - 1\right) \|f\|_\infty \mu([-n,n)^d) + \sup_{|\xi - \eta| \leq \frac{d}{n}} |f(\xi) - f(\eta)|$$

$$+ \|f\|_\infty \mu\bigl(\mathbb{R}^d \setminus [-n,n)^d\bigr)$$
$$= 2\|f\|_\infty \bigl(1 - \mu([-n,n)^d)\bigr) + \sup_{|\xi-\eta|\leq \frac{d}{n}} |f(\xi) - f(\eta)|$$

となる.ここで $\mu([-n,n)^d) \nearrow 1$ $(n \to \infty)$ より,最右辺第 1 項 $\to 0$ $(n \to \infty)$. f の $\mathbb{R}^d$ での一様連続性より,最右辺第 2 項 $\to 0$ $(n \to \infty)$. したがって $\langle \mu_n, f \rangle \to \langle \mu, f \rangle$ $(n \to \infty)$ がわかる.

$\underline{2^\circ}$ 任意の $\varepsilon > 0$ を固定する.1° より,$\exists n_1 \geq n_0$ s.t. $\rho(\mu_{n_1}, \mu) < \frac{\varepsilon}{2}$. 簡単のため

$$\mu_{n_1} = \sum_{k \in \{-n_1^2, -n_1^2+1, \ldots, n_1^2-1\}^d} c_k \delta_{\frac{k}{n_1}}$$

と書くことにする.$c_k \geq 0$, $\sum_{k \in \{-n_1^2, -n_1^2+1, \ldots, n_1^2-1\}^d} c_k = 1$ である.各 $m \in \mathbb{N}$ に対して

$$\sum_{l \in \{-n_1^2, -n_1^2+1, \ldots, n_1^2-1\}^d} \frac{\lceil mc_l \rceil}{m}$$
$$\geq \sum_{l \in \{-n_1^2, -n_1^2+1, \ldots, n_1^2-1\}^d} c_l \quad \begin{bmatrix} \odot\ a \in \mathbb{R} \text{ に対して,} \\ a \leq \lceil a \rceil < a+1 \end{bmatrix} = 1$$

に注意して

$$c_{k,m} := \frac{1}{\sum_{l \in \{-n_1^2, -n_1^2+1, \ldots, n_1^2-1\}^d} \frac{\lceil mc_l \rceil}{m}} \frac{\lceil mc_k \rceil}{m},$$
$$k \in \{-n_1^2, -n_1^2+1, \ldots, n_1^2-1\}^d$$

とおく.$c_{k,m} \in \mathbb{Q} \cap [0, \infty)$, $\sum_{k \in \{-n_1^2, -n_1^2+1, \ldots, n_1^2-1\}^d} c_{k,m} = 1$ なので,$\mu_{n_1, m} \in \mathcal{P}^d$ を

$$\mu_{n_1, m} := \sum_{k \in \{-n_1^2, -n_1^2+1, \ldots, n_1^2-1\}^d} c_{k,m} \delta_{\frac{k}{n_1}}$$

と定義する.$0 \leq \frac{\lceil mc_k \rceil}{m} - c_k < \frac{1}{m}$ より

$$|c_{k,m} - c_k|$$
$$= \frac{1}{\sum_{l \in \{-n_1^2, -n_1^2+1, \ldots, n_1^2-1\}^d} \frac{\lceil mc_l \rceil}{m}}$$
$$\times \left| \frac{\lceil mc_k \rceil}{m} - \sum_{l \in \{-n_1^2, -n_1^2+1, \ldots, n_1^2-1\}^d} c_k \frac{\lceil mc_l \rceil}{m} \right|$$
$$\leq \left| \sum_{l \in \{-n_1^2, -n_1^2+1, \ldots, n_1^2-1\}^d} \left(\frac{\lceil mc_k \rceil}{m} c_l - c_k \frac{\lceil mc_l \rceil}{m} \right) \right|$$
$$= \left| \sum_{l \in \{-n_1^2, -n_1^2+1, \ldots, n_1^2-1\}^d} \left(\left(\frac{\lceil mc_k \rceil}{m} - c_k \right) c_l - c_k \left(\frac{\lceil mc_l \rceil}{m} - c_l \right) \right) \right|$$
$$\leq \sum_{l \in \{-n_1^2, -n_1^2+1, \ldots, n_1^2-1\}^d} \left(\left(\frac{\lceil mc_k \rceil}{m} - c_k \right) c_l + c_k \left(\frac{\lceil mc_l \rceil}{m} - c_l \right) \right)$$
$$\leq \frac{1}{m} \sum_{l \in \{-n_1^2, -n_1^2+1, \ldots, n_1^2-1\}^d} (c_l + c_k)$$
$$\leq \frac{1}{m} \left(1 + (2n_1^2)^d \right) \to 0 \quad (m \to \infty)$$

となるから,任意の $f \in C_0(\mathbb{R}^d)$ に対して

$$\langle \mu_{n_1, m}, f \rangle - \langle \mu_{n_1}, f \rangle = \sum_{k \in \{-n_1^2, -n_1^2+1, \ldots, n_1^2-1\}^d} (c_{k,m} - c_k) f\left(\frac{k}{n_1}\right)$$
$$\to 0 \quad (m \to \infty).$$

これは $\mu_{n_1, m} \to \mu_{n_1}$ vaguely $(m \to \infty)$, したがって $\rho(\mu_{n_1, m}, \mu_{n_1}) \to 0$ $(m \to \infty)$ がわかる.よって $m_1 \in \mathbb{N}$ を $\rho(\mu_{n_1, m_1}, \mu_{n_1}) < \frac{\varepsilon}{2}$ となるようにとると,$\rho(\mu_{n_1, m_1}, \mu) \leq \rho(\mu_{n_1, m_1}, \mu_{n_1}) + \rho(\mu_{n_1}, \mu) < \frac{\varepsilon}{2} + \frac{\varepsilon}{2} = \varepsilon$ となる.

3° 各 $n \in \mathbb{N}$ に対して

$$\mathcal{P}_n^d := \left\{ \sum_{k \in \{-n^2, -n^2+1, \ldots, n^2-1\}^d} \gamma_k \delta_{\frac{k}{n}} ; \begin{array}{l} \{\gamma_k\}_{k \in \{-n^2, -n^2+1, \ldots, n^2-1\}^d} \subset \mathbb{Q} \cap [0, \infty), \\ \sum_{k \in \{-n^2, -n^2+1, \ldots, n^2-1\}^d} \gamma_k = 1 \end{array} \right\}$$

とおき,

$$\mathcal{P}^d_\infty := \bigcup_{n=1}^\infty \mathcal{P}^d_n$$

とする．このとき $\mathcal{P}^d_\infty$ は可算集合である．また，2° より $\mathcal{P}^d_\infty$ は $\mathcal{P}^d$ で稠密である．したがって $(\mathcal{P}^d, \rho)$ の可分性がわかる． ∎

$\mathcal{P}^d$ の距離で，それが導く位相が $\mathcal{O}(\mathcal{P}^d)$ と一致し，そして完備，可分であるものは存在するだろうか？ 答は Yes，プロホロフ (Prohorov) 距離がそれに該当する．本書では，これ以上これについて深入りしない．これの定義を含めて詳しいことは Billingsley [3], Stroock [23]（あるいは本章の付記）を参照せよ．

定理 2.45 の（"⇐" の）ために，我々は定理 2.30 = リース–バナッハの定理（スペシャル・ケース）を用意した．1 次元（すなわち $d = 1$）のときは，この定理は分布関数列についてのヘリー (Helly) の選出定理 [cf. 舟木 [12, 補題 5.12]] に取って代わる．その証明は，リース–バナッハの定理（スペシャル・ケース）に比べてすっきりしたものになる．しかし，本書での我々のターゲットが d 次元確率測度なので，証明に手間取ることは百も承知で最初から件の定理を扱うことにした．

なお，1 次元のときのプロホロフ距離はレヴィ (Lévy) 距離の $\frac{1}{\sqrt{2}}$ 倍である．レヴィ距離は伊藤 [13, §2.7] において視覚的な説明（= 図）付きで定義されている．だからこれがどんなものなのかがつかみ易いと思う．

2.4.4 弱収束と法則収束

▷**定義 2.48** $\{\mu_n\}_{n=1}^\infty \subset \mathcal{P}^d, \mu \in \mathcal{P}^d$ に対して

$$\int_{\mathbb{R}^d} f \, d\mu_n \to \int_{\mathbb{R}^d} f \, d\mu \quad (n \to \infty), \ {}^\forall f \in C_b(\mathbb{R}^d)$$

のとき，μ_n は $n \to \infty$ のとき μ に**弱収束** (weak convergence) するという．これを $\mu_n \to \mu$ weakly あるいは $\mu_n \to \mu$（弱収束）と表す．

▶**Claim 2.49** 漠収束 = 弱収束．すなわち $\mu_n \to \mu$ vaguely $\underset{\text{iff}}{\Longleftrightarrow} \mu_n \to \mu$ weakly.

[証明]　$C_0(\mathbb{R}^d) \subset C_b(\mathbb{R}^d)$ なので，"⇐" は明らかである．

"⇒" を示す．$\mu_n \to \mu$ vaguely とする．このとき $\{\mu_n; n \in \mathbb{N}\}$ は正規族なので，定理 2.45 より，$\{\mu_n; n \in \mathbb{N}\}$ はタイトである．したがって

$$^{\forall}\varepsilon > 0, \; ^{\exists}N \in \mathbb{N} \;\; \text{s.t.} \;\; \mu_n\big([-N,N]^d\big) \geq 1 - \varepsilon \;\; (^{\forall}n).$$

定理 2.43(iii) より

$$\mu\big([-N,N]^d\big) \geq \limsup_n \mu_n\big([-N,N]^d\big) \geq 1 - \varepsilon$$

に注意せよ．

$f \in C_b(\mathbb{R}^d)$ を固定する．$h_N \in C_0(\mathbb{R}^d)$ を (2.6) で定義される関数とすると，$f \cdot h_N \in C_0(\mathbb{R}^d)$, $0 \leq 1 - h_N \leq 1 - \mathbf{1}_{[-N,N]^d}$ なので

$$\Big|\int_{\mathbb{R}^d} f\, d\mu_n - \int_{\mathbb{R}^d} f\, d\mu\Big|$$
$$= \Big|\int_{\mathbb{R}^d} f(1-h_N)d\mu_n + \int_{\mathbb{R}^d} f \cdot h_N\, d\mu_n - \int_{\mathbb{R}^d} f \cdot h_N\, d\mu$$
$$\quad - \int_{\mathbb{R}^d} f(1-h_N)d\mu\Big|$$
$$\leq \int_{\mathbb{R}^d} |f|(1-h_N)d\mu_n + \big|\langle \mu_n, f \cdot h_N\rangle - \langle \mu, f \cdot h_N\rangle\big|$$
$$\quad + \int_{\mathbb{R}^d} |f|(1-h_N)d\mu$$
$$\leq \|f\|_\infty \big(1 - \mu_n([-N,N]^d)\big) + \big|\langle \mu_n, f \cdot h_N\rangle - \langle \mu, f \cdot h_N\rangle\big|$$
$$\quad + \|f\|_\infty \big(1 - \mu([-N,N]^d)\big)$$
$$\leq 2\varepsilon \|f\|_\infty + \big|\langle \mu_n, f \cdot h_N\rangle - \langle \mu, f \cdot h_N\rangle\big| \to 2\varepsilon \|f\|_\infty \;\; (n \to \infty).$$

$\varepsilon \searrow 0$ とすれば

$$\int_{\mathbb{R}^d} f\, d\mu_n \to \int_{\mathbb{R}^d} f\, d\mu \;\; (n \to \infty),$$

したがって $\mu_n \to \mu$ weakly がわかる．■

▷ **定義 2.50**　$(\Omega, \mathcal{F}, P)$ は確率空間，$\{X_n\}_{n=1}^\infty$, X はそれぞれ $(\Omega, \mathcal{F}, P)$ 上の d 次元確率ベクトル列，d 次元確率ベクトルとする．

$$\mu_{X_n} \to \mu_X \;\; \text{vaguely (weakly)} \;\; (n \to \infty),$$

すなわち

$$E[f(X_n)] \to E[f(X)] \quad (n \to \infty), \ {}^\forall f \in C_0(\mathbb{R}^d) \ (C_b(\mathbb{R}^d))$$

のとき，X_n は $n \to \infty$ のとき X に**法則収束** (convergence in law) するという．これを $X_n \to X$ in law あるいは $X_n \to X$（法則収束）と表す．

▶定理 2.51 (i) 確率収束 $\Rightarrow$ 法則収束．すなわち $X_n \to X$ i.p. ($\Leftrightarrow P(|X_n - X| > \delta) \to 0, \ {}^\forall \delta > 0$) ならば $X_n \to X$ in law.
(ii) 一般に，法則収束 $\not\Rightarrow$ 確率収束．

[証明] (i) $X_n \to X$ i.p. とする．任意の $f \in C_0(\mathbb{R}^d)$ を固定する．f は $\mathbb{R}^d$ で一様連続なので

$${}^\forall \varepsilon > 0, \ {}^\exists \delta > 0 \ \text{s.t.} \ |f(x) - f(y)| \leq \varepsilon \quad (|x - y| \leq \delta).$$

このとき

$$\begin{aligned}
&\left| E[f(X_n)] - E[f(X)] \right| \\
&= \left| E[f(X_n) - f(X)] \right| \\
&\leq E\left[|f(X_n) - f(X)| \right] \\
&= E\left[|f(X_n) - f(X)| \mathbf{1}_{\{|X_n - X| \leq \delta\}} + |f(X_n) - f(X)| \mathbf{1}_{\{|X_n - X| > \delta\}} \right] \\
&\leq E\left[\varepsilon \mathbf{1}_{\{|X_n - X| \leq \delta\}} + 2\|f\|_\infty \mathbf{1}_{\{|X_n - X| > \delta\}} \right] \\
&\quad \left[\odot \ |f(X_n) - f(X)| \leq |f(X_n)| + |f(X)| \leq 2\|f\|_\infty \right] \\
&= \varepsilon P(|X_n - X| \leq \delta) + 2\|f\|_\infty P(|X_n - X| > \delta) \\
&\leq \varepsilon + 2\|f\|_\infty P(|X_n - X| > \delta).
\end{aligned}$$

$n \to \infty$ とすると，$X_n \to X$ i.p. より，第 2 項 $\to 0$ なので

$$\limsup_n \left| E[f(X_n)] - E[f(X)] \right| \leq \varepsilon \to 0 \quad (\varepsilon \searrow 0).$$

これは $E[f(X_n)] \to E[f(X)]$ を含意し，したがって $X_n \to X$ in law がわかる．
(ii) 反例をあげる．$(\Omega, \mathcal{F}, P)$ をルベーグ確率空間とする．d 次元確率ベクト

ル列 $\{X_n = (X_{n1}, \ldots, X_{nd})\}_{n=1}^{\infty}$ を

$$X_{n1}(\omega) := \begin{cases} \mathbf{1}_{[0,\frac{1}{2})}(\omega), & n \text{ が奇数}, \\ \mathbf{1}_{[\frac{1}{2},1)}(\omega), & n \text{ が偶数}, \end{cases} \quad X_{ni}(\omega) := 0 \quad (2 \leq i \leq d)$$

とすると,$X_n \in \{(0,0,\ldots,0), (1,0,\ldots,0)\}$, $P(X_n = (0,0,\ldots,0)) = P(X_n = (1,0,\ldots,0)) = \frac{1}{2}$ より,$\mu_{X_n} = \mu_{X_1} (= \frac{1}{2}(\delta_{(0,0,\ldots,0)} + \delta_{(1,0,\ldots,0)}))$ ($^\forall n \geq 1$).
したがって $X_n \to X_1$ in law. 一方,n が偶数のとき

$$|X_n - X_1| = |X_{n1} - X_{11}| = \left|\mathbf{1}_{[\frac{1}{2},1)} - \mathbf{1}_{[0,\frac{1}{2})}\right| = \mathbf{1}_{[\frac{1}{2},1)} + \mathbf{1}_{[0,\frac{1}{2})} = 1$$

より,$P(|X_n - X_1| > \varepsilon) = 1$ $(0 < {}^\forall \varepsilon < 1)$. これは $X_n \not\to X_1$ i.p. をいっている. よってこの $\{X_n\}_{n=1}^{\infty}$ が (ii) の反例である. ∎

実確率変数列に対していくつかの収束を定義した.それらの間には

$$\begin{array}{c} \text{概収束} \\ \searrow \\ \text{確率収束} \Rightarrow \text{法則収束} \\ \nearrow \\ L^p\text{-収束} \end{array}$$

の関係がある[9] [cf. 定理 1.46(i), (iii), (iv) と定理 2.51(i)]. その中で法則収束が一番緩いものになっている.

!注意 2.52 法則収束は分布(確率測度)列の収束なので,X_n, X が定義されている確率空間は同一である必要はない.一般には異なってよい.しかし定義 2.50 では,1.4 節で与えた収束(概収束,確率収束,L^p-収束)に合わせて同じ確率空間上で考えることにした.そのおかげで上で述べたように法則収束は一番緩い収束と解することができたわけである.

2.5 特性関数

▷**定義 2.53** $\mu \in \mathcal{P}^d$ に対して

$$\widehat{\mu}(\xi) := \int_{\mathbb{R}^d} e^{\sqrt{-1}\langle \xi, x \rangle} \mu(dx), \quad \xi \in \mathbb{R}^d$$

---

[9] d 次元確率ベクトル列の収束についても全く同様のことがいえる.

と定義する. $\widehat{\mu}$ を μ の**特性関数** (characteristic function) という[10].

!注意 2.54 μ の特性関数の表し方は様々である. 佐藤 [21] は $\tilde{\mu}$, 舟木 [12], 小谷 [15], 西尾 [18] は φ_μ, 伊藤 [13] は $\mathcal{F}\mu$ を用いている. 本書では, 我々はこのいずれでもなく Stroock [23] に従って $\widehat{\mu}$ を採用する. これは好みの問題で, どれが良くてどれが悪いということはない.

▷ **定義 2.55** ボレル可測関数 $f : \mathbb{R}^d \to \mathbb{C}$ がルベーグ可積分のとき[11], $\widehat{f} : \mathbb{R}^d \to \mathbb{C}$ を

$$\widehat{f}(\xi) := \int_{\mathbb{R}^d} e^{\sqrt{-1}\langle \xi, x \rangle} f(x) dx, \quad \xi \in \mathbb{R}^d$$

により定義する. $\widehat{f}$ を f の**フーリエ変換** (Fourier transform) という.

$\widehat{f}$ は $\mathbb{C}$-値有界連続関数である[12]. $\mu(dx) = f(x)dx$ なる $\mu \in \mathcal{P}^d$ に対して, $\widehat{\mu} = \widehat{f}$ である.

!注意 2.56 各 $1 \le p < \infty$ に対して, $\|f\|_p^p := \int_{\mathbb{R}^d} |f(x)|^p dx < \infty$ なるボレル可測関数 $f : \mathbb{R}^d \to \mathbb{C}$ 全体を $L^p(\mathbb{R}^d, \lambda^d; \mathbb{C})$, 簡単に L^p と表そう. $f \in L^1 \cap L^2$ のとき, $\widehat{f} \in L^2$. そして $\|\widehat{f}\|_2 = (2\pi)^{\frac{d}{2}} \|f\|_2$ が成り立つ. したがって線形作用素 $L^1 \cap L^2 \ni f \mapsto \widehat{f} \in L^2$ は L^2 上の有界線形変換に一意的に拡張される. $f \in L^2$ に対しても $\widehat{f}$ を f のフーリエ変換という. さらにこの変換は上への変換であることが示される. 逆変換をフーリエ逆変換とよび, $\check{f}$ と表す. 詳しくは, 例えば新井 [2] (あるいは問 2.78 と問 2.89) を参照せよ.

!注意 2.57 フーリエ解析では, フーリエ変換の定義が上で与えたものとは異なり
$$\int_{\mathbb{R}^d} e^{-\sqrt{-1}\langle \xi, x \rangle} f(x) dx \quad \text{あるいは} \quad \left(\frac{1}{2\pi}\right)^{\frac{d}{2}} \int_{\mathbb{R}^d} e^{-\sqrt{-1}\langle \xi, x \rangle} f(x) dx$$
を f のフーリエ変換 $\widehat{f}$ と採っている場合がある. 実際, 新井 [2] は前者, Rudin [19], 吉田 [28] は後者をフーリエ変換としている. 本書では, $\mu(dx) = f(x)dx$ の特性関数に合うように, $\widehat{f}$ を定義 2.55 で定義することにする. 混乱がないようにお願いしたい.

---

[10] $\widehat{\mu}$ を定義 2.55 に倣って μ のフーリエ変換とよぶこともあるようだが, 本書では確率論の慣習に従って特性関数の呼称を用いることにする. なお集合に対する定義関数を特性関数ということがあるが, 本書ではそういう言い方はしない.
[11] 注意 2.56 の記号を借りると $f \in L^1$ となる.
[12] 実は, $\widehat{f}$ は $\lim_{|\xi| \to \infty} \widehat{f}(\xi) = 0$ なる $\mathbb{C}$-値連続関数である [cf. 128 ページの脚注 13)].

2.5.1 特性関数の基本的性質

▶**Claim 2.58** (i) $\widehat{\mu}$ は $\mathbb{R}^d$ から $\mathbb{C}$ への有界連続関数で $\widehat{\mu}(0) = 1$, $\|\widehat{\mu}\|_\infty = 1$. さらに

$$\widehat{\mu}(-\xi) = \overline{\widehat{\mu}(\xi)},$$

$$|\widehat{\mu}(\xi) - \widehat{\mu}(\eta)| \leq \sqrt{2\operatorname{Re}(1 - \widehat{\mu}(\xi - \eta))}.$$

(ii) 任意の $n \geq 1$, $\xi_1, \ldots, \xi_n \in \mathbb{R}^d$, $z_1, \ldots, z_n \in \mathbb{C}$ に対して

$$\sum_{i,j=1}^n z_i \overline{z_j}\, \widehat{\mu}(\xi_i - \xi_j) \geq 0.$$

このとき，$\widehat{\mu}$ は**正定符号** (positive definite) であるという．

[証明] (i) $\widehat{\mu}(0) = 1$ は明らか．

$$|\widehat{\mu}(\xi)| = \left| \int_{\mathbb{R}^d} e^{\sqrt{-1}\langle \xi, x\rangle} \mu(dx) \right| \leq \int_{\mathbb{R}^d} |e^{\sqrt{-1}\langle \xi, x\rangle}| \mu(dx)$$
$$= \mu(\mathbb{R}^d) = 1, \quad \xi \in \mathbb{R}^d$$

より，$\|\widehat{\mu}\|_\infty = \sup_{\xi \in \mathbb{R}^d} |\widehat{\mu}(\xi)| = 1$．$\lim_{\xi \to \eta} e^{\sqrt{-1}\langle \xi, x\rangle} = e^{\sqrt{-1}\langle \eta, x\rangle}$ ($^\forall x, {}^\forall \eta$), $|e^{\sqrt{-1}\langle \xi, x\rangle}| = 1$ ($^\forall x, {}^\forall \xi$) なので，有界収束定理より

$$\lim_{\xi \to \eta} \widehat{\mu}(\xi) = \lim_{\xi \to \eta} \int_{\mathbb{R}^d} e^{\sqrt{-1}\langle \xi, x\rangle} \mu(dx) = \int_{\mathbb{R}^d} \lim_{\xi \to \eta} e^{\sqrt{-1}\langle \xi, x\rangle} \mu(dx)$$
$$= \int_{\mathbb{R}^d} e^{\sqrt{-1}\langle \eta, x\rangle} \mu(dx) = \widehat{\mu}(\eta).$$

したがって $\widehat{\mu} : \mathbb{R}^d \to \mathbb{C}$ は有界連続関数である．

後半の主張については

$$\widehat{\mu}(-\xi) = \int_{\mathbb{R}^d} e^{\sqrt{-1}\langle -\xi, x\rangle} \mu(dx) = \int_{\mathbb{R}^d} e^{-\sqrt{-1}\langle \xi, x\rangle} \mu(dx)$$
$$= \int_{\mathbb{R}^d} \overline{e^{\sqrt{-1}\langle \xi, x\rangle}} \mu(dx)$$
$$= \overline{\int_{\mathbb{R}^d} e^{\sqrt{-1}\langle \xi, x\rangle} \mu(dx)} = \overline{\widehat{\mu}(\xi)},$$

$$
\begin{aligned}
|\widehat{\mu}(\xi) - \widehat{\mu}(\eta)| &= \Big|\int_{\mathbb{R}^d} e^{\sqrt{-1}\langle \xi, x\rangle} \mu(dx) - \int_{\mathbb{R}^d} e^{\sqrt{-1}\langle \eta, x\rangle} \mu(dx)\Big| \\
&= \Big|\int_{\mathbb{R}^d} (e^{\sqrt{-1}\langle \xi, x\rangle} - e^{\sqrt{-1}\langle \eta, x\rangle}) \mu(dx)\Big| \\
&\leq \int_{\mathbb{R}^d} |e^{\sqrt{-1}\langle \xi, x\rangle} - e^{\sqrt{-1}\langle \eta, x\rangle}| \mu(dx) \\
&= \int_{\mathbb{R}^d} |(e^{\sqrt{-1}\langle \xi-\eta, x\rangle} - 1) e^{\sqrt{-1}\langle \eta, x\rangle}| \mu(dx) \\
&= \int_{\mathbb{R}^d} |e^{\sqrt{-1}\langle \xi-\eta, x\rangle} - 1| \mu(dx) \\
&\leq \Big(\int_{\mathbb{R}^d} |e^{\sqrt{-1}\langle \xi-\eta, x\rangle} - 1|^2 \mu(dx)\Big)^{\frac{1}{2}} \\
&\quad \big[\odot \text{ 定理 } 1.30(\text{i})\big] \\
&= \Big(\int_{\mathbb{R}^d} 2(1 - \cos\langle \xi-\eta, x\rangle) \mu(dx)\Big)^{\frac{1}{2}} \\
&\quad \big[\odot \ \theta \in \mathbb{R} \text{ のとき } |e^{\sqrt{-1}\theta} - 1|^2 = 2(1 - \cos\theta)\big] \\
&= \Big(2\Big(1 - \int_{\mathbb{R}^d} \cos\langle \xi-\eta, x\rangle \mu(dx)\Big)\Big)^{\frac{1}{2}} \\
&= \Big(2(1 - \operatorname{Re}\widehat{\mu}(\xi-\eta))\Big)^{\frac{1}{2}} = \sqrt{2\operatorname{Re}(1 - \widehat{\mu}(\xi-\eta))}.
\end{aligned}
$$

(ii) $\xi_1, \ldots, \xi_n \in \mathbb{R}^d$, $z_1, \ldots, z_n \in \mathbb{C}$ に対して

$$
\begin{aligned}
\sum_{i,j=1}^n z_i \overline{z_j} \widehat{\mu}(\xi_i - \xi_j) &= \sum_{i,j=1}^n z_i \overline{z_j} \int_{\mathbb{R}^d} e^{\sqrt{-1}\langle \xi_i - \xi_j, x\rangle} \mu(dx) \\
&= \sum_{i,j=1}^n z_i \overline{z_j} \int_{\mathbb{R}^d} e^{\sqrt{-1}\langle \xi_i, x\rangle} e^{-\sqrt{-1}\langle \xi_j, x\rangle} \mu(dx) \\
&= \int_{\mathbb{R}^d} \sum_{i,j=1}^n z_i e^{\sqrt{-1}\langle \xi_i, x\rangle} \overline{z_j} \overline{e^{\sqrt{-1}\langle \xi_j, x\rangle}} \mu(dx) \\
&= \int_{\mathbb{R}^d} \Big(\sum_{i=1}^n z_i e^{\sqrt{-1}\langle \xi_i, x\rangle}\Big) \overline{\Big(\sum_{j=1}^n z_j e^{\sqrt{-1}\langle \xi_j, x\rangle}\Big)} \mu(dx) \\
&= \int_{\mathbb{R}^d} \Big|\sum_{i=1}^n z_i e^{\sqrt{-1}\langle \xi_i, x\rangle}\Big|^2 \mu(dx) \geq 0. \quad \blacksquare
\end{aligned}
$$

▷**定義 2.59**　$-\infty < a < b < \infty$, $x \in \mathbb{R}$ に対して

$$f(x; a, b) := \mathbf{1}_{(a,b)}(x) + \frac{1}{2}\mathbf{1}_{\{a,b\}}(x) = \begin{cases} 1, & x \in (a, b), \\ \dfrac{1}{2}, & x = a \text{ あるいは } b, \\ 0, & x \notin [a, b] \end{cases}$$

と定義する．

▶**定理 2.60（レヴィ (Lévy) の反転公式）**　$\mu \in \mathcal{P}^d$ とする．任意の $-\infty < a_j < b_j < \infty$ $(j = 1, \ldots, d)$ に対して

$$\int_{\mathbb{R}^d} \prod_{j=1}^{d} f(x_j; a_j, b_j) \mu(dx)$$
$$= \lim_{T \to \infty} \left(\frac{1}{2\pi}\right)^d \int_{[-T,T]^d} \widehat{\mu}(y) dy \int_{[a_1,b_1] \times \cdots \times [a_d,b_d]} e^{-\sqrt{-1}\langle x, y \rangle} dx.$$

とくに $[a_1, b_1] \times \cdots \times [a_d, b_d]$ が μ-連続集合のときは

$$\mu([a_1, b_1] \times \cdots \times [a_d, b_d])$$
$$= \lim_{T \to \infty} \left(\frac{1}{2\pi}\right)^d \int_{[-T,T]^d} \widehat{\mu}(y) dy \int_{[a_1,b_1] \times \cdots \times [a_d,b_d]} e^{-\sqrt{-1}\langle x, y \rangle} dx.$$

この定理の証明のために，次の補題を用意する：

▶**補題 2.61**　$G(x) = \frac{1}{\pi} \int_0^x \frac{\sin t}{t} dt$, $x \in \mathbb{R}$ とおく．このとき G は奇関数，$\lim_{x \to \infty} G(x) = \frac{1}{2}$, $\lim_{x \to -\infty} G(x) = -\frac{1}{2}$．したがって $G \in C_b(\mathbb{R})$．

[証明]　$t \mapsto \frac{\sin t}{t}$ は偶関数（ただし $\frac{\sin t}{t}\big|_{t=0} := 1$ とする）なので，G は奇関数である．あと確かめることは，$\lim_{x \to \infty} G(x) = \frac{1}{2}$ である．$x > 0$ を固定する．$t > 0$ に対して

$$\frac{\sin t}{t} = \sin t \int_0^\infty e^{-ty} dy = \int_0^\infty e^{-ty} \sin t \, dy$$

なので

$$G(x) = \frac{1}{\pi} \int_0^x \frac{\sin t}{t} dt = \frac{1}{\pi} \int_0^x dt \int_0^\infty e^{-ty} \sin t \, dy$$

$$= \frac{1}{\pi} \int_0^\infty dy \int_0^x e^{-ty} \sin t \, dt \quad [\odot \text{ フビニの定理}]$$
$$=: \frac{1}{\pi} \int_0^\infty I(y;x) dy.$$

ここで，部分積分を 2 回行うと

$$\begin{aligned}
I(y;x) &= \int_0^x e^{-ty}(-\cos t)' dt \\
&= [-e^{-ty} \cos t]_0^x - \int_0^x e^{-ty}(-y)(-\cos t) dt \\
&= -e^{-xy} \cos x + 1 - y \int_0^x e^{-ty}(\sin t)' dt \\
&= -e^{-xy} \cos x + 1 - y \Big([e^{-ty} \sin t]_0^x - \int_0^x e^{-ty}(-y) \sin t \, dt\Big) \\
&= -e^{-xy} \cos x + 1 - y \Big(e^{-xy} \sin x + y \int_0^x e^{-ty} \sin t \, dt\Big) \\
&= 1 - e^{-xy}(\cos x + y \sin x) - y^2 I(y;x)
\end{aligned}$$

となるから

$$I(y;x) = \frac{1}{1+y^2} - e^{-xy} \frac{\cos x + y \sin x}{1+y^2}.$$

これを上式に代入すると

$$\begin{aligned}
G(x) &= \frac{1}{\pi}\Big(\int_0^\infty \frac{dy}{1+y^2} - \int_0^\infty e^{-xy} \frac{\cos x + y \sin x}{1+y^2} dy\Big) \\
&= \frac{1}{\pi}\Big([\tan^{-1} y]_0^\infty - \int_0^\infty e^{-xy} \frac{\cos x + y \sin x}{1+y^2} dy\Big) \\
&= \frac{1}{2} - \frac{1}{\pi} \int_0^\infty e^{-xy} \frac{\cos x + y \sin x}{1+y^2} dy
\end{aligned}$$

がわかる．したがって

$$\begin{aligned}
\Big|G(x) - \frac{1}{2}\Big| &= \Big|\frac{1}{\pi} \int_0^\infty e^{-xy} \frac{\cos x + y \sin x}{1+y^2} dy\Big| \\
&\leq \frac{1}{\pi} \int_0^\infty e^{-xy} \frac{|\cos x + y \sin x|}{1+y^2} dy \\
&\leq \frac{1}{\pi} \int_0^\infty e^{-xy} \frac{\sqrt{1+y^2}\sqrt{\cos^2 x + \sin^2 x}}{1+y^2} dy
\end{aligned}$$

$$= \frac{1}{\pi} \int_0^\infty \frac{e^{-xy}}{\sqrt{1+y^2}} dy$$
$$\leq \frac{1}{\pi} \int_0^\infty e^{-xy} dy = \frac{1}{\pi x} \to 0 \quad (x \to \infty).$$ ∎

⟨問 **2.62**⟩ G の増減表を書くことにより,$\|G\|_\infty = \max_{x \geq 0} G(x) = G(\pi)$ となることを確かめよ.

[定理 **2.60** の証明] $\mu \in \mathcal{P}^d$ を固定する.$-\infty < a_j < b_j < \infty$ $(j = 1, \ldots, d)$ とする.各 $y = (y_1, \ldots, y_d) \in \mathbb{R}^d$ に対して

$$\int_{[a_1,b_1] \times \cdots \times [a_d,b_d]} e^{-\sqrt{-1}\langle x,y \rangle} dx$$
$$= \prod_{j=1}^d \int_{a_j}^{b_j} e^{-\sqrt{-1} x_j y_j} dx_j$$
$$= \prod_{j=1}^d \left(\mathbf{1}_{\{y_j=0\}} (b_j - a_j) + \mathbf{1}_{\{y_j \neq 0\}} \left[\frac{e^{-\sqrt{-1} x_j y_j}}{-\sqrt{-1} y_j} \right]_{a_j}^{b_j} \right)$$
$$= \prod_{j=1}^d \left(\mathbf{1}_{\{y_j=0\}} (b_j - a_j) + \mathbf{1}_{\{y_j \neq 0\}} \frac{e^{-\sqrt{-1} b_j y_j} - e^{-\sqrt{-1} a_j y_j}}{-\sqrt{-1} y_j} \right)$$

であるから,$T > 0$ に対して

$$\left(\frac{1}{2\pi} \right)^d \int_{[-T,T]^d} \widehat{\mu}(y) dy \int_{[a_1,b_1] \times \cdots \times [a_d,b_d]} e^{-\sqrt{-1}\langle x,y \rangle} dx$$
$$= \left(\frac{1}{2\pi} \right)^d \int_{[-T,T]^d} \prod_{j=1}^d \left(\mathbf{1}_{\{y_j=0\}} (b_j - a_j) \right.$$
$$\left. + \mathbf{1}_{\{y_j \neq 0\}} \frac{e^{-\sqrt{-1} b_j y_j} - e^{-\sqrt{-1} a_j y_j}}{-\sqrt{-1} y_j} \right) \widehat{\mu}(y) dy$$
$$= \left(\frac{1}{2\pi} \right)^d \int_{[-T,T]^d} \prod_{j=1}^d \mathbf{1}_{\{y_j \neq 0\}} \frac{e^{-\sqrt{-1} b_j y_j} - e^{-\sqrt{-1} a_j y_j}}{-\sqrt{-1} y_j} dy \int_{\mathbb{R}^d} e^{\sqrt{-1}\langle x,y \rangle} \mu(dx)$$
$$= \left(\frac{1}{2\pi} \right)^d \int_{[-T,T]^d} dy \int_{\mathbb{R}^d} \prod_{j=1}^d \mathbf{1}_{\{y_j \neq 0\}} \frac{e^{\sqrt{-1}(x_j - b_j)y_j} - e^{\sqrt{-1}(x_j - a_j)y_j}}{-\sqrt{-1} y_j} \mu(dx)$$
$$= \left(\frac{1}{2\pi} \right)^d \int_{\mathbb{R}^d} \mu(dx) \int_{[-T,T]^d} \prod_{j=1}^d \mathbf{1}_{\{y_j \neq 0\}} \frac{e^{\sqrt{-1}(x_j - b_j)y_j} - e^{\sqrt{-1}(x_j - a_j)y_j}}{-\sqrt{-1} y_j} dy$$

$$
\begin{aligned}
&\left[\odot\ \text{フビニの定理}\right]\\
&= \int_{\mathbb{R}^d} \mu(dx) \prod_{j=1}^d \frac{1}{2\pi} \int_{-T}^T \mathbf{1}_{\{y_j \neq 0\}} \frac{e^{\sqrt{-1}(x_j-b_j)y_j} - e^{\sqrt{-1}(x_j-a_j)y_j}}{-\sqrt{-1}y_j} dy_j \\
&= \int_{\mathbb{R}^d} \mu(dx) \\
&\quad \prod_{j=1}^d \frac{1}{2\pi} \left(\frac{1}{-\sqrt{-1}} \int_{-T}^T \mathbf{1}_{\{y_j\neq 0\}} \frac{\cos(x_j-b_j)y_j - \cos(x_j-a_j)y_j}{y_j} dy_j \right.\\
&\qquad\qquad \left. - \int_{-T}^T \mathbf{1}_{\{y_j\neq 0\}} \frac{\sin(x_j-b_j)y_j - \sin(x_j-a_j)y_j}{y_j} dy_j \right)\\
&= \int_{\mathbb{R}^d} \mu(dx) \prod_{j=1}^d \frac{1}{\pi} \int_0^T \mathbf{1}_{\{y_j\neq 0\}} \frac{\sin(x_j-a_j)y_j - \sin(x_j-b_j)y_j}{y_j} dy_j
\end{aligned}
$$

$$
\left[\begin{array}{l}
\odot\ y_j \mapsto \mathbf{1}_{\{y_j\neq 0\}} \frac{\cos(x_j-b_j)y_j - \cos(x_j-a_j)y_j}{y_j}\ \text{は奇関数,}\\
y_j \mapsto \mathbf{1}_{\{y_j\neq 0\}} \frac{\sin(x_j-a_j)y_j - \sin(x_j-b_j)y_j}{y_j}\ \text{は偶関数}
\end{array}\right]
$$

$$
\begin{aligned}
&= \int_{\mathbb{R}^d} \mu(dx) \prod_{j=1}^d \left(\frac{1}{\pi} \int_0^T \mathbf{1}_{\{y_j\neq 0\}} \frac{\sin(x_j-a_j)y_j}{y_j} dy_j \right.\\
&\qquad\qquad \left. - \frac{1}{\pi} \int_0^T \mathbf{1}_{\{y_j\neq 0\}} \frac{\sin(x_j-b_j)y_j}{y_j} dy_j \right)\\
&= \int_{\mathbb{R}^d} \prod_{j=1}^d \Big(G\big((x_j-a_j)T\big) - G\big((x_j-b_j)T\big) \Big) \mu(dx)
\end{aligned}
$$

$$\left[\odot\ \tfrac{1}{\pi}\int_0^T \mathbf{1}_{\{y\neq 0\}} \tfrac{\sin cy}{y} dy = G(cT)\right].$$

ここで補題 2.61 より

$$
\lim_{T\to\infty} G\big((x-c)T\big) = \begin{cases} \dfrac{1}{2}, & x > c,\\ 0, & x = c,\\ -\dfrac{1}{2}, & x < c \end{cases}
$$

なので

$$\lim_{T\to\infty}\Big(G\big((x_j-a_j)T\big)-G\big((x_j-b_j)T\big)\Big)=\begin{cases}0, & x_j<a_j,\\ \dfrac{1}{2}, & x_j=a_j,\\ 1, & a_j<x_j<b_j,\\ \dfrac{1}{2}, & x_j=b_j,\\ 0, & x_j>b_j\end{cases}$$
$$=f(x_j;a_j,b_j).$$

また

$$\big|G\big((x_j-a_j)T\big)-G\big((x_j-b_j)T\big)\big|\leq \big|G\big((x_j-a_j)T\big)\big|+\big|G\big((x_j-b_j)T\big)\big|$$
$$\leq 2\|G\|_\infty.$$

したがって有界収束定理より

$$\lim_{T\to\infty}\left(\frac{1}{2\pi}\right)^d\int_{[-T,T]^d}\widehat{\mu}(y)dy\int_{[a_1,b_1]\times\cdots\times[a_d,b_d]}e^{-\sqrt{-1}\langle x,y\rangle}dx$$
$$=\int_{\mathbb{R}^d}\prod_{j=1}^d f(x_j;a_j,b_j)\mu(dx)$$

がわかる.

$[a_1,b_1]\times\cdots\times[a_d,b_d]$ が μ-連続集合のときは

$$\mu\big([a_1,b_1]\times\cdots\times[a_d,b_d]\big)=\mu\big((a_1,b_1)\times\cdots\times(a_d,b_d)\big).$$

$\mathbf{1}_{(a,b)}(x)\leq f(x;a,b)\leq \mathbf{1}_{[a,b]}(x)$ に注意すると

$$\mathbf{1}_{(a_1,b_1)\times\cdots\times(a_d,b_d)}(x)\leq \prod_{j=1}^d f(x_j;a_j,b_j)\leq \mathbf{1}_{[a_1,b_1]\times\cdots\times[a_d,b_d]}(x)$$

であるから

$$\int_{\mathbb{R}^d}\prod_{j=1}^d f(x_j;a_j,b_j)\mu(dx)=\mu\big([a_1,b_1]\times\cdots\times[a_d,b_d]\big).$$

よって定理の後半の主張がわかる. ∎

▶**定理 2.63** $\mu, \nu \in \mathcal{P}^d$ に対して, $\mu = \nu \underset{\text{iff}}{\Longleftrightarrow} \widehat{\mu} = \widehat{\nu}$.

[証明] "$\Rightarrow$" は明らかである.

"$\Leftarrow$" を示す. $\widehat{\mu} = \widehat{\nu}$ とする. $j = 1, \ldots, d$ に対して

$$A_j(\mu) := \Big\{ a \in \mathbb{R}; \mu(\{x \in \mathbb{R}^d; x_j = a\}) > 0 \Big\},$$

$$A_j(\nu) := \Big\{ a \in \mathbb{R}; \nu(\{x \in \mathbb{R}^d; x_j = a\}) > 0 \Big\},$$

$A(\mu) = \bigcup_{j=1}^{d} A_j(\mu)$, $A(\nu) = \bigcup_{j=1}^{d} A_j(\nu)$, そして $A = A(\mu) \cup A(\nu)$ とおく. このとき A は高々可算集合である [cf. 定理 2.43 の (iv) $\Rightarrow$ (i) の証明]. 任意の $c \notin A$, $j = 1, \ldots, d$ に対して

$$\mu(\{x \in \mathbb{R}^d; x_j = c\}) = \nu(\{x \in \mathbb{R}^d; x_j = c\}) = 0$$

となる.

$-\infty < a_j < b_j < \infty$ $(j = 1, \ldots, d)$ が $a_j, b_j \notin A$ $(j = 1, \ldots, d)$ のときは, 上のことから $[a_1, b_1] \times \cdots \times [a_d, b_d]$ は μ-連続集合, ν-連続集合である. したがって, 定理 2.60 を適用して

$$\begin{aligned}
&\mu\big((a_1, b_1] \times \cdots \times (a_d, b_d]\big) \\
&= \lim_{T \to \infty} \Big(\frac{1}{2\pi}\Big)^d \int_{[-T,T]^d} \widehat{\mu}(y) dy \int_{[a_1,b_1] \times \cdots \times [a_d,b_d]} e^{-\sqrt{-1}\langle x, y\rangle} dx \\
&= \lim_{T \to \infty} \Big(\frac{1}{2\pi}\Big)^d \int_{[-T,T]^d} \widehat{\nu}(y) dy \int_{[a_1,b_1] \times \cdots \times [a_d,b_d]} e^{-\sqrt{-1}\langle x, y\rangle} dx \\
&= \nu\big((a_1, b_1] \times \cdots \times (a_d, b_d]\big)
\end{aligned}$$

がわかる.

次に, $-\infty < a_j < b_j < \infty$ $(j = 1, \ldots, d)$ のときは, $A^{\complement}$ の $\mathbb{R}$ での稠密性より, 各 $j = 1, \ldots, d$ に対して

$${}^{\exists}\{a_{j,m}\}_{m=1}^{\infty},\ {}^{\exists}\{b_{j,n}\}_{n=1}^{\infty}\ \ \text{s.t.} \begin{cases} \bullet\ a_{j,m},\ b_{j,n} \notin A, \\ \bullet\ a_j < a_{j,m+1} < a_{j,m} < b_j < b_{j,n+1} < b_{j,n}, \\ \bullet\ a_{j,m} \to a_j,\ b_{j,n} \to b_j. \end{cases}$$

上でわかったことから, 任意の $m_1, n_1, \ldots, m_d, n_d \in \mathbb{N}$ に対して

$$\mu\big((a_{1,m_1}, b_{1,n_1}] \times \cdots \times (a_{d,m_d}, b_{d,n_d}]\big)$$
$$= \nu\big((a_{1,m_1}, b_{1,n_1}] \times \cdots \times (a_{d,m_d}, b_{d,n_d}]\big).$$

順次，$m_1 \to \infty, n_1 \to \infty, \ldots, m_d \to \infty, n_d \to \infty$ とすると

$$\mu\big((a_1, b_1] \times \cdots \times (a_d, b_d]\big) = \nu\big((a_1, b_1] \times \cdots \times (a_d, b_d]\big)$$

がわかる．

$-\infty = a < b < \infty$ のときは，$(-\infty, b] = \lim_{n\to\infty}(-n, b]$，$-\infty < a < b = \infty$ のときは，$(a, \infty] = \lim_{n\to\infty}(a, n]$，$-\infty = a < b = \infty$ のときは，$(-\infty, \infty] = \lim_{n\to\infty}(-n, n]$ に注意すると，$-\infty \leq a_j < b_j \leq \infty$ ($j = 1, \ldots, d$) に対して

$$\mu\big((a_1, b_1] \times \cdots \times (a_d, b_d]\big) = \nu\big((a_1, b_1] \times \cdots \times (a_d, b_d]\big)$$

が成り立つことがわかる．

以上のことから

$$\mathcal{B} := \{E \in \mathcal{B}^d; \mu(E) = \nu(E)\}$$

とおくと，$\mathcal{B} \supset \mathcal{H}^d$ である．また $\mathcal{B}$ が λ-系であることも容易にわかるので，π-λ 定理より，$\mathcal{B} \supset \sigma(\mathcal{H}^d) = \mathcal{B}^d$．したがって $\mathcal{B} = \mathcal{B}^d$ となり，$\mu = \nu$ を得る． ∎

▶**系 2.64** 各 $j = 1, \ldots, n$ に対して，X_j は $(\Omega, \mathcal{F}, P)$ 上の d_j 次元確率ベクトルとする．このとき $\{X_1, \ldots, X_n\} \perp\!\!\!\perp$ であるための必要十分条件は

$$E\Big[\prod_{j=1}^n e^{\sqrt{-1}\langle \xi_j, X_j\rangle}\Big] = \prod_{j=1}^n E\big[e^{\sqrt{-1}\langle \xi_j, X_j\rangle}\big], \quad {}^\forall \xi_j \in \mathbb{R}^{d_j},\ 1 \leq {}^\forall j \leq n$$

である．

[**証明**] 定理 1.17 と定理 2.63 より

$$\{X_1, \ldots, X_n\} \perp\!\!\!\perp \Leftrightarrow \mu_{X_1,\ldots,X_n} = \mu_{X_1} \times \cdots \times \mu_{X_n}$$
$$\Leftrightarrow \widehat{\mu_{X_1,\ldots,X_n}} = \widehat{\mu_{X_1} \times \cdots \times \mu_{X_n}}.$$

ここで $\xi_j \in \mathbb{R}^{d_j}$ $(j=1,\ldots,n)$ に対して

$$\widehat{\mu_{X_1,\ldots,X_n}}((\xi_1,\ldots,\xi_n))$$
$$= \int_{\mathbb{R}^{d_1+\cdots+d_n}} e^{\sqrt{-1}\langle(\xi_1,\ldots,\xi_n),(x_1,\ldots,x_n)\rangle} \mu_{X_1,\ldots,X_n}(dx_1\cdots dx_n)$$
$$= E\left[e^{\sqrt{-1}\langle(\xi_1,\ldots,\xi_n),(X_1,\ldots,X_n)\rangle}\right] = E\left[\prod_{j=1}^n e^{\sqrt{-1}\langle \xi_j, X_j\rangle}\right],$$

$$\widehat{\mu_{X_1} \times \cdots \times \mu_{X_n}}((\xi_1,\ldots,\xi_n))$$
$$= \int_{\mathbb{R}^{d_1+\cdots+d_n}} e^{\sqrt{-1}\langle(\xi_1,\ldots,\xi_n),(x_1,\ldots,x_n)\rangle} (\mu_{X_1} \times \cdots \times \mu_{X_n})(dx_1\cdots dx_n)$$
$$= \int_{\mathbb{R}^{d_1+\cdots+d_n}} \prod_{j=1}^n e^{\sqrt{-1}\langle \xi_j, x_j\rangle} \mu_{X_1}(dx_1)\cdots \mu_{X_n}(dx_n)$$
$$= \prod_{j=1}^n \int_{\mathbb{R}^{d_j}} e^{\sqrt{-1}\langle \xi_j, x_j\rangle} \mu_{X_j}(dx_j) = \prod_{j=1}^n E\left[e^{\sqrt{-1}\langle \xi_j, X_j\rangle}\right]$$

に注意すると，上のことから系の主張は明らかである． ∎

▶**Claim 2.65** $\widehat{\mu}$ がルベーグ可積分，すなわち $\int_{\mathbb{R}^d} |\widehat{\mu}(y)| dy < \infty$ なる $\mu \in \mathcal{P}^d$ は，ルベーグ測度に関して絶対連続で，その確率密度関数 $p(\cdot)$ は

$$p(x) = \left(\frac{1}{2\pi}\right)^d \int_{\mathbb{R}^d} e^{-\sqrt{-1}\langle x, y\rangle} \widehat{\mu}(y) dy, \quad x \in \mathbb{R}^d$$

で与えられる．したがって $p(\cdot) \in C_b(\mathbb{R}^d)$ である[13]．

[証明] $\int_{\mathbb{R}^d} |\widehat{\mu}(y)| dy < \infty$ なる $\mu \in \mathcal{P}^d$ を固定する．$p(\cdot)$ を上式で定義すると，$p(\cdot)$ は取り敢えず[14]複素数値の有界連続関数である．任意の $T > 0, x \in \mathbb{R}^d$ に対して

$$\left|\left(\frac{1}{2\pi}\right)^d \int_{[-T,T]^d} e^{-\sqrt{-1}\langle x, y\rangle} \widehat{\mu}(y) dy\right| \le \left(\frac{1}{2\pi}\right)^d \int_{\mathbb{R}^d} |\widehat{\mu}(y)| dy < \infty,$$

ルベーグの収束定理より

$$\left(\frac{1}{2\pi}\right)^d \int_{[-T,T]^d} e^{-\sqrt{-1}\langle x, y\rangle} \widehat{\mu}(y) dy \to p(x) \quad (T \to \infty), \quad {}^\forall x \in \mathbb{R}^d$$

なので，任意の $-\infty < a_j < b_j < \infty$ $(j=1,\ldots,d)$ に対して

---

[13] 実は，リーマン-ルベーグ (Riemann-Lebesgue) の定理 [cf. 新井 [2, 定理 9.5]] より，$p(\cdot) \in C_\infty(\mathbb{R}^d)$ となる．
[14] 定義から直ぐに非負値であることは出ない．

$$\lim_{T\to\infty}\left(\frac{1}{2\pi}\right)^d \int_{[-T,T]^d} \hat{\mu}(y)dy \int_{[a_1,b_1]\times\cdots\times[a_d,b_d]} e^{-\sqrt{-1}\langle x,y\rangle}dx$$
$$= \lim_{T\to\infty} \int_{[a_1,b_1]\times\cdots\times[a_d,b_d]} \left(\left(\frac{1}{2\pi}\right)^d \int_{[-T,T]^d} e^{-\sqrt{-1}\langle x,y\rangle}\hat{\mu}(y)dy\right)dx$$
$$= \int_{[a_1,b_1]\times\cdots\times[a_d,b_d]} p(x)dx$$

となる.一方,定理 2.60 より,最左辺の極限は

$$\int_{\mathbb{R}^d} \prod_{j=1}^d f(x_j;a_j,b_j)\mu(dx)$$

であるから

$$\int_{\mathbb{R}^d} \prod_{j=1}^d f(x_j;a_j,b_j)\mu(dx) = \int_{[a_1,b_1]\times\cdots\times[a_d,b_d]} p(x)dx$$

がわかる.とくに $[a_1,b_1]\times\cdots\times[a_d,b_d]$ が μ-連続集合のときは

$$\mu((a_1,b_1]\times\cdots\times(a_d,b_d]) = \int_{(a_1,b_1]\times\cdots\times(a_d,b_d]} p(x)dx \qquad (2.12)$$

となる.

いま,定理 2.63 の "⇐" の証明のときのように, $A(\mu) = \bigcup_{j=1}^d \{a\in\mathbb{R}; \mu(x_j = a) > 0\}$ とすると, $A(\mu)$ は高々可算集合で, $\mu(x_j = c) = 0$ ($^\forall c \notin A(\mu)$, $^\forall j = 1,\ldots,d$) である. $-\infty < a_j < b_j < \infty$ ($j = 1,\ldots,d$) が $a_j,b_j \notin A(\mu)$ ($j = 1,\ldots,d$) のときは, $[a_1,b_1]\times\cdots\times[a_d,b_d]$ は μ-連続集合なので,(2.12)が成り立つ.一般の $-\infty < a_j < b_j < \infty$ ($j = 1,\ldots,d$) に対しては,各 a_j,b_j を $(A(\mu))^\complement$ の元で右側から近似することにより,(2.12)が成り立つことがわかる.

$p(\cdot)$ の連続性と (2.12) より,各 $c = (c_1,\ldots,c_d) \in \mathbb{R}^d$ に対して

$$p(c) = \lim_{\delta\searrow 0} \frac{1}{\delta^d} \int_{(c_1-\delta,c_1]\times\cdots\times(c_d-\delta,c_d]} p(x)dx$$
$$= \lim_{\delta\searrow 0} \frac{1}{\delta^d} \mu\big((c_1-\delta,c_1]\times\cdots\times(c_d-\delta,c_d]\big) \geq 0$$

となるから, $p(\cdot)$ は非負値の関数である.(2.12)において, $b_1,\ldots,b_d \to \infty$, $a_1,\ldots,a_d \to -\infty$ とすると,単調収束定理より $\int_{\mathbb{R}^d} p(x)dx = 1$ がわかる.

d 次元確率測度 $\mu(dx)$ と $p(x)dx$ は,任意の有限な左半開区間 I に対して,$\mu(I) = \int_I p(x)dx$ をみたすので,定理 2.63 の "$\Leftarrow$" の証明にある議論により,$\mu(dx) = p(x)dx$ がわかる.これは claim の主張である. ∎

! 注意 2.66 $\widehat{\mu}$ がルベーグ 2 乗可積分,すなわち $\int_{\mathbb{R}^d} |\widehat{\mu}(y)|^2 dy < \infty$ のときも μ はルベーグ測度に関して絶対連続である.この場合,確率密度関数は $\widehat{\mu}$ のフーリエ逆変換 $\widecheck{\widehat{\mu}}$ [cf. 注意 2.56] となる.すなわち $\widecheck{\widehat{\mu}} \geq 0$ λ^d-a.e., $\widecheck{\widehat{\mu}} \in L^1(\mathbb{R}^d, \lambda^d)$,そして
$$\mu(E) = \int_E \widecheck{\widehat{\mu}}(x)dx, \quad E \in \mathcal{B}^d$$
となる.

[証明] $p_N = (\widetilde{\widehat{\mu} \cdot \mathbf{1}_{[-N,N]^d}})$, $N \in \mathbb{N}$ とする.$\widehat{\mu} \cdot \mathbf{1}_{[-N,N]^d} \in L^1$ より
$$p_N(x) = \left(\frac{1}{2\pi}\right)^d \int_{[-N,N]^d} e^{-\sqrt{-1}\langle x,y\rangle} \widehat{\mu}(y) dy$$
となるので $p_N \in L^2 \cap C_b$.$\widehat{\mu} \cdot \mathbf{1}_{[-N,N]^d} \to \widehat{\mu}$ in L^2 ($N \to \infty$) であるから,$p_N \to \widecheck{\widehat{\mu}}$ in L^2 ($N \to \infty$).レヴィの反転公式より,有限左半開区間 $(a_1, b_1] \times \cdots \times (a_d, b_d]$ が μ-連続集合のときは

$$\begin{aligned}
&\mu((a_1, b_1] \times \cdots \times (a_d, b_d]) \\
&= \lim_{N\to\infty} \left(\frac{1}{2\pi}\right)^d \int_{[-N,N]^d} \widehat{\mu}(y)dy \int_{(a_1,b_1]\times\cdots\times(a_d,b_d]} e^{-\sqrt{-1}\langle x,y\rangle} dx \\
&= \lim_{N\to\infty} \int_{(a_1,b_1]\times\cdots\times(a_d,b_d]} dx \left(\frac{1}{2\pi}\right)^d \int_{[-N,N]^d} e^{-\sqrt{-1}\langle x,y\rangle} \widehat{\mu}(y) dy \\
&= \lim_{N\to\infty} \int_{(a_1,b_1]\times\cdots\times(a_d,b_d]} p_N(x) dx \\
&= \int_{(a_1,b_1]\times\cdots\times(a_d,b_d]} \widecheck{\widehat{\mu}}(x) dx.
\end{aligned}$$

一般の有限左半開区間 $(a_1, b_1] \times \cdots \times (a_d, b_d]$ に対しては,μ-連続な有限左半開区間列で近似することにより
$$\mu((a_1, b_1] \times \cdots \times (a_d, b_d]) = \int_{(a_1,b_1]\times\cdots\times(a_d,b_d]} \widecheck{\widehat{\mu}}(x) dx$$
がわかる.あとは π-λ 定理を適用することにより,$\widecheck{\widehat{\mu}}$ が件の条件をみたすことが直ぐにわかるだろう. ∎

2.5 特性関数

【例 2.67】(1 次元分布の特性関数の例)

1 次元分布 μ	特性関数 $\widehat{\mu}$	パラメータ
δ_a	$e^{\sqrt{-1}\xi a}$	$a \in \mathbb{R}$
$Bin(n,p)$	$\left(1 + (e^{\sqrt{-1}\xi} - 1)p\right)^n$	$n \in \mathbb{N}, 0 < p < 1$
G_p	$\dfrac{p}{1 - e^{\sqrt{-1}\xi}(1-p)}$	$0 < p < 1$
$NB(m,p)$	$\left(\dfrac{pe^{\sqrt{-1}\xi}}{1 - e^{\sqrt{-1}\xi}(1-p)}\right)^m$	$m \in \mathbb{N}, 0 < p < 1$
$P(\lambda)$	$\exp\{(e^{\sqrt{-1}\xi} - 1)\lambda\}$	$\lambda > 0$
E_λ	$\dfrac{\lambda}{\lambda - \sqrt{-1}\xi}$	$\lambda > 0$
$U_{a,b}$	$\dfrac{e^{\sqrt{-1}\xi b} - e^{\sqrt{-1}\xi a}}{\sqrt{-1}\xi(b-a)}$	$-\infty < a < b < \infty$
$C_{m,c}$	$\exp\{\sqrt{-1}m\xi - c|\xi|\}$	$m \in \mathbb{R}, c > 0$
$N(m,v)$	$\exp\left\{\sqrt{-1}m\xi - \dfrac{v\xi^2}{2}\right\}$	$m \in \mathbb{R}, v > 0$

以下,これを確かめておく:

$$\widehat{\delta_a}(\xi) = \int_\mathbb{R} e^{\sqrt{-1}\xi x}\delta_a(dx) = e^{\sqrt{-1}\xi a},$$

$$\widehat{Bin(n,p)}(\xi) = \int_\mathbb{R} e^{\sqrt{-1}\xi x} Bin(n,p)(dx) = \sum_{k=0}^n e^{\sqrt{-1}\xi k}\binom{n}{k}p^k(1-p)^{n-k}$$

$$= \sum_{k=0}^n \binom{n}{k}(pe^{\sqrt{-1}\xi})^k(1-p)^{n-k}$$

$$= (pe^{\sqrt{-1}\xi x} + 1 - p)^n$$

$$= (1 + p(e^{\sqrt{-1}\xi} - 1))^n,$$

$$\widehat{G_p}(\xi) = \int_\mathbb{R} e^{\sqrt{-1}\xi x} G_p(dx) = \sum_{k=0}^\infty e^{\sqrt{-1}\xi k}(1-p)^k p$$

$$\begin{aligned}
&= p\sum_{k=0}^{\infty}\left(e^{\sqrt{-1}\xi}(1-p)\right)^k \\
&= \frac{p}{1-e^{\sqrt{-1}\xi}(1-p)},
\end{aligned}$$

$$\begin{aligned}
\widehat{NB(m,p)}(\xi) &= \int_{\mathbb{R}} e^{\sqrt{-1}\xi x} NB(m,p)(dx) \\
&= \sum_{k=m}^{\infty} e^{\sqrt{-1}\xi k} \binom{k-1}{m-1} p^m (1-p)^{k-m} \\
&= (pe^{\sqrt{-1}\xi})^m \sum_{k=m}^{\infty} \binom{k-1}{m-1} \left(e^{\sqrt{-1}\xi}(1-p)\right)^{k-m} \\
&= (pe^{\sqrt{-1}\xi})^m \left(1 + \sum_{l=1}^{\infty} \frac{(-m-0)(-m-1)\cdots(-m-(l-1))}{l!} \right. \\
&\qquad\qquad \left. \times \left(e^{\sqrt{-1}\xi}(p-1)\right)^l \right) \\
&= (pe^{\sqrt{-1}\xi})^m \left(1 + e^{\sqrt{-1}\xi}(p-1)\right)^{-m} \quad [\odot \text{ Claim 2.14}] \\
&= \left(\frac{pe^{\sqrt{-1}\xi}}{1-e^{\sqrt{-1}\xi}(1-p)}\right)^m,
\end{aligned}$$

$$\begin{aligned}
\widehat{P(\lambda)}(\xi) &= \int_{\mathbb{R}} e^{\sqrt{-1}\xi x} P(\lambda)(dx) = \sum_{k=0}^{\infty} e^{\sqrt{-1}\xi k} \frac{e^{-\lambda}\lambda^k}{k!} \\
&= e^{-\lambda} \sum_{k=0}^{\infty} \frac{(e^{\sqrt{-1}\xi}\lambda)^k}{k!} \\
&= e^{-\lambda} \exp\{e^{\sqrt{-1}\xi}\lambda\} \\
&= \exp\{(e^{\sqrt{-1}\xi}-1)\lambda\},
\end{aligned}$$

$$\begin{aligned}
\widehat{E_\lambda}(\xi) &= \int_{\mathbb{R}} e^{\sqrt{-1}\xi x} \mathbf{1}_{[0,\infty)}(x) \lambda e^{-\lambda x} dx \\
&= \int_0^\infty \lambda e^{-(\lambda-\sqrt{-1}\xi)x} dx \\
&= \int_0^\infty \left(\frac{\lambda}{-(\lambda-\sqrt{-1}\xi)} e^{-(\lambda-\sqrt{-1}\xi)x}\right)' dx \\
&= \left[\frac{\lambda}{-(\lambda-\sqrt{-1}\xi)} e^{-(\lambda-\sqrt{-1}\xi)x}\right]_0^\infty = \frac{\lambda}{\lambda-\sqrt{-1}\xi},
\end{aligned}$$

$$\widehat{U_{a,b}}(\xi) = \int_{\mathbb{R}} e^{\sqrt{-1}\xi x} \frac{1}{b-a} \mathbf{1}_{(a,b)}(x) dx$$

$$= \frac{1}{b-a} \int_a^b e^{\sqrt{-1}\xi x} dx$$

$$= \begin{cases} 1, & \xi = 0, \\ \frac{1}{b-a}\left[\frac{e^{\sqrt{-1}\xi x}}{\sqrt{-1}\xi}\right]_a^b = \frac{1}{b-a}\frac{e^{\sqrt{-1}\xi b} - e^{\sqrt{-1}\xi a}}{\sqrt{-1}\xi}, & \xi \neq 0 \end{cases}$$

$$= \frac{e^{\sqrt{-1}\xi b} - e^{\sqrt{-1}\xi a}}{\sqrt{-1}\xi(b-a)},$$

$$\widehat{C_{m,c}}(\xi) = \int_{\mathbb{R}} e^{\sqrt{-1}\xi x} \frac{c}{\pi} \frac{1}{c^2 + (x-m)^2} dx$$

$$= \int_{\mathbb{R}} e^{\sqrt{-1}\xi(m+cy)} \frac{c}{\pi} \frac{1}{c^2 + c^2 y^2} c\, dy \quad [\odot \text{ 変数変換 } y = \frac{x-m}{c}]$$

$$= e^{\sqrt{-1}\xi m} \int_{\mathbb{R}} e^{\sqrt{-1}\xi cy} \frac{1}{\pi} \frac{1}{1+y^2} dy$$

$$= e^{\sqrt{-1}\xi m} \widehat{C_{0,1}}(\xi c) = e^{\sqrt{-1}\xi m - c|\xi|} \quad [\odot \text{ 下の Claim 2.68}],$$

$$\widehat{N(m,v)}(\xi) = \int_{\mathbb{R}} e^{\sqrt{-1}\xi x} \frac{1}{\sqrt{2\pi v}} e^{-\frac{(x-m)^2}{2v}} dx$$

$$= \int_{\mathbb{R}} e^{\sqrt{-1}\xi(m+\sqrt{v}y)} \frac{1}{\sqrt{2\pi v}} e^{-\frac{y^2}{2}} \sqrt{v}\, dy \quad [\odot \text{ 変数変換 } y = \frac{x-m}{\sqrt{v}}]$$

$$= e^{\sqrt{-1}\xi m} \int_{\mathbb{R}} e^{\sqrt{-1}\xi \sqrt{v} y} \frac{1}{\sqrt{2\pi}} e^{-\frac{y^2}{2}} dy$$

$$= e^{\sqrt{-1}\xi m} \widehat{N(0,1)}(\xi\sqrt{v}) = e^{\sqrt{-1}\xi m - \frac{v\xi^2}{2}} \quad [\odot \text{ 下の Claim 2.68}].$$

▶**Claim 2.68** $\widehat{C_{0,1}}(\xi) = e^{-|\xi|}$, $\widehat{N(0,1)}(\xi) = e^{-\frac{\xi^2}{2}}$, すなわち

$$\int_{\mathbb{R}} e^{\sqrt{-1}\xi x} \frac{1}{\pi} \frac{dx}{1+x^2} = e^{-|\xi|}, \quad \int_{\mathbb{R}} e^{\sqrt{-1}\xi x} \frac{1}{\sqrt{2\pi}} e^{-\frac{x^2}{2}} dx = e^{-\frac{\xi^2}{2}}.$$

[証明] $\widehat{C_{0,1}}$ について. $\mu(dx) = \frac{1}{2} e^{-|x|} dx$ とすると

$$\widehat{\mu}(\xi) = \int_{-\infty}^{\infty} e^{\sqrt{-1}\xi x} \frac{1}{2} e^{-|x|} dx$$

$$= \frac{1}{2} \int_0^{\infty} e^{\sqrt{-1}\xi x} e^{-x} dx + \frac{1}{2} \int_{-\infty}^0 e^{\sqrt{-1}\xi x} e^{-(-x)} dx$$

$$= \frac{1}{2} \int_0^{\infty} e^{-(1-\sqrt{-1}\xi)x} dx + \frac{1}{2} \int_0^{\infty} e^{-(1+\sqrt{-1}\xi)y} dy$$

$$\left[\odot\ \text{第 2 項は変数変換}\ y = -x\right]$$

$$= \frac{1}{2}\left[\frac{e^{-(1-\sqrt{-1}\xi)x}}{-(1-\sqrt{-1}\xi)}\right]_0^\infty + \frac{1}{2}\left[\frac{e^{-(1+\sqrt{-1}\xi)y}}{-(1+\sqrt{-1}\xi)}\right]_0^\infty$$

$$= \frac{1}{2}\left(\frac{1}{1-\sqrt{-1}\xi} + \frac{1}{1+\sqrt{-1}\xi}\right)$$

$$= \frac{1}{2}\frac{2}{(1-\sqrt{-1}\xi)(1+\sqrt{-1}\xi)} = \frac{1}{1+\xi^2}.$$

$\widehat{\mu}$ はルベーグ可積分なので,Claim 2.65 より,$\frac{1}{2\pi}\int_{\mathbb{R}} e^{-\sqrt{-1}x\xi}\widehat{\mu}(\xi)d\xi$ は μ の確率密度関数となる.すなわち

$$\frac{1}{2\pi}\int_{\mathbb{R}} e^{-\sqrt{-1}x\xi}\frac{1}{1+\xi^2}d\xi = \frac{1}{2}e^{-|x|}.$$

これは $\widehat{C_{0,1}}(\xi) = e^{-|\xi|}$ である.

$\widehat{N(0,1)}$ について.$f(x) = \frac{1}{\sqrt{2\pi}}\int_{-\infty}^\infty e^{\sqrt{-1}xy}e^{-\frac{y^2}{2}}dy$ とおく.積分記号下での微分 [cf. 例 A.55],その後で部分積分を行うと

$$f'(x) = \frac{1}{\sqrt{2\pi}}\int_{-\infty}^\infty e^{\sqrt{-1}xy}\sqrt{-1}y e^{-\frac{y^2}{2}}dy$$

$$= \frac{\sqrt{-1}}{\sqrt{2\pi}}\int_{-\infty}^\infty e^{\sqrt{-1}xy}\left(-e^{-\frac{y^2}{2}}\right)'dy$$

$$= \frac{\sqrt{-1}}{\sqrt{2\pi}}\left\{\left[e^{\sqrt{-1}xy}\left(-e^{-\frac{y^2}{2}}\right)\right]_{-\infty}^\infty - \int_{-\infty}^\infty e^{\sqrt{-1}xy}(\sqrt{-1}x)\left(-e^{-\frac{y^2}{2}}\right)dy\right\}$$

$$= \frac{\sqrt{-1}}{\sqrt{2\pi}}\sqrt{-1}x\int_{-\infty}^\infty e^{\sqrt{-1}xy}e^{-\frac{y^2}{2}}dy = -xf(x)$$

の微分方程式を得る.

$$\left(e^{\frac{x^2}{2}}f(x)\right)' = e^{\frac{x^2}{2}}xf(x) + e^{\frac{x^2}{2}}f'(x) = e^{\frac{x^2}{2}}(xf(x) - xf(x)) = 0$$

より,$e^{\frac{x^2}{2}}f(x) = f(0) = 1$ [cf. (2.5)].したがって $f(x) = e^{-\frac{x^2}{2}}$ となる.これは $\widehat{N(0,1)}(\xi) = e^{-\frac{\xi^2}{2}}$ である. ∎

〈問 2.69〉 R, S は $(\Omega, \mathcal{F}, P)$ 上の実確率変数で,$R \perp\!\!\!\perp S$,R の分布 $= S$ の分布 $= U_{0,1}$ とする.このとき $X = (-2\log R)^{\frac{1}{2}}\cos 2\pi S$,$Y = (-2\log R)^{\frac{1}{2}}\sin 2\pi S$ に対して[15]

---

15) $0 < R < 1$ としてよい.X, Y は well-defined である.

$$\begin{cases} \bullet\ X \perp\!\!\!\perp Y, \\ \bullet\ X \text{ の分布} = Y \text{ の分布} = N(0,1) \end{cases}$$

であることを示せ.

⟨問 2.70⟩ $(\Omega, \mathcal{F}, P)$ 上の実確率変数 X, Y は独立で, その分布は共に $N(0,1)$ とする. このとき $\frac{Y}{X}$ [16]の分布は $C_{0,1}$ で, $\widehat{C_{0,1}}(\xi) = e^{-|\xi|}$ となることを次の手順で示せ.

(i) $E\bigl[e^{\sqrt{-1}\xi \mathbf{1}_{\{X\neq 0\}} \frac{Y}{X}}\bigr] = \int_{\{x\neq 0\}} \frac{1}{2\pi} e^{-\frac{x^2}{2}} dx \int_{\mathbb{R}} e^{\sqrt{-1}\xi \frac{y}{x}} e^{-\frac{y^2}{2}} dy$.

(ii) $\int_{\mathbb{R}} e^{\sqrt{-1}\xi \frac{y}{x}} e^{-\frac{y^2}{2}} dy = \int_{\mathbb{R}} e^{\sqrt{-1}\xi \eta} e^{-\frac{x^2 \eta^2}{2}} |x| d\eta$ $(x \neq 0)$ と書き直して, これを (i) の右辺に代入し計算を進めると $E\bigl[e^{\sqrt{-1}\xi \mathbf{1}_{\{X\neq 0\}} \frac{Y}{X}}\bigr] = \widehat{C_{0,1}}(\xi)$.

(iii) $\int_{\mathbb{R}} e^{\sqrt{-1}\xi \frac{y}{x}} e^{-\frac{y^2}{2}} dy = \int_{\mathbb{R}} e^{\sqrt{-1}\frac{\xi}{x} y} e^{-\frac{y^2}{2}} dy = \sqrt{2\pi} e^{-\frac{1}{2}\frac{\xi^2}{x^2}}$ $(x \neq 0)$ であるから, これを (i) の右辺に代入して

$$E\bigl[e^{\sqrt{-1}\xi \mathbf{1}_{\{X\neq 0\}} \frac{Y}{X}}\bigr] = \int_{\{x\neq 0\}} \frac{1}{\sqrt{2\pi}} e^{-\frac{1}{2}(x^2 + \frac{\xi^2}{x^2})} dx = \sqrt{\frac{2}{\pi}} \int_{(0,\infty)} e^{-\frac{1}{2}(x^2 + \frac{|\xi|^2}{x^2})} dx.$$

以下, $\xi \neq 0$ とし, まず変数変換 $x = \sqrt{|\xi|}u$, 次に変数変換 $v = \frac{1}{u}$, 最後に変数変換 $w = v - \frac{1}{v}$ を行うことにより, $E\bigl[e^{\sqrt{-1}\xi \mathbf{1}_{\{X\neq 0\}} \frac{Y}{X}}\bigr] = e^{-|\xi|}$.

2.5.2 特性関数列の収束と確率測度列の収束

▶ **Claim 2.71** $\{\mu_n\}_{n=1}^{\infty} \subset \mathcal{P}^d, \mu \in \mathcal{P}^d$ に対して, $\mu_n \to \mu$ vaguely ならば, $\widehat{\mu_n} \to \widehat{\mu}$.

[証明] $\mu_n \to \mu$ vaguely とする. Claim 2.49 より, $\mu_n \to \mu$ weakly である. 任意の $\xi \in \mathbb{R}^d$ に対して, $\mathbb{R}^d \ni x \mapsto \cos\langle \xi, x \rangle \in \mathbb{R}, \mathbb{R}^d \ni x \mapsto \sin\langle \xi, x \rangle \in \mathbb{R}$ は共に有界連続なので

$$\int_{\mathbb{R}^d} \cos\langle \xi, x \rangle \mu_n(dx) \to \int_{\mathbb{R}^d} \cos\langle \xi, x \rangle \mu(dx),$$
$$\int_{\mathbb{R}^d} \sin\langle \xi, x \rangle \mu_n(dx) \to \int_{\mathbb{R}^d} \sin\langle \xi, x \rangle \mu(dx).$$

したがって

$$\widehat{\mu_n}(\xi) = \int_{\mathbb{R}^d} e^{\sqrt{-1}\langle \xi, x \rangle} \mu_n(dx)$$

---

[16] $X \neq 0$ a.s. なので $\frac{Y}{X}$ は a.s. に定義できる.

$$= \int_{\mathbb{R}^d} \cos\langle \xi, x\rangle \mu_n(dx) + \sqrt{-1} \int_{\mathbb{R}^d} \sin\langle \xi, x\rangle \mu_n(dx)$$
$$\to \int_{\mathbb{R}^d} \cos\langle \xi, x\rangle \mu(dx) + \sqrt{-1} \int_{\mathbb{R}^d} \sin\langle \xi, x\rangle \mu(dx) = \widehat{\mu}(\xi). \blacksquare$$

▶**定理 2.72（レヴィの連続性定理）** $\{\mu_n\}_{n=1}^\infty \subset \mathcal{P}^d$ は

- $\widehat{\mu_n} \to \varphi$（各点収束），
- φ は $\xi = 0$ で連続である

の2つをみたすとする[17]．このとき，$^\exists \mu \in \mathcal{P}^d$ s.t. $\mu_n \to \mu$ vaguely. したがって $\varphi = \widehat{\mu}$ となる．

▶**系 2.73** $\{\mu_n\}_{n=1}^\infty \subset \mathcal{P}^d, \mu \in \mathcal{P}^d$ に対して，$\mu_n \to \mu$ vaguely $\underset{\text{iff}}{\Longleftrightarrow}$ $\widehat{\mu_n} \to \widehat{\mu}$.

[証明] "⇒" は Claim 2.71 より OK.

"⇐" について．$\widehat{\mu_n} \to \widehat{\mu}$ とする．$\widehat{\mu}$ は明らかに $\xi = 0$ で連続であるから，定理 2.72 より，$^\exists \nu \in \mathcal{P}^d$ s.t. $\mu_n \to \nu$ vaguely. Claim 2.71 より，$\widehat{\mu_n} \to \widehat{\nu}$ なので，$\widehat{\nu} = \widehat{\mu}$．定理 2.63 より，$\nu = \mu$．したがって $\mu_n \to \mu$ vaguely となる． $\blacksquare$

この定理の証明のために，次の補題を用意する：

▶**補題 2.74** 任意の $\mu \in \mathcal{P}^d, a > 0$ に対して

$$\mu\Big(\max_{1 \le j \le d}|x_j| > \frac{1}{a}\Big) \le 10 \sum_{j=1}^d \frac{1}{a}\int_0^a \big(1 - \operatorname{Re}\widehat{\mu}(te_j)\big)dt.$$

ただし $e_j = (0, \ldots, \overset{j}{1}, \ldots, 0)$.

[証明] 3段階で示す．
$1°$ $1 - \frac{\sin u}{u} \ge 0$ $(u \in \mathbb{R})$, $\left|\frac{\sin u}{u}\right| \le \sin 1$ $(|u| \ge 1)$, $\sin 1 \le \frac{9}{10}$.
☉ $\sin u = \int_0^1 (\sin tu)' dt = \int_0^1 u \cos tu\, dt$ より，$1 - \frac{\sin u}{u} = 1 - \int_0^1 \cos tu\, dt = \int_0^1 (1 - \cos tu)dt \ge 0$ $(^\forall u \in \mathbb{R})$.

$u \mapsto \sin u$ は $[0, \pi]$ では上に凸（= 凹）なので，$0 < 1 < u \le \pi$ のときは，

---

[17] この φ は，補題 1.42 の φ とは全くの別物である．

$\sin 1 = \frac{\sin 1 - \sin 0}{1-0} \geq \frac{\sin u - \sin 0}{u-0} = \frac{\sin u}{u} \geq 0$ [cf. 補題 1.32 の証明の 1°]. $u \geq \frac{\pi}{2}$ のときは, $\left|\frac{\sin u}{u}\right| = \frac{|\sin u|}{u} \leq \frac{1}{u} \leq \frac{2}{\pi} = \frac{1}{\frac{\pi}{2}} = \frac{\sin \frac{\pi}{2}}{\frac{\pi}{2}} \leq \sin 1$. したがって $\left|\frac{\sin u}{u}\right| \leq \sin 1 \ (u \geq 1)$ がわかる. $u \mapsto \frac{\sin u}{u}$ は偶関数なので, この不等式は $|u| \geq 1$ に対して成り立つ.

$u \mapsto \sin u$ は $[0, \frac{\pi}{2}]$ では単調増加で, $1 < \frac{\pi}{3} < \frac{\pi}{2}$ より, $\sin 1 \leq \sin \frac{\pi}{3} = \frac{\sqrt{3}}{2} < \frac{9}{10}$.

$\underline{2°}$ $\mu \in \mathcal{P}^d$, $a > 0$, $1 \leq j \leq d$ に対して

$$\frac{1}{a} \int_0^a \left(1 - \operatorname{Re} \widehat{\mu}(te_j)\right) dt$$
$$= \frac{1}{a} \int_0^a \left(1 - \operatorname{Re} \int_{\mathbb{R}^d} e^{\sqrt{-1} tx_j} \mu(dx)\right) dt$$
$$= \frac{1}{a} \int_0^a dt \int_{\mathbb{R}^d} (1 - \cos tx_j) \mu(dx)$$
$$= \int_{\mathbb{R}^d} \mu(dx) \frac{1}{a} \int_0^a (1 - \cos tx_j) dt \quad [\odot \text{ フビニの定理}]$$
$$= \int_{\mathbb{R}^d} \mathbf{1}_{\{x_j \neq 0\}} \left(1 - \left[\frac{\sin tx_j}{ax_j}\right]_0^a\right) \mu(dx)$$
$$= \int_{\mathbb{R}^d} \mathbf{1}_{\{x_j \neq 0\}} \left(1 - \frac{\sin ax_j}{ax_j}\right) \mu(dx)$$
$$\geq \int_{\mathbb{R}^d} \mathbf{1}_{\{|ax_j| > 1\}} \left(1 - \frac{\sin ax_j}{ax_j}\right) \mu(dx) \quad \begin{bmatrix} \odot \ 1° \ \text{より} \\ 1 - \frac{\sin ax_j}{ax_j} \geq 0 \ (^\forall x) \end{bmatrix}$$
$$\geq \int_{\mathbb{R}^d} \mathbf{1}_{\{|ax_j| > 1\}} \left(1 - \left|\frac{\sin ax_j}{ax_j}\right|\right) \mu(dx)$$
$$\geq \int_{\mathbb{R}^d} \mathbf{1}_{\{|ax_j| > 1\}} (1 - \sin 1) \mu(dx) \quad \begin{bmatrix} \odot \ 1° \ \text{より} \ 1 - \left|\frac{\sin ax_j}{ax_j}\right| \\ \geq 1 - \sin 1 \ (|ax_j| > 1) \end{bmatrix}$$
$$= (1 - \sin 1) \mu\left(|x_j| > \frac{1}{a}\right)$$
$$\geq \frac{1}{10} \mu\left(|x_j| > \frac{1}{a}\right) \quad [\odot \ 1° \ \text{より} \ 1 - \sin 1 \geq 1 - \frac{9}{10} = \frac{1}{10}].$$

$\underline{3°}$ $2°$ より

$$\mu\left(\max_{1 \leq j \leq d} |x_j| > \frac{1}{a}\right) = \mu\left(1 \leq {}^\exists j \leq d \ \text{s.t.} \ |x_j| > \frac{1}{a}\right)$$
$$= \mu\left(\bigcup_{j=1}^d \left\{|x_j| > \frac{1}{a}\right\}\right)$$

$$\leq \sum_{j=1}^{d} \mu\Big(|x_j| > \frac{1}{a}\Big)$$

$$\leq \sum_{j=1}^{d} 10 \cdot \frac{1}{a} \int_0^a \big(1 - \operatorname{Re}\widehat{\mu}(te_j)\big)dt$$

$$= 10 \sum_{j=1}^{d} \frac{1}{a} \int_0^a \big(1 - \operatorname{Re}\widehat{\mu}(te_j)\big)dt. \qquad \blacksquare$$

[定理 2.72 の証明]　$\{\mu_n\}_{n=1}^{\infty} \subset \mathcal{P}^d$ は

- $\widehat{\mu_n} \to \varphi$（各点収束），・$\varphi$ は $\xi = 0$ で連続である

とする．2 段階で示す．

$1°$ $\{\mu_n; n \in \mathbb{N}\}$ はタイトである．

☺ まず，$|\widehat{\mu_n}(\xi)| \leq 1$ $(^{\forall}n, {}^{\forall}\xi)$ なので，$|\varphi(\xi)| = \lim_{n \to \infty} |\widehat{\mu_n}(\xi)| \leq 1$ $(^{\forall}\xi)$．$\widehat{\mu_n}(0) = 1$ $(^{\forall}n)$ より，$\varphi(0) = \lim_{n \to \infty} \widehat{\mu_n}(0) = 1$．$\widehat{\mu_n}$ は連続なので，φ はボレル可測である．

各 $t \in \mathbb{R}$ に対して

$$1 - \operatorname{Re}\widehat{\mu_n}(te_j) \to 1 - \operatorname{Re}\varphi(te_j) \quad (n \to \infty),$$

$$0 \leq 1 - \operatorname{Re}\widehat{\mu_n}(te_j) \leq 2 \quad (^{\forall}n)$$

であるから，有界収束定理より，任意の $a > 0$ に対して

$$\frac{1}{a} \int_0^a \big(1 - \operatorname{Re}\widehat{\mu_n}(te_j)\big)dt \to \frac{1}{a} \int_0^a \big(1 - \operatorname{Re}\varphi(te_j)\big)dt \quad (n \to \infty).$$

任意の $\varepsilon > 0$ を固定する．φ は $\xi = 0$ で連続なので

$$^{\exists}a > 0 \ \text{ s.t. } \ |1 - \varphi(\xi)| \leq \frac{\varepsilon}{20d} \quad (|\xi| \leq a).$$

このとき

$$0 \leq 1 - \operatorname{Re}\varphi(te_j) = |1 - \operatorname{Re}\varphi(te_j)| \leq |1 - \varphi(te_j)| \leq \frac{\varepsilon}{20d} \quad (0 \leq t \leq a)$$

より

$$\frac{1}{a} \int_0^a \big(1 - \operatorname{Re}\varphi(te_j)\big)dt \leq \frac{\varepsilon}{20d}, \quad j = 1, \ldots, d.$$

したがって

$$10\sum_{j=1}^{d}\frac{1}{a}\int_{0}^{a}\bigl(1-\operatorname{Re}\varphi(te_{j})\bigr)dt\leq\frac{\varepsilon}{2}$$

がわかる．$n_0 \in \mathbb{N}$ を

$$\left|10\sum_{j=1}^{d}\frac{1}{a}\int_{0}^{a}\bigl(1-\operatorname{Re}\widehat{\mu_{n}}(te_{j})\bigr)dt - 10\sum_{j=1}^{d}\frac{1}{a}\int_{0}^{a}\bigl(1-\operatorname{Re}\varphi(te_{j})\bigr)dt\right|$$
$$< \frac{\varepsilon}{2} \quad (n > n_0)$$

となるようにとると

$$10\sum_{j=1}^{d}\frac{1}{a}\int_{0}^{a}\bigl(1-\operatorname{Re}\widehat{\mu_{n}}(te_{j})\bigr)dt < \varepsilon \quad (n > n_0).$$

補題 2.74 より，これは

$$\begin{aligned}
\mu_{n}\left(\left[-\frac{1}{a},\frac{1}{a}\right]^{d}\right) &= \mu_{n}\left(|x_{1}|\leq\frac{1}{a},\cdots,|x_{d}|\leq\frac{1}{a}\right) \\
&= \mu_{n}\left(\max_{1\leq j\leq d}|x_{j}|\leq\frac{1}{a}\right) \\
&= 1 - \mu_{n}\left(\max_{1\leq j\leq d}|x_{j}|>\frac{1}{a}\right) \\
&\geq 1 - 10\sum_{j=1}^{d}\frac{1}{a}\int_{0}^{a}\bigl(1-\operatorname{Re}\widehat{\mu_{n}}(te_{j})\bigr)dt \\
&> 1 - \varepsilon \quad (n > n_0)
\end{aligned}$$

を含意する．最後に $\left[-\frac{1}{b},\frac{1}{b}\right]^{d} \nearrow \mathbb{R}^{d}$ $(b \searrow 0)$ より

$$\mu_{n}\left(\left[-\frac{1}{b},\frac{1}{b}\right]^{d}\right) \to 1 \quad (b \searrow 0) \quad (^{\forall}n)$$

に注意すれば，$0 < {}^{\exists}b < a$ s.t. $\mu_{n}\left(\left[-\frac{1}{b},\frac{1}{b}\right]^{d}\right) > 1 - \varepsilon$ $(^{\forall}n \geq 1)$．これは $\{\mu_n; n \in \mathbb{N}\}$ がタイトであることをいっている．

<u>2°</u> 定理 2.45 より，$\mathcal{N} = \{\mu_n; n \in \mathbb{N}\}$ は正規族である．

　まず，$\{\mu_n\}_{n=1}^{\infty} \subset \mathcal{N}$ に対して，部分列 $\{n_k^{(0)}\}_{k=1}^{\infty}$ と $\mu \in \mathcal{P}^d$ が存在して

$$\mu_{n_k^{(0)}} \to \mu \text{ vaguely } (k \to \infty)$$

となる．次に，任意の部分列 $\{n_k\}_{k=1}^{\infty}$ に対して，$\{\mu_{n_k}\}_{k=1}^{\infty} \subset \mathcal{N}$ を考えると，

$\{k\}$ の部分列 $\{k_i\}_{i=1}^\infty$ と $\nu \in \mathcal{P}^d$ が存在して

$$\mu_{n_{k_i}} \to \nu \quad \text{vaguely} \quad (i \to \infty)$$

となる．このとき Claim 2.71 より

$$\widehat{\mu_{n_k^{(0)}}} \to \widehat{\mu} \quad (k \to \infty),$$
$$\widehat{\mu_{n_{k_i}}} \to \widehat{\nu} \quad (i \to \infty)$$

であるが，$\widehat{\mu_n} \to \varphi \ (n \to \infty)$ なので，$\widehat{\nu} = \varphi = \widehat{\mu}$．定理 2.63 より，$\nu = \mu$ となる．したがって次のことがわかる：「任意の部分列 $\{n_k\}_{k=1}^\infty$ に対して，$\{k\}$ の部分列 $\{k_i\}_{i=1}^\infty$ が存在して，$\mu_{n_{k_i}} \to \mu$ vaguely $(i \to \infty)$．」これは $\mu_n \to \mu$ vaguely $(n \to \infty)$ をいっている． ∎

2.5.3 ボホナーの定理

▶**定理 2.75** (ボホナー (Bochner) の定理)　$\varphi : \mathbb{R}^d \to \mathbb{C}$ は次の c.1), c.2), c.3) をみたすとする：

c.1) φ は正定符号である．すなわち，任意の $n \geq 1, \xi_1, \ldots, \xi_n \in \mathbb{R}^d, z_1, \ldots, z_n \in \mathbb{C}$ に対して

$$\sum_{i,j=1}^n z_i \overline{z_j} \, \varphi(\xi_i - \xi_j) \geq 0, \tag{2.13}$$

c.2) φ は $\xi = 0$ で連続である，

c.3) $\varphi(0) = 1$．

このとき，$^{\exists 1}\mu \in \mathcal{P}^d$ s.t. $\varphi = \widehat{\mu}$．

この定理の証明のために，次の補題を用意する：

▶**補題 2.76**　$\varphi : \mathbb{R}^d \to \mathbb{C}$ が正定符号ならば，次をみたす：
(i) $\varphi(0) \geq 0$,
(ii) $\varphi(-\xi) = \overline{\varphi(\xi)}, \ |\varphi(\xi)| \leq \varphi(0) \quad (^\forall \xi \in \mathbb{R}^d)$,
(iii) $|\varphi(\xi) - \varphi(\eta)|^2 \leq 2\varphi(0)|\varphi(0) - \varphi(\xi - \eta)| \quad (^\forall \xi, {}^\forall \eta \in \mathbb{R}^d)$.

[証明]　4 段階で示す．
$\underline{1^\circ}$ (2.13) において，$n = 1, z_1 = 1$ とすると

$$\sum_{i,j=1}^{1} z_i \overline{z_j} \varphi(\xi_i - \xi_j) \geq 0$$
$$\parallel$$
$$\varphi(\xi_1 - \xi_1) = \varphi(0)$$

なので，$\varphi(0) \geq 0$. これは (i) の主張である．

$\underline{2^\circ}$ (2.13)において，$n=2$, $\xi_1 = \xi$, $\xi_2 = 0$, $z_1 = z_2 = 1$ とすると

$$\sum_{i,j=1}^{2} z_i \overline{z_j} \varphi(\xi_i - \xi_j) \geq 0$$
$$\parallel$$
$$\varphi(\xi_1 - \xi_1) + \varphi(\xi_1 - \xi_2) + \varphi(\xi_2 - \xi_1) + \varphi(\xi_2 - \xi_2)$$
$$= 2\varphi(0) + \varphi(\xi) + \varphi(-\xi)$$
$$= 2\varphi(0) + \operatorname{Re}\varphi(\xi) + \operatorname{Re}\varphi(-\xi) + \sqrt{-1}\bigl(\operatorname{Im}\varphi(\xi) + \operatorname{Im}\varphi(-\xi)\bigr).$$

これは $\operatorname{Im}\varphi(\xi) + \operatorname{Im}\varphi(-\xi) = 0$ を含意する．(2.13)において，$n=2$, $\xi_1 = \xi$, $\xi_2 = 0$, $z_1 = \sqrt{-1}$, $z_2 = 1$ とすると

$$\sum_{i,j=1}^{2} z_i \overline{z_j} \varphi(\xi_i - \xi_j) \geq 0$$
$$\parallel$$
$$|z_1|^2 \varphi(\xi_1 - \xi_1) + z_1 \overline{z_2} \varphi(\xi_1 - \xi_2) + z_2 \overline{z_1} \varphi(\xi_2 - \xi_1) + |z_2|^2 \varphi(\xi_2 - \xi_2)$$
$$= 2\varphi(0) + \sqrt{-1}\bigl(\varphi(\xi) - \varphi(-\xi)\bigr)$$
$$= 2\varphi(0) - \operatorname{Im}\varphi(\xi) + \operatorname{Im}\varphi(-\xi) + \sqrt{-1}\bigl(\operatorname{Re}\varphi(\xi) - \operatorname{Re}\varphi(-\xi)\bigr).$$

これは $\operatorname{Re}\varphi(\xi) - \operatorname{Re}\varphi(-\xi) = 0$ を含意する．したがって

$$\overline{\varphi(\xi)} = \operatorname{Re}\varphi(\xi) - \sqrt{-1}\operatorname{Im}\varphi(\xi)$$
$$= \operatorname{Re}\varphi(-\xi) + \sqrt{-1}\operatorname{Im}\varphi(-\xi) = \varphi(-\xi)$$

がわかる．これは (ii) の 1 つ目の主張である．

$\underline{3^\circ}$ (2.13)において，$n=2$, $\xi_1 = \xi$, $\xi_2 = 0$, $z_1 = z$, $z_2 = w$ とすると

$$\sum_{i,j=1}^{2} z_i \overline{z_j} \varphi(\xi_i - \xi_j) \geq 0$$
$$\parallel$$
$$|z_1|^2 \varphi(\xi_1 - \xi_1) + z_1 \overline{z_2} \varphi(\xi_1 - \xi_2) + z_2 \overline{z_1} \varphi(\xi_2 - \xi_1) + |z_2|^2 \varphi(\xi_2 - \xi_2)$$
$$= (|z|^2 + |w|^2)\varphi(0) + z\overline{w}\varphi(\xi) + \overline{z}w\varphi(-\xi)$$
$$= (|z|^2 + |w|^2)\varphi(0) + z\overline{w}\varphi(\xi) + \overline{z}w\overline{\varphi(\xi)} \quad [\because 2^\circ].$$

これを書き直すと

$$\begin{bmatrix} \overline{z} & \overline{w} \end{bmatrix} \begin{bmatrix} \varphi(0) & \overline{\varphi(\xi)} \\ \varphi(\xi) & \varphi(0) \end{bmatrix} \begin{bmatrix} z \\ w \end{bmatrix} \geq 0, \quad {}^{\forall}(z,w) \in \mathbb{C}^2$$

となる．これは

$$\det \begin{bmatrix} \varphi(0) & \overline{\varphi(\xi)} \\ \varphi(\xi) & \varphi(0) \end{bmatrix} \geq 0$$
$$\underset{\|}{}$$
$$\varphi(0)^2 - |\varphi(\xi)|^2,$$

すなわち $|\varphi(\xi)| \leq \varphi(0)$ を含意する[18]．これは (ii) の 2 つ目の主張である．

4° (2.13)において，$n = 3$, $\xi_1 = 0$, $\xi_2 = \xi - \eta$, $\xi_3 = \xi$, $z_1 = z$, $z_2 = -z$, $z_3 = w$ とすると

$$\sum_{i,j=1}^{3} z_i \overline{z_j} \varphi(\xi_i - \xi_j) \geq 0$$
$$\underset{\|}{}$$
$$|z_1|^2 \varphi(0) + z_1 \overline{z_2} \varphi(\xi_1 - \xi_2) + z_1 \overline{z_3} \varphi(\xi_1 - \xi_3)$$
$$+ z_2 \overline{z_1} \varphi(\xi_2 - \xi_1) + |z_2|^2 \varphi(0) + z_2 \overline{z_3} \varphi(\xi_2 - \xi_3)$$
$$+ z_3 \overline{z_1} \varphi(\xi_3 - \xi_1) + z_3 \overline{z_2} \varphi(\xi_3 - \xi_2) + |z_3|^2 \varphi(0)$$
$$= |z|^2 \varphi(0) - |z|^2 \varphi(\eta - \xi) + z\overline{w} \varphi(-\xi)$$
$$\quad - |z|^2 \varphi(\xi - \eta) + |z|^2 \varphi(0) - z\overline{w} \varphi(-\eta)$$
$$\quad + \overline{z} w \varphi(\xi) - \overline{z} w \varphi(\eta) + |w|^2 \varphi(0)$$
$$= |z|^2 \big(2\varphi(0) - \varphi(\xi - \eta) - \overline{\varphi(\xi - \eta)}\big)$$
$$\quad + z\overline{w}\big(\overline{\varphi(\xi)} - \overline{\varphi(\eta)}\big) + \overline{z}w\big(\varphi(\xi) - \varphi(\eta)\big)$$
$$\quad + |w|^2 \varphi(0).$$

これを書き直すと

---

[18] 次の事実を使っている：「n 次のユニタリ (unitary) 行列 A が，$\overline{z}A{}^t z \geq 0$ (${}^{\forall}z \in \mathbb{C}^n$) をみたすならば，$\det A \geq 0$ である．」これの $n = 2$ のときの証明は比較的容易にできる [cf. 問 2.77].

$$\begin{bmatrix} \bar{z} & \bar{w} \end{bmatrix} \begin{bmatrix} 2\varphi(0) - \varphi(\xi-\eta) - \overline{\varphi(\xi-\eta)} & \varphi(\xi) - \varphi(\eta) \\ \overline{\varphi(\xi) - \varphi(\eta)} & \varphi(0) \end{bmatrix} \begin{bmatrix} z \\ w \end{bmatrix} \geq 0,$$
$$\forall (z,w) \in \mathbb{C}^2$$

となる.これは

$$\det \begin{bmatrix} 2\varphi(0) - \varphi(\xi-\eta) - \overline{\varphi(\xi-\eta)} & \varphi(\xi) - \varphi(\eta) \\ \overline{\varphi(\xi) - \varphi(\eta)} & \varphi(0) \end{bmatrix} \geq 0$$
$$\parallel$$
$$\varphi(0)\big(2\varphi(0) - \varphi(\xi-\eta) - \overline{\varphi(\xi-\eta)}\big) - |\varphi(\xi) - \varphi(\eta)|^2$$
$$= 2\varphi(0)\big(\varphi(0) - \operatorname{Re}\varphi(\xi-\eta)\big) - |\varphi(\xi) - \varphi(\eta)|^2$$

を含意し,したがって

$$|\varphi(\xi) - \varphi(\eta)|^2 \leq 2\varphi(0)\big(\varphi(0) - \operatorname{Re}\varphi(\xi-\eta)\big)$$
$$= 2\varphi(0)\operatorname{Re}\big(\varphi(0) - \varphi(\xi-\eta)\big)$$
$$\leq 2\varphi(0)\big|\varphi(0) - \varphi(\xi-\eta)\big|$$

がわかる.これは (iii) の主張である. ∎

⟨問 2.77⟩ 142 ページの脚注 18) で述べた事実のうち,$n=2$ のときを実際に確かめよ.

[定理 2.75 の証明] c.1), c.2), c.3) をみたす $\varphi : \mathbb{R}^d \to \mathbb{C}$ を固定する.補題 2.76(ii) と c.3) より,$|\varphi(\xi)| \leq 1$ ($\forall \xi \in \mathbb{R}^d$).補題 2.76(iii) と c.2) より,φ は $\mathbb{R}^d$ で一様連続である.5 段階で示す[19].

1° $N \in \mathbb{N}$ に対して,$f_N : \mathbb{R}^d \to \mathbb{C}$ を次のように定義する:

$$f_N(x) := \left(\frac{1}{2\pi N}\right)^d \int_{[0,N]^d} dt \int_{[0,N]^d} \varphi(s-t) e^{-\sqrt{-1}\langle s-t, x\rangle} ds.$$

このとき f_N は連続,そして $f_N \geq 0$ である.

☺ f_N の連続性は明らか.$f_N(x) \geq 0$ ($\forall x$) を示す.$m \in \mathbb{Z}_{\geq d+1}$[20],$s = (s_1, \ldots, s_d) \in \mathbb{R}^d$ に対して,$s_m \in \mathbb{R}^d$ を

---

[19] 佐藤 [21, 定理 13.4] による証明である.ただし彼の(第四段)の証明にはわからないところがあるので修正してある.
[20] 一般に $x \in \mathbb{R}$ に対して $\mathbb{Z}_{\geq x} = \{n \in \mathbb{Z}; n \geq x\}$ とする.

と定義する．$|s - s_m| \leq \frac{d}{m}$ が成り立つ．このとき，各 $x \in \mathbb{R}^d$ に対して

$$\left| f_N(x) - \left(\frac{1}{2\pi N}\right)^d \iint_{[0,N]^d \times [0,N]^d} \varphi(s_m - t_m) e^{-\sqrt{-1}\langle s_m - t_m, x\rangle} dsdt \right|$$

$$= \left| \left(\frac{1}{2\pi N}\right)^d \iint_{[0,N]^d \times [0,N]^d} \big(\varphi(s-t) e^{-\sqrt{-1}\langle s-t, x\rangle} - \varphi(s_m - t_m) e^{-\sqrt{-1}\langle s_m - t_m, x\rangle}\big) dsdt \right|$$

$$= \left| \left(\frac{1}{2\pi N}\right)^d \iint_{[0,N]^d \times [0,N]^d} \Big(\big(\varphi(s-t) - \varphi(s_m - t_m)\big) e^{-\sqrt{-1}\langle s-t, x\rangle} + \varphi(s_m - t_m)\big(e^{-\sqrt{-1}\langle s-t, x\rangle} - e^{-\sqrt{-1}\langle s_m - t_m, x\rangle}\big) \Big) dsdt \right|$$

$$\leq \left(\frac{1}{2\pi N}\right)^d \iint_{[0,N]^d \times [0,N]^d} \Big(\big|\varphi(s-t) - \varphi(s_m - t_m)\big| + \big|e^{-\sqrt{-1}\langle s-t, x\rangle} - e^{-\sqrt{-1}\langle s_m - t_m, x\rangle}\big| \Big) dsdt$$

$$\leq \left(\frac{1}{2\pi N}\right)^d \iint_{[0,N]^d \times [0,N]^d} \Big(\sqrt{2|1 - \varphi(s - s_m - (t - t_m))|} + \big|\langle s - s_m - (t - t_m), x\rangle\big| \Big) dsdt$$

$$\leq \left(\frac{1}{2\pi N}\right)^d N^{2d} \Big(\sup_{|\xi| \leq \frac{2d}{m}} \sqrt{2|1 - \varphi(\xi)|} + \frac{2d}{m}|x| \Big) \to 0 \quad (m \to \infty).$$

また，φ の正定符号性より，任意の $m \in \mathbb{Z}_{\geq d+1}$ に対して

$$\left(\frac{1}{2\pi N}\right)^d \iint_{[0,N]^d \times [0,N]^d} \varphi(s_m - t_m) e^{-\sqrt{-1}\langle s_m - t_m, x\rangle} dsdt$$

$$= \left(\frac{1}{2\pi N}\right)^d \sum_{k,l \in \{0,1,\ldots,mN-1\}^d} \left(\frac{1}{m}\right)^{2d} \varphi\left(\frac{k}{m} - \frac{l}{m}\right) e^{-\sqrt{-1}\langle \frac{k}{m} - \frac{l}{m}, x\rangle}$$

$$= \left(\frac{1}{2\pi N}\right)^d \left(\frac{1}{m}\right)^{2d} \sum_{k,l \in \{0,1,\ldots,mN-1\}^d} e^{-\sqrt{-1}\langle \frac{k}{m}, x\rangle} \overline{e^{-\sqrt{-1}\langle \frac{l}{m}, x\rangle}} \varphi\left(\frac{k}{m} - \frac{l}{m}\right)$$

$$\geq 0.$$

したがって $f_N(x) \geq 0$ がわかる．

$\underline{2^\circ}$ $\varphi_N : \mathbb{R}^d \to \mathbb{C}$ を次のように定義する：

$$\varphi_N(u) := \varphi(u) \prod_{j=1}^{d}\Big(1-\frac{|u_j|}{N}\Big)^{+}.$$

このとき，φ_N は連続．$|\varphi_N(u)| \le 1$，$\mathrm{supp}(\varphi_N) \subset [-N,N]^d$．そして

$$f_N(x) = \Big(\frac{1}{2\pi}\Big)^d \int_{\mathbb{R}^d} \varphi_N(u) e^{-\sqrt{-1}\langle u,x \rangle} du$$

が成り立つ．

☺ 最後の等式を示す．f_N の定義より

$$f_N(x) = \Big(\frac{1}{2\pi N}\Big)^d \iint_{\mathbb{R}^d \times \mathbb{R}^d} \mathbf{1}_{[0,N]^d}(s)\mathbf{1}_{[0,N]^d}(t)\varphi(s-t)e^{-\sqrt{-1}\langle s-t,x\rangle} ds dt$$

[☺ フビニの定理]

$$= \Big(\frac{1}{2\pi N}\Big)^d \iint_{\mathbb{R}^d \times \mathbb{R}^d} \mathbf{1}_{[0,N]^d}(u+v)\mathbf{1}_{[0,N]^d}(v)\varphi(u)e^{-\sqrt{-1}\langle u,x\rangle} du dv$$

[☺ 変数変換 $u=s-t, v=t$]

$$= \Big(\frac{1}{2\pi N}\Big)^d \int_{\mathbb{R}^d} \varphi(u) e^{-\sqrt{-1}\langle u,x\rangle} du \int_{\mathbb{R}^d} \mathbf{1}_{[0,N]^d}(u+v)\mathbf{1}_{[0,N]^d}(v) dv$$

[☺ フビニの定理]

$$= \Big(\frac{1}{2\pi N}\Big)^d \int_{\mathbb{R}^d} \varphi(u) e^{-\sqrt{-1}\langle u,x\rangle} du \prod_{j=1}^{d} \int_{\mathbb{R}} \mathbf{1}_{[0,N]}(u_j+v_j)\mathbf{1}_{[0,N]}(v_j) dv_j$$

$$= \Big(\frac{1}{2\pi N}\Big)^d \int_{\mathbb{R}^d} \varphi(u) e^{-\sqrt{-1}\langle u,x\rangle} du \prod_{j=1}^{d} \int_{\mathbb{R}} \mathbf{1}_{[-u_j, N-u_j] \cap [0,N]}(v_j) dv_j.$$

ここで

$$u_j > N \Rightarrow 0 > N-u_j \Rightarrow [-u_j, N-u_j] \cap [0,N] = \emptyset,$$

$$u_j < -N \Rightarrow N < -u_j \Rightarrow [-u_j, N-u_j] \cap [0,N] = \emptyset,$$

$$0 \le u_j \le N \Rightarrow -u_j \le 0 \le N-u_j \le N \Rightarrow [-u_j, N-u_j] \cap [0,N]$$
$$= [0, N-u_j],$$

$$-N \le u_j \le 0 \Rightarrow 0 \le -u_j \le N \le N-u_j \Rightarrow [-u_j, N-u_j] \cap [0,N]$$
$$= [-u_j, N]$$

より

$$\int_{\mathbb{R}} \mathbf{1}_{[-u_j, N-u_j] \cap [0,N]}(v_j) dv_j = \begin{cases} 0, & u_j > N, \\ 0, & u_j < -N, \\ N - u_j, & 0 \le u_j \le N, \\ N + u_j, & -N \le u_j \le 0 \end{cases}$$
$$= (N - |u_j|)^+$$

に注意すると

$$上式の最右辺 = \left(\frac{1}{2\pi N}\right)^d \int_{\mathbb{R}^d} \varphi(u) e^{-\sqrt{-1}\langle u,x\rangle} \prod_{j=1}^d (N - |u_j|)^+ du$$
$$= \left(\frac{1}{2\pi}\right)^d \int_{\mathbb{R}^d} \varphi(u) \prod_{j=1}^d \left(1 - \frac{|u_j|}{N}\right)^+ e^{-\sqrt{-1}\langle u,x\rangle} du$$
$$= \left(\frac{1}{2\pi}\right)^d \int_{\mathbb{R}^d} \varphi_N(u) e^{-\sqrt{-1}\langle u,x\rangle} du.$$

$\underline{3^\circ} \int_{\mathbb{R}^d} f_N(x) dx = 1.$
☉ 1° より，$f_N \ge 0$ なので，単調収束定理より

$$\int_{\mathbb{R}^d} f_N(x) dx = \lim_{a_1,\ldots,a_d \to \infty} \int_{[-a_1,a_1]\times\cdots\times[-a_d,a_d]} f_N(x) dx,$$
$\cap$
$[0,\infty]^{21)}$

$$\frac{1}{A_1 \cdots A_d} \int_{[0,A_1]\times\cdots\times[0,A_d]} da_1 \cdots da_d \int_{[-a_1,a_1]\times\cdots\times[-a_d,a_d]} f_N(x) dx$$
$$= \frac{1}{A_1 \cdots A_d} \int_{(0,A_1]\times\cdots\times(0,A_d]} da_1 \cdots da_d \int_{[-a_1,a_1]\times\cdots\times[-a_d,a_d]} f_N(x) dx$$
$$= \int_{(0,1]\times\cdots\times(0,1]} db_1 \cdots db_d \int_{[-A_1 b_1, A_1 b_1]\times\cdots\times[-A_d b_d, A_d b_d]} f_N(x) dx$$
$\left[\text{☉ 変数変換 } b_1 = \frac{a_1}{A_1}, \ldots, b_d = \frac{a_d}{A_d}\right]$
$\nearrow \int_{\mathbb{R}^d} f_N(x) dx \quad (A_1, \ldots, A_d \to \infty).$

後者左辺の極限を求める．2° より

$$\frac{1}{A_1 \cdots A_d} \int_{[0,A_1]\times\cdots\times[0,A_d]} da_1 \cdots da_d \int_{[-a_1,a_1]\times\cdots\times[-a_d,a_d]} f_N(x)dx$$

$$= \frac{1}{A_1 \cdots A_d} \int_{[0,A_1]\times\cdots\times[0,A_d]} da_1 \cdots da_d$$

$$\int_{[-a_1,a_1]\times\cdots\times[-a_d,a_d]} dx \left(\frac{1}{2\pi}\right)^d \int_{\mathbb{R}^d} \varphi_N(u) e^{-\sqrt{-1}\langle u,x\rangle} du$$

$$= \int_{\mathbb{R}^d} \varphi_N(u) du \left(\frac{1}{2\pi}\right)^d \frac{1}{A_1 \cdots A_d} \int_0^{A_1} \cdots \int_0^{A_d} da_1 \cdots da_d$$

$$\int_{-a_1}^{a_1} \cdots \int_{-a_d}^{a_d} e^{-\sqrt{-1}u_1 x_1} \cdots e^{-\sqrt{-1}u_d x_d} dx_1 \cdots dx_d$$

[☺ フビニの定理]

$$= \int_{\mathbb{R}^d} \varphi_N(u) du \prod_{j=1}^d \frac{1}{2\pi} \frac{1}{A_j} \int_0^{A_j} da_j \int_{-a_j}^{a_j} e^{-\sqrt{-1}u_j x_j} dx_j$$

$$= \int_{\mathbb{R}^d} \varphi_N(u) \mathbf{1}_{\{u_1 \neq 0\}} \cdots \mathbf{1}_{\{u_d \neq 0\}} du \prod_{j=1}^d \frac{1}{2\pi} \frac{1}{A_j} \int_0^{A_j} da_j \int_{-a_j}^{a_j} e^{-\sqrt{-1}u_j x_j} dx_j.$$

ここで

$$\frac{1}{2\pi}\frac{1}{A_j} \int_0^{A_j} da_j \int_{-a_j}^{a_j} e^{-\sqrt{-1}u_j x_j} dx_j = \frac{1}{2\pi}\frac{1}{A_j} \int_0^{A_j} da_j 2\int_0^{a_j} \cos u_j x_j dx_j$$

$$= \frac{1}{\pi}\frac{1}{A_j} \int_0^{A_j} da_j \left[\frac{\sin u_j x_j}{u_j}\right]_0^{a_j}$$

$$= \frac{1}{\pi}\frac{1}{A_j} \int_0^{A_j} \frac{\sin u_j a_j}{u_j} da_j$$

$$= \frac{1}{\pi}\frac{1}{A_j} \left[-\frac{\cos u_j a_j}{u_j^2}\right]_0^{A_j}$$

$$= \frac{1}{\pi} \frac{1-\cos A_j u_j}{A_j u_j^2}$$

に注意すると

$$\frac{1}{A_1 \cdots A_d} \int_{[0,A_1]\times\cdots\times[0,A_d]} da_1 \cdots da_d \int_{[-a_1,a_1]\times\cdots\times[-a_d,a_d]} f_N(x)dx$$

$$= \int_{\mathbb{R}^d} \varphi_N(u) \mathbf{1}_{\{u_1 \neq 0\}} \cdots \mathbf{1}_{\{u_d \neq 0\}} \prod_{j=1}^d \frac{1}{\pi} \frac{1-\cos A_j u_j}{A_j u_j^2} du$$

---

21) この段階では,必ずしも $\int_{\mathbb{R}^d} f_N(x)dx < \infty$ とは限らない.

$$= \int_{\mathbb{R}^d} \varphi_N\Big(\frac{v_1}{A_1},\ldots,\frac{v_d}{A_d}\Big) \prod_{j=1}^d \mathbf{1}_{\{v_j \neq 0\}} \frac{1}{\pi} \frac{1-\cos v_j}{v_j^2} dv_1 \cdots dv_d$$

$$\big[\odot\ 変数変換\ v_j = A_j u_j\ (j=1,\ldots,d)\big].$$

補題 2.61 より

$$\begin{aligned}
\int_{\mathbb{R}} \mathbf{1}_{\{v \neq 0\}} \frac{1}{\pi} \frac{1-\cos v}{v^2} dv &= \frac{2}{\pi} \int_0^\infty \frac{1-\cos v}{v^2} dv \\
&= \frac{2}{\pi} \lim_{x \to \infty} \int_0^x (1-\cos v)\Big(-\frac{1}{v}\Big)' dv \\
&= \frac{2}{\pi} \lim_{x \to \infty} \Big(\Big[-\frac{1-\cos v}{v}\Big]_0^x + \int_0^x \frac{\sin v}{v} dv\Big) \\
&= \frac{2}{\pi} \lim_{x \to \infty} \Big(-\frac{1-\cos x}{x} + \int_0^x \frac{\sin v}{v} dv\Big) \\
&= \frac{2}{\pi} \cdot \frac{\pi}{2} = 1
\end{aligned}$$

であるから, $\prod_{j=1}^d \mathbf{1}_{\{v_j \neq 0\}} \frac{1}{\pi} \frac{1-\cos v_j}{v_j^2}$ は $\mathbb{R}^d$ でルベーグ可積分. したがってルベーグの収束定理より

$$\lim_{A_1,\ldots,A_d \to \infty} \int_{\mathbb{R}^d} \varphi_N\Big(\frac{v_1}{A_1},\ldots,\frac{v_d}{A_d}\Big) \prod_{j=1}^d \mathbf{1}_{\{v_j \neq 0\}} \frac{1}{\pi} \frac{1-\cos v_j}{v_j^2} dv_1 \cdots dv_d$$

$$= \varphi_N(0) \int_{\mathbb{R}^d} \prod_{j=1}^d \mathbf{1}_{\{v_j \neq 0\}} \frac{1}{\pi} \frac{1-\cos v_j}{v_j^2} dv_1 \cdots dv_d$$

$$= \prod_{j=1}^d \int_{\mathbb{R}} \mathbf{1}_{\{v_j \neq 0\}} \frac{1}{\pi} \frac{1-\cos v_j}{v_j^2} dv_j = 1.$$

これは $\int_{\mathbb{R}^d} f_N(x) dx = 1$ を含意する.

<u>4°</u> $\varphi_N(\xi) = \int_{\mathbb{R}^d} e^{\sqrt{-1}\langle \xi, x\rangle} f_N(x) dx,\ \xi \in \mathbb{R}^d.$

$\odot$ 3° と同様の計算をする. $\xi \in \mathbb{R}^d$ を固定する. 3° より f_N は $\mathbb{R}^d$ でルベーグ可積分なので, ルベーグの収束定理より

$$\int_{\mathbb{R}^d} e^{\sqrt{-1}\langle \xi,x\rangle} f_N(x) dx = \lim_{a_1,\ldots,a_d \to \infty} \int_{[-a_1,a_1]\times\cdots\times[-a_d,a_d]} e^{\sqrt{-1}\langle \xi,x\rangle} f_N(x) dx,$$

$$\frac{1}{A_1\cdots A_d}\int_{[0,A_1]\times\cdots\times[0,A_d]} da_1\cdots da_d \int_{[-a_1,a_1]\times\cdots\times[-a_d,a_d]} e^{\sqrt{-1}\langle \xi,x\rangle} f_N(x) dx$$

$$= \frac{1}{A_1 \cdots A_d} \int_{(0,A_1]\times\cdots\times(0,A_d]} da_1 \cdots da_d \int_{[-a_1,a_1]\times\cdots\times[-a_d,a_d]} e^{\sqrt{-1}\langle \xi, x\rangle} f_N(x) dx$$

$$= \int_{(0,1]\times\cdots\times(0,1]} db_1 \cdots db_d \int_{[-A_1 b_1, A_1 b_1]\times\cdots\times[-A_d b_d, A_d b_d]} e^{\sqrt{-1}\langle \xi, x\rangle} f_N(x) dx$$

$$\left[\because 変数変換\ b_j = \frac{a_j}{A_j}\ (j=1,\ldots,d)\right]$$

$$\to \int_{\mathbb{R}^d} e^{\sqrt{-1}\langle \xi, x\rangle} f_N(x) dx \quad (A_1,\ldots,A_d \to \infty)$$

である.

後者左辺の極限を求める. 2° より

$$\frac{1}{A_1 \cdots A_d} \int_{[0,A_1]\times\cdots\times[0,A_d]} da_1 \cdots da_d \int_{[-a_1,a_1]\times\cdots\times[-a_d,a_d]} e^{\sqrt{-1}\langle \xi, x\rangle} f_N(x) dx$$

$$= \frac{1}{A_1 \cdots A_d} \int_{[0,A_1]\times\cdots\times[0,A_d]} da_1 \cdots da_d$$

$$\int_{[-a_1,a_1]\times\cdots\times[-a_d,a_d]} dx \Big(\frac{1}{2\pi}\Big)^d \int_{\mathbb{R}^d} \varphi_N(u) e^{-\sqrt{-1}\langle u-\xi, x\rangle} du$$

$$= \int_{\mathbb{R}^d} \varphi_N(u) du \Big(\frac{1}{2\pi}\Big)^d \frac{1}{A_1 \cdots A_d} \int_0^{A_1} \cdots \int_0^{A_d} da_1 \cdots da_d$$

$$\int_{-a_1}^{a_1} \cdots \int_{-a_d}^{a_d} e^{-\sqrt{-1}(u_1-\xi_1)x_1} \cdots e^{-\sqrt{-1}(u_d-\xi_d)x_d} dx_1 \cdots dx_d$$

$$= \int_{\mathbb{R}^d} \varphi_N(u) du \prod_{j=1}^d \frac{1}{2\pi} \frac{1}{A_j} \int_0^{A_j} da_j \int_{-a_j}^{a_j} e^{-\sqrt{-1}(u_j-\xi_j)x_j} dx_j$$

$$= \int_{\mathbb{R}^d} \varphi_N(u) \mathbf{1}_{\{u_1-\xi_1 \neq 0\}} \cdots \mathbf{1}_{\{u_d-\xi_d \neq 0\}} du$$

$$\prod_{j=1}^d \frac{1}{2\pi} \frac{1}{A_j} \int_0^{A_j} da_j \int_{-a_j}^{a_j} e^{-\sqrt{-1}(u_j-\xi_j)x_j} dx_j$$

$$= \int_{\mathbb{R}^d} \varphi_N(u) \mathbf{1}_{\{u_1-\xi_1 \neq 0\}} \cdots \mathbf{1}_{\{u_d-\xi_d \neq 0\}} \prod_{j=1}^d \frac{1}{\pi} \frac{1-\cos A_j(u_j-\xi_j)}{A_j(u_j-\xi_j)^2} du$$

$$= \int_{\mathbb{R}^d} \varphi_N\Big(\xi_1 + \frac{v_1}{A_1}, \ldots, \xi_d + \frac{v_d}{A_d}\Big) \prod_{j=1}^d \mathbf{1}_{\{v_j \neq 0\}} \frac{1}{\pi} \frac{1-\cos v_j}{v_j^2} dv_1 \cdots dv_d$$

$$\left[\because 変数変換\ v_j = A_j(u_j-\xi_j)\ (j=1,\ldots,d)\right]$$

$$\to \varphi_N(\xi) \quad (A_1,\ldots,A_d \to \infty).$$

したがって 4° の主張を得る.

5° $\mu_N \in \mathcal{P}^d$ を $\mu_N(dx) = f_N(x)dx$ とすると,4° より $\widehat{\mu_N} = \varphi_N$. φ_N の定義 [cf. 2°] より,$\varphi_N \to \varphi$ $(N \to \infty)$. c.2) より φ は $\xi = 0$ で連続である.したがって $\{\mu_N\}_{N=1}^\infty \subset \mathcal{P}^d$ はレヴィの連続性定理の条件をみたすので,この定理を適用して,$^\exists \mu \in \mathcal{P}^d$ s.t. $\varphi = \hat{\mu}$. ∎

ボホナーの定理(定理 2.75)の証明を真似て,Claim 2.65 の別証明(レヴィの反転公式を用いない証明)を与えることができる.

[Claim 2.65 の別証] $\int_{\mathbb{R}^d} |\hat{\mu}(y)|dy < \infty$ なる $\mu \in \mathcal{P}^d$ を固定する.5 段階で示す.

1° $N \in \mathbb{N}$ に対して,$p_N : \mathbb{R}^d \to \mathbb{C}$ を
$$p_N(x) := \left(\frac{1}{2\pi N}\right)^d \int_{[0,N]^d} dt \int_{[0,N]^d} \hat{\mu}(s-t) e^{-\sqrt{-1}\langle s-t, x\rangle} ds.$$
とおく.このとき p_N は連続,そして $p_N \geq 0$ である.

☺ $\hat{\mu}$ の正定符号性から $p_N \geq 0$ が従う.

2° $p(x) := \left(\frac{1}{2\pi}\right)^d \int_{\mathbb{R}^d} \hat{\mu}(u) e^{-\sqrt{-1}\langle u,x\rangle} du$ $(x \in \mathbb{R}^d)$ とおくと,$p(x) \geq 0$ である.

☺ 任意の $x \in \mathbb{R}^d$ を固定する.まず
$$p_N(x) = \left(\frac{1}{2\pi}\right)^d \int_{\mathbb{R}^d} \hat{\mu}(u) \prod_{j=1}^d \left(1 - \frac{|u_j|}{N}\right)^+ e^{-\sqrt{-1}\langle u,x\rangle} du.$$

1° より,$p_N(x) \geq 0$ $(^\forall N)$.$\hat{\mu}$ はルベーグ可積分なので,ルベーグの収束定理より,$p_N(x) \to p(x)$ $(N \to \infty)$.したがって $p(x) \geq 0$.

3° $\int_{\mathbb{R}^d} p(x)dx = 1$.

☺ 2° より,$p(\cdot) \geq 0$ なので,単調収束定理より
$$\int_{\mathbb{R}^d} p(x) dx = \lim_{a_1, \ldots, a_d \to \infty} \int_{[-a_1,a_1]\times\cdots\times[-a_d,a_d]} p(x)dx,$$
$\cap$
$[0, \infty]$

$$\frac{1}{A_1 \cdots A_d} \int_{[0,A_1]\times\cdots\times[0,A_d]} da_1 \cdots da_d \int_{[-a_1,a_1]\times\cdots\times[-a_d,a_d]} p(x)dx$$

$$= \int_{(0,1]\times\cdots\times(0,1]} db_1\cdots db_d \int_{[-A_1 b_1, A_1 b_1]\times\cdots\times[-A_d b_d, A_d b_d]} p(x)dx$$
$$\nearrow \int_{\mathbb{R}^d} p(x)dx \quad (A_1,\ldots,A_d \to \infty).$$

後者左辺の極限を求める．$p(\cdot)$ の定義より

$$\frac{1}{A_1\cdots A_d}\int_{[0,A_1]\times\cdots\times[0,A_d]} da_1\cdots da_d \int_{[-a_1,a_1]\times\cdots\times[-a_d,a_d]} p(x)dx$$
$$= \frac{1}{A_1\cdots A_d}\int_{[0,A_1]\times\cdots\times[0,A_d]} da_1\cdots da_d$$
$$\int_{[-a_1,a_1]\times\cdots\times[-a_d,a_d]} dx \Big(\frac{1}{2\pi}\Big)^d \int_{\mathbb{R}^d} \widehat{\mu}(u) e^{-\sqrt{-1}\langle u,x\rangle} du$$
$$= \int_{\mathbb{R}^d} \widehat{\mu}(u)du \Big(\frac{1}{2\pi}\Big)^d \frac{1}{A_1\cdots A_d}\int_0^{A_1}\cdots\int_0^{A_d} da_1\cdots da_d$$
$$\int_{-a_1}^{a_1}\cdots\int_{-a_d}^{a_d} e^{-\sqrt{-1}u_1 x_1}\cdots e^{-\sqrt{-1}u_d x_d} dx_1\cdots dx_d$$
$$= \int_{\mathbb{R}^d} \widehat{\mu}(u)du \prod_{j=1}^d \frac{1}{2\pi}\frac{1}{A_j}\int_0^{A_j} da_j \int_{-a_j}^{a_j} e^{-\sqrt{-1}u_j x_j} dx_j$$
$$= \int_{\mathbb{R}^d} \widehat{\mu}(u)\mathbf{1}_{\{u_1\neq 0\}}\cdots\mathbf{1}_{\{u_d\neq 0\}} du \prod_{j=1}^d \frac{1}{2\pi}\frac{1}{A_j}\int_0^{A_j} da_j \int_{-a_j}^{a_j} e^{-\sqrt{-1}u_j x_j} dx_j$$
$$= \int_{\mathbb{R}^d} \widehat{\mu}(u) \prod_{j=1}^d \mathbf{1}_{\{u_j\neq 0\}} \frac{1}{\pi}\frac{1-\cos A_j u_j}{A_j u_j^2} du_1\cdots du_d$$
$$= \int_{\mathbb{R}^d} \widehat{\mu}\Big(\frac{v_1}{A_1},\ldots,\frac{v_d}{A_d}\Big) \prod_{j=1}^d \mathbf{1}_{\{v_j\neq 0\}} \frac{1}{\pi}\frac{1-\cos v_j}{v_j^2} dv_1\cdots dv_d$$
$$\to \widehat{\mu}(0) \prod_{j=1}^d \int_{\mathbb{R}} \mathbf{1}_{\{v_j\neq 0\}} \frac{1}{\pi}\frac{1-\cos v_j}{v_j^2} dv_j = 1 \quad (A_1,\ldots,A_d\to\infty).$$

したがって $\int_{\mathbb{R}^d} p(x)dx = 1$．

$\underline{4^\circ}$ $\widehat{\mu}(\xi) = \int_{\mathbb{R}^d} e^{\sqrt{-1}\langle\xi,x\rangle} p(x)dx, \; \xi\in\mathbb{R}^d$.

☉ $\xi\in\mathbb{R}^d$ を固定する．3° より $p(\cdot)$ は $\mathbb{R}^d$ でルベーグ可積分なので，ルベーグの収束定理より

$$\int_{\mathbb{R}^d} e^{\sqrt{-1}\langle\xi,x\rangle} p(x)dx = \lim_{a_1,\ldots,a_d\to\infty}\int_{[-a_1,a_1]\times\cdots\times[-a_d,a_d]} e^{\sqrt{-1}\langle\xi,x\rangle} p(x)dx,$$

$$\frac{1}{A_1\cdots A_d}\int_{[0,A_1]\times\cdots\times[0,A_d]}da_1\cdots da_d\int_{[-a_1,a_1]\times\cdots\times[-a_d,a_d]}e^{\sqrt{-1}\langle\xi,x\rangle}p(x)dx$$
$$=\int_{(0,1]\times\cdots\times(0,1]}db_1\cdots db_d\int_{[-A_1b_1,A_1b_1]\times\cdots\times[-A_db_d,A_db_d]}e^{\sqrt{-1}\langle\xi,x\rangle}p(x)dx$$
$$\to\int_{\mathbb{R}^d}e^{\sqrt{-1}\langle\xi,x\rangle}p(x)dx\quad(A_1,\ldots,A_d\to\infty).$$

後者左辺の極限を求める．$p(\cdot)$ の定義より

$$\frac{1}{A_1\cdots A_d}\int_{[0,A_1]\times\cdots\times[0,A_d]}da_1\cdots da_d\int_{[-a_1,a_1]\times\cdots\times[-a_d,a_d]}e^{\sqrt{-1}\langle\xi,x\rangle}p(x)dx$$
$$=\frac{1}{A_1\cdots A_d}\int_{[0,A_1]\times\cdots\times[0,A_d]}da_1\cdots da_d$$
$$\int_{[-a_1,a_1]\times\cdots\times[-a_d,a_d]}dx\left(\frac{1}{2\pi}\right)^d\int_{\mathbb{R}^d}\widehat{\mu}(u)e^{-\sqrt{-1}\langle u-\xi,x\rangle}du$$
$$=\int_{\mathbb{R}^d}\widehat{\mu}(u)du\left(\frac{1}{2\pi}\right)^d\frac{1}{A_1\cdots A_d}\int_0^{A_1}\cdots\int_0^{A_d}da_1\cdots da_d$$
$$\int_{-a_1}^{a_1}\cdots\int_{-a_d}^{a_d}e^{-\sqrt{-1}(u_1-\xi_1)x_1}\cdots e^{-\sqrt{-1}(u_d-\xi_d)x_d}dx_1\cdots dx_d$$
$$=\int_{\mathbb{R}^d}\widehat{\mu}(u)du\prod_{j=1}^d\frac{1}{2\pi}\frac{1}{A_j}\int_0^{A_j}da_j\int_{-a_j}^{a_j}e^{-\sqrt{-1}(u_j-\xi_j)x_j}dx_j$$
$$=\int_{\mathbb{R}^d}\widehat{\mu}(u)\mathbf{1}_{\{u_1-\xi_1\neq 0\}}\cdots\mathbf{1}_{\{u_d-\xi_d\neq 0\}}du$$
$$\prod_{j=1}^d\frac{1}{2\pi}\frac{1}{A_j}\int_0^{A_j}da_j\int_{-a_j}^{a_j}e^{-\sqrt{-1}(u_j-\xi_j)x_j}dx_j$$
$$=\int_{\mathbb{R}^d}\widehat{\mu}(u)\prod_{j=1}^d\mathbf{1}_{\{u_j-\xi_j\neq 0\}}\frac{1}{\pi}\frac{1-\cos A_j(u_j-\xi_j)}{A_j(u_j-\xi_j)^2}du_1\cdots du_d$$
$$=\int_{\mathbb{R}^d}\widehat{\mu}\Big(\xi_1+\frac{v_1}{A_1},\ldots,\xi_d+\frac{v_d}{A_d}\Big)\prod_{j=1}^d\mathbf{1}_{\{v_j\neq 0\}}\frac{1}{\pi}\frac{1-\cos v_j}{v_j^2}dv_1\cdots dv_d$$
$$\to\widehat{\mu}(\xi)\prod_{j=1}^d\int_{\mathbb{R}}\mathbf{1}_{\{v_j\neq 0\}}\frac{1}{\pi}\frac{1-\cos v_j}{v_j^2}dv_j=\widehat{\mu}(\xi)\quad(A_1,\ldots,A_d\to\infty).$$

したがって
$$\int_{\mathbb{R}^d}e^{\sqrt{-1}\langle\xi,x\rangle}p(x)dx=\widehat{\mu}(\xi).$$

5° d 次元確率測度 $p(x)dx$ の特性関数は，4° より $\widehat{\mu}$ である．これは定理 2.63[22] より，$\mu(dx)=p(x)dx$ を含意し，claim の主張がわかる． ∎

⟨問 2.78⟩ 上の別証の 3° を真似て次を示せ: ボレル可測関数 $f : \mathbb{R}^d \to \mathbb{C}$ が $L^1 \cap L^2$ [cf. 注意 2.56] に属するならば, $\widehat{f} \in L^2$ で $\|\widehat{f}\|_2 = (2\pi)^{\frac{d}{2}}\|f\|_2$ となる.

2.6 畳み込み

▶ **Claim 2.79** $\mu, \nu \in \mathcal{P}^d$ に対して, $L : C_0(\mathbb{R}^d) \to \mathbb{R}$ を
$$L(f) = \iint_{\mathbb{R}^d \times \mathbb{R}^d} f(x+y)(\mu \times \nu)(dxdy)$$
とすると, $L \in \mathcal{L}^d$.

[証明] この $L(\cdot)$ が L.1), L.2), L.3) をみたすことは明らかである. ∎

▷ **定義 2.80** 定理 2.30 より, $^{\exists 1}\lambda \in \mathcal{P}^d$ s.t. $L = L_\lambda$. この λ を **μ と ν の畳み込み** (convolution) といい, $\mu * \nu$ と表す.

▶ **定理 2.81** $\mu_1, \mu_2, \mu_3 \in \mathcal{P}^d$ とする.
(i) 任意のボレル可測関数 $f : \mathbb{R}^d \to [0, \infty)$ に対して
$$\int_{\mathbb{R}^d} f(x)(\mu_1 * \mu_2)(dx) = \iint_{\mathbb{R}^d \times \mathbb{R}^d} f(x_1 + x_2)(\mu_1 \times \mu_2)(dx_1 dx_2).$$
とくに任意の $E \in \mathcal{B}^d$ に対して
$$(\mu_1 * \mu_2)(E) = \iint_{\mathbb{R}^d \times \mathbb{R}^d} \mathbf{1}_E(x_1 + x_2)(\mu_1 \times \mu_2)(dx_1 dx_2).$$
(ii) $\mu_1 * \mu_2 = \mu_2 * \mu_1$.
(iii) $(\mu_1 * \mu_2) * \mu_3 = \mu_1 * (\mu_2 * \mu_3)$.

[証明] (i) $\mathbb{R}^d$ の部分集合族 $\mathcal{B}$ を
$$\mathcal{B} = \left\{ E \in \mathcal{B}^d ; (\mu_1 * \mu_2)(E) = \iint_{\mathbb{R}^d \times \mathbb{R}^d} \mathbf{1}_E(x_1 + x_2)(\mu_1 \times \mu_2)(dx_1 dx_2) \right\}$$
とおく. このとき
 (a) $\mathcal{B}$ は λ-系である.
 (b) $\mathcal{B} \supset \mathcal{O}^d$
が成り立つ. 何となれば, (a) については

---

22) これのレヴィの反転公式を用いない証明については, 2.6 節の最後辺りを参照せよ.

- $E = \mathbb{R}^d \Rightarrow$ 左辺 $= 1 =$ 右辺 $\Rightarrow E \in \mathcal{B}$,
- $A, B \in \mathcal{B}, \ A \supset B$
  $\Rightarrow A \setminus B \in \mathcal{B}^d$,
  $$(\mu_1 * \mu_2)(A \setminus B) = (\mu_1 * \mu_2)(A) - (\mu_1 * \mu_2)(B)$$
  $$= \iint_{\mathbb{R}^d \times \mathbb{R}^d} \big(\mathbf{1}_A(x_1 + x_2) - \mathbf{1}_B(x_1 + x_2)\big)$$
  $$(\mu_1 \times \mu_2)(dx_1 dx_2)$$
  $$= \iint_{\mathbb{R}^d \times \mathbb{R}^d} \mathbf{1}_{A \setminus B}(x_1 + x_2)(\mu_1 \times \mu_2)(dx_1 dx_2)$$
  $\Rightarrow A \setminus B \in \mathcal{B}$,
- $\{E_n\}_{n=1}^{\infty} \subset \mathcal{B}, \ E_n \nearrow E$
  $\Rightarrow E \in \mathcal{B}^d$,
  $$(\mu_1 * \mu_2)(E) = \lim_n (\mu_1 * \mu_2)(E_n)$$
  $$= \lim_n \iint_{\mathbb{R}^d \times \mathbb{R}^d} \mathbf{1}_{E_n}(x_1 + x_2)(\mu_1 \times \mu_2)(dx_1 dx_2)$$
  $$= \lim_n \iint_{\mathbb{R}^d \times \mathbb{R}^d} \mathbf{1}_E(x_1 + x_2)(\mu_1 \times \mu_2)(dx_1 dx_2)$$
  $$\big[\odot \ \mathbf{1}_{E_n} \nearrow \mathbf{1}_E\big]$$
  $\Rightarrow E \in \mathcal{B}$

より OK. (b) については, $G \in \mathcal{O}^d$ に対して, Claim 2.26(i) より, $\exists \{f_n\}_{n=1}^{\infty}$
$\subset C_0(\mathbb{R}^d)$ s.t. $0 \leq f_n \nearrow \mathbf{1}_G$. 単調収束定理より

$$(\mu_1 * \mu_2)(G) = \int_{\mathbb{R}^d} \mathbf{1}_G(x)(\mu_1 * \mu_2)(dx)$$
$$= \lim_n \int_{\mathbb{R}^d} f_n(x)(\mu_1 * \mu_2)(dx)$$
$$= \lim_n L_{\mu_1 * \mu_2}(f_n)$$
$$= \lim_n \iint_{\mathbb{R}^d \times \mathbb{R}^d} f_n(x_1 + x_2)(\mu_1 \times \mu_2)(dx_1 dx_2)$$
$$= \iint_{\mathbb{R}^d \times \mathbb{R}^d} \mathbf{1}_G(x_1 + x_2)(\mu_1 \times \mu_2)(dx_1 dx_2)$$

なので, $G \in \mathcal{B}$. したがって (b) も OK.

$\mathcal{O}^d$ は π-系であるから, π-λ 定理より, $\mathcal{B} \supset \sigma(\mathcal{O}^d) = \mathcal{B}^d$. よって $\mathcal{B} = \mathcal{B}^d$

となり，(i) の後者の主張が成り立つ．

前者の主張については，ボレル可測関数 $f:\mathbb{R}^d \to [0,\infty)$ に対して

$$f_n := \sum_{j=1}^{2^n n} \frac{j-1}{2^n} \mathbf{1}_{\{\frac{j-1}{2^n} \leq f < \frac{j}{2^n}\}} + n\mathbf{1}_{\{f \geq n\}}, \quad n = 1, 2, \ldots$$

とおくと，$0 \leq f_n \nearrow f$ なので

$$\int_{\mathbb{R}^d} f \, d(\mu_1 * \mu_2) = \lim_n \int_{\mathbb{R}^d} f_n \, d(\mu_1 * \mu_2),$$

$$\iint_{\mathbb{R}^d \times \mathbb{R}^d} f(x_1 + x_2)(\mu_1 \times \mu_2)(dx_1 dx_2)$$
$$= \lim_n \iint_{\mathbb{R}^d \times \mathbb{R}^d} f_n(x_1 + x_2)(\mu_1 \times \mu_2)(dx_1 dx_2).$$

後者の主張より，各 $n \in \mathbb{N}$ に対して

$$\int_{\mathbb{R}^d} f_n \, d(\mu_1 * \mu_2)$$
$$= \sum_{j=1}^{2^n n} \frac{j-1}{2^n} (\mu_1 * \mu_2)\left(\frac{j-1}{2^n} \leq f < \frac{j}{2^n}\right) + n(\mu_1 * \mu_2)(f \geq n)$$
$$= \sum_{j=1}^{2^n n} \frac{j-1}{2^n} \iint_{\mathbb{R}^d \times \mathbb{R}^d} \mathbf{1}_{\{\frac{j-1}{2^n} \leq f < \frac{j}{2^n}\}}(x_1 + x_2)(\mu_1 \times \mu_2)(dx_1 dx_2)$$
$$\quad + n \iint_{\mathbb{R}^d \times \mathbb{R}^d} \mathbf{1}_{\{f \geq n\}}(x_1 + x_2)(\mu_1 \times \mu_2)(dx_1 dx_2)$$
$$= \iint_{\mathbb{R}^d \times \mathbb{R}^d} f_n(x_1 + x_2)(\mu_1 \times \mu_2)(dx_1 dx_2)$$

であるから

$$\int_{\mathbb{R}^d} f \, d(\mu_1 * \mu_2) = \iint_{\mathbb{R}^d \times \mathbb{R}^d} f(x_1 + x_2)(\mu_1 \times \mu_2)(dx_1 dx_2)$$

がわかる．

(ii) フビニの定理より，任意の $f \in C_0(\mathbb{R}^d)$ に対して

$$\int_{\mathbb{R}^d} f \, d(\mu_1 * \mu_2) = \iint_{\mathbb{R}^d \times \mathbb{R}^d} f(x+y)(\mu_1 \times \mu_2)(dxdy)$$
$$= \int_{\mathbb{R}^d} \mu_1(dx) \int_{\mathbb{R}^d} f(x+y) \mu_2(dy)$$

$$
\begin{aligned}
&= \int_{\mathbb{R}^d} \mu_1(dy) \int_{\mathbb{R}^d} f(y+x) \mu_2(dx) \\
&= \int_{\mathbb{R}^d} \mu_1(dy) \int_{\mathbb{R}^d} f(x+y) \mu_2(dx) \\
&= \iint_{\mathbb{R}^d \times \mathbb{R}^d} f(x+y)(\mu_2 \times \mu_1)(dxdy) = \int_{\mathbb{R}^d} f \, d(\mu_2 * \mu_1).
\end{aligned}
$$

したがって $\mu_1 * \mu_2 = \mu_2 * \mu_1$.

(iii) フビニの定理より，任意の $f \in C_0(\mathbb{R}^d)$ に対して

$$
\begin{aligned}
&\int_{\mathbb{R}^d} f \, d\big((\mu_1 * \mu_2) * \mu_3\big) \\
&= \iint_{\mathbb{R}^d \times \mathbb{R}^d} f(x+y)\big((\mu_1 * \mu_2) \times \mu_3\big)(dxdy) \\
&= \int_{\mathbb{R}^d} \mu_3(dy) \int_{\mathbb{R}^d} f(x+y)(\mu_1 * \mu_2)(dx) \\
&= \int_{\mathbb{R}^d} \mu_3(dy) \iint_{\mathbb{R}^d \times \mathbb{R}^d} f(x_1+x_2+y)(\mu_1 \times \mu_2)(dx_1 dx_2) \\
&= \int_{\mathbb{R}^d} \mu_3(dx_3) \int_{\mathbb{R}^d} \mu_2(dx_2) \int_{\mathbb{R}^d} f(x_1+x_2+x_3)\mu_1(dx_1) \\
&= \int_{\mathbb{R}^d} \mu_1(dx_1) \int_{\mathbb{R}^d} \mu_2(dx_2) \int_{\mathbb{R}^d} f(x_1+x_2+x_3)\mu_3(dx_3) \\
&= \int_{\mathbb{R}^d} \mu_1(dx_1) \iint_{\mathbb{R}^d \times \mathbb{R}^d} f(x_1+x_2+x_3)(\mu_2 \times \mu_3)(dx_2 dx_3) \\
&= \int_{\mathbb{R}^d} \mu_1(dx_1) \int_{\mathbb{R}^d} f(x_1+y)(\mu_2 * \mu_3)(dy) \\
&= \iint_{\mathbb{R}^d \times \mathbb{R}^d} f(x+y)\big(\mu_1 \times (\mu_2 * \mu_3)\big)(dxdy) \\
&= \int_{\mathbb{R}^d} f \, d\big(\mu_1 * (\mu_2 * \mu_3)\big).
\end{aligned}
$$

したがって $(\mu_1 * \mu_2) * \mu_3 = \mu_1 * (\mu_2 * \mu_3)$. ∎

▷ **定義 2.82** $\mu, \mu_1, \ldots, \mu_n \in \mathcal{P}^d$ に対して

$$
\mu_1 * \cdots * \mu_n := \Big(\big((\mu_1 * \mu_2) * \mu_3\big) * \cdots \Big) * \mu_n,
$$

$$
\mu^{*n} := \underbrace{\mu * \cdots * \mu}_{n}
$$

と定義する．

任意のボレル可測関数 $f : \mathbb{R}^d \to [0, \infty)$ に対して

$$\int_{\mathbb{R}^d} f(x)(\mu_1 * \cdots * \mu_n)(dx)$$
$$= \int \cdots \int_{\mathbb{R}^d \times \cdots \times \mathbb{R}^d} f(x_1 + \cdots + x_n)(\mu_1 \times \cdots \times \mu_n)(dx_1 \cdots dx_n)$$

に注意せよ．

▶ **定理 2.83** $\mu, \nu \in \mathcal{P}^d$ に対して，$\widehat{\mu * \nu}(\xi) = \widehat{\mu}(\xi)\widehat{\nu}(\xi)$. 一般に $\mu_1, \ldots, \mu_n \in \mathcal{P}^d$ に対して，$\widehat{\mu_1 * \cdots * \mu_n}(\xi) = \widehat{\mu_1}(\xi) \cdots \widehat{\mu_n}(\xi)$. とくに $\widehat{\mu^{*n}}(\xi) = \widehat{\mu}(\xi)^n$.

[証明] 前者だけを示す．$\mu, \nu \in \mathcal{P}^d$ に対して

$$\widehat{\mu * \nu}(\xi) = \int_{\mathbb{R}^d} e^{\sqrt{-1}\langle \xi, x \rangle}(\mu * \nu)(dx)$$
$$= \iint_{\mathbb{R}^d \times \mathbb{R}^d} e^{\sqrt{-1}\langle \xi, x_1 + x_2 \rangle}(\mu \times \nu)(dx_1 dx_2)$$
$$[\because 定理 2.81(\mathrm{i})]$$
$$= \iint_{\mathbb{R}^d \times \mathbb{R}^d} e^{\sqrt{-1}\langle \xi, x_1 \rangle} e^{\sqrt{-1}\langle \xi, x_2 \rangle}(\mu \times \nu)(dx_1 dx_2)$$
$$= \left(\int_{\mathbb{R}^d} e^{\sqrt{-1}\langle \xi, x_1 \rangle} \mu(dx_1) \right) \left(\int_{\mathbb{R}^d} e^{\sqrt{-1}\langle \xi, x_2 \rangle} \nu(dx_2) \right)$$
$$[\because フビニの定理]$$
$$= \widehat{\mu}(\xi)\widehat{\nu}(\xi). \blacksquare$$

▶ **定理 2.84** $(\Omega, \mathcal{F}, P)$ を確率空間とする．$(\Omega, \mathcal{F}, P)$ 上の独立な d 次元確率ベクトル列 $\{X_j\}_{j=1}^n$ に対して，$\mu_{X_1 + \cdots + X_n} = \mu_{X_1} * \cdots * \mu_{X_n}$.

[証明] 任意の $f \in C_0(\mathbb{R}^d)$ に対して

$$\langle \mu_{X_1 + \cdots + X_n}, f \rangle$$
$$= \int_{\mathbb{R}^d} f(x) \mu_{X_1 + \cdots + X_n}(dx)$$

$$= E[f(X_1 + \cdots + X_n)]$$
$$= \int \cdots \int_{\mathbb{R}^d \times \cdots \times \mathbb{R}^d} f(x_1 + \cdots + x_n) \mu_{X_1, \ldots, X_n}(dx_1 \cdots dx_n)$$
$$= \int \cdots \int_{\mathbb{R}^d \times \cdots \times \mathbb{R}^d} f(x_1 + \cdots + x_n) (\mu_{X_1} \times \cdots \times \mu_{X_n})(dx_1 \cdots dx_n)$$
$$\left[\odot \text{ 定理 1.17}\right]$$
$$= \int_{\mathbb{R}^d} f(x) (\mu_{X_1} * \cdots * \mu_{X_n})(dx) = \langle \mu_{X_1} * \cdots * \mu_{X_n}, f \rangle.$$

したがって $\mu_{X_1+\cdots+X_n} = \mu_{X_1} * \cdots * \mu_{X_n}$. ∎

▶ **定理 2.85**　$\mu, \nu \in \mathcal{P}^d$ が $\mu(dx) = f(x)dx$, $\nu(dx) = g(x)dx$ ならば, $(\mu * \nu)(dx) = h(x)dx$. ただし

$$h(x) = (f * g)(x) := \int_{\mathbb{R}^d} f(x-y)g(y)dy = \int_{\mathbb{R}^d} f(y)g(x-y)dy.$$

$f * g$ は **f と g の畳み込み**である [cf. 注意 2.86].

! **注意 2.86**　一般にボレル可測関数 $f, g : \mathbb{R}^d \to \mathbb{C}$ がルベーグ可積分（すなわち $\int_{\mathbb{R}^d} |f(x)|dx < \infty$, $\int_{\mathbb{R}^d} |g(x)|dx < \infty$）のとき, $f(x-y)g(y)$, $f(y)g(x-y)$ は (x,y) の関数としてボレル可測で, フビニの定理より

$$\int_{\mathbb{R}^d} dx \int_{\mathbb{R}^d} |f(x-y)g(y)|dy = \int_{\mathbb{R}^d} |g(y)|dy \int_{\mathbb{R}^d} |f(x-y)|dx$$
$$= \int_{\mathbb{R}^d} |g(y)|dy \int_{\mathbb{R}^d} |f(x)|dx < \infty,$$
$$\int_{\mathbb{R}^d} dx \int_{\mathbb{R}^d} |f(y)g(x-y)|dy = \int_{\mathbb{R}^d} |f(y)|dy \int_{\mathbb{R}^d} |g(x-y)|dx$$
$$= \int_{\mathbb{R}^d} |f(y)|dy \int_{\mathbb{R}^d} |g(x)|dx < \infty$$

である. したがって

$\exists N \in \mathcal{B}^d, \lambda^d(N) = 0$

s.t. $\begin{cases} \bullet \text{ 任意の } x \in \mathbb{R}^d \setminus N \text{ に対して, } f(x-y)g(y), f(y)g(x-y) \text{ は } y \text{ について} \\ \quad \text{ルベーグ可積分,} \\ \bullet \mathbb{R}^d \setminus N \ni x \mapsto \int_{\mathbb{R}^d} f(x-y)g(y)dy, \mathbb{R}^d \setminus N \ni x \mapsto \int_{\mathbb{R}^d} f(y)g(x-y)dy \text{ は} \\ \quad \text{ボレル可測でルベーグ可積分} \end{cases}$

となる. なお, 変数変換 $\eta = x - y$ より

$$\int_{\mathbb{R}^d} f(x-y)g(y)dy = \int_{\mathbb{R}^d} f(\eta)g(x-\eta)d\eta$$

であることに注意せよ．この $\int_{\mathbb{R}^d} f(x-y)g(y)dy = \int_{\mathbb{R}^d} f(y)g(x-y)dy$ を **f と g の畳み込み** (convolution) といい，$f * g$ と表す．

[定理 2.85 の証明] $E \in \mathcal{B}^d$ に対して

$$(\mu * \nu)(E) = \iint_{\mathbb{R}^d \times \mathbb{R}^d} \mathbf{1}_E(x+y)(\mu \times \nu)(dxdy)$$
$$= \iint_{\mathbb{R}^d \times \mathbb{R}^d} \mathbf{1}_E(x+y)f(x)g(y)dxdy$$
$$= \begin{cases} \iint_{\mathbb{R}^d \times \mathbb{R}^d} \mathbf{1}_E(u)f(u-v)g(v)dudv \\ \quad \left[\odot \text{ 変数変換 } u = x+y, v = y \right] \\ = \int_{\mathbb{R}^d} \mathbf{1}_E(u)du \int_{\mathbb{R}^d} f(u-v)g(v)dv \\ = \int_E (f*g)(u)du, \\ \iint_{\mathbb{R}^d \times \mathbb{R}^d} \mathbf{1}_E(u)f(v)g(u-v)dudv \\ \quad \left[\odot \text{ 変数変換 } u = x+y, v = x \right] \\ = \int_{\mathbb{R}^d} \mathbf{1}_E(u)du \int_{\mathbb{R}^d} f(v)g(u-v)dv \\ = \int_E (f*g)(u)du. \end{cases}$$

したがって $(\mu * \nu)(dx) = (f * g)(x)dx$. ∎

【例 2.87】 $t > 0$ に対して，$p_t : \mathbb{R}^d \to (0, \infty)$ を

$$p_t(x) := \left(\frac{1}{2\pi t}\right)^{\frac{d}{2}} e^{-\frac{|x|^2}{2t}} \tag{2.14}$$

とおく．このとき，次が成り立つ：
(i) p_t はルベーグ可積分で，$\widehat{p_t}(\xi) = e^{-\frac{t|\xi|^2}{2}}$.
(ii) $p_t * p_s = p_{t+s}$.
(iii) 任意の $f \in C_0(\mathbb{R}^d)$ に対して，$f * p_t$ は有界連続かつルベーグ可積分で

$\lim_{t \searrow 0} \|f - f * p_t\|_\infty = 0.$

(iv) 任意の $f \in C_0(\mathbb{R}^d)$ に対して，$g_t(y) = \left(\frac{1}{2\pi}\right)^d \widehat{f}(-y) e^{-\frac{t|y|^2}{2}}$ とおくと，g_t は有界連続かつルベーグ可積分で，$\widehat{g_t} = f * p_t$.

[証明] まず，次のことは既知とする：

$$\frac{1}{\sqrt{2\pi}} \int_{\mathbb{R}} e^{-\frac{x^2}{2}} dx = 1, \tag{2.15}$$

$$\frac{1}{\sqrt{2\pi}} \int_{\mathbb{R}} e^{\sqrt{-1}\xi x} e^{-\frac{x^2}{2}} dx = e^{-\frac{\xi^2}{2}} \quad (\xi \in \mathbb{R}). \tag{2.16}$$

((2.15)は (2.5)式辺り，(2.16)は Claim 2.68 を参照せよ．)

(i) 変数変換 $y = \frac{x}{\sqrt{t}}$ より

$$\begin{aligned}
\int_{\mathbb{R}^d} p_t(x) dx &= \int_{\mathbb{R}^d} \left(\frac{1}{2\pi t}\right)^{\frac{d}{2}} e^{-\frac{|x|^2}{2t}} dx \\
&= \int_{\mathbb{R}^d} \left(\frac{1}{2\pi}\right)^{\frac{d}{2}} e^{-\frac{|y|^2}{2}} dy \\
&= \int_{\mathbb{R}^d} \prod_{j=1}^{d} \frac{1}{\sqrt{2\pi}} e^{-\frac{y_j^2}{2}} dy_1 \cdots dy_d \\
&= \prod_{j=1}^{d} \frac{1}{\sqrt{2\pi}} \int_{\mathbb{R}} e^{-\frac{y_j^2}{2}} dy_j = 1 \quad [\odot \ (2.15)],
\end{aligned}$$

$$\begin{aligned}
\widehat{p_t}(\xi) &= \int_{\mathbb{R}^d} e^{\sqrt{-1}\langle \xi, x \rangle} \left(\frac{1}{2\pi t}\right)^{\frac{d}{2}} e^{-\frac{|x|^2}{2t}} dx \\
&= \int_{\mathbb{R}^d} e^{\sqrt{-1}\langle \sqrt{t}\xi, y \rangle} \left(\frac{1}{2\pi}\right)^{\frac{d}{2}} e^{-\frac{|y|^2}{2}} dy \\
&= \int_{\mathbb{R}^d} \prod_{j=1}^{d} e^{\sqrt{-1}\sqrt{t}\xi_j y_j} \frac{1}{\sqrt{2\pi}} e^{-\frac{y_j^2}{2}} dy_1 \cdots dy_d \\
&= \prod_{j=1}^{d} \frac{1}{\sqrt{2\pi}} \int_{\mathbb{R}} e^{\sqrt{-1}\sqrt{t}\xi_j y_j} e^{-\frac{y_j^2}{2}} dy_j \\
&= \prod_{j=1}^{d} e^{-\frac{t\xi_j^2}{2}} \quad [\odot \ (2.16)] = e^{-\frac{t|\xi|^2}{2}}.
\end{aligned}$$

(ii) まず

$$p_t(x-y) p_s(y)$$

$$
\begin{aligned}
&= \left(\frac{1}{2\pi t}\right)^{\frac{d}{2}} e^{-\frac{|x-y|^2}{2t}} \left(\frac{1}{2\pi s}\right)^{\frac{d}{2}} e^{-\frac{|y|^2}{2s}} \\
&= \left(\frac{1}{2\pi t \cdot 2\pi s}\right)^{\frac{d}{2}} \exp\left\{-\frac{1}{2t}(|x|^2 - 2\langle x,y\rangle + |y|^2) - \frac{|y|^2}{2s}\right\} \\
&= \left(\frac{1}{2\pi t \cdot 2\pi s}\right)^{\frac{d}{2}} \exp\left\{-\left(\frac{t+s}{2ts}|y|^2 - \frac{1}{t}\langle x,y\rangle + \frac{|x|^2}{2t}\right)\right\} \\
&= \left(\frac{1}{2\pi t \cdot 2\pi s}\right)^{\frac{d}{2}} \exp\left\{-\frac{t+s}{2ts}\left(|y|^2 - \frac{2ts}{t+s}\frac{1}{t}\langle x,y\rangle\right) - \frac{|x|^2}{2t}\right\} \\
&= \left(\frac{1}{2\pi t \cdot 2\pi s}\right)^{\frac{d}{2}} \exp\left\{-\frac{t+s}{2ts}\left(\left|y - \frac{s}{t+s}x\right|^2 - \frac{s^2}{(t+s)^2}|x|^2\right) - \frac{|x|^2}{2t}\right\} \\
&= \left(\frac{1}{2\pi t \cdot 2\pi s}\right)^{\frac{d}{2}} \exp\left\{-\frac{1}{2\frac{ts}{t+s}}\left|y - \frac{s}{t+s}x\right|^2\right\} \\
&\quad \cdot \exp\left\{-\left(\frac{1}{2t} - \frac{t+s}{2ts}\frac{s^2}{(t+s)^2}\right)|x|^2\right\} \\
&= \left(\frac{1}{2\pi t \cdot 2\pi s}\right)^{\frac{d}{2}} \left(2\pi \frac{ts}{t+s}\right)^{\frac{d}{2}} \left(\frac{1}{2\pi \frac{ts}{t+s}}\right)^{\frac{d}{2}} \exp\left\{-\frac{1}{2\frac{ts}{t+s}}\left|y - \frac{s}{t+s}x\right|^2\right\} \\
&\quad \cdot \exp\left\{-\frac{t+s-s}{2t(t+s)}|x|^2\right\} \\
&= \left(\frac{1}{2\pi(t+s)}\right)^{\frac{d}{2}} \exp\left\{-\frac{|x|^2}{2(t+s)}\right\} \left(\frac{1}{2\pi \frac{ts}{t+s}}\right)^{\frac{d}{2}} \exp\left\{-\frac{1}{2\frac{ts}{t+s}}\left|y - \frac{s}{t+s}x\right|^2\right\} \\
&= p_{t+s}(x) p_{\frac{ts}{t+s}}\left(y - \frac{s}{t+s}x\right).
\end{aligned}
$$

したがって

$$
\begin{aligned}
p_t * p_s(x) &= \int_{\mathbb{R}^d} p_t(x-y) p_s(y) dy \\
&= \int_{\mathbb{R}^d} p_{t+s}(x) p_{\frac{ts}{t+s}}\left(y - \frac{s}{t+s}x\right) dy \\
&= p_{t+s}(x) \int_{\mathbb{R}^d} p_{\frac{ts}{t+s}}\left(y - \frac{s}{t+s}x\right) dy \\
&= p_{t+s}(x) \int_{\mathbb{R}^d} p_{\frac{ts}{t+s}}(z) dz = p_{t+s}(x).
\end{aligned}
$$

(iii) $f \in C_0(\mathbb{R}^d)$ とする.

$$
(f * p_t)(x) = \int_{\mathbb{R}^d} f(x-y) p_t(y) dy
$$

である. $|f(x-y)p_t(y)| \leq \|f\|_\infty p_t(y)$ より, $(f*p_t)(x)$ は任意の $x \in \mathbb{R}^d$ に対して定義でき, $|(f*p_t)(x)| \leq \|f\|_\infty$ となる. また, $f(\cdot)$ の連続性より, $f*p_t$

は連続である.f はルベーグ可積分であるから,$f*p_t$ もそうである.任意の $x \in \mathbb{R}^d, \delta > 0$ に対して

$$\begin{aligned}
&|f(x) - (f*p_t)(x)| \\
&= \Big|\int_{\mathbb{R}^d} f(x)p_t(y)dy - \int_{\mathbb{R}^d} f(x-y)p_t(y)dy\Big| \\
&= \Big|\int_{\mathbb{R}^d} (f(x) - f(x-y))p_t(y)dy\Big| \\
&\leq \int_{\mathbb{R}^d} |f(x) - f(x-y)|p_t(y)dy \\
&= \int_{\{|y|<\delta\}} |f(x) - f(x-y)|p_t(y)dy + \int_{\{|y|\geq\delta\}} |f(x) - f(x-y)|p_t(y)dy \\
&\leq \Big(\sup_{|\xi-\eta|<\delta} |f(\xi) - f(\eta)|\Big) \int_{\{|y|<\delta\}} p_t(y)dy + 2\|f\|_\infty \int_{\{|y|\geq\delta\}} p_t(y)dy \\
&\leq \sup_{|\xi-\eta|<\delta} |f(\xi) - f(\eta)| + 2\|f\|_\infty \int_{\{|y|\geq\delta\}} \Big(\frac{1}{2\pi t}\Big)^{\frac{d}{2}} e^{-\frac{|y|^2}{2t}} dy \\
&= \sup_{|\xi-\eta|<\delta} |f(\xi) - f(\eta)| + 2\|f\|_\infty \int_{\{|z|\geq\frac{\delta}{\sqrt{t}}\}} p_1(z)dz \quad \Big[\because 変数変換 z = \frac{y}{\sqrt{t}}\Big]
\end{aligned}$$

と評価できるので,x について sup をとると

$$\|f - f*p_t\|_\infty \leq \sup_{|\xi-\eta|<\delta} |f(\xi) - f(\eta)| + 2\|f\|_\infty \int_{\{|z|\geq\frac{\delta}{\sqrt{t}}\}} p_1(z)dz$$

となる.ここで p_1 はルベーグ可積分なので,右辺第 2 項 $\to 0$ $(t \searrow 0)$,f は $\mathbb{R}^d$ で一様連続なので,右辺第 1 項 $\to 0$ $(\delta \searrow 0)$ である.したがって $\lim_{t \searrow 0} \|f - f*p_t\|_\infty = 0$ がわかる.

(iv) $f \in C_0(\mathbb{R}^d)$ とする.g_t が有界連続でルベーグ可積分なのは明らかである.フビニの定理より

$$\begin{aligned}
\widehat{g_t}(\xi) &= \int_{\mathbb{R}^d} e^{\sqrt{-1}\langle \xi, y\rangle} g_t(y)dy \\
&= \int_{\mathbb{R}^d} e^{\sqrt{-1}\langle \xi, y\rangle} \Big(\frac{1}{2\pi}\Big)^d \widehat{f}(-y) e^{-\frac{t|y|^2}{2}} dy \\
&= \int_{\mathbb{R}^d} e^{\sqrt{-1}\langle \xi, y\rangle} \Big(\frac{1}{2\pi}\Big)^d e^{-\frac{t|y|^2}{2}} dy \int_{\mathbb{R}^d} e^{-\sqrt{-1}\langle y, x\rangle} f(x)dx \\
&= \int_{\mathbb{R}^d} f(x)dx \Big(\frac{1}{2\pi}\Big)^d \int_{\mathbb{R}^d} e^{\sqrt{-1}\langle \xi-x, y\rangle} e^{-\frac{t|y|^2}{2}} dy
\end{aligned}$$

$$= \int_{\mathbb{R}^d} f(x) \left(\frac{1}{2\pi}\right)^d \left(2\pi \frac{1}{t}\right)^{\frac{d}{2}} \widehat{p_{\frac{1}{t}}}(\xi - x) dx$$
$$= \int_{\mathbb{R}^d} f(x) \left(\frac{1}{2\pi t}\right)^{\frac{d}{2}} e^{-\frac{|\xi-x|^2}{2t}} dx = (f * p_t)(\xi). \quad \blacksquare$$

定理 2.63 と系 2.73 の別証明を与える．定理 2.63 の方は，レヴィの反転公式を用いない証明，系 2.73 の方は，レヴィの連続性定理を用いない証明である．

[**定理 2.63 の別証**] "$\Leftarrow$" を示す．$\mu, \nu \in \mathcal{P}^d$ は $\widehat{\mu} = \widehat{\nu}$ とする．任意の $f \in C_0(\mathbb{R}^d)$ を固定する．例 2.87(iv) より，任意の $t > 0$ に対して

$$\begin{aligned}
\int_{\mathbb{R}^d} f * p_t \, d\mu &= \int_{\mathbb{R}^d} \widehat{g_t}(x) \mu(dx) \\
&= \int_{\mathbb{R}^d} \mu(dx) \int_{\mathbb{R}^d} e^{\sqrt{-1}\langle x, y\rangle} g_t(y) dy \\
&= \int_{\mathbb{R}^d} g_t(y) dy \int_{\mathbb{R}^d} e^{\sqrt{-1}\langle x, y\rangle} \mu(dx) \\
&= \int_{\mathbb{R}^d} g_t(y) \widehat{\mu}(y) dy = \int_{\mathbb{R}^d} g_t(y) \widehat{\nu}(y) dy \\
&= \int_{\mathbb{R}^d} g_t(y) dy \int_{\mathbb{R}^d} e^{\sqrt{-1}\langle x, y\rangle} \nu(dx) \\
&= \int_{\mathbb{R}^d} \nu(dx) \int_{\mathbb{R}^d} e^{\sqrt{-1}\langle x, y\rangle} g_t(y) dy \\
&= \int_{\mathbb{R}^d} \widehat{g_t}(x) \nu(dx) = \int_{\mathbb{R}^d} f * p_t \, d\nu.
\end{aligned}$$

例 2.87(iii) より

$$\begin{aligned}
|\langle \mu, f\rangle - \langle \nu, f\rangle| &= \Big|\int_{\mathbb{R}^d} (f - f * p_t) d\mu + \int_{\mathbb{R}^d} f * p_t \, d\mu - \int_{\mathbb{R}^d} f * p_t \, d\nu \\
&\quad + \int_{\mathbb{R}^d} (f * p_t - f) d\nu \Big| \\
&\leq \int_{\mathbb{R}^d} |f - f * p_t| d\mu + \int_{\mathbb{R}^d} |f * p_t - f| d\nu \\
&\leq 2\|f - f * p_t\|_\infty \to 0 \quad (t \searrow 0).
\end{aligned}$$

したがって $\langle \mu, f\rangle = \langle \nu, f\rangle$ $(\forall f \in C_0(\mathbb{R}^d))$．これは $\mu = \nu$ を含意する． $\blacksquare$

[系 2.73 の別証] "$\Leftarrow$" を示す. $\widehat{\mu_n} \to \widehat{\mu}$ $(n \to \infty)$ とする. 任意の $f \in C_0(\mathbb{R}^d)$ を固定する. 上の証明から, 任意の $t > 0$ に対して

$$\begin{aligned}
&|\langle \mu_n, f \rangle - \langle \mu, f \rangle| \\
&= \Big| \int_{\mathbb{R}^d} (f - f * p_t) d\mu_n + \int_{\mathbb{R}^d} f * p_t \, d\mu_n - \int_{\mathbb{R}^d} f * p_t \, d\mu \\
&\quad + \int_{\mathbb{R}^d} (f * p_t - f) d\mu \Big| \\
&\leq \int_{\mathbb{R}^d} |f - f * p_t| d\mu_n + \Big| \int_{\mathbb{R}^d} g_t(y) \widehat{\mu_n}(y) dy - \int_{\mathbb{R}^d} g_t(y) \widehat{\mu}(y) dy \Big| \\
&\quad + \int_{\mathbb{R}^d} |f * p_t - f| d\mu \\
&\leq 2\|f - f * p_t\|_\infty + \int_{\mathbb{R}^d} |g_t(y)| |\widehat{\mu_n}(y) - \widehat{\mu}(y)| dy.
\end{aligned}$$

ルベーグの収束定理より, 最右辺第 2 項 $\to 0$ $(n \to \infty)$. 例 2.87(iii) より, 最右辺第 1 項 $\to 0$ $(t \searrow 0)$. したがって $\langle \mu_n, f \rangle \to \langle \mu, f \rangle$ $(n \to \infty)$ ($^\forall f \in C_0(\mathbb{R}^d)$) がわかる. これは $\mu_n \to \mu$ vaguely $(n \to \infty)$ である. ∎

〈問 2.88〉 L^p は注意 2.56 で述べた関数空間とする. 次を示せ:
(i) $f \in L^2$ に対して, $f * p_t \in L^2$ で $\|f * p_t - f\|_2 \to 0$ $(t \searrow 0)$.
(ii) $f \in L^1 \cap L^2$ のときは, $g_t \in L^1 \cap L^2$ で $\widehat{g_t} = f * p_t$. よって (i) より $\|\widehat{g_t} - f\|_2 \to 0$ $(t \searrow 0)$.

〈問 2.89〉 問 2.88 より, L^2 上のフーリエ変換は上への変換であること, すなわち

$$^\forall f \in L^2, \ ^\exists g \in L^2 \ \text{s.t.} \ \widehat{g} = f$$

となることを確かめよ [cf. 注意 2.56].

付　記

- 本章のはじめのところで, d 次元分布の特性関数は, その分布の情報をすべてもっているといった. が, 特性関数とモーメントの関係については割愛した. これについてここで注意しておく.

  X を実確率変数, その特性関数を $\widehat{\mu_X}$ とする: $\widehat{\mu_X}(x) = E[e^{\sqrt{-1}xX}]$ $(x \in \mathbb{R})$. $m \in \mathbb{N}$ に対して $X \in L^m$, すなわち $E[|X|^m] < \infty$ ならば, 積分記号下での微分より, $\widehat{\mu_X}$ は m 回連続微分可能で $\widehat{\mu_X}^{(l)}(x) = (\sqrt{-1})^l E[X^l e^{\sqrt{-1}xX}]$ $(0 \leq l \leq m)$ となる. 実はこの逆が成り立つ: $n \in \mathbb{N}$ に対して $\widehat{\mu_X}$ が $2n$ 回連続微分可能

ならば $X \in L^{2n}$. したがって上のことから $\widehat{\mu_X}^{(l)}(x) = (\sqrt{-1})^l E[X^l e^{\sqrt{-1}xX}]$ $(0 \leq l \leq 2n)$ となる．これの証明については西尾 [18, 5 章, §2 の定理 4] を参照せよ．この 2 つをまとめると

$$X \text{ が } 2n \text{ 次モーメントをもつ} \underset{\text{iff}}{\Leftrightarrow} \widehat{\mu_X} \in C^{2n}(\mathbb{R}; \mathbb{C}),$$

標語的には「X がモーメントをもつ $\leftrightarrow$ $\widehat{\mu_X}$ の可微分性」となる．なお Claim 2.65 と注意 2.66 からは「$\hat{\mu}$ の可積分性 $\to$ μ の絶対連続性」に注意せよ．

今述べたことは d 次元確率ベクトルについても容易に拡張できる．

- 1 次元確率測度列の収束は対応する特性関数列の収束に帰着する．が，すべての次数のモーメントをもつような場合は，モーメントの収束から従う：例えば $\{\mu_n\}_{n=1}^{\infty}$ が $\int_{\mathbb{R}} |x|^j \mu_n(dx) < \infty$ ($\forall j, \forall n \in \mathbb{N}$) で

$$\lim_{n \to \infty} \int_{\mathbb{R}} x^j \mu_n(dx) = \begin{cases} \frac{j!}{(\frac{j}{2})! 2^{j/2}}, & j \text{ が偶数のとき}, \\ 0, & j \text{ が奇数のとき} \end{cases}$$

ならば $\mu_n \to N(0,1)$ weakly である．何となれば

$$\left| e^{\sqrt{-1}t} - \sum_{j=0}^{k} \frac{(\sqrt{-1}t)^j}{j!} \right| \leq \frac{|t|^{k+1}}{(k+1)!} \quad (\forall t \in \mathbb{R}, \forall k \in \mathbb{Z}_{\geq 0})$$

より

$$\begin{aligned} |\widehat{\mu_n}(\xi) - e^{-\frac{\xi^2}{2}}| &= \left| \int_{\mathbb{R}} e^{\sqrt{-1}\xi x} \mu_n(dx) - \sum_{l=0}^{\infty} \frac{1}{l!}\left(-\frac{\xi^2}{2}\right)^l \right| \\ &= \left| \int_{\mathbb{R}} (e^{\sqrt{-1}\xi x} - \sum_{j=0}^{2m-1} \frac{(\sqrt{-1}\xi x)^j}{j!}) \mu_n(dx) \right. \\ &\quad + \left. \sum_{j=0}^{2m-1} \frac{(\sqrt{-1}\xi)^j}{j!} \int_{\mathbb{R}} x^j \mu_n(dx) - \sum_{l=0}^{\infty} \frac{1}{l!}\left(\frac{-\xi^2}{2}\right)^l \right| \\ &\leq \int_{\mathbb{R}} \left| e^{\sqrt{-1}\xi x} - \sum_{j=0}^{2m-1} \frac{(\sqrt{-1}\xi x)^j}{j!} \right| \mu_n(dx) \\ &\quad + \left| \sum_{l=1}^{m} \frac{(\sqrt{-1}\xi)^{2l-1}}{(2l-1)!} \int_{\mathbb{R}} x^{2l-1} \mu_n(dx) \right| \\ &\quad + \left| \sum_{l=0}^{m-1} \frac{(\sqrt{-1}\xi)^{2l}}{(2l)!} \left(\int_{\mathbb{R}} x^{2l} \mu_n(dx) - \frac{(2l)!}{l! 2^l}\right) \right| \\ &\quad + \left| \sum_{l=0}^{m-1} \frac{1}{l!}\left(\frac{-\xi^2}{2}\right)^l - \sum_{l=0}^{\infty} \frac{1}{l!}\left(\frac{-\xi^2}{2}\right)^l \right| \\ &\leq \frac{\xi^{2m}}{(2m)!} \int_{\mathbb{R}} x^{2m} \mu_n(dx) + \left| \sum_{l=1}^{m} \frac{(\sqrt{-1}\xi)^{2l-1}}{(2l-1)!} \int_{\mathbb{R}} x^{2l-1} \mu_n(dx) \right| \\ &\quad + \sum_{l=0}^{m-1} \frac{\xi^{2l}}{(2l)!} \left| \int_{\mathbb{R}} x^{2l} \mu_n(dx) - \frac{(2l)!}{l! 2^l} \right| + \sum_{l=m}^{\infty} \frac{1}{l!} \left(\frac{\xi^2}{2}\right)^l. \end{aligned}$$

$n \to \infty$, その後で $m \to \infty$ とすれば $\widehat{\mu_n}(\xi) \to e^{-\frac{\xi^2}{2}}$. したがって $\mu_n \to N(0,1)$ がわかる．

- 距離空間上の確率測度について諸々のことを泥縄式に述べておく．参考書として Billingsley [3], Stroock [23] をあげておく．

(S, d) を距離空間，$\mathcal{O}(S)$ を S の開集合全体の集合，$\mathcal{F}(S)$ を S の閉集合全体の集合，$\mathcal{K}(S)$ を S のコンパクト集合全体の集合，$\mathcal{B}(S) = \sigma(\mathcal{O}(S))$ を $\mathcal{O}(S)$ を含む最小の S の σ-加法族，$\mathcal{P}(S)$ を $(S, \mathcal{B}(S))$ 上の確率測度全体の集合，$C_b(S)$ を S から $\mathbb{R}$ への有界連続関数全体の集合とする．

$\{\mu_n\}_{n=1}^{\infty} \subset \mathcal{P}(S)$, $\mu \in \mathcal{P}(S)$ が $\int_S f \, d\mu_n \to \int_S f \, d\mu$ ($\forall f \in C_b(S)$) のとき,

μ_n は μ に弱収束するといい,$\mu_n \to \mu$ weakly と表す.このとき定理 2.43 が $\mathcal{P}^d$ を $\mathcal{P}(S)$, vaguely を weakly, $\mathcal{O}^d$ を $\mathcal{O}(S)$, $\mathcal{F}^d$ を $\mathcal{F}(S)$ に替えて成り立つ.

定義 2.44 で $\mathcal{P}^d$ を $\mathcal{P}(S)$, vaguely を weakly, $\mathcal{K}^d$ を $\mathcal{K}(S)$ に替えれば,$\emptyset \subsetneq \mathcal{N} \subset \mathcal{P}(S)$ が正規族であること,また $\emptyset \subsetneq \mathcal{N} \subset \mathcal{P}(S)$ がタイトであることの定義となる.このとき $\emptyset \subsetneq \mathcal{N} \subset \mathcal{P}(S)$ に対して

$$\mathcal{N} \text{ がタイト} \Rightarrow \mathcal{N} \text{ が正規族}$$

が成り立つ.さらに (S,d) が完備かつ可分のときは,反対向きの含意,すなわち

$$\mathcal{N} \text{ が正規族} \Rightarrow \mathcal{N} \text{ がタイト}$$

が成り立つ.この 2 つの含意をプロホロフ (Prohorov) の定理という.

我々は $S = \mathbb{R}^d$ のとき前者の含意をリース–バナッハの定理(スペシャル・ケース)を用いて証明した.Billingsley [3] は一般の S に対してこの含意を直接証明している.我々も Billingsley も証明の過程で外測度を構成する点では一致している.が,我々の証明は標準的であるのに比べて,Billingsley の方は巧妙な証明–何でこんなことを思い付いたのかというような証明をしている.是非とも一読することをお勧めする.

項 2.4.3 の最後のところで,プロホロフ距離の名前だけ出してその他のことは一切触れなかった.ここではこれの定義といくつかの事実を述べておく.$\mu, \nu \in \mathcal{P}(S)$ に対して

$$\varpi(\mu,\nu) = \inf\left\{\varepsilon > 0;\ \begin{matrix}\mu(A) \leq \nu(A^\varepsilon) + \varepsilon, \\ \nu(A) \leq \mu(A^\varepsilon) + \varepsilon\end{matrix}\ (^\forall A \in \mathcal{B}(S), \neq \emptyset)\right\}$$

と定義する.ただし $A^\varepsilon := \{x \in S; \operatorname{dis}(x,A) < \varepsilon\}$ $(\operatorname{dis}(x,A) = \inf_{y \in A} d(x,y))$ とする.このとき

- $\varpi(\cdot, *)$ は $\mathcal{P}(S)$ 上の距離.これをプロホロフ距離という.
- $\varpi(\mu_n, \mu) \to 0$ ならば $\mu_n \to \mu$ weakly.
- (S,d) が可分のときは,$\mu_n \to \mu$ weakly ならば $\varpi(\mu_n,\mu) \to 0$.
- (S,d) が可分 $\underset{\text{iff}}{\Leftrightarrow}$ $(\mathcal{P}(S), \varpi)$ が可分.
- (S,d) が完備かつ可分 $\underset{\text{iff}}{\Leftrightarrow}$ $(\mathcal{P}(S), \varpi)$ が完備かつ可分

が成り立つ.

明らかに $(\mathbb{R}^d, |\cdot|)$ は完備かつ可分なので,この $(S = \mathbb{R}^d$ とした) $\varpi(\cdot, *)$ が項 2.4.3 の最後のところで問うたことの答えである.なお $d=1$ のときの $\varpi(\cdot, *)$ はレヴィ距離 [cf. 伊藤 [13, §2.7]] の $\frac{1}{\sqrt{2}}$ 倍であることに注意せよ.

- $\mathcal{P}(S)$ 上の位相として,一様位相 (uniform topology),強位相 (strong topology),弱位相 (weak topology) の 3 つが考えられる.これらの定義については Stroock [23, §3.1] を参照してもらうことにして,ここでは述べない.位相の強弱については

$$\text{弱位相} \subset \text{強位相} \subset \text{一様位相},$$

収束についていうと

$$\text{一様収束} \Rightarrow \text{強収束} \Rightarrow \text{弱収束}$$

の含意関係にある．S の点列 $\{x_n\}_{n=1}^\infty$ と $x \in S$ に対して

- $x_n \neq x \ (^\forall n) \Rightarrow \delta_{x_n} \not\to \delta_x$ strongly,
- $x_n \to x$, すなわち $d(x_n, x) \to 0 \underset{\text{iff}}{\Leftrightarrow} \delta_{x_n} \to \delta_x$ weakly

が成り立つ．ただし $y \in S$ に対して $\delta_y \in \mathcal{P}(S)$ は $\delta_y(A) = \mathbf{1}_A(y) \ (A \in \mathcal{B}(S))$ とする．さらに (S, d) が可分のときは

- 弱位相 ＝ プロホロフ距離が導く位相．したがって弱位相は可分である．
- 一般には強位相は距離が導く位相ではない．
- いつでも一様位相は距離が導く位相である．が，必ずしも可分ではない

が成り立つ．このことから弱位相（収束）は $\mathcal{P}(S)$ における自然な位相（収束）であるといえる．

第 3 章
大数の強法則

確率空間 $(\Omega, \mathcal{F}, P)$ 上の実確率変数列 $\{X_n\}_{n=1}^\infty$ に対し適当な条件の下での $\frac{1}{n}(X_1 + \cdots + X_n)$ の $n \to \infty$ のときの概収束を大数の強法則（Strong Law of Large Numbers, 略して SLLN）という．「法則」の名が付いているが，歴（れっき）とした定理である．本章では，次の3つの場合を考える：

- $\{X_n\}_{n=1}^\infty$ が独立系の場合，
- $\{X_n\}_{n=1}^\infty$ が正規直交系の場合，
- $\{X_n\}_{n=1}^\infty$ が乗法系の場合．

それぞれ 3.1 節，3.2 節，3.3 節で扱う[1]．各節では，まず $\{X_n\}_{n=1}^\infty$ の和に関する概収束定理を用意する．一度（ひとたび）この定理が得られれば，あとはクロネッカーの補題（これが本章における key lemma である！）を援用することにより SLLN は立ち所に出て来る．だから肝心なのはこの概収束定理ということになる．これの証明に，$\{X_n\}_{n=1}^\infty$ の条件がいかに使われるのかを見て「これぞ確率論！」という感想をもってもらえたらありがたい．

3.1 独立系の場合

$\{Y_n\}_{n=1}^\infty$ は $(\Omega, \mathcal{F}, P)$ 上の実確率変数列で

$$\begin{cases} \{Y_n\}_{n=1}^\infty \perp\!\!\!\perp, \\ Y_n \in L^2, \ E[Y_n] = 0 \ (^\forall n \in \mathbb{N}) \end{cases}$$

とする．

▶ **補題 3.1（コルモゴロフ (Kolmogorov) の不等式）** $M_n = \sum_{k=1}^n Y_k$ とおく．任意の $c > 0$ に対して

---
[1] ただし，3.2 節では記号を替えて X_n を f_n とする．

$$P\Big(\max_{1\leq j\leq n}|M_j|\geq c\Big)\leq \frac{1}{c^2}E\Big[M_n^2;\max_{1\leq j\leq n}|M_j|\geq c\Big].$$

なお，本書では，$X\in L^1$, $A\in\mathcal{F}$ に対して $E[X;A]:=E[X\mathbf{1}_A]$ とする．

[証明] $c>0$ を固定する．$A\in\mathcal{F}$ を $A:=\{\max_{1\leq j\leq n}|M_j|\geq c\}$ とおく．このとき

$$A=\sum_{j=1}^{n}\{|M_1|<c,\dots,|M_{j-1}|<c,|M_j|\geq c\}$$

より

$$\begin{aligned}
&E\big[M_n^2;A\big]\\
&=E\big[M_n^2\mathbf{1}_A\big]\\
&=\sum_{j=1}^{n}E\big[M_n^2\mathbf{1}_{\{|M_1|<c,\dots,|M_{j-1}|<c,|M_j|\geq c\}}\big]\\
&=\sum_{j=1}^{n}E\Big[\Big(M_j+\sum_{k=j+1}^{n}Y_k\Big)^2\mathbf{1}_{\{|M_1|<c,\dots,|M_{j-1}|<c,|M_j|\geq c\}}\Big]\\
&=\sum_{j=1}^{n}E\Big[\Big(M_j^2+2M_j\sum_{k=j+1}^{n}Y_k+\Big(\sum_{k=j+1}^{n}Y_k\Big)^2\Big)\mathbf{1}_{\{|M_1|<c,\dots,|M_{j-1}|<c,|M_j|\geq c\}}\Big]\\
&=\sum_{j=1}^{n}E\big[M_j^2\mathbf{1}_{\{|M_1|<c,\dots,|M_{j-1}|<c,|M_j|\geq c\}}\big]\\
&\quad+2\sum_{j=1}^{n}\sum_{k=j+1}^{n}E\big[M_j\mathbf{1}_{\{|M_1|<c,\dots,|M_{j-1}|<c,|M_j|\geq c\}}Y_k\big]\\
&\quad+\sum_{j=1}^{n}E\Big[\Big(\sum_{k=j+1}^{n}Y_k\Big)^2\mathbf{1}_{\{|M_1|<c,\dots,|M_{j-1}|<c,|M_j|\geq c\}}\Big].
\end{aligned}\tag{3.1}$$

ここで (3.1) の第 1 項は，

$$M_j^2\mathbf{1}_{\{|M_1|<c,\dots,|M_{j-1}|<c,|M_j|\geq c\}}\geq c^2\mathbf{1}_{\{|M_1|<c,\dots,|M_{j-1}|<c,|M_j|\geq c\}}$$

より

$$E\big[M_j^2\mathbf{1}_{\{|M_1|<c,\dots,|M_{j-1}|<c,|M_j|\geq c\}}\big]\geq c^2 E\big[\mathbf{1}_{\{|M_1|<c,\dots,|M_{j-1}|<c,|M_j|\geq c\}}\big].$$

第 2 項は，$M_j\mathbf{1}_{\{|M_1|<c,\dots,|M_{j-1}|<c,|M_j|\geq c\}}$ が $Y_1,\dots,Y_j$ のボレル可測関数であ

ることから，$M_j \mathbf{1}_{\{|M_1|<c,\ldots,|M_{j-1}|<c,|M_j|\geq c\}} \perp\!\!\!\perp Y_k$ となるので

$$E\big[M_j \mathbf{1}_{\{|M_1|<c,\ldots,|M_{j-1}|<c,|M_j|\geq c\}} Y_k\big]$$
$$= E\big[M_j \mathbf{1}_{\{|M_1|<c,\ldots,|M_{j-1}|<c,|M_j|\geq c\}}\big] E[Y_k] = 0.$$

第 3 項は，$\big(\sum_{k=j+1}^n Y_k\big)^2 \mathbf{1}_{\{|M_1|<c,\ldots,|M_{j-1}|<c,|M_j|\geq c\}} \geq 0$ より

$$E\Big[\big(\sum_{k=j+1}^n Y_k\big)^2 \mathbf{1}_{\{|M_1|<c,\ldots,|M_{j-1}|<c,|M_j|\geq c\}}\Big] \geq 0.$$

よって

$$E\big[M_n^2; A\big] \geq c^2 \sum_{j=1}^n E\big[\mathbf{1}_{\{|M_1|<c,\ldots,|M_{j-1}|<c,|M_j|\geq c\}}\big] = c^2 E[\mathbf{1}_A] = c^2 P(A).$$

これは求める不等式である． ∎

▶ 系 **3.2** $P\Big(\max_{1\leq j\leq n}\big|\sum_{k=1}^j Y_k\big| \geq c\Big) \leq \dfrac{1}{c^2} \sum_{k=1}^n E[Y_k^2]$.

[証明] 補題 3.1 より

$$\text{左辺} \leq \frac{1}{c^2} E\Big[\big(\sum_{k=1}^n Y_k\big)^2; \max_{1\leq j\leq n}\big|\sum_{k=1}^j Y_k\big| \geq c\Big]$$
$$\leq \frac{1}{c^2} E\Big[\big(\sum_{k=1}^n Y_k\big)^2\Big]$$
$$= \frac{1}{c^2} E\Big[\sum_{k=1}^n Y_k^2 + \sum_{\substack{1\leq k,l\leq n;\\ k\neq l}} Y_k Y_l\Big]$$
$$= \frac{1}{c^2}\Big(\sum_{k=1}^n E[Y_k^2] + \sum_{\substack{1\leq k,l\leq n;\\ k\neq l}} E[Y_k]E[Y_l]\Big)$$
$$= \frac{1}{c^2} \sum_{k=1}^n E[Y_k^2] = \text{右辺}. \quad \blacksquare$$

▶**系 3.3** 任意の $1 < p < \infty$ に対して

$$E\left[\left(\max_{1 \leq j \leq n}|\sum_{k=1}^{j} Y_k|\right)^{2p}\right] \leq \left(\frac{p}{p-1}\right)^p E\left[|\sum_{k=1}^{n} Y_k|^{2p}\right].$$

[**証明**] 任意の $R > 0$ を固定する．簡単のため $Z_n := \max_{1 \leq j \leq n} |M_j|$ とおく．補題 3.1 より，任意の $c > 0$ に対して

$$P(Z_n \wedge R \geq c) = \mathbf{1}_{(0,R]}(c) P(Z_n \geq c) \quad \begin{bmatrix} \odot \; Z_n \wedge R \geq c \\ \quad \Leftrightarrow Z_n \geq c \; \& \; R \geq c \end{bmatrix}$$

$$\leq \mathbf{1}_{(0,R]}(c) \frac{1}{c^2} E[M_n^2; Z_n \geq c] = \frac{1}{c^2} E[M_n^2; Z_n \wedge R \geq c]$$

に注意すると

$$E\left[(Z_n \wedge R)^{2p}\right]$$
$$= E\Big[\int_0^{Z_n \wedge R} (c^{2p})' dc\Big]$$
$$= E\Big[\int_{(0,\infty)} \mathbf{1}_{(0,Z_n \wedge R]}(c) 2p c^{2p-1} dc\Big]$$
$$= \int_{(0,\infty)} 2p c^{2p-1} E\big[\mathbf{1}_{(0,Z_n \wedge R]}(c)\big] dc \quad [\odot \text{ フビニの定理}]$$
$$= \int_{(0,\infty)} 2p c^{2p-1} P(Z_n \wedge R \geq c) dc$$
$$\leq \int_{(0,\infty)} 2p c^{2p-1} \frac{1}{c^2} E\big[M_n^2; Z_n \wedge R \geq c\big] dc$$
$$= \int_{(0,\infty)} 2p c^{2p-3} E\big[M_n^2 \mathbf{1}_{(0,Z_n \wedge R]}(c)\big] dc$$
$$= E\Big[M_n^2 \int_{(0,\infty)} 2p c^{2p-3} \mathbf{1}_{(0,Z_n \wedge R]}(c) dc\Big] \quad [\odot \text{ フビニの定理}]$$
$$= E\Big[M_n^2 \int_0^{Z_n \wedge R} \Big(\frac{2p}{2p-2} c^{2p-2}\Big)' dc\Big] = \frac{p}{p-1} E\big[M_n^2 (Z_n \wedge R)^{2p-2}\big].$$

ここでヘルダーの不等式 [cf. 定理 1.29] より

$$E\left[M_n^2(Z_n \wedge R)^{2p-2}\right] \leq \left(E\left[|M_n|^{2p}\right]\right)^{\frac{1}{p}} \left(E\left[(Z_n \wedge R)^{2(p-1)q}\right]\right)^{\frac{1}{q}}$$

$$\left[q > 1 \text{ は } \tfrac{1}{p} + \tfrac{1}{q} = 1 \text{ となる実数}\right]$$

$$= \left(E\left[|M_n|^{2p}\right]\right)^{\frac{1}{p}} \left(E\left[(Z_n \wedge R)^{2p}\right]\right)^{1-\frac{1}{p}}$$

と評価されるので

$$E\left[(Z_n \wedge R)^{2p}\right] \leq \frac{p}{p-1}\left(E\left[|M_n|^{2p}\right]\right)^{\frac{1}{p}} \left(E\left[(Z_n \wedge R)^{2p}\right]\right)^{1-\frac{1}{p}}.$$

これを整理すると

$$\left(E\left[(Z_n \wedge R)^{2p}\right]\right)^{\frac{1}{p}} \leq \frac{p}{p-1}\left(E\left[|M_n|^{2p}\right]\right)^{\frac{1}{p}}.$$

あとは $R \to \infty$ とすれば求める不等式が従う. ∎

▶ **定理 3.4** $\{X_n\}_{n=1}^{\infty}$ は $(\Omega, \mathcal{F}, P)$ 上の実確率変数列で

$$\begin{cases} \{X_n\}_{n=1}^{\infty} \perp\!\!\!\perp, \\ X_n \in L^2 \ (^{\forall}n), \ \sum_{n=1}^{\infty} \sigma^2(X_n) < \infty \end{cases}$$

とするとき

$$\sum_{n=1}^{\infty}(X_n - E[X_n]) \text{ は概収束かつ } L^2\text{-収束する}.$$

[証明] $Y_n := X_n - E[X_n]$ は

$$\begin{cases} \{Y_n\}_{n=1}^{\infty} \perp\!\!\!\perp, \\ Y_n \in L^2, \ E[Y_n] = 0 \ (^{\forall}n), \ \sum_{n=1}^{\infty} E[Y_n^2] < \infty \end{cases}$$

となる. $S_n := \sum_{k=1}^{n} Y_k = \sum_{k=1}^{n}(X_k - E[X_k])$ とおくと, $l < L$ に対して

3.1 独立系の場合

$$\max_{l \leq n, m \leq L} |S_n - S_m| \leq \max_{l \leq n, m \leq L} \left(|S_n - S_l| + |S_m - S_l| \right)$$
$$\leq 2 \max_{l \leq n \leq L} |S_n - S_l| = 2 \max_{l \leq n \leq L} \Big| \sum_{k=l+1}^{n} Y_k \Big|.$$

系 3.2 より

$$P\Big(\max_{l \leq n, m \leq L} |S_n - S_m| > c \Big) \leq P\Big(\max_{l \leq n \leq L} \Big| \sum_{k=l+1}^{n} Y_k \Big| > \frac{c}{2} \Big)$$
$$\leq \frac{1}{\left(\frac{c}{2}\right)^2} \sum_{k=l+1}^{L} E[Y_k^2].$$

$L \to \infty$ のとき

$$\Big\{ \max_{l \leq n, m \leq L} |S_n - S_m| > c \Big\} \nearrow \Big\{ \sup_{n, m \geq l} |S_n - S_m| > c \Big\}$$

であるから，単調収束定理より

$$P\Big(\sup_{n, m \geq l} |S_n - S_m| > c \Big) = \lim_{L \to \infty} P\Big(\max_{l \leq n, m \leq L} |S_n - S_m| > c \Big)$$
$$\leq \frac{4}{c^2} \sum_{k=l+1}^{\infty} E[Y_k^2].$$

ここで

$$\{ S_n \text{ が収束する} \} = \Big\{ \{S_n\}_{n=1}^{\infty} \text{ はコーシー列} \Big\}$$
$$= \Big\{ \lim_{l \to \infty} \sup_{n, m \geq l} |S_n - S_m| = 0 \Big\}$$
$$= \bigcap_{j=1}^{\infty} \bigcup_{l=1}^{\infty} \Big\{ \sup_{n, m \geq l} |S_n - S_m| \leq \frac{1}{j} \Big\},$$

したがって

$$\{ S_n \text{ が収束しない} \} = \bigcup_{j=1}^{\infty} \bigcap_{l=1}^{\infty} \Big\{ \sup_{n, m \geq l} |S_n - S_m| > \frac{1}{j} \Big\}$$
$$= \lim_{j \to \infty} (\nearrow) \lim_{l \to \infty} (\searrow) \Big\{ \sup_{n, m \geq l} |S_n - S_m| > \frac{1}{j} \Big\}$$

より

$$P(S_n \text{ が収束しない}) = \lim_{j\to\infty}(\nearrow) \lim_{l\to\infty}(\searrow) P\Big(\sup_{n,m\geq l}|S_n - S_m| > \frac{1}{j}\Big)$$
$$\leq \lim_{j\to\infty}\lim_{l\to\infty} 4j^2 \sum_{k=l+1}^{\infty} E[Y_k^2] = 0.$$

これは $P(S_n \text{ が収束する}) = 1$ を示している.

次に $S := \lim_{n\to\infty} S_n = \sum_{k=1}^{\infty} Y_k$ とおく. $n < m$ に対して

$$E\big[|S_m - S_n|^2\big] = E\Big[\Big(\sum_{k=n+1}^{m} Y_k\Big)^2\Big]$$
$$= E\Big[\sum_{k=n+1}^{m} Y_k^2 + 2\sum_{n+1\leq k<l\leq m} Y_k Y_l\Big]$$
$$= \sum_{k=n+1}^{m} E[Y_k^2] + 2\sum_{n+1\leq k<l\leq m} E[Y_k]E[Y_l]$$
$$= \sum_{k=n+1}^{m} E[Y_k^2]$$

であるから, $|S - S_n| = \lim_{m\to\infty}|S_m - S_n|$ より

$$E\big[|S - S_n|^2\big] = E\big[\lim_{m\to\infty}|S_m - S_n|^2\big]$$
$$\leq \liminf_{m\to\infty} E\big[|S_m - S_n|^2\big] \quad \big[\odot \text{ ファトゥの不等式}\big]$$
$$\leq \liminf_{m\to\infty} \sum_{k=n+1}^{m} E[Y_k^2] = \sum_{k=n+1}^{\infty} E[Y_k^2] \to 0 \ (n\to\infty).$$

これは $S \in L^2$ かつ $S_n \to S$ in L^2 を示している. ∎

▶ **補題 3.5 (クロネッカー (Kronecker) の補題**[2]**)** $\{b_n\}_{n=1}^{\infty}$ は $b_n > 0$, $b_n \nearrow \infty$ とする.

$$\beta_n := \begin{cases} b_1, & n = 1, \\ b_n - b_{n-1}, & n \geq 2 \end{cases}$$

とおく. このとき $s_n \in \mathbb{R}, \to s \ (n\to\infty)$ に対して

$$\frac{1}{b_n}\sum_{l=1}^{n} \beta_l s_l \to s.$$

---

[2] この補題は, 第 3 章における key lemma である. 各節において用いられる.

とくに，$\{x_n\}_{n=1}^\infty$ が実数列で，$\sum_{n=1}^\infty \frac{x_n}{b_n}$ が収束するならば

$$\frac{1}{b_n}\sum_{k=1}^n x_k \to 0.$$

[証明] $\frac{1}{b_n}\sum_{l=1}^n \beta_l = 1$ より

$$\begin{aligned}
\left|\frac{1}{b_n}\sum_{l=1}^n \beta_l s_l - s\right| &= \left|\frac{1}{b_n}\sum_{l=1}^n \beta_l(s_l - s)\right| \\
&\leq \frac{1}{b_n}\sum_{l=1}^n \beta_l|s_l - s| \\
&= \frac{1}{b_n}\sum_{l=1}^{n_0} \beta_l|s_l - s| + \frac{1}{b_n}\sum_{l=n_0+1}^n \beta_l|s_l - s| \\
&\leq \frac{1}{b_n}\sum_{l=1}^{n_0} \beta_l|s_l - s| + \sup_{l>n_0}|s_l - s| \\
&\underset{\substack{\text{まず } n\to\infty \\ \text{次に } n_0\to\infty}}{\to} 0.
\end{aligned}$$

これは前半の収束である．後半については

$$s_n := \begin{cases} 0, & n = 1, \\ \sum_{k=1}^{n-1}\frac{x_k}{b_k}, & n \geq 2 \end{cases}$$

とおくと，$s_{n+1} - s_n = \frac{x_n}{b_n}$ $(n \geq 1)$．仮定よりある実数 s に対して $s_n \to s$ なので，いま，示した前半の主張から

$$\frac{1}{b_n}\sum_{l=1}^n \beta_l s_l \to s.$$

ここで

$$\begin{aligned}
\frac{1}{b_n}\sum_{l=1}^n \beta_l s_l &= \frac{1}{b_n}\sum_{l=2}^n (b_l - b_{l-1})s_l \\
&= \frac{1}{b_n}\Big(\sum_{l=2}^n b_l s_l - \sum_{l=1}^{n-1} b_l s_{l+1}\Big)
\end{aligned}$$

$$= s_n + \frac{1}{b_n}\sum_{l=2}^{n-1} b_l(s_l - s_{l+1}) - \frac{b_1 s_2}{b_n}$$

$$= s_n - \frac{1}{b_n}\sum_{l=1}^{n-1} x_l = s_{n+1} - \frac{1}{b_n}\sum_{l=1}^{n} x_l$$

に注意すれば

$$\frac{1}{b_n}\sum_{l=1}^{n} x_l = s_{n+1} - \frac{1}{b_n}\sum_{l=1}^{n} \beta_l s_l \to s - s = 0.$$ ∎

▶**定理 3.6** $\{X_n\}_{n=1}^{\infty}$ は $(\Omega, \mathcal{F}, P)$ 上の実確率変数列で

$$\begin{cases} \{X_n\}_{n=1}^{\infty} \perp\!\!\!\perp, \\ X_n \in L^2 \ (^\forall n), \end{cases}$$

$\{b_n\}_{n=1}^{\infty}$ は $b_n > 0, b_n \nearrow \infty$ で

$$\sum_{n=1}^{\infty} \frac{\sigma^2(X_n)}{b_n^2} < \infty$$

とするならば

$$\frac{1}{b_n}\sum_{k=1}^{n}\bigl(X_k - E[X_k]\bigr) \to 0 \quad \text{a.s.}$$

[**証明**] $Y_n := \frac{X_n}{b_n}$ $(n \geq 1)$ とおくと

$$\begin{cases} \{Y_n\}_{n=1}^{\infty} \perp\!\!\!\perp, \\ Y_n \in L^2, \ \sum_{n=1}^{\infty} \sigma^2(Y_n) = \sum_{n=1}^{\infty} \frac{\sigma^2(X_n)}{b_n^2} < \infty \end{cases}$$

なので,定理 3.4 より $\sum_{n=1}^{\infty}\bigl(Y_n - E[Y_n]\bigr)$ は概収束,すなわち $\sum_{n=1}^{\infty}\frac{X_n - E[X_n]}{b_n}$ は概収束する.あとは補題 3.5 より

$$\frac{1}{b_n}\sum_{k=1}^{n}\bigl(X_k - E[X_k]\bigr) \to 0 \quad \text{a.s.}$$ ∎

▶**系 3.7** $\{X_n\}_{n=1}^{\infty}$ は $(\Omega, \mathcal{F}, P)$ 上の実確率変数列で

$$\begin{cases} \{X_n\}_{n=1}^{\infty} \perp\!\!\!\perp, \\ X_n \in L^2,\ E[X_n] = 0\ (^\forall n),\ \sup_{n \geq 1} E[X_n^2] < \infty \end{cases}$$

とすると，任意の $\varepsilon > 0$ に対して

$$\frac{1}{\sqrt{n(\log n)^{1+\varepsilon}}} \sum_{k=1}^n X_k \to 0 \quad \text{a.s.}\ (n \to \infty).$$

[証明] $b_n = \sqrt{n(\log(n \vee 2))^{1+\varepsilon}}$ とすると，$b_n > 0,\ b_n \nearrow \infty$ で

$$\sum_{n=1}^{\infty} \frac{\sigma^2(X_n)}{b_n^2} \leq \left(\sup_{n \geq 1} E[X_n^2]\right) \sum_{n=1}^{\infty} \frac{1}{n(\log(n \vee 2))^{1+\varepsilon}}.$$

ここで

$$\begin{aligned}
\sum_{n=1}^{\infty} \frac{1}{n(\log(n \vee 2))^{1+\varepsilon}} &= \frac{1}{(\log 2)^{1+\varepsilon}} + \frac{1}{2(\log 2)^{1+\varepsilon}} + \sum_{n=3}^{\infty} \frac{1}{n(\log n)^{1+\varepsilon}} \\
&= \frac{3}{2} \frac{1}{(\log 2)^{1+\varepsilon}} + \sum_{n=3}^{\infty} \int_{n-1}^n \frac{dx}{n(\log n)^{1+\varepsilon}} \\
&\leq \frac{3}{2} \frac{1}{(\log 2)^{1+\varepsilon}} + \sum_{n=3}^{\infty} \int_{n-1}^n \frac{dx}{x(\log x)^{1+\varepsilon}} \\
&= \frac{3}{2} \frac{1}{(\log 2)^{1+\varepsilon}} + \int_2^{\infty} \frac{dx}{x(\log x)^{1+\varepsilon}} \\
&= \frac{3}{2} \frac{1}{(\log 2)^{1+\varepsilon}} + \frac{1}{\varepsilon}\left(\frac{1}{\log 2}\right)^{\varepsilon} \quad [\text{cf. 問 3.8}] \\
&< \infty
\end{aligned}$$

であるから $\sum_{n=1}^{\infty} \frac{\sigma^2(X_n)}{b_n^2} < \infty$．定理 3.6 を適用して

$$\frac{1}{b_n} \sum_{k=1}^n X_k \to 0 \quad \text{a.s.},$$

すなわち

$$\frac{1}{\sqrt{n(\log n)^{1+\varepsilon}}} \sum_{k=1}^{n} X_k \to 0 \quad \text{a.s.} \qquad \blacksquare$$

⟨問 3.8⟩ $\int_{2}^{\infty} \frac{dx}{x(\log x)^{1+\varepsilon}} = \frac{1}{\varepsilon}\left(\frac{1}{\log 2}\right)^{\varepsilon}$ を確かめよ.

▶系 3.9 $\{X_n\}_{n=1}^{\infty}$ は $(\Omega, \mathcal{F}, P)$ 上の実確率変数列で

$$\begin{cases} \{X_n\}_{n=1}^{\infty} \perp\!\!\!\perp, \\ \{X_n\}_{n=1}^{\infty} \text{ は同分布, すなわち } \mu_{X_n} = \mu_{X_1}(^\forall n \geq 1), \\ X_1 \in L^1 \end{cases}$$

とする[3]. このとき大数の強法則

$$\frac{1}{n}\sum_{k=1}^{n} X_k \to m = E[X_1] \quad \text{a.s.}$$

が成り立つ.

[証明] 各 $k \in \mathbb{N}$ に対して

$$Y_k := X_k \mathbf{1}_{\{|X_k| \leq k\}} = \begin{cases} X_k, & |X_k| \leq k \text{ のとき}, \\ 0, & \text{そうでないとき} \end{cases}$$

とおく. 定義より

$$\{Y_k\}_{k=1}^{\infty} \perp\!\!\!\perp, \ Y_k \in L^2 \ (^\forall k) \tag{3.2}$$

である. 2 段階で示す.

$1°$ $\{X_k\}_{k=1}^{\infty}$ の同分布性より

$$\sum_{k=1}^{\infty} P(X_k \neq Y_k) = \sum_{k=1}^{\infty} P(|X_k| > k)$$
$$= \sum_{k=1}^{\infty} P(|X_1| > k)$$

---

[3] 最初の 2 つの条件を 1 つにして **独立同分布** (independent identically distributed, 略して i.i.d.) という.

$$\begin{aligned}
&= \sum_{k=1}^{\infty} \sum_{l=k}^{\infty} P\big(l < |X_1| \leq l+1\big) \\
&= \sum_{1 \leq k \leq l < \infty} P\big(l < |X_1| \leq l+1\big) \\
&= \sum_{l=1}^{\infty} P\big(l < |X_1| \leq l+1\big) \sum_{k=1}^{l} 1 \\
&= \sum_{l=1}^{\infty} l P\big(l < |X_1| \leq l+1\big) \\
&= \sum_{l=1}^{\infty} E\big[l; l < |X_1| \leq l+1\big] \\
&\leq \sum_{l=1}^{\infty} E\big[|X_1|; l < |X_1| \leq l+1\big] \\
&= E\big[|X_1|; |X_1| > 1\big] \leq E\big[|X_1|\big] < \infty, \quad (3.3)
\end{aligned}$$

$$\begin{aligned}
\sum_{k=1}^{\infty} \frac{\sigma^2(Y_k)}{k^2} &= \sum_{k=1}^{\infty} \frac{1}{k^2} \big(E[Y_k^2] - E[Y_k]^2\big) \\
&\leq \sum_{k=1}^{\infty} \frac{1}{k^2} E\big[X_k^2; |X_k| \leq k\big] \\
&= \sum_{k=1}^{\infty} \frac{1}{k^2} E\big[X_1^2; |X_1| \leq k\big] \\
&= \sum_{k=1}^{\infty} \frac{1}{k^2} \sum_{l=1}^{k} E\big[X_1^2; l-1 < |X_1| \leq l\big] \\
&= \sum_{1 \leq l \leq k < \infty} \frac{1}{k^2} E\big[X_1^2; l-1 < |X_1| \leq l\big] \\
&= \sum_{l=1}^{\infty} \Big(\sum_{k=l}^{\infty} \frac{1}{k^2}\Big) E\big[X_1^2; l-1 < |X_1| \leq l\big] \\
&\leq \sum_{l=1}^{\infty} \frac{2}{l} E\big[X_1^2; l-1 < |X_1| \leq l\big] \quad [\text{cf. 問 3.10}] \\
&= 2 \sum_{l=1}^{\infty} E\Big[\frac{|X_1|}{l} |X_1|; l-1 < |X_1| \leq l\Big] \\
&\leq 2 \sum_{l=1}^{\infty} E\big[|X_1|; l-1 < |X_1| \leq l\big] \\
&= 2 E\big[|X_1|; |X_1| > 0\big] = 2 E\big[|X_1|\big] < \infty, \quad (3.4)
\end{aligned}$$

$$E[Y_k] = E\bigl[X_k; |X_k| \leq k\bigr]$$
$$= E\bigl[X_1; |X_1| \leq k\bigr] \to E[X_1] = m \quad (k \to \infty). \tag{3.5}$$

$\underline{2^\circ}$ (3.2) と (3.4) より，定理 3.6 を適用して

$$\frac{1}{n}\sum_{k=1}^n (Y_k - E[Y_k]) \to 0 \quad \text{a.s.}$$

(3.5) より

$$\frac{1}{n}\sum_{k=1}^n E[Y_k] \to m$$

なので，上の収束と合わせて

$$\frac{1}{n}\sum_{k=1}^n Y_k \to m \quad \text{a.s.} \tag{3.6}$$

がわかる．ここで (3.3) より，ボレル–カンテリの第 1 補題，すなわち定理 1.21(i) を適用すれば

$$P\Bigl(\liminf_{k\to\infty}\{X_k = Y_k\}\Bigr) = 1.$$

すなわち，a.e. ω に対して

$${}^\exists k_0 = k_0(\omega) \ \text{ s.t. } \ X_k = Y_k \ \ ({}^\forall k \geq k_0).$$

これは

$$\frac{1}{n}\sum_{k=1}^n X_k - \frac{1}{n}\sum_{k=1}^n Y_k = \frac{1}{n}\sum_{1 \leq k < k_0}(X_k - Y_k) \to 0$$

を含意する．よって (3.6) の収束と合わせて

$$\frac{1}{n}\sum_{k=1}^n X_k \to m \quad \text{a.s.} \qquad \blacksquare$$

⟨問 3.10⟩　$\sum_{k=l}^{\infty} \frac{1}{k^2} \leq \frac{2}{l}$ ($l \in \mathbb{N}$) を示せ.

【例 3.11】　$\lim_{n \to \infty} \int_0^1 \cdots \int_0^1 \frac{\sin \pi x_1 + \cdots + \sin \pi x_n}{x_1 + \cdots + x_n} dx_1 \cdots dx_n = \frac{4}{\pi}$.

[証明]　命題 A.68 より，ルベーグ確率空間上に独立な実確率変数列 $\{X_n\}_{n=1}^{\infty}$ を X_n の分布 $= U_{0,1}$ ($\forall n$) となるようにとる．このとき $\{X_n\}_{n=1}^{\infty}$, $\{\sin \pi X_n\}_{n=1}^{\infty}$ はそれぞれ i.i.d. である．$0 < X_n < 1$, $0 < \sin \pi X_n < 1$ a.s. に注意すると，系 3.9 より

$$\frac{1}{n} \sum_{k=1}^n X_k \to E[X_1] = \int_0^1 x \, dx = \frac{1}{2} \quad \text{a.s.},$$

$$\frac{1}{n} \sum_{k=1}^n \sin \pi X_k \to E[\sin \pi X_1] = \int_0^1 \sin \pi x \, dx = \frac{2}{\pi} \quad \text{a.s.},$$

したがって

$$\frac{\sum_{k=1}^n \sin \pi X_k}{\sum_{k=1}^n X_k} = \frac{\frac{1}{n} \sum_{k=1}^n \sin \pi X_k}{\frac{1}{n} \sum_{k=1}^n X_k} \to \frac{\frac{2}{\pi}}{\frac{1}{2}} = \frac{4}{\pi} \quad \text{a.s.}$$

となる．ここで $0 \leq \sin y \leq y$ ($0 \leq y \leq \pi$) より，$0 \leq \sum_{k=1}^n \sin \pi X_k \leq \pi \sum_{k=1}^n X_k$ なので，有界収束定理を適用して

$$\lim_{n \to \infty} E\left[\frac{\sum_{k=1}^n \sin \pi X_k}{\sum_{k=1}^n X_k}\right] = \frac{4}{\pi}$$

がわかる．あとは，$\mu_{X_1,\ldots,X_n} = \mu_{X_1} \times \cdots \times \mu_{X_n} = \underbrace{U_{0,1} \times \cdots \times U_{0,1}}_{n}$ に注意すれば，これが求める収束である．　■

!注意 3.12　実は，系 3.9 の条件の中で「$\{X_n\}_{n=1}^{\infty} \perp\!\!\!\perp$」は強過ぎる．これを緩めて

$$\begin{cases} \{X_n\}_{n=1}^{\infty} \text{ は互いに独立，すなわち } i \neq j \text{ に対して } X_i \perp\!\!\!\perp X_j, \\ \{X_n\}_{n=1}^{\infty} \text{ は同分布}, \\ X_1 \in L^1 \end{cases}$$

としても，大数の強法則

$$\frac{1}{n} \sum_{k=1}^n X_k \to m = E[X_1] \quad \text{a.s.}$$

は成り立つ．これの証明については，[5] あるいは [21] を参照せよ[4)5)]．

3.2 正規直交系の場合

▷**定義 3.13** $\alpha \in \mathbb{R} \setminus \{-1, -2, \ldots\}$, $m \in \{0, 1, 2, \ldots\}$ に対して

$$A_m^{(\alpha)} := \binom{m+\alpha}{m} = \begin{cases} \dfrac{(m+\alpha)(m-1+\alpha)\cdots(1+\alpha)}{m!}, & m \geq 1, \\ 1, & m = 0 \end{cases}$$

とおく．$A_m^{(\alpha)}$, $m \geq 0$ は $(1-x)^{-1-\alpha}$ を $|x| < 1$ でベキ級数展開したときの係数である，すなわち，

$$\sum_{m=0}^{\infty} A_m^{(\alpha)} x^m = (1-x)^{-1-\alpha} \quad (|x| < 1).$$

!注意 3.14 Claim 2.14 において，z を $-x$, α を $-1-\alpha$ とすると

$$(1-x)^{-1-\alpha}$$
$$= 1 + \sum_{n=1}^{\infty} \frac{(-1-\alpha-0)(-1-\alpha-1)\cdots(-1-\alpha-(n-1))}{n!}(-x)^n$$
$$= 1 + \sum_{n=1}^{\infty} \frac{(1+\alpha+0)(1+\alpha+1)\cdots(1+\alpha+n-1)}{n!} x^n$$
$$= 1 + \sum_{n=1}^{\infty} \frac{(n+\alpha)(n-1+\alpha)\cdots(1+\alpha)}{n!} x^n = \sum_{m=0}^{\infty} A_m^{(\alpha)} x^m$$

と確かになっている．

▶**Claim 3.15** (i) $A_m^{(0)} = 1$.
(ii) $\alpha > -1$ に対して $A_m^{(\alpha)} > 0$.
(iii) $\alpha \notin \{0, -1, -2, \ldots\}$ に対して $A_m^{(\alpha)} - A_{m-1}^{(\alpha)} = A_m^{(\alpha-1)}$ $(m \geq 1)$.
(iv) $\alpha > -1$, $\beta > 0$ に対して

---

4) [21] の大数の強法則の条件は我々の系 3.9 のと同じであるが，その証明を読んでみると上の緩い条件で間に合っていることがわかる．
5) $X_1 \in L^2$ のときは，上の条件は問 3.22 の条件を意含する．したがって大数の強法則が成り立つ．この場合，文献 [5], [21] を持ち出すまでもないのである．

$$\sum_{\substack{r,s\geq 0;\\ r+s=m}} A_r^{(\alpha)} A_s^{(\beta-1)} = A_m^{(\alpha+\beta)}, \quad m \geq 0.$$

(v) $\alpha > -1$ に対して

$$\exists K_1(\alpha), \exists K_2(\alpha) > 0 \;\; \text{s.t.} \;\; K_1(\alpha) < \frac{A_n^{(\alpha)}}{n^\alpha} < K_2(\alpha), \quad \forall n \geq 1.$$

実は $\beta \notin \{-1, -2, \ldots\}$ に対して

$$A_n^{(\beta)} \sim \frac{n^\beta}{\Gamma(1+\beta)} \quad (n \to \infty).$$

[証明] (iv) と (v) だけ見る. (iv) は

$$\sum_{m=0}^{\infty} A_m^{(\alpha+\beta)} x^m = (1-x)^{-1-(\alpha+\beta)} = (1-x)^{-1-\alpha}(1-x)^{-1-(\beta-1)}$$
$$= \Big(\sum_{r=0}^{\infty} A_r^{(\alpha)} x^r\Big)\Big(\sum_{s=0}^{\infty} A_s^{(\beta-1)} x^s\Big)$$
$$= \sum_{m=0}^{\infty} \Big(\sum_{\substack{r,s\geq 0;\\ r+s=m}} A_r^{(\alpha)} A_s^{(\beta-1)} \Big) x^m$$

から直ぐに従う. (v) の後半の主張は, ガウス (Gauss) の公式 [cf. Claim A.65(ii)]

$$\Gamma(x) = \lim_{n\to\infty} \frac{n!\, n^x}{x(x+1)\cdots(x+n)}, \quad x \notin \{0, -1, -2, \ldots\}$$

を思い起こすと, $\beta \notin \{-1, -2, \ldots\}$ に対して

$$\frac{1}{\Gamma(1+\beta)} = \lim_{n\to\infty} \frac{(n+1+\beta)(n+\beta)\cdots(2+\beta)(1+\beta)}{n!\, n^{1+\beta}}$$
$$= \lim_{n\to\infty} \frac{n+1+\beta}{n} \frac{A_n^{(\beta)}}{n^\beta} = \lim_{n\to\infty} \frac{A_n^{(\beta)}}{n^\beta}.$$

前半部分の主張は, このことから明らかである. ∎

⟨問 3.16⟩ Claim 3.15 の (i), (ii), (iii) を確かめよ.

▶**補題 3.17**　(i) 任意の $u_0, \ldots, u_n \in \mathbb{C}$ に対して

$$\sum_{k=0}^n u_k = \sum_{k=0}^n A_{n-k}^{(-\frac{1}{2})} \sum_{l=0}^k A_{k-l}^{(-\frac{1}{2})} u_l.$$

(ii) 任意の $u_0, \ldots, u_N \in \mathbb{C}$ に対して

$$\Big(\max_{0 \leq n \leq N} \Big| \sum_{k=0}^n u_k \Big| \Big)^2 \leq \Big(\sum_{k=0}^N (A_k^{(-\frac{1}{2})})^2 \Big) \Big(\sum_{k=0}^N \Big| \sum_{l=0}^k A_{k-l}^{(-\frac{1}{2})} u_l \Big|^2 \Big).$$

[証明]　まず (i) について.

$$\begin{aligned}
\text{右辺} &= \sum_{0 \leq l \leq k \leq n} A_{n-k}^{(-\frac{1}{2})} A_{k-l}^{(-\frac{1}{2})} u_l \\
&= \sum_{0 \leq l \leq n} u_l \sum_{l \leq k \leq n} A_{n-k}^{(-\frac{1}{2})} A_{k-l}^{(-\frac{1}{2})} \\
&= \sum_{l=0}^n u_l \sum_{k=l}^n A_{n-l-(k-l)}^{(-\frac{1}{2})} A_{k-l}^{(-\frac{1}{2})} \\
&= \sum_{l=0}^n u_l \sum_{p=0}^{n-l} A_{n-l-p}^{(-\frac{1}{2})} A_p^{(\frac{1}{2}-1)} \\
&= \sum_{l=0}^n u_l A_{n-l}^{(-\frac{1}{2}+\frac{1}{2})} \quad \big[\odot \text{ Claim 3.15(iv) より}\big] \\
&= \sum_{l=0}^n u_l A_{n-l}^{(0)} = \text{左辺} \quad \big[\odot \text{ Claim 3.15(i) より}\big].
\end{aligned}$$

次に (ii) について. 各 $0 \leq n \leq N$ に対して

$$\begin{aligned}
\Big| \sum_{k=0}^n u_k \Big| &= \Big| \sum_{k=0}^n A_{n-k}^{(-\frac{1}{2})} \sum_{l=0}^k A_{k-l}^{(-\frac{1}{2})} u_l \Big| \quad \big[\odot \text{ (i) より}\big] \\
&\leq \sqrt{\sum_{k=0}^n (A_{n-k}^{(-\frac{1}{2})})^2} \times \sqrt{\sum_{k=0}^n \Big| \sum_{l=0}^k A_{k-l}^{(-\frac{1}{2})} u_l \Big|^2} \\
&\qquad \big[\odot \text{ シュワルツの不等式}\big] \\
&= \sqrt{\sum_{k=0}^n (A_k^{(-\frac{1}{2})})^2} \times \sqrt{\sum_{k=0}^n \Big| \sum_{l=0}^k A_{k-l}^{(-\frac{1}{2})} u_l \Big|^2}
\end{aligned}$$

3.2 正規直交系の場合   185

$$\leq \sqrt{\sum_{k=0}^{N}(A_k^{(-\frac{1}{2})})^2} \times \sqrt{\sum_{k=0}^{N}\Big|\sum_{l=0}^{k}A_{k-l}^{(-\frac{1}{2})}u_l\Big|^2}$$

となるから

$$\Big(\max_{0\leq n\leq N}\Big|\sum_{k=0}^{n}u_k\Big|\Big)^2 \leq \Big(\sum_{k=0}^{N}(A_k^{(-\frac{1}{2})})^2\Big) \times \Big(\sum_{k=0}^{N}\Big|\sum_{l=0}^{k}A_{k-l}^{(-\frac{1}{2})}u_l\Big|^2\Big)$$

が従う. ∎

▶**命題 3.18** $(X, \mathcal{B}, \mu)$ は測度空間[6], $\{\psi_0, \ldots, \psi_N\}$ は $L^2(X, \mathcal{B}, \mu; \mathbb{C})$[7] の直交系, すなわち

$$\int_X \psi_p \overline{\psi_q}\, d\mu = 0, \quad p \neq q$$

とする. このとき任意の $a_0, \ldots, a_N \in \mathbb{C}$ に対して

$$\int_X \Big(\max_{0\leq n\leq N}\Big|\sum_{k=0}^{n}a_k\psi_k\Big|\Big)^2 d\mu$$
$$\leq \Big(\max_{0\leq k\leq N}\int_X |\psi_k|^2 d\mu\Big)\Big(\sum_{k=0}^{N}(A_k^{(-\frac{1}{2})})^2\Big)^2\Big(\sum_{k=0}^{N}|a_k|^2\Big).$$

[**証明**] 補題 3.17(ii) より

$$\Big(\max_{0\leq n\leq N}\Big|\sum_{k=0}^{n}a_k\psi_k\Big|\Big)^2 \leq \Big(\sum_{k=0}^{N}(A_k^{(-\frac{1}{2})})^2\Big)\Big(\sum_{k=0}^{N}\Big|\sum_{l=0}^{k}A_{k-l}^{(-\frac{1}{2})}a_l\psi_l\Big|^2\Big)$$
$$= \Big(\sum_{k=0}^{N}(A_k^{(-\frac{1}{2})})^2\Big)\Big(\sum_{k=0}^{N}\sum_{l,l'=0}^{k}A_{k-l}^{(-\frac{1}{2})}A_{k-l'}^{(-\frac{1}{2})}a_l\overline{a_{l'}}\psi_l\overline{\psi_{l'}}\Big)$$

となるから, ψ_k の直交性を使って

$$\int_X \Big(\max_{0\leq n\leq N}\Big|\sum_{k=0}^{n}a_k\psi_k\Big|\Big)^2 d\mu$$

---
[6] 本節では, μ は無限測度であってもよい. また X は確率変数ではなくて, 集合である.
[7] $L^2(X, \mathcal{B}, \mu; \mathbb{C})$ は複素数値の 2 乗可積分な可測関数全体である.

$$\leq \Big(\sum_{k=0}^{N}(A_k^{(-\frac{1}{2})})^2\Big)\sum_{k=0}^{N}\sum_{l,l'=0}^{k}A_{k-l}^{(-\frac{1}{2})}A_{k-l'}^{(-\frac{1}{2})}a_l\overline{a_{l'}}\int_X \psi_l\overline{\psi_{l'}}\,d\mu$$

$$= \Big(\sum_{k=0}^{N}(A_k^{(-\frac{1}{2})})^2\Big)\Big(\sum_{k=0}^{N}\sum_{l=0}^{k}(A_{k-l}^{(-\frac{1}{2})})^2|a_l|^2\int_X |\psi_l|^2 d\mu\Big)$$

$$\leq \Big(\max_{0\leq l\leq N}\int_X |\psi_l|^2 d\mu\Big)\Big(\sum_{k=0}^{N}(A_k^{(-\frac{1}{2})})^2\Big)\Big(\sum_{l=0}^{N}|a_l|^2\sum_{k=l}^{N}(A_{k-l}^{(-\frac{1}{2})})^2\Big)$$

$$= \Big(\max_{0\leq l\leq N}\int_X |\psi_l|^2 d\mu\Big)\Big(\sum_{k=0}^{N}(A_k^{(-\frac{1}{2})})^2\Big)\Big(\sum_{l=0}^{N}|a_l|^2\sum_{p=0}^{N-l}(A_p^{(-\frac{1}{2})})^2\Big)$$

$$\leq \Big(\max_{0\leq l\leq N}\int_X |\psi_l|^2 d\mu\Big)\Big(\sum_{k=0}^{N}(A_k^{(-\frac{1}{2})})^2\Big)^2\Big(\sum_{l=0}^{N}|a_l|^2\Big). \blacksquare$$

▶**定理 3.19** (ラデマッハー-メンショフ (Rademacher-Men'shov) の定理)
$(X,\mathcal{B},\mu)$ は測度空間,$\{f_n\}_{n=1}^{\infty}$ は $L^2(X,\mathcal{B},\mu;\mathbb{C})$ の直交系で L^2-有界,すなわち

$$\sup_{n\geq 1}\int_X |f_n|^2 d\mu < \infty$$

とする.このとき $\sum_{n=1}^{\infty}|c_n|^2(\log n)^2 < \infty$ なる任意の複素数列 $\{c_n\}_{n=1}^{\infty}$ に対して

$$\sum_{n=1}^{\infty}c_n f_n \text{ は } \mu\text{-a.e. に収束する.}$$

[証明] $\{c_n\}_{n=1}^{\infty}$ は $\sum_{n=1}^{\infty}|c_n|^2(\log n)^2 < \infty$ なる複素数列とする.簡単のため

$$S_n := \begin{cases} 0, & n=0, \\ \sum_{k=1}^{n}c_k f_k, & n\geq 1 \end{cases}$$

とおく.4段階で示す.

$\underline{1^\circ}$ $\sum_{n=1}^{\infty}|c_n|^2(\log n)^2 < \infty \underset{\text{iff}}{\Longleftrightarrow} \sum_{m=0}^{\infty}m^2\sum_{2^m\leq k<2^{m+1}}|c_k|^2 < \infty.$

☺ $2^m \leq k < 2^{m+1} \Leftrightarrow m\log 2 \leq \log k < (m+1)\log 2 \Rightarrow m\log 2 \leq \log k < m\, 2\log 2$ (ただし $m \geq 1$), に注意すれば

$$\sum_{n=1}^\infty |c_n|^2 (\log n)^2 = \sum_{m=0}^\infty \sum_{2^m \leq k < 2^{m+1}} |c_k|^2 (\log k)^2$$

$$\begin{cases} \geq (\log 2)^2 \sum_{m=0}^\infty m^2 \sum_{2^m \leq k < 2^{m+1}} |c_k|^2, \\ \leq (2\log 2)^2 \sum_{m=0}^\infty m^2 \sum_{2^m \leq k < 2^{m+1}} |c_k|^2. \end{cases}$$

$2°$ $\int_X \sum_{m=0}^\infty m^2 |S_{2^{m+1}-1} - S_{2^m-1}|^2 d\mu < \infty.$

☺ $1°$ より

$$\text{左辺} = \sum_{m=0}^\infty m^2 \int_X \Big| \sum_{2^m \leq k < 2^{m+1}} c_k f_k \Big|^2 d\mu$$

$$\leq \Big(\sup_{n \geq 1} \int_X |f_n|^2 d\mu \Big) \sum_{m=0}^\infty m^2 \sum_{2^m \leq k < 2^{m+1}} |c_k|^2 < \infty.$$

$3°$ $\int_X \sum_{m=0}^\infty \Big(\max_{2^m \leq n < 2^{m+1}} |S_n - S_{2^m-1}| \Big)^2 d\mu < \infty.$

☺ まず

$$\max_{2^m \leq n < 2^{m+1}} |S_n - S_{2^m-1}| = \max_{2^m \leq n < 2^{m+1}} \Big| \sum_{2^m \leq k \leq n} c_k f_k \Big|$$

$$= \max_{0 \leq \nu \leq 2^m-1} \Big| \sum_{k=0}^\nu c_{k+2^m} f_{k+2^m} \Big|.$$

命題 3.18 より

$$\int_X \Big(\max_{2^m \leq n < 2^{m+1}} |S_n - S_{2^m-1}| \Big)^2 d\mu$$

$$= \int_X \Big(\max_{0 \leq \nu \leq 2^m-1} \Big| \sum_{k=0}^\nu c_{k+2^m} f_{k+2^m} \Big| \Big)^2 d\mu$$

$$\leq \Big(\max_{0 \leq k < 2^m} \int_X |f_{k+2^m}|^2 d\mu \Big) \Big(\sum_{k=0}^{2^m-1} (A_k^{(-\frac{1}{2})})^2 \Big)^2 \Big(\sum_{k=0}^{2^m-1} |c_{k+2^m}|^2 \Big)$$

$$= \Big(\max_{2^m \leq k < 2^{m+1}} \int_X |f_k|^2 d\mu \Big) \Big(\sum_{k=0}^{2^m-1} (A_k^{(-\frac{1}{2})})^2 \Big)^2 \Big(\sum_{2^m \leq k < 2^{m+1}} |c_k|^2 \Big)$$

$$\le \Big(\sup_{n\ge 1}\int_X |f_n|^2 d\mu\Big)\Big(\sum_{k=0}^{2^m-1}\big(A_k^{(-\frac{1}{2})}\big)^2\Big)^2\Big(\sum_{2^m\le k<2^{m+1}}|c_k|^2\Big)$$

となるから，m について足して

$$\int_X \sum_{m=0}^{\infty}\Big(\max_{2^m\le n<2^{m+1}}|S_n-S_{2^m-1}|\Big)^2 d\mu$$
$$\le \Big(\sup_{n\ge 1}\int_X |f_n|^2 d\mu\Big)\sum_{m=0}^{\infty}\Big(\sum_{k=0}^{2^m-1}\big(A_k^{(-\frac{1}{2})}\big)^2\Big)^2\Big(\sum_{2^m\le k<2^{m+1}}|c_k|^2\Big).$$

ところで Claim 3.15(v) より

$$\sum_{k=0}^{2^m-1}\big(A_k^{(-\frac{1}{2})}\big)^2 = 1+\sum_{k=1}^{2^m-1}\big(A_k^{(-\frac{1}{2})}\big)^2$$
$$\le 1+\sum_{k=1}^{2^m-1}\Big(K_2(-\tfrac{1}{2})k^{-\frac{1}{2}}\Big)^2 = 1+K_2(-\tfrac{1}{2})^2\sum_{k=1}^{2^m-1}\frac{1}{k}$$
$$\le 1+2K_2(-\tfrac{1}{2})^2\sum_{k=1}^{2^m-1}\frac{1}{k+1}$$
$$\le 1+2K_2(-\tfrac{1}{2})^2\int_1^{2^m}\frac{dx}{x} = 1+\big(2K_2(-\tfrac{1}{2})^2\log 2\big)m.$$

よって $1°$ より $3°$ の主張が従う．

$\underline{4°}$ S_n は $n\to\infty$ のとき μ-a.e. に収束する．

⊙ $N\in\mathcal{B}$ を

$$N := \bigg\{\sum_{m=0}^{\infty}m^2|S_{2^{m+1}-1}-S_{2^m-1}|^2 = \infty$$
$$\text{あるいは } \sum_{m=0}^{\infty}\Big(\max_{2^m\le n<2^{m+1}}|S_n-S_{2^m-1}|\Big)^2 = \infty\bigg\}$$

とおく．$2°$ と $3°$ より $\mu(N)=0$. N の定義より $N^\complement$ 上では

$$\sum_{m=0}^{\infty}m^2|S_{2^{m+1}-1}-S_{2^m-1}|^2 < \infty,$$
$$\max_{2^m\le n<2^{m+1}}|S_n-S_{2^m-1}| \to 0 \quad (m\to\infty).$$

$N^\complement$ 上で考える．$m'>m\ge 1$ に対して

$$|S_{2^{m'}-1} - S_{2^m-1}| = \Big|\sum_{k=m}^{m'-1}(S_{2^{k+1}-1} - S_{2^k-1})\Big|$$
$$= \Big|\sum_{k=m}^{m'-1}\frac{1}{k}\cdot k(S_{2^{k+1}-1} - S_{2^k-1})\Big|$$
$$\leq \sqrt{\sum_{k=m}^{m'-1}\frac{1}{k^2}} \times \sqrt{\sum_{k=m}^{m'-1}k^2|S_{2^{k+1}-1} - S_{2^k-1}|^2}$$
$$\leq \sqrt{\sum_{k=m}^{\infty}\frac{1}{k^2}} \times \sqrt{\sum_{k=0}^{\infty}k^2|S_{2^{k+1}-1} - S_{2^k-1}|^2}$$

となるので，$\{S_{2^m-1}\}_{m=1}^{\infty}$ はコーシー列，よって $\lim_{m\to\infty} S_{2^m-1}$ は $\mathbb{C}$ で存在する．

$n \in \mathbb{N}$ に対して $m(n) := \lfloor\frac{\log n}{\log 2}\rfloor$ ($\in \{0,1,2,\ldots\}$) とおけば $m(n) \to \infty$ ($n \to \infty$). よって

$$|S_n - S_{2^{m(n)}-1}| \leq \max_{2^{m(n)} \leq n' < 2^{m(n)+1}}|S_{n'} - S_{2^{m(n)}-1}| \to 0 \ (n \to \infty).$$

ゆえに $^\exists \lim_{n\to\infty} S_n = \lim_{m\to\infty} S_{2^m-1}$. ∎

▶ **系 3.20** 設定は定理 3.19 と同じ．このとき，任意の $\varepsilon > 0$ に対して

$$\frac{1}{\sqrt{N}(\log N)^{\frac{3}{2}+\varepsilon}}\sum_{n=1}^{N}f_n \to 0 \quad \mu\text{-a.e.} \ (N \to \infty).$$

[証明] $c_n := \frac{1}{\sqrt{n}(\log(n \vee 2))^{\frac{3}{2}+\varepsilon}}$ $(n \geq 1)$ とおくと

$$\sum_{n=1}^{\infty}|c_n|^2(\log n)^2 = \sum_{n=2}^{\infty}\frac{(\log n)^2}{n(\log n)^{3+2\varepsilon}}$$
$$= \sum_{n=2}^{\infty}\frac{1}{n(\log n)^{1+2\varepsilon}} < \infty \quad [\text{cf. 系 3.7 の証明}].$$

よって定理 3.19 より

$$\sum_{n=1}^{\infty}\frac{f_n}{\sqrt{n}(\log(n \vee 2))^{\frac{3}{2}+\varepsilon}} \text{ は } \mu\text{-a.e. に収束する.}$$

ここでクロネッカーの補題，すなわち補題 3.5 を適用すれば系の主張が従

う.

!注意 3.21 正規直交系は明らかに定理 3.19 の条件をみたす．代表的な正規直交系は三角関数系であろう．$\{e^{\sqrt{-1}2n\pi x}\}_{n\in\mathbb{Z}}$ は $L^2([0,1),\mathcal{B}([0,1)),dx;\mathbb{C})$ の正規直交系である．さらにパーセヴァル (Parseval) の定理より完全[8] (complete) である，すなわち，$f \in L^2([0,1),\mathcal{B}([0,1)),dx;\mathbb{C})$ に対して，

$$\widehat{f}(n) = \int_0^1 f(x)e^{-\sqrt{-1}2n\pi x}dx \quad (n \in \mathbb{Z})$$

とすると[9]，$\sum_{n\in\mathbb{Z}}|\widehat{f}(n)|^2 < \infty$ で，$\sum_n \widehat{f}(n)e^{\sqrt{-1}2n\pi x}$[10] は f に L^2-収束する（これを正確に述べると，$\sum_{|n|\leq N}\widehat{f}(n)e^{\sqrt{-1}2n\pi x} \to f(x)$ in L^2 $(N \to \infty)$). 定理 1.46(vi) より，適当に部分列 $\{N_k\}_{k=1}^{\infty}$ をとると，$\sum_{|n|\leq N_k}\widehat{f}(n)e^{\sqrt{-1}2n\pi x}$ は $k \to \infty$ のとき $f(x)$ に概収束する．定理 3.19 によれば，$\sum_n |\widehat{f}(n)|^2(\log n)^2 < \infty$ のときは，部分列をとるまでもなく，$\sum_{|n|\leq N}\widehat{f}(n)e^{\sqrt{-1}2n\pi x}$ は $N \to \infty$ のとき $f(x)$ に概収束する．この収束条件は，概収束するために必要なのだろうか？ 答えは No．Carleson による次の結果が知られている [cf. [4, 7]]:

「任意の $f \in L^2([0,1),\mathcal{B}([0,1)),dx;\mathbb{C})$ に対して，フーリエ級数 $\sum_n \widehat{f}(n)e^{\sqrt{-1}2n\pi x}$ は f に概収束する．すなわち，$\sum_{|n|\leq N}\widehat{f}(n)e^{\sqrt{-1}2n\pi x} \to f(x)$ a.s. $(N \to \infty)$.」

これの証明は，本書の程度を遥かに越えるので，今は，これを事実として認めて欲しい．

大数の強法則だけなら，ラデマッハー-メンショフの定理を持ち出すまでもなく証明できる：

〈問 3.22〉 $(X,\mathcal{B},\mu)$ は測度空間，$\{f_n\}_{n=1}^{\infty}$ は $L^2(X,\mathcal{B},\mu;\mathbb{C})$ の直交系で L^2-有界（すなわち $^\exists C > 0$ s.t. $\int_X |f_n|^2 d\mu \leq C$ $(^\forall n \geq 1)$) とする．このとき

$$\frac{1}{N}\sum_{k=1}^{N} f_k \to 0 \quad \mu\text{-a.e.} \quad (N \to \infty)$$

を以下の手順で示せ．

(i) $\displaystyle\int_X \sum_{n=1}^{\infty}\Big|\frac{1}{n^2}\sum_{k=1}^{n^2}f_k\Big|^2 d\mu \leq C\sum_{n=1}^{\infty}\frac{1}{n^2} < \infty.$

(ii) $\displaystyle\int_X \sum_{n=1}^{\infty}\Big(\frac{1}{n^2}\max_{n^2\leq m<(n+1)^2}\Big|\sum_{n^2<k\leq m}f_k\Big|\Big)^2 d\mu \leq C\sum_{n=1}^{\infty}\Big(\frac{2}{n^2}+\frac{1}{n^3}\Big) < \infty.$

---

[8] 完全性の証明については，例えば増田 [16, 定理 2.4] を参照せよ．
[9] $\widehat{f}(n), n \in \mathbb{Z}$ を f のフーリエ係数という．
[10] $\sum_n \widehat{f}(n)e^{\sqrt{-1}2n\pi x}$ を f のフーリエ級数という．

(iii) $N \in \mathbb{N}$ に対して，$n_N := \lfloor \sqrt{N} \rfloor$ とおく．このとき
$$\left|\frac{1}{N}\sum_{k=1}^{N} f_k\right| \leq \left|\frac{1}{n_N^2}\sum_{k=1}^{n_N^2} f_k\right| + \frac{1}{n_N^2} \max_{n_N^2 \leq m < (n_N+1)^2}\left|\sum_{n_N^2 < k \leq m} f_k\right|.$$

(iv) (i), (ii), (iii) より $\lim_{N \to \infty} \frac{1}{N}\sum_{k=1}^{N} f_k = 0$ μ-a.e.

3.3 乗法系の場合

▷ **定義 3.23** $(\Omega, \mathcal{F}, P)$ 上の実確率変数列 $\{X_n\}_{n=1}^{\infty}$ が，任意の $1 \leq n_1 < \cdots < n_s$, $s \geq 1$ に対して，$X_{n_1} \cdots X_{n_s} \in L^1$ で $E[X_{n_1} \cdots X_{n_s}] = 0$ のとき，$\{X_n\}_{n=1}^{\infty}$ は**乗法系** (multiplicative system) であるという．

$X_n \in L^1$, $E[X_n] = 0$ なる実確率変数列 $\{X_n\}_{n=1}^{\infty}$ が独立ならば，明らかに乗法系である [cf. 定理 1.37]．だから，乗法的であることは独立であることを緩くしたものと思うことができる．また $X_n \in L^2$ なる乗法系は明らかに直交系である．本節では直交系をきつくした，しかし必ずしも独立性をもつとは限らない乗法系に着目する．

▶ **定理 3.24** $\{X_n\}_{n=1}^{\infty}$ は**一様有界** (uniform bounded) な乗法系，すなわち
- $\exists K > 0$ s.t. $|X_n(\omega)| \leq K$ ($\forall n \geq 1$, $\forall \omega \in \Omega$),
- 任意の $1 \leq n_1 < \cdots < n_s$, $s \geq 1$ に対して，$E[X_{n_1} \cdots X_{n_s}] = 0$

とする[11]．このとき任意の $\{a_j\}_{j=1}^{\infty} \in l^2$ (すなわち $a_j \in \mathbb{R}$ ($\forall j$), $\sum_{j=1}^{\infty} a_j^2 < \infty$) に対して，$\sum_{j=1}^{\infty} a_j X_j$ は概収束する．すなわち $S_n := \sum_{j=1}^{n} a_j X_j$ ($n \geq 1$) とおいたとき
$$P(S_n \text{ が } n \to \infty \text{ のとき収束する}) = 1.$$

先に，この定理から従う系を述べておく：

▶ **系 3.25** $\{X_n\}_{n=1}^{\infty}$ は一様有界な乗法系，$\{p_k\}_{k=1}^{\infty}$ は実数列，$\{P_k\}_{k=1}^{\infty}$ は正数列で $P_n \nearrow \infty$, $\sum_{k=1}^{\infty} \frac{p_k^2}{P_k^2} < \infty$ とする．このとき

---

[11] 独立性を緩めて乗法系とするので，バランスをとって一様有界性を課す．

$$\frac{1}{P_n}\sum_{k=1}^{n}p_k X_k \to 0 \quad \text{a.s.} \quad (n\to\infty).$$

とくに $p_k=1, P_k=k$ の場合，この概収束は大数の強法則である．

[証明]　$\left\{\frac{p_n}{P_n}\right\}_{n=1}^{\infty}\in l^2$ であるから，定理 3.24 より $\sum_{j=1}^{\infty}\frac{p_j}{P_j}X_j$ は概収束する．$P_n\nearrow\infty$ なので，クロネッカーの補題（補題 3.5）を適用して

$$\frac{1}{P_n}\sum_{k=1}^{n}p_k X_k \to 0 \quad \text{a.s.} \qquad \blacksquare$$

【例 3.26】　$(\Omega,\mathcal{F},P)$ をルベーグ確率空間，すなわち，$\Omega=[0,1)$, $\mathcal{F}=\mathcal{B}([0,1))$, $P(d\omega)=d\omega$ とする．$\{n_k\}_{k=1}^{\infty}$ は自然数列で $\frac{n_{k+1}}{n_k}\geq 2$, $\{\theta_k\}_{k=1}^{\infty}$ は実数列とする．

$$\begin{aligned}X_k(\omega) &:= \cos 2\pi(n_k\omega+\theta_k) \\ &= \frac{1}{2}\left(e^{\sqrt{-1}2\pi(n_k\omega+\theta_k)}+e^{-\sqrt{-1}2\pi(n_k\omega+\theta_k)}\right) \\ &= \frac{1}{2}\sum_{\varepsilon\in\{-1,1\}}e^{\sqrt{-1}2\pi\varepsilon(n_k\omega+\theta_k)}\end{aligned}$$

とおくと，明らかに $|X_k|\leq 1$, そして

$$\begin{aligned}&E\big[X_{j_1}\cdots X_{j_s}\big] \\ &= E\left[\left(\frac{1}{2}\right)^s\sum_{\varepsilon_1,\ldots,\varepsilon_s\in\{-1,1\}}e^{\sqrt{-1}2\pi(\varepsilon_1 n_{j_1}+\cdots+\varepsilon_s n_{j_s})\omega}e^{\sqrt{-1}2\pi(\varepsilon_1\theta_{j_1}+\cdots+\varepsilon_s\theta_{j_s})}\right] \\ &= \left(\frac{1}{2}\right)^s\sum_{\varepsilon_1,\ldots,\varepsilon_s\in\{-1,1\}}e^{\sqrt{-1}2\pi(\varepsilon_1\theta_{j_1}+\cdots+\varepsilon_s\theta_{j_s})}\int_0^1 e^{\sqrt{-1}2\pi(\varepsilon_1 n_{j_1}+\cdots+\varepsilon_s n_{j_s})\omega}d\omega \\ &= \left(\frac{1}{2}\right)^s\sum_{\varepsilon_1,\ldots,\varepsilon_s\in\{-1,1\}}e^{\sqrt{-1}2\pi(\varepsilon_1\theta_{j_1}+\cdots+\varepsilon_s\theta_{j_s})}\delta_{\varepsilon_1 n_{j_1}+\cdots+\varepsilon_s n_{j_s},0}{}^{12)} = 0.\end{aligned}$$

何となれば，$1\leq i<j$ に対して

$$\frac{n_j}{n_i}=\frac{n_j}{n_{j-1}}\cdot\frac{n_{j-1}}{n_{j-2}}\cdots\cdots\frac{n_{i+1}}{n_i}\geq 2^{j-i}$$

---

12) ここでは $\delta_{i,j}$ は**クロネッカーのデルタ** (Kronecker's delta) である．

より

$$|\varepsilon_1 n_{j_1} + \cdots + \varepsilon_s n_{j_s}| = |\varepsilon_1 n_{j_1} + \cdots + \varepsilon_{s-1} n_{j_{s-1}} + \varepsilon_s n_{j_s}|$$
$$\geq |\varepsilon_s n_{j_s}| - |\varepsilon_1 n_{j_1} + \cdots + \varepsilon_{s-1} n_{j_{s-1}}|$$
$$\geq n_{j_s} - (n_{j_1} + \cdots + n_{j_{s-1}})$$
$$\geq n_{j_s} - \sum_{i=1}^{j_{s-1}} n_i = n_{j_s}\left(1 - \sum_{i=1}^{j_{s-1}} \frac{n_i}{n_{j_s}}\right)$$
$$\geq n_{j_s}\left(1 - \sum_{i=1}^{j_{s-1}} \left(\frac{1}{2}\right)^{j_s - i}\right)$$
$$= n_{j_s}\left(1 - \sum_{k=j_s - j_{s-1}}^{j_s - 1} \left(\frac{1}{2}\right)^k\right)$$
$$= n_{j_s}\left(\sum_{1 \leq k < j_s - j_{s-1}} \left(\frac{1}{2}\right)^k + \sum_{k \geq j_s} \left(\frac{1}{2}\right)^k\right) > 0$$

となるので…．よって $\{X_j\}_{j=1}^\infty$ は一様有界な乗法系である．

定理 3.24 の証明のために，次の補題を用意する：

▶ **補題 3.27** 定理 3.24 の設定の下で次が成り立つ：

$$\left(E\left[\max_{1 \leq i \leq n} \sum_{k=1}^i b_k X_k\right]\right)^2 \leq 2K^2 \sum_{p=1}^n b_p^2.$$

ここで $\{b_k\}_{k=1}^\infty$ は実数列である．

[証明] 簡単のため $\varphi_k := \frac{X_k}{K}$ とおく．4 段階で示す．
$\underline{1^\circ}$ 仮定より，$|\varphi_k| \leq 1$，任意の $1 \leq k_1 < \cdots < k_s$ に対して，$E[\varphi_{k_1} \cdots \varphi_{k_s}] = 0$．$n \in \mathbb{N}$ を

$$n = 2^{\nu_1} + \cdots + 2^{\nu_m}, \quad \nu_1 > \nu_2 > \cdots > \nu_m \geq 0$$

と 2 進展開したとき，$\psi_n := \varphi_{\nu_1 + 1} \cdots \varphi_{\nu_m + 1}$ とおく．$n = 0$ のときは，$\psi_0 := 1$ とする．
$\underline{2^\circ}$ 明らかに $E[\psi_n] = 0$ ($^\forall n \geq 1$)．そして

$$\sum_{k=0}^{2^m-1} \psi_k(\omega)\psi_k(\omega') = \prod_{k=1}^{m}\bigl(1+\varphi_k(\omega)\varphi_k(\omega')\bigr) \geq 0, \quad {}^\forall\omega, {}^\forall\omega' \in \Omega, {}^\forall m \geq 1.$$

⊙ 写像

$$\begin{array}{ccc} \{0,1\}^m & \to & \{0,\ldots,2^m-1\} \\ \cup\!\!\!\cup & & \cup\!\!\!\cup \\ (\varepsilon_0,\ldots,\varepsilon_{m-1}) & \mapsto & k = \varepsilon_0 2^0 + \varepsilon_1 2^1 + \cdots + \varepsilon_{m-1} 2^{m-1} \end{array}$$

が全単射であることに注意すると

$$\begin{aligned}
&\sum_{k=0}^{2^m-1} \psi_k(\omega)\psi_k(\omega') \\
&= \sum_{\varepsilon_0,\ldots,\varepsilon_{m-1}\in\{0,1\}} \psi_{\varepsilon_0 2^0+\varepsilon_1 2^1+\cdots+\varepsilon_{m-1}2^{m-1}}(\omega)\psi_{\varepsilon_0 2^0+\varepsilon_1 2^1+\cdots+\varepsilon_{m-1}2^{m-1}}(\omega') \\
&= 1 + \sum_{s=1}^{m} \sum_{\substack{\varepsilon_0,\ldots,\varepsilon_{m-1}\in\{0,1\}; \\ \#\{0\leq i\leq m-1; \varepsilon_i=1\}=s}} \begin{array}{l}\psi_{\varepsilon_0 2^0+\varepsilon_1 2^1+\cdots+\varepsilon_{m-1}2^{m-1}}(\omega) \\ \times \psi_{\varepsilon_0 2^0+\varepsilon_1 2^1+\cdots+\varepsilon_{m-1}2^{m-1}}(\omega')\end{array} \\
&= 1 + \sum_{s=1}^{m} \sum_{0\leq \nu_s < \nu_{s-1} < \cdots < \nu_1 \leq m-1} \psi_{2^{\nu_1}+\cdots+2^{\nu_s}}(\omega)\psi_{2^{\nu_1}+\cdots+2^{\nu_s}}(\omega') \\
&= 1 + \sum_{s=1}^{m} \sum_{0\leq \nu_s < \nu_{s-1} < \cdots < \nu_1 \leq m-1} \begin{array}{l}\varphi_{\nu_1+1}(\omega)\cdots\varphi_{\nu_s+1}(\omega) \\ \times \varphi_{\nu_1+1}(\omega')\cdots\varphi_{\nu_s+1}(\omega')\end{array} \\
&= 1 + \sum_{s=1}^{m} \sum_{0\leq \nu_s < \nu_{s-1} < \cdots < \nu_1 \leq m-1} \begin{array}{l}\varphi_{\nu_1+1}(\omega)\varphi_{\nu_1+1}(\omega') \times \cdots \\ \cdots \times \varphi_{\nu_s+1}(\omega)\varphi_{\nu_s+1}(\omega')\end{array} \\
&= 1 + \sum_{s=1}^{m} \sum_{1\leq \mu_s < \mu_{s-1} < \cdots < \mu_1 \leq m} \varphi_{\mu_1}(\omega)\varphi_{\mu_1}(\omega') \times \cdots \times \varphi_{\mu_s}(\omega)\varphi_{\mu_s}(\omega') \\
&= \prod_{k=1}^{m}\bigl(1+\varphi_k(\omega)\varphi_k(\omega')\bigr).
\end{aligned}$$

3° 簡単のため $T_p(\omega) = \sum_{k=1}^{p} b_k \varphi_k(\omega)$ $(p\geq 1)$ とおく．$n\in\mathbb{N}$ を固定する．

$$n(\omega) := \min\Bigl\{1\leq p\leq n; T_p(\omega) = \max_{1\leq q\leq n} T_q(\omega)\Bigr\} \tag{3.7}$$

とすると，$n(\omega)\in\{1,\ldots,n\}$, $n(\cdot)$ は確率変数（すなわち $\mathcal{F}$-可測）．そして

$$T_{n(\omega)}(\omega) = \max_{1\leq q\leq n} T_q(\omega). \tag{3.8}$$

$\{c_k\}_{k=0}^\infty$ を次で定義する：

$$c_k := \begin{cases} b_{p+1}, & k = 2^p \text{ のとき}, \\ 0, & \text{そうでないとき}. \end{cases}$$

このとき

$$T_m(\omega) = \sum_{k=0}^{2^m-1} c_k \psi_k(\omega). \tag{3.9}$$

$m = n(\omega)$ とすると

$$T_{n(\omega)}(\omega) = \sum_{k=0}^{2^{n(\omega)}-1} c_k \psi_k(\omega).$$

<u>4°</u> $\{1\} \cup \{\sqrt{2}\cos 2i\pi x, \sqrt{2}\sin 2j\pi x; i, j \in \mathbb{N}\}$ は $L^2([0,1), \mathcal{B}([0,1)), dx; \mathbb{C})$ の完全正規直交系である．これを適当に番号付けしたものを $\{g_k(x)\}_{k=0}^\infty$ とする．

$$\int_0^1 \sum_{k=0}^{2^n-1} c_k g_k(x) g_j(x) dx = \sum_{k=0}^{2^n-1} c_k \delta_{k,j}, \quad j \geq 0$$

より

$$\sum_{j=0}^{2^{n(\omega)}-1} \psi_j(\omega) \int_0^1 \sum_{k=0}^{2^n-1} c_k g_k(x) g_j(x) dx$$

$$= \sum_{j=0}^{2^{n(\omega)}-1} \psi_j(\omega) \sum_{k=0}^{2^n-1} c_k \delta_{k,j}$$

$$= \sum_{j=0}^{2^{n(\omega)}-1} \psi_j(\omega) \sum_{k=0}^{2^{n(\omega)}-1} c_k \delta_{k,j}$$

$$\left[\because 0 \leq j \leq 2^{n(\omega)} - 1 < k \leq 2^n - 1 \Rightarrow \delta_{k,j} = 0 \right]$$

$$= \sum_{j=0}^{2^{n(\omega)}-1} c_j \psi_j(\omega) = T_{n(\omega)}(\omega) \quad [\because 3° \text{ より}].$$

期待値 E をとり，その後で 2 乗すると

$$\left(E[T_{n(\omega)}(\omega)] \right)^2$$

$$= \Bigl(\int_\Omega \sum_{j=0}^{2^{n(\omega)}-1} \psi_j(\omega) P(d\omega) \int_0^1 \sum_{k=0}^{2^n-1} c_k g_k(x) g_j(x) dx\Bigr)^2$$

$$= \Bigl(\int_0^1 \sum_{k=0}^{2^n-1} c_k g_k(x) dx \int_\Omega \sum_{j=0}^{2^{n(\omega)}-1} \psi_j(\omega) g_j(x) P(d\omega)\Bigr)^2$$

$[\odot$ フビニの定理$]$

$$\le \int_0^1 \Bigl(\sum_{k=0}^{2^n-1} c_k g_k(x)\Bigr)^2 dx \int_0^1 dx \Bigl(\int_\Omega \sum_{j=0}^{2^{n(\omega)}-1} \psi_j(\omega) g_j(x) P(d\omega)\Bigr)^2$$

$[\odot$ シュワルツの不等式$]$

$$= \int_0^1 \sum_{k,l=0}^{2^n-1} c_k c_l g_k(x) g_l(x) dx$$

$$\times \int_0^1 dx \int_\Omega \int_\Omega \sum_{i=0}^{2^{n(\omega)}-1} \psi_i(\omega) g_i(x) \sum_{j=0}^{2^{n(\omega')}-1} \psi_j(\omega') g_j(x) P(d\omega) P(d\omega')$$

$$= \Bigl(\sum_{k=0}^{2^n-1} c_k^2\Bigr) \int_\Omega \int_\Omega \sum_{i=0}^{2^{n(\omega)}-1} \sum_{j=0}^{2^{n(\omega')}-1} \psi_i(\omega) \psi_j(\omega') P(d\omega) P(d\omega')$$

$$\int_0^1 g_i(x) g_j(x) dx \quad [\odot \text{ フビニの定理}]$$

$$= \Bigl(\sum_{k=0}^{2^n-1} c_k^2\Bigr) \int_\Omega \int_\Omega \sum_{i=0}^{2^{n(\omega)}-1} \sum_{j=0}^{2^{n(\omega')}-1} \psi_i(\omega) \psi_j(\omega') \delta_{i,j} P(d\omega) P(d\omega')$$

$$= \Bigl(\sum_{k=0}^{2^n-1} c_k^2\Bigr) \int_\Omega \int_\Omega \sum_{j=0}^{2^{n(\omega)\wedge n(\omega')}-1} \psi_j(\omega) \psi_j(\omega') P(d\omega) P(d\omega')$$

$$= \Bigl(\sum_{p=1}^{n} b_p^2\Bigr) \int_\Omega \int_\Omega \sum_{j=0}^{2^{n(\omega)\wedge n(\omega')}-1} \psi_j(\omega) \psi_j(\omega') P(d\omega) P(d\omega')$$

$[\odot \sum_{k=0}^{2^n-1} c_k^2 = \sum_{p=0}^{n-1} b_{p+1}^2 = \sum_{p=1}^{n} b_p^2]$

$$= \Bigl(\sum_{p=1}^{n} b_p^2\Bigr) \Bigl(\int_\Omega \int_\Omega \mathbf{1}_{\{n(\omega)\le n(\omega')\}} \sum_{j=0}^{2^{n(\omega)}-1} \psi_j(\omega) \psi_j(\omega') P(d\omega) P(d\omega')$$

$$+ \int_\Omega \int_\Omega \mathbf{1}_{\{n(\omega')<n(\omega)\}} \sum_{j=0}^{2^{n(\omega')}-1} \psi_j(\omega) \psi_j(\omega') P(d\omega) P(d\omega')\Bigr)$$

$$\le \Bigl(\sum_{p=1}^{n} b_p^2\Bigr) \Bigl(\int_\Omega \int_\Omega \sum_{j=0}^{2^{n(\omega)}-1} \psi_j(\omega) \psi_j(\omega') P(d\omega) P(d\omega')$$

$$+ \int_\Omega \int_\Omega \sum_{j=0}^{2^{n(\omega')}-1} \psi_j(\omega)\psi_j(\omega') P(d\omega)P(d\omega') \Big)$$

$$\left[\begin{array}{l} \odot \ 2^\circ \ \text{より} \\ \sum_{j=0}^{2^{n(\omega)}-1} \psi_j(\omega)\psi_j(\omega') \ge 0, \ \sum_{j=0}^{2^{n(\omega')}-1} \psi_j(\omega)\psi_j(\omega') \ge 0 \\ \text{に注意} \end{array} \right]$$

$$= \Big(2\sum_{p=1}^n b_p^2\Big) \int_\Omega \int_\Omega \sum_{j=0}^{2^{n(\omega)}-1} \psi_j(\omega)\psi_j(\omega') P(d\omega)P(d\omega')$$

$$= 2\sum_{p=1}^n b_p^2 \int_\Omega \sum_{j=0}^{2^{n(\omega)}-1} \psi_j(\omega) P(d\omega) \int_\Omega \psi_j(\omega') P(d\omega')$$

$$= 2\sum_{p=1}^n b_p^2 \quad \big[\odot \ 2^\circ \ \text{より} \ \int_\Omega \psi_j(\omega') P(d\omega') = \delta_{j,0}\big].$$

したがって，(3.8)より

$$\Big(E\big[\max_{1\le q\le n} T_q(\omega)\big]\Big)^2 \le 2\sum_{p=1}^n b_p^2,$$

すなわち

$$\Big(E\big[\max_{1\le q\le n} \sum_{k=1}^q b_k \frac{X_k(\omega)}{K}\big]\Big)^2 \le 2\sum_{p=1}^n b_p^2$$

がわかる．最後に両辺を K^2 倍すれば

$$\Big(E\big[\max_{1\le q\le n} \sum_{k=1}^q b_k X_k(\omega)\big]\Big)^2 \le 2K^2 \sum_{p=1}^n b_p^2. \qquad \blacksquare$$

〈問 3.28〉 上の証明の 3° の $n(\cdot)$ [cf. (3.7)] が $\mathcal{F}$-可測であることを確かめよ．

〈問 3.29〉 (3.9)を確かめよ．

[定理 3.24 の証明] 3段階で示す．

$\underline{1^\circ}$ $\{\alpha_n\}_{n=1}^\infty \in l^2$ に対して $S_n = \sum_{j=1}^n \alpha_j X_j$ とすると，補題 3.27 より

$$\Big(E\big[\max_{1\le i\le n} S_i\big]\Big)^2 \le 2K^2 \sum_{k=1}^n \alpha_k^2.$$

簡単のため $S_n^* := \max_{1 \leq i \leq n} S_i$ とおくと

$$S_n^* \nearrow \sup_{i \geq 1} S_i,$$

$$\big|E[S_n^*]\big| \leq \sqrt{2K^2 \sum_{k=1}^n \alpha_k^2} \quad (\forall n \geq 1).$$

$S_n^* - S_1^* \geq 0 \ (\forall n \geq 1)$, $S_n^* - S_1^* \nearrow \sup_{i \geq 1} S_i - S_1 \ (n \to \infty)$ なので

$$\begin{aligned}
0 \leq E\Big[\sup_{i \geq 1} S_i - S_1\Big] &= E\Big[\lim_{n \to \infty}\big(S_n^* - S_1^*\big)\Big] \\
&= \lim_{n \to \infty} E\big[S_n^* - S_1^*\big] \quad [\odot \text{ 単調収束定理}] \\
&= \lim_{n \to \infty}\Big(E\big[S_n^*\big] - E\big[S_1^*\big]\Big) \\
&\leq \liminf_{n \to \infty}\Big(\big|E[S_n^*]\big| + \big|E[S_1^*]\big|\Big) \\
&\leq \liminf_{n \to \infty}\Bigg(\sqrt{2K^2 \sum_{k=1}^n \alpha_k^2} + \big|E[S_1^*]\big|\Bigg) \\
&= \sqrt{2K^2 \sum_{k=1}^\infty \alpha_k^2} + \big|E[S_1^*]\big| < \infty.
\end{aligned}$$

これは $\sup_{i \geq 1} S_i < \infty$ a.s. を含意する.

α_n の代わりに $-\alpha_n$ を考えれば

$$\sup_{i \geq 1}(-S_i) < \infty \quad \text{a.s.},$$
$$\| $$
$$-\inf_{i \geq 1} S_i$$

すなわち $\inf_{i \geq 1} S_i > -\infty$ a.s. がわかる. よって

$$0 \leq S^* := \Big(\sup_{i \geq 1} S_i\Big)^+ + \Big(\inf_{i \geq 1} S_i\Big)^-$$

とおけば $|S_n| \leq S^* < \infty$ a.s.

2° $\{a_n\}_{n=1}^\infty \in l^2$ に対して

$$\exists \{\mu_n\}_{n=1}^\infty {}^{13)} \quad \text{s.t.} \quad \mu_n > 0, \ \mu_n \nearrow \infty, \ \sum_{n=1}^\infty a_n^2 \mu_n^2 < \infty.$$

☺ $t_n := \sum_{k=n+1}^{\infty} a_k^2$ とおくと $t_n \searrow 0$ $(n \to \infty)$ なので,

$$^{\exists}\{n_k\}_{k=1}^{\infty}: \text{部分列 s.t. } t_{n_k} < \frac{1}{2^k}.$$

$\{\mu_n\}_{n=1}^{\infty}$ を

$$\mu_n := \begin{cases} 1, & 1 \leq n \leq n_1, \\ 2, & n_1 < n \leq n_2, \\ \vdots & \vdots \\ k+1, & n_k < n \leq n_{k+1}, \\ \vdots & \vdots \end{cases}$$

と定義すると,これが求めるものである.実際 $\mu_n \geq 1$, $\mu_n \nearrow \infty$ で

$$\sum_{n=1}^{\infty} a_n^2 \mu_n^2 = \sum_{n=1}^{n_1} a_n^2 \mu_n^2 + \sum_{k=1}^{\infty} \sum_{n_k < n \leq n_{k+1}} a_n^2 \mu_n^2$$

$$= \sum_{n=1}^{n_1} a_n^2 + \sum_{k=1}^{\infty} (k+1)^2 \sum_{n_k < n \leq n_{k+1}} a_n^2$$

$$\leq \sum_{n=1}^{n_1} a_n^2 + \sum_{k=1}^{\infty} (k+1)^2 \sum_{n > n_k} a_n^2$$

$$= \sum_{n=1}^{n_1} a_n^2 + \sum_{k=1}^{\infty} (k+1)^2 t_{n_k}$$

$$< \sum_{n=1}^{n_1} a_n^2 + \sum_{k=1}^{\infty} \frac{(k+1)^2}{2^k} < \infty.$$

<u>3°</u> $\{a_n\}_{n=1}^{\infty} \in l^2$ に対して,2° より

$$^{\exists}\{\mu_n\}_{n=1}^{\infty} \text{ s.t. } \mu_n > 0, \mu_n \nearrow \infty, \sum_{n=1}^{\infty} (a_n \mu_n)^2 < \infty.$$

$\{a_n \mu_n\}_{n=1}^{\infty} \in l^2$ なので,1° より

$$^{\exists} S^* \text{ s.t. } \left|\sum_{k=1}^{n} a_k \mu_k X_k(\omega)\right| \leq S^*(\omega) \text{ a.s. } ^{\forall} n \geq 1.$$

このとき,任意の $m > n \geq 1$ に対して

---

13) ここでは,各 μ_n は確率測度ではなくて,実数である.

$$\Big|\sum_{k=n+1}^{m} a_k X_k(\omega)\Big| \leq \frac{2S^*(\omega)}{\mu_{n+1}}. \tag{3.10}$$

何となれば，簡単のため

$$\tilde{S}_n := \begin{cases} \sum_{k=1}^{n} a_k \mu_k X_k, & n \geq 1, \\ 0, & n = 0 \end{cases}$$

とおくと，$a_n \mu_n X_n = \tilde{S}_n - \tilde{S}_{n-1}$ $(n \geq 1)$ より

$$\sum_{k=n+1}^{m} a_k X_k = \sum_{k=n+1}^{m} \frac{1}{\mu_k}(\tilde{S}_k - \tilde{S}_{k-1}) = \sum_{k=n+1}^{m} \frac{\tilde{S}_k}{\mu_k} - \sum_{k=n}^{m-1} \frac{\tilde{S}_k}{\mu_{k+1}}$$
$$= -\frac{\tilde{S}_n}{\mu_{n+1}} + \sum_{k=n+1}^{m-1} \Big(\frac{1}{\mu_k} - \frac{1}{\mu_{k+1}}\Big)\tilde{S}_k + \frac{\tilde{S}_m}{\mu_m}.$$

絶対値をとれば

$$\Big|\sum_{k=n+1}^{m} a_k X_k\Big| \leq \sum_{k=n+1}^{m-1} \Big(\frac{1}{\mu_k} - \frac{1}{\mu_{k+1}}\Big)|\tilde{S}_k| + \frac{|\tilde{S}_n|}{\mu_{n+1}} + \frac{|\tilde{S}_m|}{\mu_m}$$
$$\leq S^* \Big\{\sum_{k=n+1}^{m-1}\Big(\frac{1}{\mu_k} - \frac{1}{\mu_{k+1}}\Big) + \frac{1}{\mu_{n+1}} + \frac{1}{\mu_m}\Big\}$$
$$= S^* \Big\{\frac{1}{\mu_{n+1}} - \frac{1}{\mu_m} + \frac{1}{\mu_{n+1}} + \frac{1}{\mu_m}\Big\} = \frac{2S^*}{\mu_{n+1}}.$$

いま，(3.10)の右辺は $n \to \infty$ のときゼロに収束する．これは

$$\sum_{k=1}^{n} a_k X_k \text{ は } n \to \infty \text{ のとき概収束する}$$

を示している． ∎

定理 3.24 の証明 $2°$ の別解がある：

〈問 3.30〉 天下り的ではあるが $\mu_n = \big(\sum_{k=n}^{\infty}(a_k^2 + \frac{1}{2^k})\big)^{-\frac{1}{4}}$ とすると，これが求めるものの 1 つになっていることを次の手順で示せ：
(i) 簡単のため $r_n = \sum_{k=n}^{\infty}(a_k^2 + \frac{1}{2^k})$ とおくと，$r_n > r_{n+1} > 0$ $(\forall n)$, $\lim_{n \to \infty} r_n = 0$.

(ii) $\frac{a_n^2}{\sqrt{r_n}} < 2(\sqrt{r_n} - \sqrt{r_{n+1}})$ $(\forall n)$.
(iii) $\sum_{n=1}^{\infty} \frac{a_n^2}{\sqrt{r_n}} < \infty$.

付 記

- 独立系の場合は，コルモゴロフの不等式が肝心である．これから従う系 3.2 を基に定理 3.4 の概収束定理がすんなり出て来る．ところが一様有界な乗法系の場合は，系 3.2 の対応物が見当たらない．これに近いものが補題 3.27 であるため，定理 3.4 のようにはすんなりとは行かず，手間がかかって定理 3.24 となる．この辺の事情から多くの確率論のテキストでは，独立系のというかコルモゴロフの不等式[14]が成り立つような実確率変数列を扱っている．しかしである．我々は「独立性は概収束定理のための専売特許ではない」といいたい．一様有界な乗法系は手間を要するがその定理 3.24 は定理 3.4 と同じ内容の概収束定理を提供する．これの証明において，独立性の代わりに乗法性が有効に働いていることに注意して欲しい．

- ルベーグ確率空間 $([0,1), \mathcal{B}([0,1)), d\omega)$ 上の実確率変数列 $\{\cos n\pi\omega\}_{n=1}^{\infty}$ は明らかに一様有界，直交系である．しかし乗法系ではない．例えば
$$E\big[\cos n\pi\omega \cos(n+1)\pi\omega \cos(2n+1)\pi\omega\big]$$
$$= E\big[\tfrac{1}{2}(\cos(2n+1)\pi\omega + \cos\pi\omega)\cos(2n+1)\pi\omega\big] = \tfrac{1}{4} \neq 0$$
なので…．一般論からは定理 3.24 ではなくて定理 3.19 の概収束定理を適用して，$\sum_{n=1}^{\infty} a_n^2 (\log n)^2 < \infty$ なる実数列 $\{a_n\}_{n=1}^{\infty}$ に対して $\sum_{n=1}^{\infty} a_n \cos n\pi\omega$ は $[0,1)$ で概収束する．しかし，今の場合は $\{a_n\}_{n=1}^{\infty} \in l^2$ についてもこの概収束が成り立つ．何となれば，Carleson の結果より $\{a_n\}_{n=1}^{\infty} \in l^2$ に対して $\sum_{n\in\mathbb{Z}\setminus\{0\}} a_{|n|} (-1)^n e^{\sqrt{-1} 2n\pi\omega}$ は $[0,1)$ で概収束する．$\omega \in [-\tfrac{1}{2}, \tfrac{1}{2})$ のとき
$$\sum_{1\le|n|\le N} a_{|n|} (-1)^n e^{\sqrt{-1} 2n\pi(\omega+\frac{1}{2})}$$
$$= \sum_{1\le|n|\le N} a_{|n|} (-1)^n e^{\sqrt{-1} n\pi} e^{\sqrt{-1} n\pi 2\omega}$$
$$= \sum_{1\le|n|\le N} a_{|n|} e^{\sqrt{-1} n\pi 2\omega} = \sum_{n=1}^{N} a_n \big(e^{\sqrt{-1} n\pi 2\omega} + e^{-\sqrt{-1} n\pi 2\omega}\big)$$
$$= 2\sum_{n=1}^{N} a_n \cos n\pi 2\omega$$
であるから，件の概収束が従う．身近にある $\{\cos n\pi\omega\}_{n=1}^{\infty}$ は独立でも乗法的でもないが，Carleson の結果から，定理 3.4，定理 3.24 と同じ内容の概収束定理が成り立つ．Carleson の結果は決して遠い世界のものではないということにお気付き頂けただろうか．読者諸氏には是非とも近い将来この結果を [4, 7] などで勉強して自分のものにして欲しい．

---

[14] マルチンゲールのときはドゥーブ (Doob) の不等式である．

第 4 章

中心極限定理

確率空間 $(\Omega, \mathcal{F}, P)$ 上の実確率変数列 $\{X_n\}_{n=1}^{\infty}$ が大数の強法則「$\frac{1}{n}(X_1 + \cdots + X_n) \to 0$ a.s. $(n \to \infty)$」をみたすとき,多くの場合 $\frac{1}{n}(X_1 + \cdots + X_n)$ は揺らぎながら 0 に収束する.ではこの揺らぎを捉えるにはどうしたらよいのか? この問いに対する解答が次の中心極限定理(<u>C</u>entral <u>L</u>imit <u>T</u>heorem, 略して CLT)である:「$\frac{1}{n}(X_1 + \cdots + X_n)$ を $\sqrt{n}$ 倍した $\frac{1}{\sqrt{n}}(X_1 + \cdots + X_n)$ の分布は $n \to \infty$ のとき正規分布に漠収束する.」

4.1 節では,$\{X_n\}_{n=1}^{\infty}$ が独立系の場合,リンデベルグ条件の下で CLT(これをリンデベルグの CLT という)が成り立つことを見る. 4.2 節では必ずしも独立系とは限らない $\{X_n\}_{n=1}^{\infty}$ についてマクレイシュの CLT が成り立つことを見る. 4.3 節では,この 2 つの CLT を比べるとマクレイシュの CLT の方がリンデベルグの CLT より上位にあること,言い換えるとマクレイシュの CLT からリンデベルグの CLT が従うことを見る. 4.4 節では,$\{X_n\}_{n=1}^{\infty}$ が独立系のとき CLT のために課した条件が,実は必要条件にもなっていることを見る.独立系のとき課す条件がギリギリのものであることがわかるだろう.

なお,各節では,今述べた $\{X_n\}_{n=1}^{\infty}$ よりもより一般の実確率変数の三角整列[1]について CLT を考える.

4.1 リンデベルグの中心極限定理

$\{X_{nj}\}_{1 \leq j \leq k_n, n \geq 1}$ は $(\Omega, \mathcal{F}, P)$ 上の実確率変数の三角整列で次の (i) と (ii) をみたすとする:

(i) $\{X_{nj}\}_{1 \leq j \leq k_n} \perp\!\!\!\perp$ ($^\forall n \geq 1$),

---

[1] 一般に族 $\{x_{nj}\}_{1 \leq j \leq k_n, n \geq 1}$ を**三角整列** (triangular array) という.この呼称は,$k_n = n$ のときの
$$\begin{matrix} x_{11} & & \\ x_{21} & x_{22} & \\ x_{31} & x_{32} & x_{33} \\ \vdots & & \end{matrix}$$
から来ている.

(ii) $X_{nj} \in L^2$, $E[X_{nj}] = 0$ $(1 \leq {}^\forall j \leq k_n, {}^\forall n \geq 1)$.

▶ **定理 4.1（リンデベルグ (Lindeberg) の中心極限定理）** もし

$$\lim_{n\to\infty} \sum_{j=1}^{k_n} E[X_{nj}^2] = v \in [0, \infty), \tag{4.1}$$

$$\lim_{n\to\infty} \sum_{j=1}^{k_n} E\big[X_{nj}^2; |X_{nj}| \geq \varepsilon\big] = 0, \quad {}^\forall \varepsilon > 0 \tag{4.2}$$

ならば[2]，次のような中心極限定理が成り立つ：

$$\sum_{j=1}^{k_n} X_{nj} \text{ の分布} \to {}^{3)} N(0, v)^{4)} \quad (n \to \infty).$$

換言すると，任意の $\xi \in \mathbb{R}$ に対して

$$\lim_{n\to\infty} E\Big[e^{\sqrt{-1}\xi \sum_{j=1}^{k_n} X_{nj}}\Big] = e^{-\frac{v\xi^2}{2}} \quad [\text{cf. 系 2.73}].$$

[**証明**] 3 段階で示す．

$\underline{1^\circ}$ $X \in L^2$, $E[X] = 0$ に対して

$$R(\xi) = R_X(\xi) := E\big[e^{\sqrt{-1}\xi X}\big] - 1 + \frac{\xi^2}{2} E[X^2], \quad \xi \in \mathbb{R}$$

とおくと

$$|R(\xi)| \leq E\Big[\xi^2 X^2 \wedge \frac{|\xi|^3 |X|^3}{6}\Big].$$

☺ まず

$$e^{\sqrt{-1}x} - 1 - \sqrt{-1}x + \frac{x^2}{2}$$
$$= -x^2 \int_0^1 t\, dt \int_0^1 \big(e^{\sqrt{-1}stx} - 1\big) ds$$
$$= -\sqrt{-1}x^3 \int_0^1 t^2 dt \int_0^1 s\, ds \int_0^1 e^{\sqrt{-1}rstx} dr \tag{4.3}$$

---

2) 条件 (4.2) を発見者に因んで**リンデベルグ条件**という．
3) この収束は漠収束である．第 4 章では簡単のため漠収束をかくとき 'vaguely' を省略する．
4) $v = 0$ のときは，$N(0, v) := \delta_0$ とする．

より

$$\begin{cases} \left|e^{\sqrt{-1}x} - 1 - \sqrt{-1}x + \dfrac{x^2}{2}\right| \\ = \left|-x^2 \int_0^1 t\,dt \int_0^1 \left(e^{\sqrt{-1}stx} - 1\right)ds\right| \leq x^2, \\ = \left|-\sqrt{-1}x^3 \int_0^1 t^2 dt \int_0^1 s\,ds \int_0^1 e^{\sqrt{-1}rstx} dr\right| \leq \dfrac{|x|^3}{6}. \end{cases}$$

これを 1 つにまとめると

$$\left|e^{\sqrt{-1}x} - 1 - \sqrt{-1}x + \frac{x^2}{2}\right| \leq x^2 \wedge \frac{|x|^3}{6}.$$

$E[X] = 0$ なので

$$\begin{aligned}
|R(\xi)| &= \left|E\left[e^{\sqrt{-1}\xi X}\right] - 1 - \sqrt{-1}\xi E[X] + \frac{\xi^2}{2} E[X^2]\right| \\
&= \left|E\left[e^{\sqrt{-1}\xi X} - 1 - \sqrt{-1}\xi X + \frac{(\xi X)^2}{2}\right]\right| \\
&\leq E\left[\left|e^{\sqrt{-1}\xi X} - 1 - \sqrt{-1}\xi X + \frac{(\xi X)^2}{2}\right|\right] \\
&\leq E\left[(\xi X)^2 \wedge \frac{|\xi X|^3}{6}\right] = E\left[\xi^2 X^2 \wedge \frac{|\xi|^3 |X|^3}{6}\right].
\end{aligned}$$

2° $f : D := \mathbb{C} \setminus \{x + \sqrt{-1}0 ; x \leq 0\} \to \mathbb{C}$ を

$$f(z) := \int_1^z \frac{dw}{w}$$

と定義すると[5]，f は正則関数で，$z = e^{f(z)}$ $(\forall z \in D)$ [cf. 問 4.3]．$z \in \mathbb{C} \setminus \{x + \sqrt{-1}0 ; x \leq -1\}$ のとき，$1 + z \in D$ より

$$\begin{aligned}
f(1+z) &= \int_1^{1+z} \frac{dw}{w} = \int_0^1 \frac{z\,dt}{1+tz} \quad [\odot \text{ 変数変換 } w = 1+tz] \\
&= z \int_0^1 \frac{1 + tz - tz}{1 + tz} dt \\
&= z \left(\int_0^1 dt - z \int_0^1 \frac{t}{1+tz} dt \right)
\end{aligned}$$

---

5) D は単連結な領域，$\frac{1}{w}$ は D で正則である．1 と z を結ぶ D 内の区分的に C^1 級な曲線 C に沿う複素積分 $\int_C \frac{dw}{w}$ はコーシーの積分定理より曲線 C の取り方によらない．これを簡単に $\int_1^z \frac{dw}{w}$ と書く．

4.1 リンデベルグの中心極限定理

$$= z - z^2 \int_0^1 \frac{t}{1+tz} dt$$

となるので

$$\left|f(1+z) - z\right| = \left|-z^2 \int_0^1 \frac{t}{1+tz} dt\right| = |z|^2 \left|\int_0^1 \frac{t}{1+tz} dt\right|$$

$$\leq |z|^2 \int_0^1 \frac{t}{|1+tz|} dt.$$

$|z| \leq \frac{1}{2}$ ならば,$z \in \mathbb{C} \setminus \{x + \sqrt{-1}0; x \leq -1\}$ であるから

$$\left|f(1+z) - z\right| \leq |z|^2 \int_0^1 \frac{t}{|1+tz|} dt$$

$$\leq |z|^2 \int_0^1 2t\, dt$$

$$\left[\because |1+tz| \geq 1 - t|z| \geq 1 - \tfrac{t}{2} \geq 1 - \tfrac{1}{2} = \tfrac{1}{2}\right]$$

$$= |z|^2.$$

3° $\xi \in \mathbb{R}$ を固定する. $\{X_{n1}, \ldots, X_{nk_n}\}$ ⊥⊥ より

$$E\big[e^{\sqrt{-1}\xi \sum_{j=1}^{k_n} X_{nj}}\big] = E\Big[\prod_{j=1}^{k_n} e^{\sqrt{-1}\xi X_{nj}}\Big] = \prod_{j=1}^{k_n} E\big[e^{\sqrt{-1}\xi X_{nj}}\big]$$

$$= \prod_{j=1}^{k_n}\Big(1 - \frac{\xi^2}{2} E\big[X_{nj}^2\big] + R_{nj}\Big).$$

ただし $R_{nj} := R_{X_{nj}}(\xi)$. 1° より

$$|R_{nj}| \leq E\Big[\xi^2 X_{nj}^2 \wedge \frac{|\xi|^3 |X_{nj}|^3}{6}\Big] = E\Big[\frac{\xi^2 X_{nj}^2}{2}\Big(2 \wedge \frac{|\xi| |X_{nj}|}{3}\Big)\Big]$$

$$= \frac{\xi^2}{2} E\Big[X_{nj}^2 \Big(2 \wedge \frac{|\xi| |X_{nj}|}{3}\Big)\Big]$$

なので

$$\Big|-\frac{\xi^2}{2} E\big[X_{nj}^2\big] + R_{nj}\Big| \leq \frac{\xi^2}{2} E\big[X_{nj}^2\big] + \xi^2 E\big[X_{nj}^2\big] = \frac{3}{2}\xi^2 E\big[X_{nj}^2\big].$$

ここでリンデベルグ条件,すなわち (4.2) より

$$\max_{1 \leq j \leq k_n} E\big[X_{nj}^2\big] \to 0 \ \ (n \to \infty) \tag{4.4}$$

であるから [cf. 問 4.4]

$^\exists n_0 \geq 1$ s.t. $\left|-\dfrac{\xi^2}{2}E[X_{nj}^2] + R_{nj}\right| \leq \dfrac{1}{2}$ ($^\forall n \geq n_0,\ 1 \leq {}^\forall j \leq k_n$).

簡単のため $z_{nj} := -\dfrac{\xi^2}{2}E[X_{nj}^2] + R_{nj}\ (n \geq n_0)$ とおくと

$$\begin{aligned}
E\left[e^{\sqrt{-1}\xi \sum_{j=1}^{k_n} X_{nj}}\right] &= \prod_{j=1}^{k_n}(1+z_{nj}) \\
&= \prod_{j=1}^{k_n} e^{z_{nj}} e^{f(1+z_{nj})-z_{nj}} \quad \left[\odot\ 2^\circ\ \text{より}\right] \\
&= e^{\sum_{j=1}^{k_n} z_{nj}} e^{\sum_{j=1}^{k_n}(f(1+z_{nj})-z_{nj})} \\
&= e^{-\frac{\xi^2}{2}\sum_{j=1}^{k_n} E[X_{nj}^2]} e^{\sum_{j=1}^{k_n} R_{nj}} e^{\sum_{j=1}^{k_n}(f(1+z_{nj})-z_{nj})}
\end{aligned} \tag{4.5}$$

となる.

(4.1) と (4.2) より

$$\begin{aligned}
\sum_{j=1}^{k_n}|R_{nj}| &\leq \sum_{j=1}^{k_n} \dfrac{\xi^2}{2} E\left[X_{nj}^2\left(2 \wedge \dfrac{|\xi|\,|X_{nj}|}{3}\right)\right] \\
&= \dfrac{\xi^2}{2}\sum_{j=1}^{k_n}\left\{E\left[X_{nj}^2\left(2 \wedge \dfrac{|\xi|\,|X_{nj}|}{3}\right); |X_{nj}| < \varepsilon\right] \right.\\
&\qquad\qquad \left. + E\left[X_{nj}^2\left(2 \wedge \dfrac{|\xi|\,|X_{nj}|}{3}\right); |X_{nj}| \geq \varepsilon\right]\right\} \\
&\leq \dfrac{\xi^2}{2}\sum_{j=1}^{k_n}\left\{E[X_{nj}^2]\left(2 \wedge \dfrac{|\xi|\varepsilon}{3}\right) + E[X_{nj}^2; |X_{nj}| \geq \varepsilon]\,2\right\} \\
&= \dfrac{\xi^2}{2}\left\{\left(2 \wedge \dfrac{|\xi|\varepsilon}{3}\right)\sum_{j=1}^{k_n} E[X_{nj}^2] + 2\sum_{j=1}^{k_n} E[X_{nj}^2; |X_{nj}| \geq \varepsilon]\right\} \\
&\underset{\substack{\text{まず } n\to\infty \\ \text{次に } \varepsilon\to 0}}{\longrightarrow} 0.
\end{aligned}$$

また (4.4) と (4.1) より

$$\begin{aligned}
\sum_{j=1}^{k_n}|f(1+z_{nj}) - z_{nj}| &\leq \sum_{j=1}^{k_n}|z_{nj}|^2 \\
&\leq \sum_{j=1}^{k_n}\left(\dfrac{3}{2}\xi^2\right)^2\left(\max_{1 \leq k \leq k_n} E[X_{nk}^2]\right) E[X_{nj}^2] \\
&\quad \left[\odot\ |z_{nj}| \leq \tfrac{3}{2}\xi^2 E[X_{nj}^2]\right]
\end{aligned}$$

$$= \left(\frac{3}{2}\xi^2\right)^2 \max_{1 \leq k \leq k_n} E[X_{nk}^2] \sum_{j=1}^{k_n} E[X_{nj}^2]$$

$$\to 0 \quad (n \to \infty)$$

なので，この2つの収束と (4.1)を (4.5)の最右辺に使って

$$\lim_{n \to \infty} E\left[e^{\sqrt{-1}\xi \sum_{j=1}^{k_n} X_{nj}}\right] = e^{-\frac{\xi^2}{2}v}$$

がわかる． ∎

〈問 4.2〉 (4.3)を確かめよ．

〈問 4.3〉 2° の正則関数 f について，$z = e^{f(z)}$ $(z \in D)$ を確かめよ．

〈問 4.4〉 (4.4)を確かめよ．

▶ 系 4.5 実確率変数列 $\{X_n\}_{n=1}^{\infty}$ は次の2つの条件をみたすとする：
- $\{X_n\}_{n=1}^{\infty}$ は独立同分布，すなわち $\{X_n\}_{n=1}^{\infty} \perp\!\!\!\perp$ かつ $\mu_{X_n} = \mu_{X_1}$ ($^\forall n \geq 1$),
- $X_1 \in L^2$, $E[X_1] = 0$, $v := \sigma^2(X_1) \geq 0$.

このとき中心極限定理

$$\frac{1}{\sqrt{n}} \sum_{k=1}^{n} X_k \text{ の分布} \to N(0, v) \quad (n \to \infty)$$

が成り立つ．

[証明] $X_{nj} := \frac{X_j}{\sqrt{n}}$ $(1 \leq j \leq n)$ とおくと
- $\{X_{nj}\}_{1 \leq j \leq n} \perp\!\!\!\perp$ ($^\forall n \geq 1$),
- $X_{nj} \in L^2$, $E[X_{nj}] = 0$,
- $\displaystyle\sum_{j=1}^{n} E[X_{nj}^2] = \frac{1}{n} \sum_{j=1}^{n} E[X_j^2] = \frac{1}{n} \cdot n \cdot E[X_1^2] = v$,
- $\displaystyle\sum_{j=1}^{n} E\left[X_{nj}^2; |X_{nj}| \geq \varepsilon\right] = \sum_{j=1}^{n} E\left[\frac{X_j^2}{n}; |X_j| \geq \sqrt{n}\varepsilon\right]$

$$= \frac{1}{n} \sum_{j=1}^{n} E\left[X_j^2; |X_j| \geq \sqrt{n}\varepsilon\right]$$

$$= \frac{1}{n} \cdot n \cdot E\big[X_1^2; |X_1| \geq \sqrt{n}\varepsilon\big]$$

$$= E\big[X_1^2; |X_1| \geq \sqrt{n}\varepsilon\big] \to 0 \quad (n \to \infty).$$

したがって定理 4.1 より

$$\frac{1}{\sqrt{n}} \sum_{j=1}^{n} X_j \text{ の分布} = \sum_{j=1}^{n} X_{nj} \text{ の分布} \to N(0, v) \quad (n \to \infty). \quad \blacksquare$$

【例 4.6】(ド・モアブル–ラプラス (de Moivre-Laplace) **の中心極限定理**) $0 < p < 1$, $q := 1 - p$ とする.実確率変数列 $\{X_n\}_{n=1}^{\infty}$ は独立で $\mu_{X_n} = p\delta_1 + q\delta_0$ ($^{\forall}n$) とするならば,任意の $-\infty < a < b < \infty$ に対して

$$\lim_{n \to \infty} P\left(a \leq \frac{S_n - np}{\sqrt{npq}} \leq b\right) = \frac{1}{\sqrt{2\pi}} \int_a^b e^{-\frac{x^2}{2}} dx$$

が成り立つ.ただし $S_n = \sum_{k=1}^{n} X_k$ とする.

[証明] 明らかに $\{Y_n := X_n - p\}_{n=1}^{\infty}$ は i.i.d. である.各 n に対して $|Y_n| \leq p \vee q$,$E[Y_n] = 0$,$\sigma^2(Y_n) = pq$ なので,系 4.5 を適用して,$\frac{1}{\sqrt{n}} \sum_{k=1}^{n} Y_k$ の分布 $\to N(0, pq)$.ここで $\sum_{k=1}^{n} Y_k = S_n - np$,また $-\infty < a < b < \infty$ に対して閉区間 $[a\sqrt{pq}, b\sqrt{pq}]$ は $N(0, pq)$-連続集合であるから

$$\lim_{n \to \infty} P\left(a \leq \frac{S_n - np}{\sqrt{npq}} \leq b\right) = \lim_{n \to \infty} P\left(a\sqrt{pq} \leq \frac{1}{\sqrt{n}} \sum_{k=1}^{n} Y_k \leq b\sqrt{pq}\right)$$

$$= \int_{a\sqrt{pq}}^{b\sqrt{pq}} \frac{1}{\sqrt{2\pi pq}} e^{-\frac{y^2}{2pq}} dy$$

$$= \int_a^b \frac{1}{\sqrt{2\pi}} e^{-\frac{x^2}{2}} dx$$

となる. $\blacksquare$

!注意 4.7 これのスターリングの公式を用いた初等的な証明がある.例えば Durrett [5, Section 2.1](ただし $p = q = \frac{1}{2}$ のときだけだが…)あるいは福島 [8, 定理 2.2] を参照せよ.ただし計算は煩雑ですっきりしたものではない(と思う).

4.2 マクレイシュの中心極限定理

件の中心極限定理はマルチンゲール（マルチンゲール差列の和）の中心極限定理を導くので応用が広く，様々なところで引用されている．という理由(わけ)で，本節では**マクレイシュの中心極限定理**を考える．

▶**定理 4.8**（マクレイシュ (McLeish) の中心極限定理）　$\{X_{nj}\}_{1\leq j\leq k_n, n\geq 1}$ は $(\Omega, \mathcal{F}, P)$ 上の実確率変数の三角整列で次の (i), (ii), (iii) をみたすとする：

(i) 　任意の $t \in \mathbb{R}$ に対して $\bigl\{\prod_{j=1}^{k_n}(1+\sqrt{-1}tX_{nj})\bigr\}_{n=1}^{\infty}$ は一様可積分[6]である．

(ii) 　$\sum_{j=1}^{k_n} X_{nj}^2 \to v\ (\in [0,\infty))$　i.p.　$(n\to\infty)$,

(iii) 　$\max_{1\leq j\leq k_n}|X_{nj}| \to 0$　i.p.　$(n\to\infty)$.

このとき (a) と (b) は同値である：

(a) $\sum_{j=1}^{k_n} X_{nj}$ の分布 $\to N(0,v)$　$(n\to\infty)$,

(b) $E\bigl[\prod_{j=1}^{k_n}(1+\sqrt{-1}tX_{nj})\bigr] \to 1$　$(n\to\infty)$,　$\forall t \in \mathbb{R}$.

定理 4.8 の証明のため，次の補題を用意する：

▶**補題 4.9**　$\exists r : \mathbb{R} \to \mathbb{C}$ 連続 s.t.

$$\begin{cases} \bullet\ |r(x)| \leq \dfrac{|x|^3}{3}, \\ \bullet\ e^{\sqrt{-1}x} = (1+\sqrt{-1}x)\exp\Bigl\{-\dfrac{x^2}{2}+r(x)\Bigr\}. \end{cases}$$

[証明]　まず次のことに注意せよ [cf. 定理 4.1 の証明の 2°]：

$$z = \exp\Bigl\{\int_1^z \frac{dw}{w}\Bigr\},\quad \forall z \in D := \mathbb{C}\setminus\{x+\sqrt{-1}\,0\,;\,x\leq 0\}.$$

とくに $1+\sqrt{-1}x \in D$ ($\forall x \in \mathbb{R}$) なので

$$1+\sqrt{-1}x = \exp\Bigl\{\int_1^{1+\sqrt{-1}x}\frac{dw}{w}\Bigr\} = \exp\Bigl\{\int_0^1 \frac{\sqrt{-1}x}{1+\sqrt{-1}xt}dt\Bigr\}.$$

---

[6] $(\Omega, \mathcal{F}, P)$ 上の確率変数 (の) 族 $\{X_\lambda\}_{\lambda\in\Lambda}$ が，$\lim_{c\to\infty}\sup_{\lambda\in\Lambda} E[|X_\lambda|\,;\,|X_\lambda|\geq c]=0$ をみたすとき，$\{X_\lambda\}_{\lambda\in\Lambda}$ は**一様可積分** (uniformly integrable) であるという．

天下り的に $r : \mathbb{R} \to \mathbb{C}$ を次で定義する：

$$r(x) := \sqrt{-1}x - \int_0^1 \frac{\sqrt{-1}x}{1+\sqrt{-1}xt} dt + \frac{x^2}{2}.$$

このとき，明らかに r は連続で

$$e^{\sqrt{-1}x} = (1+\sqrt{-1}x)\exp\left\{-\frac{x^2}{2} + r(x)\right\}.$$

また

$$r(x) = \sqrt{-1}x^3 \int_0^1 \frac{t^2}{1+\sqrt{-1}xt} dt$$

となるから $|r(x)| \leq \frac{|x|^3}{3}$. よって補題の主張がわかる． ∎

〈問 4.10〉 $|r(x)| \leq \frac{|x|^3}{3}$ $(x \in \mathbb{R})$ を確かめよ．

[定理 4.8 の証明] $t \in \mathbb{R}$ を固定する．簡単のため

$$S_n := \sum_{j=1}^{k_n} X_{nj}, \quad L_n(t) := \prod_{j=1}^{k_n} (1+\sqrt{-1}tX_{nj})$$

とおく．条件 (i) は次と同値であることに注意せよ [cf. 問 4.11(ii)]：

$$\sup_{n\geq 1} E\big[|L_n(t)|\big] < \infty, \tag{4.6}$$

$$\lim_{\delta \searrow 0} \sup_{A; P(A)\leq \delta} \sup_{n\geq 1} E\big[|L_n(t)|\,;\,A\big] = 0. \tag{4.7}$$

補題 4.9 より

$$\begin{aligned}
e^{\sqrt{-1}tS_n} &= e^{\sqrt{-1}t\sum_{j=1}^{k_n} X_{nj}} \\
&= \prod_{j=1}^{k_n} e^{\sqrt{-1}tX_{nj}} \\
&= \left(\prod_{j=1}^{k_n}(1+\sqrt{-1}tX_{nj})\right)\left(\prod_{j=1}^{k_n} e^{-\frac{t^2 X_{nj}^2}{2} + r(tX_{nj})}\right) \\
&= L_n(t) e^{-\frac{t^2}{2}\sum_{j=1}^{k_n} X_{nj}^2 + \sum_{j=1}^{k_n} r(tX_{nj})}.
\end{aligned}$$

$0 < \varepsilon \leq 1$ を任意に固定し，$e^{\sqrt{-1}tS_n}$ を次のように 5 つの項の和に分ける：

$$e^{\sqrt{-1}tS_n} = e^{\sqrt{-1}tS_n}\mathbf{1}_{\{\max_{1\leq j\leq k_n}|X_{nj}|>\varepsilon\}}$$
$$+ e^{\sqrt{-1}tS_n}\mathbf{1}_{\{\max_{1\leq j\leq k_n}|X_{nj}|\leq\varepsilon,\,|\sum_{j=1}^{k_n}X_{nj}^2-v|>\varepsilon\}}$$
$$- L_n(t)e^{-\frac{vt^2}{2}}\mathbf{1}_{\{\max_{1\leq j\leq k_n}|X_{nj}|>\varepsilon\text{ あるいは }|\sum_{j=1}^{k_n}X_{nj}^2-v|>\varepsilon\}}$$
$$+ L_n(t)\left(e^{-\frac{t^2}{2}\sum_{j=1}^{k_n}X_{nj}^2+\sum_{j=1}^{k_n}r(tX_{nj})} - e^{-\frac{vt^2}{2}}\right)$$
$$\times \mathbf{1}_{\{\max_{1\leq j\leq k_n}|X_{nj}|\leq\varepsilon,\,|\sum_{j=1}^{k_n}X_{nj}^2-v|\leq\varepsilon\}}$$
$$+ L_n(t)e^{-\frac{vt^2}{2}}.$$

補題 4.9 より，$\{\max_{1\leq j\leq k_n}|X_{nj}|\leq\varepsilon,\,|\sum_{j=1}^{k_n}X_{nj}^2-v|\leq\varepsilon\}$ 上では

$$\left|\sum_{j=1}^{k_n}r(tX_{nj})\right| \leq \sum_{j=1}^{k_n}|r(tX_{nj})| \leq \frac{|t|^3}{3}\sum_{j=1}^{k_n}|X_{nj}|^3$$
$$= \frac{|t|^3}{3}\sum_{j=1}^{k_n}|X_{nj}|X_{nj}^2$$
$$\leq \frac{|t|^3}{3}\left(\max_{1\leq j\leq k_n}|X_{nj}|\right)\left(v + \sum_{j=1}^{k_n}X_{nj}^2 - v\right)$$
$$\leq \frac{|t|^3\varepsilon}{3}(v+\varepsilon),$$

したがって

$$\left|e^{-\frac{t^2}{2}\sum_{j=1}^{k_n}X_{nj}^2+\sum_{j=1}^{k_n}r(tX_{nj})} - e^{-\frac{vt^2}{2}}\right|$$
$$= \left|\left(e^{-\frac{t^2}{2}\sum_{j=1}^{k_n}X_{nj}^2} - e^{-\frac{vt^2}{2}}\right)e^{\sum_{j=1}^{k_n}r(tX_{nj})} + e^{-\frac{vt^2}{2}}\left(e^{\sum_{j=1}^{k_n}r(tX_{nj})} - 1\right)\right|$$
$$\leq \left|e^{-\frac{t^2}{2}\sum_{j=1}^{k_n}X_{nj}^2} - e^{-\frac{vt^2}{2}}\right|\left|e^{\sum_{j=1}^{k_n}r(tX_{nj})}\right| + e^{-\frac{vt^2}{2}}\left|e^{\sum_{j=1}^{k_n}r(tX_{nj})} - 1\right|$$
$$\leq \left|\frac{t^2}{2}\sum_{j=1}^{k_n}X_{nj}^2 - \frac{vt^2}{2}\right|e^{|\sum_{j=1}^{k_n}r(tX_{nj})|} + e^{|\sum_{j=1}^{k_n}r(tX_{nj})|} - 1 \quad [\text{cf. 問 4.12}]$$
$$\leq \frac{t^2\varepsilon}{2}e^{\frac{1}{3}|t|^3\varepsilon(v+\varepsilon)} + e^{\frac{1}{3}|t|^3\varepsilon(v+\varepsilon)} - 1$$
$$\leq \frac{t^2\varepsilon}{2}e^{\frac{1}{3}|t|^3(v+1)} + e^{\frac{1}{3}|t|^3\varepsilon(v+1)} - 1 \quad [0<\varepsilon\leq 1 \text{ に注意}]$$

となるから

$$\bigl|e^{\sqrt{-1}tS_n} - L_n(t)e^{-\frac{vt^2}{2}}\bigr|$$

$$\leq \mathbf{1}_{\{\max_{1\leq j\leq k_n}|X_{nj}|>\varepsilon\}} + \mathbf{1}_{\{\max_{1\leq j\leq k_n}|X_{nj}|\leq\varepsilon,\,|\sum_{j=1}^{k_n}X_{nj}^2-v|>\varepsilon\}}$$

$$+ |L_n(t)|\mathbf{1}_{\{\max_{1\leq j\leq k_n}|X_{nj}|>\varepsilon\text{ あるいは }|\sum_{j=1}^{k_n}X_{nj}^2-v|>\varepsilon\}}$$

$$+ |L_n(t)|\Bigl(\frac{t^2\varepsilon}{2}e^{\frac{1}{3}|t|^3(v+1)} + e^{\frac{1}{3}|t|^3\varepsilon(v+1)} - 1\Bigr).$$

期待値 E をとると

$$E\bigl[\bigl|e^{\sqrt{-1}tS_n} - L_n(t)e^{-\frac{vt^2}{2}}\bigr|\bigr]$$

$$\leq \delta_n(\varepsilon) + \sup_{A;P(A)\leq\delta_n(\varepsilon)}\sup_{m\geq 1}E\bigl[|L_m(t)|;A\bigr]$$

$$+ \sup_{m\geq 1}E\bigl[|L_m(t)|\bigr]\Bigl(\frac{t^2\varepsilon}{2}e^{\frac{1}{3}|t|^3(v+1)} + e^{\frac{1}{3}|t|^3\varepsilon(v+1)} - 1\Bigr).$$

ここで

$$\delta_n(\varepsilon) := P\Bigl(\max_{1\leq j\leq k_n}|X_{nj}|>\varepsilon\Bigr) + P\Bigl(\bigl|\sum_{j=1}^{k_n}X_{nj}^2-v\bigr|>\varepsilon\Bigr).$$

条件 (ii), (iii) より $\lim_{n\to\infty}\delta_n(\varepsilon)=0$, これと (4.7) より $\lim_{n\to\infty}$ 第 2 項 $= 0$. 明らかに $\lim_{\varepsilon\searrow 0}$ 第 3 項 $= 0$ であるから

$$\lim_{n\to\infty}E\Bigl[\bigl|e^{\sqrt{-1}tS_n} - L_n(t)e^{-\frac{vt^2}{2}}\bigr|\Bigr] = 0$$

がわかる.

定理 4.8 の主張は, この収束から明らかであろう. ∎

〈問 4.11〉 (i) $X\in L^1$, $A\in\mathcal{F}$, $c>0$ に対して, 次の不等式を示せ:

$$E\bigl[|X|;A\bigr] \leq E\bigl[|X|;|X|\geq c\bigr] + cP(A),$$

$$E\bigl[|X|;|X|\geq c\bigr] \leq \sup\Bigl\{E\bigl[|X|;B\bigr]; P(B)\leq \frac{1}{c}E\bigl[|X|\bigr]\Bigr\}.$$

(ii) 確率変数族 $\{X_\lambda\}_{\lambda\in\Lambda}$ に対して, 次の同値性を示せ:

$$\{X_\lambda\}_{\lambda\in\Lambda}\text{ が一様可積分} \underset{\text{iff}}{\Longleftrightarrow} \begin{cases} \bullet\ \sup_{\lambda\in\Lambda}E\bigl[|X_\lambda|\bigr] < \infty, \\ \bullet\ \lim_{\delta\searrow 0}\sup_{A;P(A)\leq\delta}\sup_{\lambda\in\Lambda}E\bigl[|X_\lambda|;A\bigr] = 0. \end{cases}$$

⟨問 4.12⟩ $|e^{-\alpha} - e^{-\beta}| \leq |\alpha - \beta|$ $(\alpha, \beta \geq 0)$, $|e^w| \leq e^{|w|}, |e^w - 1| \leq e^{|w|} - 1$ $(w \in \mathbb{C})$ を確かめよ.

⟨問 4.13⟩ X_n $(n \geq 1)$, $X \in L^1$ に対して, 次を示せ:
$$X_n \to X \text{ in } L^1 \underset{\text{iff}}{\Longleftrightarrow} \begin{cases} \bullet \ \{X_n; n \geq 1\} \text{ は一様可積分,} \\ \bullet \ X_n \to X \text{ i.p.} \end{cases}$$

▶ 系 4.14 実確率変数列 $\{X_n\}_{n=1}^\infty$ は次の 2 つの条件をみたすとする:
- $\{X_n\}_{n=1}^\infty$ は一様有界である,
- $\{X_n\}_{n=1}^\infty$, $\{X_n^2 - v\}_{n=1}^\infty$ は共に乗法的である. ただし $v \in [0, \infty)$.

このとき中心極限定理
$$\frac{1}{\sqrt{n}} \sum_{k=1}^n X_k \text{ の分布} \to N(0, v) \quad (n \to \infty)$$
が成り立つ.

[証明] $v = 0$ のときは, $E[X_n^2] = E[X_n^2 - v] = 0$ より $X_n = 0$ a.s. $(^\forall n)$ なので $\sum_{k=1}^n X_k = 0$ a.s. $(^\forall n)$. したがって $\frac{1}{\sqrt{n}} \sum_{k=1}^n X_k$ の分布 $= \delta_0 = N(0, v)$ $(^\forall n)$.

以下 $v > 0$ とする. $X_{nk} := \frac{X_k}{\sqrt{n}}$ とおく. $K > 0$ を $|X_n(\omega)| \leq K$ $(^\forall n \geq 1, ^\forall \omega \in \Omega)$ ととる.
$$\max_{1 \leq k \leq n} |X_{nk}(\omega)| = \max_{1 \leq k \leq n} \frac{|X_k(\omega)|}{\sqrt{n}} \leq \frac{K}{\sqrt{n}} \to 0 \quad (n \to \infty)$$
より定理 4.8 の条件 (iii) は OK. また
$$\left| \prod_{k=1}^n (1 + \sqrt{-1} t X_{nk}(\omega)) \right|^2 = \prod_{k=1}^n (1 + t^2 X_{nk}(\omega)^2)$$
$$\leq \prod_{k=1}^n e^{t^2 X_{nk}(\omega)^2} \quad [\odot \ 1 + x \leq e^x \ (^\forall x \in \mathbb{R})]$$
$$= e^{t^2 \sum_{k=1}^n \frac{X_k(\omega)^2}{n}} \leq e^{\frac{t^2}{n} n K^2} = e^{t^2 K^2}$$

より定理 4.8 の条件 (i) も OK [cf. 問 4.16]. $\{X_n^2 - v\}_{n=1}^\infty$ は一様有界な乗法系であるから, 系 3.25 より

$$\sum_{k=1}^{n} X_{nk}^2 = \frac{1}{n}\sum_{k=1}^{n} X_k^2 = v + \frac{1}{n}\sum_{k=1}^{n}(X_k^2 - v)$$
$$\to v \quad \text{a.s.} \quad (n \to \infty).$$

これは定理 4.8 の条件 (ii) である．最後に $\{X_n\}_{n=1}^{\infty}$ の乗法性より

$$E\left[\prod_{k=1}^{n}\left(1 + \sqrt{-1}\,tX_{nk}\right)\right]$$
$$= E\left[1 + \sum_{r=1}^{n}(\sqrt{-1}\,t)^r \sum_{1 \le k_1 < \cdots < k_r \le n} X_{nk_1}\cdots X_{nk_r}\right]$$
$$= 1 + \sum_{r=1}^{n}\left(\frac{\sqrt{-1}\,t}{\sqrt{n}}\right)^r \sum_{1 \le k_1 < \cdots < k_r \le n} E[X_{k_1}\cdots X_{k_r}] = 1 \quad (^{\forall}n).$$

これは定理 4.8 の条件 (b) である．以上のことから，定理 4.8 を適用して

$$\frac{1}{\sqrt{n}}\sum_{k=1}^{n} X_k \text{ の分布} = \sum_{k=1}^{n} X_{nk} \text{ の分布} \to N(0, v) \quad (n \to \infty)$$

がわかる． ■

【例 4.15】 自然数列 $\{n_k\}_{k=1}^{\infty}$ は

$$\frac{n_{k+1}}{n_k} \ge 2 \quad (^{\forall}k \in \mathbb{N})$$

をみたすとする．このとき，任意の実数列 $\{\theta_k\}_{k=1}^{\infty}$ に対して

$$\lim_{N \to \infty} \int_0^1 e^{\sqrt{-1}\,t\sqrt{\frac{2}{N}}\sum_{k=1}^{N}\cos 2\pi(n_k\omega + \theta_k)}d\omega = e^{-\frac{t^2}{2}} \quad (^{\forall}t \in \mathbb{R}).$$

[証明] 例 3.26 に倣って，$(\Omega, \mathcal{F}, P)$ をルベーグ確率空間，すなわち $\Omega = [0,1)$, $\mathcal{F} = \mathcal{B}([0,1))$, $P(d\omega) = d\omega$ とする．

$$X_k(\omega) = \sqrt{2}\cos 2\pi(n_k\omega + \theta_k), \quad k = 1, 2, \ldots$$

とおく．例 3.26 より $\{X_k\}_{k=1}^{\infty}$ は一様有界な乗法系である．また

$$X_k(\omega)^2 - 1 = 2\cos^2 2\pi(n_k\omega + \theta_k) - 1$$
$$= \cos 4\pi(n_k\omega + \theta_k) \quad [\odot \text{ 半角の公式より}]$$

$$= \cos 2\pi(2n_k\omega + 2\theta_k)$$

より,再び例 3.26 を適用して $\{X_k^2 - 1\}_{k=1}^{\infty}$ も乗法系である.したがって系 4.14 より

$$\frac{1}{\sqrt{N}}\sum_{k=1}^{N} X_k \text{ の分布} \to N(0,1) \quad (N \to \infty).$$

すなわち

$$\lim_{N\to\infty}\int_0^1 e^{\sqrt{-1}t\sqrt{\frac{2}{N}}\sum_{k=1}^{N}\cos 2\pi(n_k\omega+\theta_k)}d\omega = e^{-\frac{t^2}{2}} \quad (\forall t \in \mathbb{R}). \blacksquare$$

⟨問 4.16⟩ 確率変数族 $\{X_\lambda\}_{\lambda\in\Lambda}$ が,ある $1 < p < \infty$ に対して $\sup_{\lambda\in\Lambda} E[|X_\lambda|^p] < \infty$ をみたすならば[7],$\{X_\lambda\}_{\lambda\in\Lambda}$ は一様可積分であることを示せ.

! 注意 4.17

$\{X_n\}_{n=1}^{\infty}, \{X_n^2 - v\}_{n=1}^{\infty}$ が共に乗法的
$\underset{\text{iff}}{\Longleftrightarrow} \forall k \in \mathbb{N}, 1 \leq \forall n_1 < \cdots < \forall n_k < \infty$ に対して
$E[X_{n_1}^2 \cdots X_{n_k}^2] = v^k, \quad E[X_{n_1} \cdots X_{n_k}] = 0.$

このとき福山 [9] より,$\{X_n\}_{n=1}^{\infty}$ は**大乗法系** (augmented multiplicative system) であるという.

[証明] まず $1 \leq n_1 < \cdots < n_k < \infty, k \in \mathbb{N}$ に対して

$$(X_{n_1}^2 - v)\cdots(X_{n_k}^2 - v) = \sum_{r=1}^{k}(-v)^{k-r}\sum_{1\leq i_1<\cdots<i_r\leq k} X_{n_{i_1}}^2 \cdots X_{n_{i_r}}^2 + (-v)^k \tag{4.8}$$

に注意せよ.

"⇐" について.このときは (4.8) より

---

[7] このとき $\{X_\lambda\}_{\lambda\in\Lambda}$ は L^p-**有界** (L^p-bounded) であるという.

$$E\bigl[(X_{n_1}^2 - v)\cdots(X_{n_k}^2 - v)\bigr]$$
$$= \sum_{r=1}^{k}(-v)^{k-r}\sum_{1\leq i_1<\cdots<i_r\leq k} E\bigl[X_{n_{i_1}}^2\cdots X_{n_{i_r}}^2\bigr] + (-v)^k$$
$$= \sum_{r=1}^{k}(-v)^{k-r}\sum_{1\leq i_1<\cdots<i_r\leq k} v^r + (-v)^k$$
$$= \sum_{r=0}^{k}\binom{k}{r}v^r(-v)^{k-r} = \bigl(v+(-v)\bigr)^k = 0.$$

これは $\{X_n^2 - v\}_{n=1}^{\infty}$ の乗法性を示している．また $\{X_n\}_{n=1}^{\infty}$ の乗法性は明らかである．

"⇒" について．$\{X_n\}_{n=1}^{\infty}$ の乗法性より後者の等式は明らかである．前者の等式について．$E[X_n^2] = E[X_n^2-v+v] = E[X_n^2-v]+v = v$ より $k=1$ のときは OK．$1 \leq {}^\forall r \leq l,\ 1 \leq {}^\forall m_1 < \cdots < {}^\forall m_r < \infty$ に対して $E[X_{m_1}^2\cdots X_{m_r}^2] = v^r$ と仮定する．(4.8) より，$1 \leq n_1 < \cdots < n_{l+1} < \infty$ に対して

$$E\bigl[X_{n_1}^2\cdots X_{n_{l+1}}^2\bigr]$$
$$= E\Bigl[(X_{n_1}^2 - v)\cdots(X_{n_{l+1}}^2 - v)$$
$$\qquad -\sum_{r=1}^{l}(-v)^{l+1-r}\sum_{1\leq i_1<\cdots<i_r\leq l+1} X_{n_{i_1}}^2\cdots X_{n_{i_r}}^2 - (-v)^{l+1}\Bigr]$$
$$= E\bigl[(X_{n_1}^2 - v)\cdots(X_{n_{l+1}}^2 - v)\bigr]$$
$$\qquad -\sum_{r=1}^{l}(-v)^{l+1-r}\sum_{1\leq i_1<\cdots<i_r\leq l+1} E\bigl[X_{n_{i_1}}^2\cdots X_{n_{i_r}}^2\bigr] - (-v)^{l+1}$$
$$= -\sum_{r=1}^{l}(-v)^{l+1-r}\sum_{1\leq i_1<\cdots<i_r\leq l+1} v^r - (-v)^{l+1}$$
$$\qquad \bigl[\because \{X_n^2-v\}_{n=1}^{\infty}\ \text{の乗法性と仮定より}\bigr]$$
$$= -\sum_{r=0}^{l}\binom{l+1}{r}v^r(-v)^{l+1-r}$$
$$= \binom{l+1}{l+1}v^{l+1}(-v)^{l+1-(l+1)} - \sum_{r=0}^{l+1}\binom{l+1}{r}v^r(-v)^{l+1-r}$$
$$= v^{l+1} - \bigl(v+(-v)\bigr)^{l+1} = v^{l+1}.$$

したがって $k=l+1$ のときも OK．帰納法よりすべての $k \in \mathbb{N}$ について前者

の等式が成り立つ. ∎

! 注意 4.18 自然数列 $\{n_k\}_{k=1}^\infty$ が, ある $q \in (1, \infty)$ に対して
$$\frac{n_{k+1}}{n_k} \geq q \quad (\forall k \geq 1)$$
をみたすとき,「$\{n_k\}_{k=1}^\infty$ は**アダマール** (Hadamard) の**間隙条件** (lacunary condition) をみたす」という. したがって, 例 4.15 の $\{n_k\}_{k=1}^\infty$ は確かにこの条件をみたしているわけであるが, 一般に, アダマールの間隙条件をみたす自然数列 $\{n_k\}_{k=1}^\infty$ に対して, 例 4.15 の主張は成り立つことが知られている [cf. [20]].

4.3 リンデベルグ vs マクレイシュ

マクレイシュの中心極限定理には独立性の条件がない分だけリンデベルグより一般的である. 本節では, 実際, マクレイシュの方がリンデベルグより上位にあること, 換言すると, マクレイシュの中心極限定理 [cf. 定理 4.8] からリンデベルグの中心極限定理 [cf. 定理 4.1] が従うことを見る.

[定理 4.8 を用いた定理 4.1 の証明] $\{X_{nj}\}_{1 \leq j \leq k_n, n \geq 1}$ は $(\Omega, \mathcal{F}, P)$ 上の実確率変数の三角整列で

(i) $\{X_{nj}\}_{j=1}^{k_n} \perp\!\!\!\perp \ (\forall n \geq 1)$,
(ii) $X_{nj} \in L^2$, $E[X_{nj}] = 0$ $(1 \leq \forall j \leq k_n, \forall n \geq 1)$,
(iii) $\lim_{n \to \infty} \sum_{j=1}^{k_n} E[X_{nj}^2] = v \in [0, \infty)$,
(iv) $\lim_{n \to \infty} \sum_{j=1}^{k_n} E\bigl[X_{nj}^2; |X_{nj}| \geq \varepsilon\bigr] = 0$, $\forall \varepsilon > 0$

をみたすとする.

簡単のため
$$Y_{nj} := X_{nj} \mathbf{1}_{\{|X_{nj}| \leq 1\}}, \quad 1 \leq j \leq k_n$$
とおく. 明らかに $\{Y_{nj}\}_{j=1}^{k_n} \perp\!\!\!\perp$ で $|Y_{nj}| \leq 1$. 5 段階で示す.

1° 任意の $t \in \mathbb{R}$ に対して
$$\limsup_{n \to \infty} E\left[\left|\prod_{j=1}^{k_n} \bigl(1 + \sqrt{-1}\, t(Y_{nj} - E[Y_{nj}])\bigr)\right|^2\right] \leq e^{t^2 v} < \infty.$$

☺ $\{Y_{nj}\}_{j=1}^{k_n} \perp\!\!\!\perp$ より

$$E\left[\Big|\prod_{j=1}^{k_n}\Big(1+\sqrt{-1}t(Y_{nj}-E[Y_{nj}])\Big)\Big|^2\right]$$

$$=E\left[\prod_{j=1}^{k_n}\Big(1+t^2(Y_{nj}-E[Y_{nj}])^2\Big)\right]$$

$$=\prod_{j=1}^{k_n}\Big(1+t^2E\Big[(Y_{nj}-E[Y_{nj}])^2\Big]\Big)$$

$$\leq e^{t^2\sum_{j=1}^{k_n}E\left[(Y_{nj}-E[Y_{nj}])^2\right]}\quad\big[\because 不等式\ 1+x\leq e^x(^\forall x\in\mathbb{R})\ より\big]$$

$$=e^{t^2\sum_{j=1}^{k_n}\left(E[Y_{nj}^2]-E[Y_{nj}]^2\right)}$$

$$\leq e^{t^2\sum_{j=1}^{k_n}E\left[X_{nj}^2;|X_{nj}|\leq 1\right]}$$

$$\leq e^{t^2\sum_{j=1}^{k_n}E[X_{nj}^2]}\to e^{t^2 v}\quad(n\to\infty)\quad\big[\because 条件\ \text{(iii)}\ より\big].$$

$2°$ 任意の $t\in\mathbb{R}$ に対して

$$E\left[\prod_{j=1}^{k_n}\Big(1+\sqrt{-1}t(Y_{nj}-E[Y_{nj}])\Big)\right]=1.$$

$\because \{Y_{nj}\}_{j=1}^{k_n}\perp\!\!\!\perp$ より明らか.

$3°\ \max_{1\leq j\leq k_n}|Y_{nj}-E[Y_{nj}]|\to 0\quad\text{i.p.}\quad(n\to\infty).$

$\because$ まず

$$\sum_{j=1}^{k_n}|E[Y_{nj}]|\to 0\quad(n\to\infty) \tag{4.9}$$

に注意せよ. 実際, これは次のようにしてわかる:

$$\sum_{j=1}^{k_n}|E[Y_{nj}]|=\sum_{j=1}^{k_n}|E[X_{nj};|X_{nj}|\leq 1]|$$

$$=\sum_{j=1}^{k_n}|-E[X_{nj};|X_{nj}|>1]|\quad\big[\because E[X_{nj}]=0\ より\big]$$

$$\leq\sum_{j=1}^{k_n}E\big[|X_{nj}|;|X_{nj}|>1\big]$$

$$\leq\sum_{j=1}^{k_n}E\big[X_{nj}^2;|X_{nj}|>1\big]\quad\big[\because チェビシェフの不等式より\big]$$

$$\to 0 \ (n \to \infty) \quad [\because \text{条件 (iv) より}].$$

(4.9)より明らかに
$$\max_{1 \leq j \leq k_n} |E[Y_{nj}]| \to 0 \ (n \to \infty). \tag{4.10}$$

次に
$$\max_{1 \leq j \leq k_n} |X_{nj}| \to 0 \quad \text{i.p.} \ (n \to \infty). \tag{4.11}$$

実際,任意の $\varepsilon > 0$ に対して

$$\begin{aligned}
&P\Big(\max_{1 \leq j \leq k_n} |X_{nj}| \geq \varepsilon\Big) \\
&= P\big(\text{ある } 1 \leq j \leq k_n \text{ に対して } |X_{nj}| \geq \varepsilon\big) \\
&\leq \sum_{j=1}^{k_n} P\big(|X_{nj}| \geq \varepsilon\big) \\
&\leq \frac{1}{\varepsilon^2} \sum_{j=1}^{k_n} E\big[X_{nj}^2 ; |X_{nj}| \geq \varepsilon\big] \quad [\because \text{チェビシェフの不等式より}] \\
&\to 0 \ (n \to \infty) \quad [\because \text{条件 (iv) より}].
\end{aligned}$$

$|Y_{nj}| = |X_{nj}|\mathbf{1}_{\{|X_{nj}|\leq 1\}} \leq |X_{nj}| \ (1 \leq j \leq k_n)$ であるから,上のことより

$$\max_{1 \leq j \leq k_n} |Y_{nj}| \to 0 \quad \text{i.p.} \ (n \to \infty).$$

これと (4.10)を合わせることにより 3° の主張がわかる.

<u>4°</u> $\sum_{j=1}^{k_n} \big(Y_{nj} - E[Y_{nj}]\big)^2 \to v \ \text{in } L^2 \ (n \to \infty).$

$\because$ まず

$$\sum_{j=1}^{k_n} \big(Y_{nj}^2 - E[Y_{nj}^2]\big) \to 0 \ \text{in } L^2 \ (n \to \infty) \tag{4.12}$$

を見る.実際,これは次のようにしてわかる:

$$E\left[\left|\sum_{j=1}^{k_n}(Y_{nj}^2-E[Y_{nj}^2])\right|^2\right]$$

$$=E\left[\sum_{j,j'=1}^{k_n}\left(Y_{nj}^2-E[Y_{nj}^2]\right)\left(Y_{nj'}^2-E[Y_{nj'}^2]\right)\right]$$

$$=\sum_{j,j'=1}^{k_n}E\left[\left(Y_{nj}^2-E[Y_{nj}^2]\right)\left(Y_{nj'}^2-E[Y_{nj'}^2]\right)\right]$$

$$=\sum_{j=1}^{k_n}E\left[\left(Y_{nj}^2-E[Y_{nj}^2]\right)^2\right]$$
$$+\sum_{\substack{1\le j,j'\le k_n;\\ j\ne j'}}E\left[Y_{nj}^2-E[Y_{nj}^2]\right]E\left[Y_{nj'}^2-E[Y_{nj'}^2]\right]\quad\left[\because\{Y_{nj}\}_{j=1}^{k_n}\perp\!\!\!\perp\right]$$

$$=\sum_{j=1}^{k_n}\left(E[Y_{nj}^4]-E[Y_{nj}^2]^2\right)$$

$$\le\sum_{j=1}^{k_n}E[Y_{nj}^4]$$

$$=\sum_{j=1}^{k_n}E[X_{nj}^4;|X_{nj}|\le 1]$$

$$=\sum_{j=1}^{k_n}E[X_{nj}^2 X_{nj}^2;|X_{nj}|\le\varepsilon]+\sum_{j=1}^{k_n}E[X_{nj}^2 X_{nj}^2;\varepsilon<|X_{nj}|\le 1]$$

$$\le\varepsilon^2\sum_{j=1}^{k_n}E[X_{nj}^2]+\sum_{j=1}^{k_n}E[X_{nj}^2;|X_{nj}|>\varepsilon]$$

$$\underset{\substack{\text{まず }n\to\infty\\ \text{次に }\varepsilon\to 0}}{\to}0\quad\left[\because n\to\infty\text{ のときは条件 (iii) と (iv) を使う}\right].$$

もう一度,条件 (iii) と (iv) を使うと

$$\sum_{j=1}^{k_n}E[Y_{nj}^2]=\sum_{j=1}^{k_n}E[X_{nj}^2;|X_{nj}|\le 1]$$
$$=\sum_{j=1}^{k_n}E[X_{nj}^2]-\sum_{j=1}^{k_n}E[X_{nj}^2;|X_{nj}|>1]\to v\quad(n\to\infty)$$

となるから (4.12) より

$$\sum_{j=1}^{k_n} Y_{nj}^2 \to v \quad \text{in } L^2 \quad (n \to \infty).$$

さて

$$\sum_{j=1}^{k_n} (Y_{nj} - E[Y_{nj}])^2 = \sum_{j=1}^{k_n} (Y_{nj}^2 - 2Y_{nj}E[Y_{nj}] + E[Y_{nj}]^2)$$
$$= \sum_{j=1}^{k_n} Y_{nj}^2 + \sum_{j=1}^{k_n} E[Y_{nj}](E[Y_{nj}] - 2Y_{nj}).$$

ここで (4.9) より

$$\Big|\sum_{j=1}^{k_n} E[Y_{nj}](E[Y_{nj}] - 2Y_{nj})\Big| \le \sum_{j=1}^{k_n} |E[Y_{nj}]|\Big(E[|Y_{nj}|] + 2|Y_{nj}|\Big)$$
$$\le 3 \sum_{j=1}^{k_n} |E[Y_{nj}]| \quad [\odot\ |Y_{nj}| \le 1 \text{ より}]$$
$$\to 0 \quad (n \to \infty)$$

であるから上のことと合わせて 4° の主張がわかる.

5° $\{Y_{nj} - E[Y_{nj}]\}_{1 \le j \le k_n, n \ge 1}$ に対して定理 4.8 を適用しよう. この定理の条件 (i) は 1°, 条件 (ii) は 4°, 条件 (iii) は 3° より OK である. 2° は定理 4.8 の条件 (b) であるから

$$\sum_{j=1}^{k_n} (Y_{nj} - E[Y_{nj}]) \text{ の分布} \to N(0, v) \quad (n \to \infty).$$

ここで (4.9) より $\sum_{j=1}^{k_n} E[Y_{nj}] \to 0 \ (n \to \infty)$ であるので上のことと合わせて

$$\sum_{j=1}^{k_n} Y_{nj} \text{ の分布} \to N(0, v) \quad (n \to \infty)$$

がわかる. Y_{nj} の定義より

$$\sum_{j=1}^{k_n} Y_{nj} \neq \sum_{j=1}^{k_n} X_{nj} \Leftrightarrow \sum_{j=1}^{k_n} X_{nj}\mathbf{1}_{\{|X_{nj}|>1\}} \neq 0$$
$$\Rightarrow \text{ある } 1 \leq j \leq k_n \text{ に対して } |X_{nj}| > 1$$
$$\Leftrightarrow \max_{1 \leq j \leq k_n} |X_{nj}| > 1$$

であるから，これと (4.11) より

$$P\Big(\sum_{j=1}^{k_n} Y_{nj} \neq \sum_{j=1}^{k_n} X_{nj}\Big) \to 0 \quad (n \to \infty).$$

ゆえに，上のことと合わせて

$$\sum_{j=1}^{k_n} X_{nj} \text{ の分布} \to N(0,v) \quad (n \to \infty)$$

がわかる．この収束は

$$\left| E\Big[e^{\sqrt{-1}\xi \sum_{j=1}^{k_n} X_{nj}}\Big] - E\Big[e^{\sqrt{-1}\xi \sum_{j=1}^{k_n} Y_{nj}}\Big] \right|$$
$$= \left| E\Big[e^{\sqrt{-1}\xi \sum_{j=1}^{k_n} X_{nj}} - e^{\sqrt{-1}\xi \sum_{j=1}^{k_n} Y_{nj}}; \sum_{j=1}^{k_n} X_{nj} \neq \sum_{j=1}^{k_n} Y_{nj}\Big] \right|$$
$$\leq E\Big[\Big|e^{\sqrt{-1}\xi \sum_{j=1}^{k_n} X_{nj}} - e^{\sqrt{-1}\xi \sum_{j=1}^{k_n} Y_{nj}}\Big|; \sum_{j=1}^{k_n} X_{nj} \neq \sum_{j=1}^{k_n} Y_{nj}\Big]$$
$$\leq 2P\Big(\sum_{j=1}^{k_n} X_{nj} \neq \sum_{j=1}^{k_n} Y_{nj}\Big) \to 0 \quad (n \to \infty)$$

と $\sum_{j=1}^{k_n} Y_{nj}$ の収束より明らかである． ∎

4.4 リンデベルグ条件は必要条件！

リンデベルグ条件は，中心極限定理が成立するための，すなわち，正規分布 $N(0,v)$ に収束するための十分条件であるが，実は，必要条件にもなっている．このことを主張するのが次の定理である：

▶**定理 4.19** $\{X_{nj}\}_{1 \leq j \leq k_n, n \geq 1}$ は $(\Omega, \mathcal{F}, P)$ 上の実確率変数の三角整列で次をみたすとする：

4.4 リンデベルグ条件は必要条件！   223

(i) $\{X_{nj}\}_{j=1}^{k_n} \perp\!\!\!\perp$ $(^\forall n \geq 1)$,

(ii) $X_{nj} \in L^2, E[X_{nj}] = 0$ $(1 \leq {}^\forall j \leq k_n, {}^\forall n \geq 1)$,

(iii) $\lim_{n\to\infty} \sum_{j=1}^{k_n} E[X_{nj}^2] = v \in [0, \infty)$.

このとき (a.1) かつ (a.2) $\underset{\text{iff}}{\Longleftrightarrow}$ (b). ただし

(a.1) $\sum_{j=1}^{k_n} X_{nj}$ の分布 $\to N(0, v)$ $(n \to \infty)$,

(a.2) $\max_{1 \leq j \leq k_n} E[X_{nj}^2] \to 0$ $(n \to \infty)$,

(b)   任意の $\varepsilon > 0$ に対して $\lim_{n\to\infty} \sum_{j=1}^{k_n} E[X_{nj}^2; |X_{nj}| \geq \varepsilon] = 0$.

"$\Leftarrow$" 部分はリンデベルグ，"$\Rightarrow$" 部分はフェラー (Feller) によるので，この定理を**リンデベルグ-フェラー (Lindeberg-Feller) の中心極限定理**という．

[証明] "$\Leftarrow$" は，定理 4.1 であるので，ここでは，逆向きの "$\Rightarrow$" を示す．

簡単のため
$$z_{nj}(t) := E[e^{\sqrt{-1}tX_{nj}}] - 1 = E[e^{\sqrt{-1}tX_{nj}} - 1]$$

とおく．4 段階で示す．

1° $|z_{nj}(t)| \leq \frac{t^2}{2} E[X_{nj}^2]$, $^\forall t \in \mathbb{R}$.

☉ $E[X_{nj}] = 0$ より
$$z_{nj}(t) = E[e^{\sqrt{-1}tX_{nj}} - 1 - \sqrt{-1}tX_{nj}].$$

ここで不等式 $|e^{\sqrt{-1}x} - 1 - \sqrt{-1}x| \leq \frac{x^2}{2}$ $(^\forall x \in \mathbb{R})$ [cf. (4.3)] を使えば
$$|z_{nj}(t)| \leq E\big[|e^{\sqrt{-1}tX_{nj}} - 1 - \sqrt{-1}tX_{nj}|\big] \leq E\Big[\frac{t^2 X_{nj}^2}{2}\Big] = \frac{t^2}{2} E[X_{nj}^2].$$

2° $\lim_{n\to\infty} e^{\sum_{j=1}^{k_n} z_{nj}(t)} = e^{-\frac{t^2 v}{2}}$, $^\forall t \in \mathbb{R}$.

☉ $t \in \mathbb{R}$ を固定する．1° より
$$\max_{1 \leq j \leq k_n} |z_{nj}(t)| \leq \frac{t^2}{2} \max_{1 \leq j \leq k_n} E[X_{nj}^2].$$

(a.2) より 右辺 $\to 0$ $(n \to \infty)$ であるから
$$^\exists n_0 \in \mathbb{N} \text{ s.t. } \frac{t^2}{2} \max_{1 \leq j \leq k_n} E[X_{nj}^2] \leq \frac{1}{2} \quad (^\forall n \geq n_0).$$

以下 $n \geq n_0$ とする．$|z_{nj}(t)| \leq \frac{1}{2}$ $(1 \leq {}^\forall j \leq k_n)$ となる．

定理 4.1 の証明の 2° より，$z \in \mathbb{C} \setminus (-\infty, -1]$ に対して

$$1 + z = e^z \exp\left\{-z^2 \int_0^1 \frac{s}{1+zs} ds\right\} =: e^z e^{R(z)} \text{[8]}.$$

$|z| \leq \frac{1}{2}$ のときは $|R(z)| \leq |z|^2$ に注意せよ $\bigl[\odot\ f(\cdot)$ を定理 4.1 の証明の $2°$ で定義した関数とすると,$R(z) = f(1+z) - z$ であるので$\cdots\bigr]$. $z = z_{nj}(t)$ とすると,各 $j = 1, \ldots, k_n$ に対して

$$1 + z_{nj}(t) = e^{z_{nj}(t)} e^{R(z_{nj}(t))}, \quad \bigl|R(z_{nj}(t))\bigr| \leq |z_{nj}(t)|^2$$

となるから

$$\prod_{j=1}^{k_n} \bigl(1 + z_{nj}(t)\bigr) = e^{\sum_{j=1}^{k_n} z_{nj}(t)} \cdot e^{\sum_{j=1}^{k_n} R(z_{nj}(t))},$$

$$\Bigl|\sum_{j=1}^{k_n} R(z_{nj}(t))\Bigr| \leq \sum_{j=1}^{k_n} \bigl|R(z_{nj}(t))\bigr| \leq \sum_{j=1}^{k_n} |z_{nj}(t)|^2$$

$$\leq \frac{t^4}{4} \Bigl(\max_{1 \leq j \leq k_n} E\bigl[X_{nj}^2\bigr]\Bigr) \sum_{j=1}^{k_n} E\bigl[X_{nj}^2\bigr]$$

$$\bigl[\odot\ 1°\bigr].$$

ここで $z_{nj}(t)$ の定義より

$$\prod_{j=1}^{k_n} \bigl(1 + z_{nj}(t)\bigr) = \prod_{j=1}^{k_n} E\bigl[e^{\sqrt{-1}tX_{nj}}\bigr]$$

$$= E\bigl[e^{\sqrt{-1}t \sum_{j=1}^{k_n} X_{nj}}\bigr] \quad \bigl[\odot\ \{X_{nj}\}_{j=1}^{k_n} \perp\!\!\!\perp\bigr]$$

であるから

$$e^{\sum_{j=1}^{k_n} z_{nj}(t)} = E\bigl[e^{\sqrt{-1}t \sum_{j=1}^{k_n} X_{nj}}\bigr] \cdot e^{-\sum_{j=1}^{k_n} R(z_{nj}(t))}.$$

$n \to \infty$ とすると条件 (iii) と (a.2),そして (a.1) より $2°$ の主張がわかる.

$3°\ \lim_{n \to \infty} \sum_{j=1}^{k_n} E\bigl[1 - \cos tX_{nj}\bigr] = \frac{t^2 v}{2}$, $\forall t \in \mathbb{R}$.

$\odot\ 2°$ より $\lim_{n \to \infty} \bigl|e^{\sum_{j=1}^{k_n} z_{nj}(t)}\bigr| = e^{-\frac{t^2 v}{2}}$. 任意の $w \in \mathbb{C}$ に対して $|e^w| = e^{\operatorname{Re} w}$ であるから $\lim_{n \to \infty} e^{\sum_{j=1}^{k_n} \operatorname{Re} z_{nj}(t)} = e^{-\frac{t^2 v}{2}}$. 両辺の対数 (log) をとれば $\lim_{n \to \infty} \sum_{j=1}^{k_n} \operatorname{Re} z_{nj}(t) = -\frac{t^2 v}{2}$. $z_{nj}(t)$ の定義を思い起こせば $3°$ の主張がわかる.

---

[8] 定理 4.1 の証明の $1°$ で定義される $R(\cdot)$ とは別物である.

4° 任意の $\varepsilon > 0$ に対して

$$\lim_{n\to\infty} \sum_{j=1}^{k_n} E\bigl[X_{nj}^2; |X_{nj}| \geq \varepsilon\bigr] = 0.$$

これは (b) である.

☺ $\varepsilon > 0, t > 0$ とする. 不等式 $0 \leq 1 - \cos x \leq \bigl(\frac{x^2}{2}\bigr) \wedge 2 \ (^\forall x \in \mathbb{R})$ に注意すれば, 各 $j = 1, \ldots, k_n$ に対して

$$\begin{aligned}
E\bigl[&1 - \cos t X_{nj}\bigr] \\
&= E\bigl[1 - \cos t X_{nj}; |X_{nj}| < \varepsilon\bigr] + E\bigl[1 - \cos t X_{nj}; |X_{nj}| \geq \varepsilon\bigr] \\
&\leq E\Bigl[\frac{t^2 X_{nj}^2}{2}; |X_{nj}| < \varepsilon\Bigr] + E\bigl[2; |X_{nj}| \geq \varepsilon\bigr] \\
&= \frac{t^2}{2}\Bigl(E\bigl[X_{nj}^2\bigr] - E\bigl[X_{nj}^2; |X_{nj}| \geq \varepsilon\bigr]\Bigr) + E\bigl[2; |X_{nj}| \geq \varepsilon\bigr] \\
&\leq \frac{t^2}{2}\Bigl(E\bigl[X_{nj}^2\bigr] - E\bigl[X_{nj}^2; |X_{nj}| \geq \varepsilon\bigr]\Bigr) + \frac{2}{\varepsilon^2} E\bigl[X_{nj}^2\bigr] \\
&\quad [\text{☺ チェビシェフの不等式}] \\
&= \frac{t^2}{2} E\bigl[X_{nj}^2\bigr] - \frac{t^2}{2} E\bigl[X_{nj}^2; |X_{nj}| \geq \varepsilon\bigr] + \frac{2}{\varepsilon^2} E\bigl[X_{nj}^2\bigr].
\end{aligned}$$

したがって

$$E\bigl[X_{nj}^2; |X_{nj}| \geq \varepsilon\bigr] \leq \frac{2}{t^2}\Bigl(\frac{t^2}{2} E\bigl[X_{nj}^2\bigr] - E\bigl[1 - \cos t X_{nj}\bigr]\Bigr) + \frac{4}{t^2 \varepsilon^2} E\bigl[X_{nj}^2\bigr].$$

これを j について足せば

$$\begin{aligned}
\sum_{j=1}^{k_n} &E\bigl[X_{nj}^2; |X_{nj}| \geq \varepsilon\bigr] \\
&\leq \frac{2}{t^2}\Bigl(\frac{t^2}{2} \sum_{j=1}^{k_n} E\bigl[X_{nj}^2\bigr] - \sum_{j=1}^{k_n} E\bigl[1 - \cos t X_{nj}\bigr]\Bigr) + \frac{4}{t^2 \varepsilon^2} \sum_{j=1}^{k_n} E\bigl[X_{nj}^2\bigr].
\end{aligned}$$

3° と条件 (iii) より, $n \to \infty$ とすると

$$\text{右辺の第 1 項} \to 0, \quad \text{右辺の第 2 項} \to \frac{4v}{t^2 \varepsilon^2}.$$

よって

$$\limsup_{n\to\infty} \sum_{j=1}^{k_n} E\big[X_{nj}^2; |X_{nj}| \geq \varepsilon\big] \leq \frac{4v}{t^2\varepsilon^2} \to 0 \quad (t \to \infty)$$

となり $4°$ の主張がわかる. ∎

定理 4.19 と似て非なる,リンデベルグ条件をみたさない中心極限定理の例がある:

【例 4.20】 $\{X_j\}_{j=1}^{\infty}$ は独立な実確率変数列で次をみたすとする[9]:

- $j = 1$ のときは $P(X_1 = \pm 1) = \dfrac{1}{2}$,
- $j \geq 2$ のときは $P(X_j = \pm j) = \dfrac{1}{2j^2}$, $P(X_j = \pm 1) = \dfrac{1}{2}\Big(1 - \dfrac{1}{j^2}\Big)$.

このとき

(i) $E\big[X_j^2\big] = 2 - \frac{1}{j^2}$, $E[X_j] = 0 \ (j \geq 1)$. したがって $\frac{1}{n}\sum_{j=1}^n E\big[X_j^2\big] \to 2$, $\max_{1 \leq j \leq n} \frac{1}{n} E\big[X_j^2\big] \to 0 \ (n \to \infty)$.

(ii) 任意の $\varepsilon > 0$ に対して

$$\lim_{n\to\infty} \frac{1}{n} \sum_{j=1}^n E\big[X_j^2; |X_j| \geq \sqrt{n}\varepsilon\big] = 1 \neq 0.$$

(iii) 定理 4.19 より $\frac{1}{\sqrt{n}} \sum_{j=1}^n X_j$ の分布 $\not\to N(0,2)$. しかし $\frac{1}{\sqrt{n}} \sum_{j=1}^n X_j$ の分布 $\to N(0,1)$.

[証明] (i) $j = 1$ のときは $E\big[X_j^2\big] = 1 = 2 - \frac{1}{1^2}$. $j \geq 2$ のときは $E\big[X_j^2\big] = j^2 \cdot \frac{1}{j^2} + 1 \cdot \big(1 - \frac{1}{j^2}\big) = 2 - \frac{1}{j^2}$. X_j の分布は対称,すなわち $\mu_{-X_j} = \mu_{X_j}$ なので $E[X_j] = 0$.

(ii) $j = 1$ のときは $E\big[X_j^2; |X_j| \geq \sqrt{n}\varepsilon\big] = \mathbf{1}_{[\sqrt{n}\varepsilon,\infty)}(1)$. $j \geq 2$ のときは $E\big[X_j^2; |X_j| \geq \sqrt{n}\varepsilon\big] = j^2 \cdot \frac{1}{j^2}\mathbf{1}_{[\sqrt{n}\varepsilon,\infty)}(j) + 1 \cdot \big(1 - \frac{1}{j^2}\big)\mathbf{1}_{[\sqrt{n}\varepsilon,\infty)}(1) = \mathbf{1}_{[\sqrt{n}\varepsilon,\infty)}(j) + \big(1 - \frac{1}{j^2}\big)\mathbf{1}_{[\sqrt{n}\varepsilon,\infty)}(1)$. したがって

---

[9] 命題 A.68 より,ルベーグ確率空間上にこのような実確率変数列は存在する.

$$\frac{1}{n}\sum_{j=1}^n E\big[X_j^2; |X_j| \geq \sqrt{n}\varepsilon\big] = \frac{1}{n}\sum_{\sqrt{n}\varepsilon \leq j \leq n} 1 + \frac{1}{n}\sum_{1 \leq j \leq n}\Big(1 - \frac{1}{j^2}\Big)\mathbf{1}_{[\sqrt{n}\varepsilon, \infty)}(1)$$
$$\to 1 \quad (n \to \infty).$$

(iii) $\xi \in \mathbb{R}$ を固定する.

$$E\Big[e^{\sqrt{-1}\xi \frac{1}{\sqrt{n}}\sum_{j=1}^n X_j}\Big]$$
$$= E\Big[\prod_{j=1}^n e^{\sqrt{-1}\frac{\xi}{\sqrt{n}}X_j}\Big]$$
$$= \prod_{j=1}^n E\big[e^{\sqrt{-1}\frac{\xi}{\sqrt{n}}X_j}\big]$$
$$= \prod_{j=1}^n \Big(\big(e^{\sqrt{-1}\frac{\xi j}{\sqrt{n}}} + e^{-\sqrt{-1}\frac{\xi j}{\sqrt{n}}}\big)\frac{1}{2j^2} + \big(e^{\sqrt{-1}\frac{\xi}{\sqrt{n}}} + e^{-\sqrt{-1}\frac{\xi}{\sqrt{n}}}\big)\frac{1}{2}\Big(1 - \frac{1}{j^2}\Big)\Big)$$
$$= \prod_{j=1}^n \Big(\frac{1}{j^2}\cos\frac{\xi j}{\sqrt{n}} + \Big(1 - \frac{1}{j^2}\Big)\cos\frac{\xi}{\sqrt{n}}\Big)$$
$$= \prod_{j=1}^n \Big(\frac{1}{j^2} + 1 - \frac{1}{j^2} - \Big(\frac{1}{j^2}\Big(1 - \cos\frac{\xi j}{\sqrt{n}}\Big) + \Big(1 - \frac{1}{j^2}\Big)\Big(1 - \cos\frac{\xi}{\sqrt{n}}\Big)\Big)\Big)$$
$$= \prod_{j=1}^n \Big(1 - \Big(\frac{2}{j^2}\sin^2\frac{\xi j}{2\sqrt{n}} + 2\Big(1 - \frac{1}{j^2}\Big)\sin^2\frac{\xi}{2\sqrt{n}}\Big)\Big)$$
$$=: \prod_{j=1}^n (1 - c_{n,j}).$$

不等式 $|\sin x| \leq |x|$ $(x \in \mathbb{R})$ より

$$0 \leq c_{n,j} \leq \frac{2}{j^2}\Big|\frac{\xi j}{2\sqrt{n}}\Big|^2 + 2\Big(1 - \frac{1}{j^2}\Big)\Big|\frac{\xi}{2\sqrt{n}}\Big|^2$$
$$= \frac{2}{j^2}\frac{\xi^2 j^2}{4n} + 2\Big(1 - \frac{1}{j^2}\Big)\frac{\xi^2}{4n} \leq \frac{\xi^2}{2n} + \frac{\xi^2}{2n} = \frac{\xi^2}{n}.$$

$n \geq 2\xi^2$ とすると, $0 \leq c_{n,j} \leq \frac{1}{2}$ $(1 \leq j \leq n)$ なので

$$\prod_{j=1}^n (1 - c_{n,j}) = \prod_{j=1}^n e^{\log(1-c_{n,j})}$$
$$= \exp\Big\{-\sum_{j=1}^n -\log(1-c_{n,j})\Big\}$$

$$= \exp\Bigl\{-\sum_{j=1}^n c_{n,j} - \sum_{j=1}^n c_{n,j}^2 \int_0^1 \frac{t}{1-tc_{n,j}}dt\Bigr\}$$

$$\Bigl[\odot\ |x| < 1 \text{ に対して} -\log(1-x) = x + x^2 \int_0^1 \tfrac{t}{1-tx}dt\Bigr].$$

ここで

$$\sum_{j=1}^n c_{n,j} = \sum_{j=1}^n \frac{2}{j^2} \sin^2 \frac{\xi j}{2\sqrt{n}} + \sum_{j=1}^n 2\Bigl(1 - \frac{1}{j^2}\Bigr)\sin^2 \frac{\xi}{2\sqrt{n}}$$

$$= \sum_{j=1}^n \frac{2}{j^2}\Bigl|\sin \frac{\xi j}{2\sqrt{n}}\Bigr|^{\frac{1}{2}}\Bigl|\sin \frac{\xi j}{2\sqrt{n}}\Bigr|^{\frac{3}{2}} + \frac{1}{n}\sum_{j=1}^n \Bigl(1 - \frac{1}{j^2}\Bigr)\cdot \frac{1}{2}\Biggl(\frac{\sin \frac{\xi}{2\sqrt{n}}}{\frac{1}{2\sqrt{n}}}\Biggr)^2$$

$$\begin{cases} \le \Bigl(\frac{|\xi|}{2\sqrt{n}}\Bigr)^{\frac{1}{2}}\sum_{j=1}^n \frac{2}{j^{\frac{3}{2}}} + \Bigl(1 - \frac{1}{n}\sum_{j=1}^n \frac{1}{j^2}\Bigr)\cdot \frac{1}{2}\Biggl(\frac{\sin \frac{\xi}{2\sqrt{n}}}{\frac{1}{2\sqrt{n}}}\Biggr)^2, \\ \ge \Bigl(1 - \frac{1}{n}\sum_{j=1}^n \frac{1}{j^2}\Bigr)\cdot \frac{1}{2}\Biggl(\frac{\sin \frac{\xi}{2\sqrt{n}}}{\frac{1}{2\sqrt{n}}}\Biggr)^2 \end{cases}$$

$$\to \frac{\xi^2}{2} \quad (n \to \infty),$$

$$0 \le \sum_{j=1}^n c_{n,j}^2 \int_0^1 \frac{t}{1-tc_{n,j}}dt \le \sum_{j=1}^n c_{n,j}\cdot c_{n,j}\int_0^1 2tdt \le \frac{\xi^2}{n}\sum_{j=1}^n c_{n,j}$$

$$\to 0 \quad (n \to \infty)$$

に注意すれば

$$E\Bigl[e^{\sqrt{-1}\xi \frac{1}{\sqrt{n}}\sum_{j=1}^n X_j}\Bigr] \to e^{-\frac{\xi^2}{2}} \quad (n \to \infty).$$

これは (iii) の主張である. ∎

付 記

- 実確率変数列 $\{X_n\}_{n=1}^\infty$ は独立同分布とする. このとき $v \in [0, \infty)$ に対して

$$E[X_1^2] = v,\ E[X_1] = 0 \underset{\text{iff}}{\Leftrightarrow} \tfrac{1}{\sqrt{n}}\sum_{k=1}^n X_k \text{ の分布} \to N(0, v)$$

が成り立つ. "⇒" は系 4.5 である. "⇐" については Stroock [23, Exercise 2.1.38] を参照せよ. 標語的には, これは「$\{X_n\}$ について中心極限定理 (略して CLT) が成り立つためには $X_1 \in L^2$ が必要かつ十分である！」となる. では, $X_1 \notin L^2$ のときはどうなっているのだろうか？ 実際, $0 < \alpha < 2$ に対して $\mu_{X_1}(dx) =$

$\frac{1}{2}\mathbf{1}_{[1,\infty)}(|x|)\frac{\alpha}{|x|^{\alpha+1}}dx$ とすると，$0 < \beta < \infty$ に対して $E[|X_1|^\beta] =$
$\begin{cases} \infty, & \beta \geq \alpha, \\ \frac{\alpha}{\alpha-\beta}, & 0 < \beta < \alpha \end{cases}$ なので $X_1 \notin L^2$. $t \in \mathbb{R} \setminus \{0\}$ に対して

$$E[e^{\sqrt{-1}t\frac{1}{n^{1/\alpha}}\sum_{k=1}^n X_k}] = E[\prod_{k=1}^n e^{\sqrt{-1}\frac{t}{n^{1/\alpha}}X_k}] = \prod_{k=1}^n E[e^{\sqrt{-1}\frac{t}{n^{1/\alpha}}X_k}]$$
$$= (E[e^{\sqrt{-1}\frac{t}{n^{1/\alpha}}X_1}])^n = (\int_{\mathbb{R}} e^{\sqrt{-1}\frac{t}{n^{1/\alpha}}x}\mu_{X_1}(dx))^n$$
$$= (\int_{\mathbb{R}} e^{\sqrt{-1}\frac{tx}{n^{1/\alpha}}}\frac{1}{2}\mathbf{1}_{[1,\infty)}(|x|)\frac{\alpha}{|x|^{\alpha+1}}dx)^n = (\int_1^\infty \cos\frac{tx}{n^{1/\alpha}}\frac{\alpha}{x^{\alpha+1}}dx)^n$$
$$= (1 - \int_1^\infty (1 - \cos\frac{tx}{n^{1/\alpha}})\frac{\alpha}{x^{\alpha+1}}dx)^n = (1 - \int_1^\infty (1 - \cos\frac{|t|x}{n^{1/\alpha}})\frac{\alpha}{x^{\alpha+1}}dx)^n$$
$$= (1 - \int_{\frac{|t|}{n^{1/\alpha}}}^\infty (1 - \cos y)\frac{\alpha}{(\frac{n^{1/\alpha}}{|t|}y)^{\alpha+1}}\frac{n^{1/\alpha}}{|t|}dy)^n$$
$$= (1 - \int_{\frac{|t|}{n^{1/\alpha}}}^\infty (1 - \cos y)\frac{\alpha}{y^{\alpha+1}}\frac{|t|^{\alpha+1}}{n^{1+1/\alpha}}\frac{n^{1/\alpha}}{|t|}dy)^n$$
$$= (1 - \frac{|t|^\alpha}{n}\int_{\frac{|t|}{n^{1/\alpha}}}^\infty (1 - \cos y)\frac{\alpha}{y^{\alpha+1}}dy)^n$$
$$\to e^{-C_\alpha|t|^\alpha} \quad (n \to \infty) \quad [ただし C_\alpha = \int_0^\infty (1 - \cos y)\frac{\alpha}{y^{\alpha+1}}dy \in (0, \infty)]$$

なので，$\frac{1}{n^{1/\alpha}}\sum_{k=1}^n X_k$ の分布は $n \to \infty$ のとき $e^{-C_\alpha|t|^\alpha}$ を特性関数とする確率分布に収束する．CLT ではなくて別の極限定理が現れる！

一般には，$X_1 \notin L^2$ のとき $P(X_1 > x), P(X_1 < -x)$ の $x \to \infty$ のときの漸近挙動から，中心化数列 $\{b_n\}$ と正規化正数列 $\{a_n\}$ を適当にとって $\frac{1}{a_n}(\sum_{k=1}^n X_k - b_n)$ が $n \to \infty$ のとき正規分布とは異なる分布-安定分布に収束する．この辺のことについては，例えば Durrett [5, 2.7 (Chapter 2, Section 7)] を参照せよ．

兎も角，$\{X_n\}_{n=1}^\infty$ が独立同分布のときは，これについての極限定理が詳しく調べられている．

- 次に独立でない実確率変数列を見よう．$\{n_k\}_{k=1}^\infty$ は間隙列，すなわち $n_{k+1} > n_k$ ($^\forall k$)，$\lim_{k \to \infty}(n_{k+1} - n_k) = \infty$ なる自然数列とする．ルベーグ確率空間上の確率変数列 $\{\cos 2\pi n_k \omega\}_{k=1}^\infty$ について CLT

$$\lim_{N \to \infty} \int_0^1 e^{\sqrt{-1}t\sqrt{\frac{2}{N}}\sum_{k=1}^N \cos 2\pi n_k \omega} d\omega = e^{-\frac{t^2}{2}} \quad (t \in \mathbb{R})$$

はいつ成り立つのだろうか？ $\{n_k\}$ の条件を発見順に並べてみると

(a) $\lim_{k \to \infty}\frac{n_{k+1}}{n_k} = \infty$,
(b) $^\exists q > 1$ s.t. $\frac{n_{k+1}}{n_k} > q$ ($^\forall k$),
(c) $^\exists c > 0$, $0 \leq {}^\exists \alpha < \frac{1}{2}$ s.t. $\frac{n_{k+1}}{n_k} > 1 + \frac{c}{k^\alpha}$ ($^\forall k$),
(d) $^\exists \{c_k\}_{k=1}^\infty$: 正数列 s.t. $\begin{cases} \bullet \lim_{k \to \infty} c_k = \infty, \\ \bullet \frac{n_{k+1}}{n_k} > 1 + \frac{c_k}{\sqrt{k}} \quad (^\forall k) \end{cases}$

となる．(a) は Kac ([14]), (b)[10] は Salem-Zygmund ([20]), (c) は高橋茂 ([24]), (d) は Erdős ([6]) によるもので，(a) ⇒ (b)⇒ (c) ⇒ (d) の含意は直ぐにわかる．

---

[10] 注意 4.18 では，これを Hadamard の間隙条件といったが，発見者は Salem-Zygmund である．

各条件の下で，上の CLT は成り立つ（(d) の下で CLT が成り立つので，自動的に (a)〜(c) の下でも OK となる）[11]．今のところ一番緩い条件，すなわち (d) を含む条件は村井隆文 ([17]) によるものである．これをここで書き下すにはスペースがないので正確な形については彼の論文 [17]（あるいは [11]）を参照して欲しい．Erdős は，(d) が CLT のためにはギリギリのものであると，すなわち (d) をみたさない $\{n_k\}$ で上の CLT が成り立たない例があると主張している．例えば

$$n_{k^2+j} = 2^{k+1} + j2^{k+1-\lceil \log_2(2k+1)\rceil} \quad (k=1,2,\ldots, j=0,1,\ldots,2k)$$

がその例で，これはまた村井の条件もみたしていない．が，Erdős の 1962 年の論文 ([6]) には，この $\{n_k\}$ に対して CLT が成り立っていないことの証明がない．これを解決したのが福山克司で，彼は 2002 年の九州大での集中講義においてその証明を与えている [cf. [11, 注釈 2)]]．最後にもう 1 つ課題をいうと，この $\{n_k\}$ について「$\sqrt{\frac{2}{N}} \sum_{k=1}^{N} \cos 2\pi n_k \omega$ の分布は $N \to \infty$ のときいかなる分布に収束するのか？」は未解決である．Erdős が主張し，福山が証明したのは，この極限分布が正規分布ではないということだけである．興味のわいた読者諸氏は是非ともこのことにチャレンジして欲しい．

なお間隙級数の極限定理に関心をもった読者諸氏には福山の論説 [11] を読んでみることをお勧めする．

- 実確率変数列 $\{X_n\}_{n=1}^{\infty}$ が独立同分布で $X_1 \in L^2, E[X_1] = 0$ のとき，あるいは一様有界で乗法系のとき，系 3.7 あるいは系 3.25 より，任意の $c \in (1,\infty)$ に対して $\frac{1}{\sqrt{n(\log n)^c}} \sum_{k=1}^{n} X_k \to 0$ a.s. が成り立つ．これは n より ∞ に発散するスピードが遅い $\sqrt{n(\log n)^c}$ で $\sum_{k=1}^{n} X_k$ を割っても，$n \to \infty$ のとき何も出て来ないと主張する．しかし，$v \in (0,\infty)$ に対し，前者のときは $E[X_1^2] = v$，後者のときは $\{X_n^2 - v\}_{n=1}^{\infty}$ が乗法的ならば，系 4.5 あるいは系 4.14 より，CLT: $\frac{1}{\sqrt{n}} \sum_{k=1}^{n} X_k$ の分布 $\to N(0,v)$ が成り立つ．$\sum_{k=1}^{n} X_k$ を $\sqrt{n(\log n)^c}$ より ∞ に発散するスピードが遅い $\sqrt{n}$ で割って $n \to \infty$ とするとようやく自明でないものが現れる．このことから「CLT は大数の強法則の精密化である」と標語的にいうことができる．

ところが物事はそう単純でない．このくくりに入らない場合がある．$\{X_n\}_{n=1}^{\infty}$ を付記の最初のところであげた実確率変数列とする．$0 < \alpha \leq 1$ のときはそもそも大数の強法則すら成り立たない．$1 < \alpha < 2$ のときは $X_1 \in L^1, E[X_1] = 0$ なので，系 3.9 より大数の強法則：$\frac{1}{n} \sum_{k=1}^{n} X_k \to 0$ a.s. が成り立つ．しかし上で見たように $\sum_{k=1}^{n} X_k$ を $\sqrt{n}$ より ∞ に発散するスピードが速い $n^{\frac{1}{\alpha}}$ で割って $n \to \infty$ とすると自明でないものが現れる．今の場合，CLT でない別の極限定理が大数の強法則の精密化となっているわけである．

だから大数の強法則の精密化として CLT を含む色々な極限定理が現れる．その中でも CLT は中心的なものであることに注意して欲しい．

---

[11] ここでの CLT の一般形は $\int_0^1 e^{\sqrt{-1}t \frac{\sqrt{2}}{A_N} \sum_{k=1}^{N} a_k \cos 2\pi n_k \omega} d\omega \to e^{-\frac{t^2}{2}}$ である．ただし $A_N = \sqrt{\sum_{k=1}^{N} a_k^2}$．Salem-Zygmund, 高橋はこの形の CLT を扱っている．Kac, Erdős, 村井が扱っているのは $a_k = 1$ ($\forall k$) の CLT である．

- CLT の応用例として 1 次元正規分布 $N(0,v)$ の特徴付けを与えることができる. $\mathcal{P}^1$ 上の変換 T, すなわち写像 $T : \mathcal{P}^1 \to \mathcal{P}^1$ を

$$(T\mu)(A) = (\mu \times \mu)(\{(x,y) \in \mathbb{R}^2; \tfrac{x+y}{\sqrt{2}} \in A\}), \quad A \in \mathcal{B}^1$$

とすると, $\mu \in \mathcal{P}^1$ に対して

$$\mu \text{ が } T \text{ の不動点, すなわち } T\mu = \mu \underset{\text{iff}}{\Leftrightarrow} {}^{\exists}v \in [0,\infty) \text{ s.t. } \mu = N(0,v)$$

が成り立つ. "$\Leftarrow$" は直ぐにわかる. "$\Rightarrow$" については Stroock [23, Exercise 2.1.39 と Exercise 2.2.25] を参照せよ. このことから 1 次元正規分布 $N(0,v)$ の特徴付けは次の通り: $\mu \in \mathcal{P}^1$ に対して

$$\widehat{\mu}\bigl(\tfrac{\xi+\eta}{\sqrt{2}}\bigr)\widehat{\mu}\bigl(\tfrac{\xi-\eta}{\sqrt{2}}\bigr) = \widehat{\mu}(\xi)\widehat{\mu}(\eta) \quad ({}^{\forall}\xi, {}^{\forall}\eta \in \mathbb{R})$$
$$\underset{\text{iff}}{\Leftrightarrow} \text{ある } v \in [0,\infty) \text{ に対して } \mu = N(0,v).$$

"$\Leftarrow$" は容易である. "$\Rightarrow$" については, $\eta = 0$ とすると $\widehat{\mu}\bigl(\tfrac{\xi}{\sqrt{2}}\bigr)^2 = \widehat{\mu}(\xi)$ (${}^{\forall}\xi \in \mathbb{R}$). 左辺 $= \widehat{T\mu}(\xi)$ なので $T\mu = \mu$. したがって ${}^{\exists}v \in [0,\infty)$ s.t. $\mu = N(0,v)$ となる.

これは一般の 1 次元正規分布の特徴付けに拡張される: $\mu \in \mathcal{P}^1$ に対して

$$\widehat{\mu}(\xi+\eta)\widehat{\mu}(\xi-\eta) = \widehat{\mu}(\xi)^2\widehat{\mu}(\eta)\widehat{\mu}(-\eta) \quad ({}^{\forall}\xi, {}^{\forall}\eta \in \mathbb{R})$$
$$\underset{\text{iff}}{\Leftrightarrow} \text{ある } (m,v) \in \mathbb{R} \times [0,\infty) \text{ に対して } \mu = N(m,v).$$
ただし $N(m,0) := \delta_m$ と解する.

CLT から離れてこれの証明の概略を与えておく: "$\Leftarrow$" は $\widehat{N(m,v)}(\xi) = e^{\sqrt{-1}m\xi - \frac{v\xi^2}{2}}$ より明らかである. "$\Rightarrow$" は, 次の手順で示す.

<u>1°</u> $\widehat{\mu}$ の関数方程式において $\eta = \xi$ とし, 絶対値をとると $|\widehat{\mu}(2\xi)| = |\widehat{\mu}(\xi)|^2$. ξ の代わりに $\tfrac{\xi}{2^{n+1}}$ とし, その後で 2^{2n} 乗すると $|\widehat{\mu}(\tfrac{\xi}{2^n})|^{2^n} = |\widehat{\mu}(\tfrac{\xi}{2^{n+1}})|^{2^{2(n+1)}}$ ($n = 0,1,2,\dots$). したがって $|\widehat{\mu}(\xi)| = |\widehat{\mu}(\tfrac{\xi}{2^n})|^{2^n}$ となる. $|\widehat{\mu}(\tfrac{\xi}{2^n})| \to 1$ ($n \to \infty$) なので, $\widehat{\mu}(\xi) \neq 0$ (${}^{\forall}\xi \in \mathbb{R}$) がわかる.

<u>2°</u> $\mathbb{R} \ni \xi \mapsto \widehat{\mu}(\xi) \in \mathbb{C} \setminus \{0\}$ は連続で $\widehat{\mu}(0) = 1$ より, ${}^{\exists !}f : \mathbb{R} \to \mathbb{C}$ は連続 s.t. $f(0) = 0$, $\widehat{\mu}(\xi) = e^{f(\xi)}$. $\widehat{\mu}$ の関数方程式を f について書き直すと $f(\xi+\eta) + f(\xi-\eta) = 2f(\xi) + f(\eta) + f(-\eta)$ (${}^{\forall}(\xi,\eta) \in \mathbb{R}^2$) となる. これは f の C^{∞} 性を含意し, η について 2 回微分し, その後で $\eta = 0$ とすると $f''(\xi) = f''(0)$. したがって適当な $\alpha, \beta, \gamma \in \mathbb{C}$ に対して $f(\xi) = \tfrac{\alpha}{2}\xi^2 + \beta\xi + \gamma$.

<u>3°</u> $f(0) = 0$ より $\gamma = 0$. $1 \geq |\widehat{\mu}(\xi)|^2 = \widehat{\mu}(\xi)\widehat{\mu}(-\xi)$ より, $\operatorname{Re} f(\xi) \leq 0$, $\operatorname{Re} f(\xi) = \operatorname{Re} f(-\xi)$, $\operatorname{Im} f(-\xi) = -\operatorname{Im} f(\xi)$. $f(\xi) = \tfrac{\alpha}{2}\xi^2 + \beta\xi$ なので $\operatorname{Re}\alpha \tfrac{\xi^2}{2} + \operatorname{Re}\beta\xi \leq 0$, $\operatorname{Re}\beta\xi = 0$, $\operatorname{Im}\alpha\tfrac{\xi^2}{2} = 0$. したがって $\operatorname{Re}\alpha \leq 0$, $\operatorname{Im}\alpha = 0$, $\operatorname{Re}\beta = 0$ となる. よって $m = \operatorname{Im}\beta \in \mathbb{R}$, $v = -\operatorname{Re}\alpha \in [0,\infty)$ とすれば $\widehat{\mu}(\xi) = e^{-\frac{v\xi^2}{2} + \sqrt{-1}m\xi} = \widehat{N(m,v)}(\xi)$. ゆえに $\mu = N(m,v)$.

付　録

本文で引用した定理・命題などに証明を付けてこの付録にまとめておく．

A.1　d 次元ボレル集合族

$d \in \mathbb{N}$, $\mathbb{R}^d = \{x = (x_1, \ldots, x_d); x_1, \ldots, x_d \in \mathbb{R}\}$ とし，各 $x \in \mathbb{R}^d$ に対して

$$|x| = \sqrt{\sum_{j=1}^{d} x_j^2}$$

とおく．$|\cdot|$ は $\mathbb{R}^d$ の**ノルム** (norm) となる．すなわち

- $|x| \geq 0 \quad (^\forall x \in \mathbb{R}^d)$,
- $|x| = 0 \underset{\text{iff}}{\Longleftrightarrow} x = 0$,
- $|cx| = |c||x| \quad (^\forall c \in \mathbb{R},\ ^\forall x \in \mathbb{R}^d)$,
- $|x + y| \leq |x| + |y| \quad (^\forall x, ^\forall y \in \mathbb{R}^d)$

が成り立つ．$x \in \mathbb{R}^d$ と $\delta > 0$ に対して $U_\delta(x)$ を x の **δ-近傍** (δ-neighborhood)，すなわち $U_\delta(x) = \{y \in \mathbb{R}^d; |x - y| < \delta\}$ とする．

〈問 A.1〉 上記の $|\cdot|$ の性質を確かめよ．

▷**定義 A.2**　$G \subset \mathbb{R}^d$ に対して

$$^\forall x \in G,\ ^\exists \delta > 0 \ \ \text{s.t.} \ \ U_\delta(x) \subset G$$

のとき，G は $\mathbb{R}^d$ の**開集合** (open set) という．$\mathbb{R}^d$ の開集合全体を $\mathcal{O}(\mathbb{R}^d)$，簡単に $\mathcal{O}^d$ と表す．

▷ **定義 A.3** $-\infty \leq a \leq b \leq \infty$ に対して $(a,b] := \{x \in \mathbb{R}; a < x \leq b\}$ とし[1]

$$\mathcal{H}^d := \{\emptyset\} \cup \left\{ \prod_{j=1}^d (a_j, b_j]; -\infty \leq a_j < b_j \leq \infty, j = 1, \ldots, d \right\}$$

とおく．$\prod_{j=1}^d (a_j, b_j] = (a_1, b_1] \times \cdots \times (a_d, b_d]$ を **d 次元区間** (interval)，正確には **d 次元左半開区間** (left half-open interval) という．便宜的に空集合 $\emptyset$ も d 次元区間の仲間に入れておく．

▷ **定義 A.4** $\mathcal{B}^d = \mathcal{B}(\mathbb{R}^d) := \sigma(\mathcal{O}^d)$．これを **$d$ 次元ボレル集合族**という．$\mathcal{B}^d$-可測集合（すなわち $\mathcal{B}^d$ に属する集合）を **d 次元ボレル集合**という．

▶ **定理 A.5** $\mathcal{B}^d = \sigma(\mathcal{H}^d)$．

[証明] 簡単のため $d = 2$ とする．2 段階で示す．
1° $\sigma(\mathcal{H}^2) \subset \mathcal{B}^2$．
∵ $-\infty \leq a \leq b \leq \infty$ に対して

$$(a,b] = \begin{cases} \bigcap_{n=1}^\infty \left(a, b + \frac{1}{n}\right)^{2)}, & b < \infty, \\ (a, \infty), & b = \infty \end{cases}$$

であるので

$$(a_1, b_1] \times (a_2, b_2] = \begin{cases} \bigcap_{n=1}^\infty \left(a_1, b_1 + \frac{1}{n}\right) \times \left(a_2, b_2 + \frac{1}{n}\right), & b_1, b_2 < \infty, \\ \bigcap_{n=1}^\infty \left(a_1, b_1 + \frac{1}{n}\right) \times (a_2, \infty), & b_1 < \infty, b_2 = \infty, \\ \bigcap_{n=1}^\infty (a_1, \infty) \times \left(a_2, b_2 + \frac{1}{n}\right), & b_1 = \infty, b_2 < \infty, \\ (a_1, \infty) \times (a_2, \infty), & b_1, b_2 = \infty. \end{cases}$$

$\left(a_1, b_1 + \frac{1}{n}\right) \times \left(a_2, b_2 + \frac{1}{n}\right)$ などは $\mathbb{R}^2$ の開集合，したがって 2 次元ボレル集

---

[1] $a = b$ のときは $(a, b] = \emptyset$．
[2] $-\infty \leq a \leq b \leq \infty$ に対して $(a, b) := \{x \in \mathbb{R}; a < x < b\}$．

合である．その $n = 1, 2, \ldots$ についての共通部分も 2 次元ボレル集合となるので $(a_1, b_1] \times (a_2, b_2] \in \mathcal{B}^2$．したがって $\mathcal{H}^2 \subset \mathcal{B}^2$．$\sigma(\mathcal{H}^2)$ の最小性より $\sigma(\mathcal{H}^2) \subset \mathcal{B}^2$．

2° $\mathcal{B}^2 \subset \sigma(\mathcal{H}^2)$．

☺ $(i, j) \in \mathbb{Z}^2 = \mathbb{Z} \times \mathbb{Z}$, $n \in \mathbb{N}$ に対して

$$I_{i,j}^{(n)} := \left(\frac{i-1}{2^n}, \frac{i}{2^n}\right] \times \left(\frac{j-1}{2^n}, \frac{j}{2^n}\right] \in \mathcal{H}^2 \tag{A.1}$$

とおく．$\{I_{i,j}^{(n)}\}_{(i,j) \in \mathbb{Z}^2}$ は互いに素で，$\sum_{(i,j) \in \mathbb{Z}^2} I_{i,j}^{(n)} = \mathbb{R}^2$ である．さらに

$$I_{i,j}^{(n)} = I_{2i-1, 2j-1}^{(n+1)} + I_{2i, 2j-1}^{(n+1)} + I_{2i-1, 2j}^{(n+1)} + I_{2i, 2j}^{(n+1)} \tag{A.2}$$

に注意せよ．

任意の $G \in \mathcal{O}^2$ を固定する．

$$\mathbb{Z}_n^2 = \{(i, j) \in \mathbb{Z}^2 ; I_{i,j}^{(n)} \subset G\}, \tag{A.3}$$

$$A_n = \sum_{(i,j) \in \mathbb{Z}_n^2} I_{i,j}^{(n)} \tag{A.4}$$

とおく．$\mathbb{Z}_n^2$ は高々可算集合なので $A_n \in \sigma(\mathcal{H}^2)$ ($^\forall n$)，したがって $\bigcup_{n=1}^\infty A_n \in \sigma(\mathcal{H}^2)$ である．実は

(a) $A_n \subset A_{n+1}$ ($^\forall n$),

(b) $\bigcup_{n=1}^\infty A_n = G$

が成り立つ．(a) については

$$x \in A_n \Rightarrow {}^\exists (i, j) \in \mathbb{Z}^2 \text{ s.t. } x \in I_{i,j}^{(n)} \subset G \quad [\text{cf. (A.3) と (A.4)}]$$
$$\Rightarrow {}^\exists (\varepsilon, \delta) \in \{0, 1\} \times \{0, 1\} \text{ s.t. } x \in I_{2i-\varepsilon, 2j-\delta}^{(n+1)} \quad [☺ \text{ (A.2)より}]$$
$$\Rightarrow x \in A_{n+1}$$

よりわかる．(b) については，$A_n \subset G$ ($^\forall n$)，したがって $\bigcup_{n=1}^\infty A_n \subset G$ であるので，逆の包含関係を確かめればよい．$x = (x_1, x_2) \in G$ とする．定義 A.2 より $U_\delta(x) \subset G$ となる $\delta > 0$ をとる．この δ に対して $\frac{1}{2^{n_0}} < \frac{\delta}{2}$ となる $n_0 \in \mathbb{N}$ を選ぶ．

$$\mathbb{R}^2 = \sum_{(i,j) \in \mathbb{Z}^2} I_{i,j}^{(n_0)}$$

より ${}^\exists (i_0, j_0) \in \mathbb{Z}^2$ s.t. $x \in I_{i_0, j_0}^{(n_0)}$．このとき $I_{i_0, j_0}^{(n_0)} \subset U_\delta(x)$ となる．何となれ

ば

$$y = (y_1, y_2) \in I_{i_0,j_0}^{(n_0)}$$
$$\Leftrightarrow (y_1, y_2) \in \left(\frac{i_0-1}{2^{n_0}}, \frac{i_0}{2^{n_0}}\right] \times \left(\frac{j_0-1}{2^{n_0}}, \frac{j_0}{2^{n_0}}\right]$$
$$\Leftrightarrow \frac{i_0-1}{2^{n_0}} < y_1 \le \frac{i_0}{2^{n_0}}, \frac{j_0-1}{2^{n_0}} < y_2 \le \frac{j_0}{2^{n_0}}$$
$$\Rightarrow \frac{i_0-1}{2^{n_0}} < x_1, y_1 \le \frac{i_0}{2^{n_0}}, \frac{j_0-1}{2^{n_0}} < x_2, y_2 \le \frac{j_0}{2^{n_0}}$$
$$\Rightarrow |x_1 - y_1| < \frac{1}{2^{n_0}}, |x_2 - y_2| < \frac{1}{2^{n_0}}$$
$$\Rightarrow |x - y| = \sqrt{(x_1-y_1)^2 + (x_2-y_2)^2} < \sqrt{2\left(\frac{1}{2^{n_0}}\right)^2} = \frac{\sqrt{2}}{2^{n_0}} < \delta$$
$$\Rightarrow y \in U_\delta(x).$$

したがって $I_{i_0,j_0}^{(n_0)} \subset G$, すなわち $(i_0, j_0) \in \mathbb{Z}_{n_0}^2$ がわかり,

$$x \in I_{i_0,j_0}^{(n_0)} \subset \sum_{(i,j) \in \mathbb{Z}_{n_0}^2} I_{i,j}^{(n_0)} = A_{n_0} \subset \bigcup_{n=1}^\infty A_n.$$

これは $G \subset \bigcup_{n=1}^\infty A_n$ を示している.

さて $\bigcup_{n=1}^\infty A_n \in \sigma(\mathcal{H}^2)$ で $\bigcup_{n=1}^\infty A_n = G$ より $G \in \sigma(\mathcal{H}^2)$. $G \in \mathcal{O}^2$ は任意だったので $\mathcal{O}^2 \subset \sigma(\mathcal{H}^2)$. よって $\sigma(\mathcal{O}^2)$ の最小性より $\mathcal{B}^2 \subset \sigma(\mathcal{H}^2)$ がわかる. ∎

〈問 A.6〉 (i) $\{I_{i,j}^{(n)}\}_{(i,j) \in \mathbb{Z}^2}$ は互いに素で, $\sum_{(i,j) \in \mathbb{Z}^2} I_{i,j}^{(n)} = \mathbb{Z}^2$ となることを確かめよ.
(ii) (A.2)を確かめよ.

! 注意 A.7 実は $\mathcal{B}^d = \sigma(\mathcal{C}^d)$ である. ただし
$$\mathcal{C}^d = \left\{\prod_{j=1}^d (-\infty, a_j]; a_1, \ldots, a_d \in \mathbb{R}\right\}. \tag{A.5}$$

[証明] 簡単のために $d = 2$ とする. $\mathcal{C}^2 \subset \mathcal{H}^2$ より $\sigma(\mathcal{C}^2) \subset \sigma(\mathcal{H}^2) = \mathcal{B}^2$ である. 逆の包含関係については, $-\infty < a_i < b_i < \infty$ $(i = 1, 2)$ に対して

$$(a_1, b_1] \times (a_2, b_2] = \Big((-\infty, b_1] \setminus (-\infty, a_1]\Big) \times (a_2, b_2]$$
$$= (-\infty, b_1] \times (a_2, b_2] \setminus \big((-\infty, a_1] \times (a_2, b_2]\big)$$
$$= \Big((-\infty, b_1] \times (-\infty, b_2] \setminus (-\infty, b_1] \times (-\infty, a_2]\Big)$$
$$\setminus \Big((-\infty, a_1] \times (-\infty, b_2] \setminus (-\infty, a_1] \times (-\infty, a_2]\Big)$$
$$\in \sigma(\mathcal{C}^2)$$

であるから，$I_{i,j}^{(n)} \in \sigma(\mathcal{C}^2)$ ($^\forall (i,j)$, $^\forall n$)．したがって $A_n \in \sigma(\mathcal{C}^2)$ ($^\forall n$) がわかる．よって $G = \bigcup_{n=1}^{\infty} A_n \in \sigma(\mathcal{C}^2)$，これは $\mathcal{O}^2 \subset \sigma(\mathcal{C}^2)$ を示している．$\sigma(\mathcal{O}^2)$ の最小性より $\mathcal{B}^2 = \sigma(\mathcal{O}^2) \subset \sigma(\mathcal{C}^2)$. ∎

〈問 A.8〉 d が一般のとき，定理 A.5 と注意 A.7 を確かめよ．

A.2　π-λ 定理

　測度論において単調族定理は何かと重宝する道具立てである．確率論においてはそれに取って代わるのが **π-λ 定理**である．

▷**定義 A.9**　$\mathcal{P}(\Omega)$ を Ω のベキ集合 (power set)（$= \Omega$ の部分集合全体の集合）とする．
(i) $\emptyset \subsetneq \mathcal{C} \subset \mathcal{P}(\Omega)$ が，

$$A, B \in \mathcal{C} \text{ ならば } A \cap B \in \mathcal{C}$$

をみたすとき，$\mathcal{C}$ は **π-系** (π-system) あるいは**乗法族** (multiplicative class) であるという．
(ii) $\mathcal{D} \subset \mathcal{P}(\Omega)$ が，

　　λ.1)　$\Omega \in \mathcal{D}$,
　　λ.2)　$A, B \in \mathcal{D}$, $A \supset B$ ならば $A \setminus B \in \mathcal{D}$,
　　λ.3)　$A_n \in \mathcal{D}$, $n = 1, 2, \ldots$, $A_n \nearrow A$ ならば $A \in \mathcal{D}$

をみたすとき，$\mathcal{D}$ は **λ-系** (λ-system) あるいは**ディンキン** (Dynkin) **族** (Dynkin class) であるという．

▷**定義 A.10** $\emptyset \subsetneq \mathcal{B} \subset \mathcal{P}(\Omega)$ に対して，$\mathcal{B}$ を含む最小の λ-系を $\mathcal{D}(\mathcal{B})$ と表す．これは

$$\bigcap_{\mathcal{D} \in \mathbb{D}(\mathcal{B})} \mathcal{D}, \quad \text{ただし } \mathbb{D}(\mathcal{B}) = \{\mathcal{D}; \mathcal{D} \text{ は } \mathcal{B} \text{ を含む } \lambda\text{-系}\}$$

で与えられる．

▶**命題 A.11**（**π-λ 定理** (π-λ theorem) あるいは**ディンキン族定理** (Dynkin class theorem)） $\mathcal{C}$ が π-系ならば，$\mathcal{D}(\mathcal{C}) = \sigma(\mathcal{C})$．

[証明] $\sigma(\mathcal{C})$ は $\mathcal{C}$ を含む λ-系であるので $\mathcal{D}(\mathcal{C})$ の最小性より $\mathcal{D}(\mathcal{C}) \subset \sigma(\mathcal{C})$．

逆の包含関係 "$\sigma(\mathcal{C}) \subset \mathcal{D}(\mathcal{C})$" のためには「$\mathcal{D}(\mathcal{C})$ が σ-加法族」を示せばよい．$E \in \mathcal{D}(\mathcal{C})$ に対して

$$\mathcal{D}_E := \{F \subset \Omega; E \cap F \in \mathcal{D}(\mathcal{C})\}$$

とおく．6段階で示す．

$1°$ $\mathcal{D}_E$ は λ-系である．

☺ $\mathcal{D}(\mathcal{C}) \ni E = E \cap \Omega$ なので，$\Omega \in \mathcal{D}_E$．$A, B \in \mathcal{D}_E, A \supset B$ とすると，$E \cap A, E \cap B \in \mathcal{D}(\mathcal{C})$, $E \cap A \supset E \cap B$．λ.2) より，$\mathcal{D}(\mathcal{C}) \ni (E \cap A) \setminus (E \cap B) = E \cap (A \setminus B)$ なので，$A \setminus B \in \mathcal{D}_E$．$A_n \in \mathcal{D}_E, n = 1, 2, \ldots, A_n \nearrow A$ とすると，$E \cap A_n \in \mathcal{D}(\mathcal{C}), n = 1, 2, \ldots, E \cap A_n \nearrow E \cap A$．λ.3) より $E \cap A \in \mathcal{D}(\mathcal{C})$ なので，$A \in \mathcal{D}_E$．以上のことから $\mathcal{D}_E$ は λ-系である．

$2°$ $E \in \mathcal{C}$ ならば $\mathcal{C} \subset \mathcal{D}_E$．

☺ $E \in \mathcal{C}$ とする．$\mathcal{C}$ は π-系なので

$$F \in \mathcal{C} \Rightarrow E \cap F \in \mathcal{C} \subset \mathcal{D}(\mathcal{C}) \Rightarrow F \in \mathcal{D}_E.$$

これは $\mathcal{C} \subset \mathcal{D}_E$ を示している．

$3°$ $2°$ と $1°$ より，$E \in \mathcal{C}$ ならば $\mathcal{D}(\mathcal{C}) \subset \mathcal{D}_E$．したがって

$$E \in \mathcal{C}, F \in \mathcal{D}(\mathcal{C}) \Rightarrow E \cap F \in \mathcal{D}(\mathcal{C})$$
$$\| $$
$$F \cap E$$

がわかる．これは換言すると，$F \in \mathcal{D}(\mathcal{C})$ ならば $\mathcal{C} \subset \mathcal{D}_F$ である．よって，$1°$

より $F \in \mathcal{D}(\mathcal{C})$ ならば $\mathcal{D}(\mathcal{C}) \subset \mathcal{D}_F$. すなわち

$$E, F \in \mathcal{D}(\mathcal{C}) \Rightarrow E \cap F \in \mathcal{D}(\mathcal{C})$$

となる.

<u>4°</u> $A, B \in \mathcal{D}(\mathcal{C}) \Rightarrow A \cup B \in \mathcal{D}(\mathcal{C})$. 一般に $A_1, \ldots, A_n \in \mathcal{D}(\mathcal{C}) \Rightarrow A_1 \cup \cdots \cup A_n \in \mathcal{D}(\mathcal{C})$.

☺ $A, B \in \mathcal{D}(\mathcal{C})$ とする. λ.1) と λ.2) より

$$A^{\complement} = \Omega \setminus A \in \mathcal{D}(\mathcal{C}), \quad B^{\complement} = \Omega \setminus B \in \mathcal{D}(\mathcal{C}).$$

3° より $A^{\complement} \cap B^{\complement} \in \mathcal{D}(\mathcal{C})$. 再び λ.1) と λ.2) より

$$A \cup B = (A^{\complement} \cap B^{\complement})^{\complement} = \Omega \setminus (A^{\complement} \cap B^{\complement}) \in \mathcal{D}(\mathcal{C}).$$

<u>5°</u> $A_n \in \mathcal{D}(\mathcal{C})$, $n = 1, 2, \ldots \Rightarrow \bigcup_{n=1}^{\infty} A_n \in \mathcal{D}(\mathcal{C})$.

☺ 4° より $A_1 \cup \cdots \cup A_n \in \mathcal{D}(\mathcal{C})$ である. $A_1 \cup \cdots \cup A_n \nearrow \bigcup_{k=1}^{\infty} A_k$ なので, λ.3) より $\bigcup_{k=1}^{\infty} A_k \in \mathcal{D}(\mathcal{C})$.

<u>6°</u> λ.1), λ.2), そして 5° より $\mathcal{D}(\mathcal{C})$ は σ-加法族である. ∎

A.3 P に関する積分

まず, 測度論・積分論における約束事を以下に記する.

規約 (i) $\mathbb{R} = (-\infty, \infty)$ 内の足し算, 掛け算はいつものとおりとする. ∞, $-\infty$ との足し算, 掛け算は次のように定義する:

$$\infty + \infty := \infty, \; (-\infty) + (-\infty) := -\infty,$$

$a \in \mathbb{R}$ に対しては

$$a + \infty := \infty, \; \infty + a := \infty, \; (-\infty) + a := -\infty,$$

$$a - \infty := -\infty, \; \infty - a := \infty, \; (-\infty) - a := -\infty.$$

$\infty + (-\infty), (-\infty) + \infty, \infty - \infty$ 等は考えない. 次に

$$\infty \cdot \infty := \infty, \; (-\infty) \cdot (-\infty) := \infty,$$

$$\infty \cdot (-\infty) := -\infty, \ (-\infty) \cdot \infty := -\infty,$$

$a \in \mathbb{R}$ に対しては

$$a \cdot \infty = \infty \cdot a := \begin{cases} \infty, & a > 0, \\ 0, & a = 0, \\ -\infty, & a < 0, \end{cases}$$

$$a \cdot (-\infty) = (-\infty) \cdot a := \begin{cases} -\infty, & a > 0, \\ 0, & a = 0, \\ \infty, & a < 0. \end{cases}$$

(ii) $\mathbb{R} = (-\infty, \infty)$ 内の大小関係はいつものとおりとする．$\infty, -\infty$ との大小関係は次のように定義する：

$$-\infty < \infty,$$

$a \in \mathbb{R}$ に対しては

$$-\infty < a, \ a < \infty.$$

拙著 [25] から，確率測度 P に関する積分について泥縄式にここにまとめておく．

A.3.1 可測関数

$(\Omega, \mathcal{F})$ を可測空間とする．

▷**定義 A.12** $f : \Omega \to [-\infty, \infty]$ が，$\{\omega \in \Omega ; f(\omega) \leq a\} \in \mathcal{F} \ (^\forall a \in \mathbb{R})$ のとき，f は **$\mathcal{F}$-可測** ($\mathcal{F}$-measurable) であるという．

以下では，簡単のため

$$\{f \leq a\} := \{\omega \in \Omega ; f(\omega) \leq a\},$$
$$\{f < a\} := \{\omega \in \Omega ; f(\omega) < a\},$$
$$\{f > a\} := \{\omega \in \Omega ; f(\omega) > a\}$$

などと書くことにする.

▶**補題 A.13** 次の 5 つの条件は同値である：

(i) f は $\mathcal{F}$-可測である.
(ii) $\{f > a\} \in \mathcal{F}$ $(^{\forall}a \in \mathbb{R})$.
(iii) $\{f \geq a\} \in \mathcal{F}$ $(^{\forall}a \in \mathbb{R})$.
(iv) $\{f < a\} \in \mathcal{F}$ $(^{\forall}a \in \mathbb{R})$.
(v) $\{f < r\} \in \mathcal{F}$ $(^{\forall}r \in \mathbb{Q})$.

[証明] "(i) $\Rightarrow$ (ii)" は, $\{f > a\} = \{f \leq a\}^{\complement} \in \mathcal{F}$. "(ii) $\Rightarrow$ (iii)" は, $\{f \geq a\} = \bigcap_{n \geq 1}\{f > a - \frac{1}{n}\} \in \mathcal{F}$. "(iii) $\Rightarrow$ (iv)" は, $\{f < a\} = \{f \geq a\}^{\complement} \in \mathcal{F}$. "(iv) $\Rightarrow$ (v)" は, 明らか. "(v) $\Rightarrow$ (i)" は, 任意の $a \in \mathbb{R}$ に対して $r_n \geq r_{n+1} > a$ $(^{\forall}n \geq 1)$ かつ $\lim_n r_n = a$ なる有理数列 $\{r_n\}_{n=1}^{\infty}$ をとると $\{f \leq a\} = \bigcap_{n \geq 1}\{f < r_n\} \in \mathcal{F}$. ∎

▶**系 A.14** f が $\mathcal{F}$-可測のとき, 任意の $a \in [-\infty, \infty]$ に対して $\{f = a\} \in \mathcal{F}$.

[証明] $a \in \mathbb{R}$ のときは, $\{f = a\} = \{f \leq a\} \setminus \{f < a\} \in \mathcal{F}$. $a = \infty$ のときは, $\{f = \infty\} = \bigcap_{n \geq 1}\{f \geq n\} \in \mathcal{F}$. $a = -\infty$ のときは, $\{f = -\infty\} = \bigcap_{n \geq 1}\{f \leq -n\} \in \mathcal{F}$. ∎

▷**定義 A.15** $\mathbb{M} = \mathbb{M}(\Omega, \mathcal{F}) := \{f; f : \Omega \to [-\infty, \infty]$ は $\mathcal{F}$-可測$\}$.

▶**定理 A.16** $f, g \in \mathbb{M}$ とする.
(i) $c \in \mathbb{R}$ に対して $cf \in \mathbb{M}$.
(ii) $\{f = \infty, g = -\infty\} \cup \{f = -\infty, g = \infty\} = \emptyset$ ならば $f + g \in \mathbb{M}$.
(iii) $fg \in \mathbb{M}$.
(iv) $f \vee g, f \wedge g \in \mathbb{M}$. ここで $(f \vee g)(\omega) := f(\omega) \vee g(\omega)$, $(f \wedge g)(\omega) := f(\omega) \wedge g(\omega)$.

[証明] (i) $c > 0$ のときは $\{cf \leq a\} = \{f \leq \frac{a}{c}\} \in \mathcal{F}$. $c = 0$ のときは $cf = 0$ なので

$$\{cf \leq a\} = \begin{cases} \Omega \in \mathcal{F}, & a \geq 0, \\ \emptyset \in \mathcal{F}, & a < 0. \end{cases}$$

$c < 0$ のときは $\{cf \leq a\} = \{f \geq \frac{a}{c}\} \in \mathcal{F}$.

(ii) $\{f + g < a\} = \{f < a - g\} = \bigcup_{r \in \mathbb{Q}} \{f < r < a - g\}$
$$= \bigcup_{r \in \mathbb{Q}} \{f < r\} \cap \{g < a - r\} \in \mathcal{F}.$$

(iii) 3つの場合に分ける：

<u>Case 1</u> $f = g$ のとき.

$$\{fg \leq a\} = \{f^2 \leq a\} = \begin{cases} \{-\sqrt{a} \leq f \leq \sqrt{a}\}, & a \geq 0, \\ \emptyset, & a < 0 \end{cases}$$

$$= \begin{cases} \{f \geq -\sqrt{a}\} \cap \{f \leq \sqrt{a}\} \in \mathcal{F}, & a \geq 0, \\ \emptyset \in \mathcal{F}, & a < 0. \end{cases}$$

<u>Case 2</u> $|f| < \infty, |g| < \infty$ のとき.

$fg = \frac{1}{4}((f+g)^2 - (f-g)^2)$ である. (i) と (ii) より $f \pm g \in \mathbb{M}$. Case 1 より $(f \pm g)^2 \in \mathbb{M}$. したがって, 再び (i) と (ii) より

$$\frac{1}{4}((f+g)^2 - (f-g)^2) \in \mathbb{M},$$

すなわち $fg \in \mathbb{M}$.

<u>Case 3</u> 一般のとき.

$$\tilde{f} = \begin{cases} f, & |f| < \infty \text{ のとき}, \\ 0, & |f| = \infty \text{ のとき} \end{cases} \quad \tilde{g} = \begin{cases} g, & |g| < \infty \text{ のとき}, \\ 0, & |g| = \infty \text{ のとき} \end{cases}$$

とおく. このとき $\tilde{f}, \tilde{g} \in \mathbb{M}$. 何となれば

$\{\tilde{f} \leq a\}$
$= (\{\tilde{f} \leq a\} \cap \{|f| < \infty\}) \cup (\{\tilde{f} \leq a\} \cap \{|f| = \infty\})$
$= (\{f \leq a\} \cap \{-\infty < f < \infty\}) \cup (\{0 \leq a\} \cap \{f = \infty \text{ あるいは } -\infty\})$

$$= \begin{cases} (\{f \leq a\} \cap \{-\infty < f < \infty\}) \cup \{f = \infty \text{ あるいは } -\infty\}, & a \geq 0, \\ \{f \leq a\} \cap \{-\infty < f < \infty\}, & a < 0 \end{cases}$$
$$\in \mathcal{F}.$$

Case 2 より $\tilde{f}\tilde{g} \in \mathbb{M}$.
$$\tilde{f}\tilde{g} = \begin{cases} fg, & |f| < \infty, |g| < \infty \text{ のとき}, \\ 0, & |f| = \infty \text{ あるいは } |g| = \infty \text{ のとき} \end{cases}$$
に注意すると，任意の $a \in \mathbb{R}$ に対して
$$\{fg \leq a, |f| < \infty, |g| < \infty\} = \{\tilde{f}\tilde{g} \leq a, |f| < \infty, |g| < \infty\}$$
$$= \{\tilde{f}\tilde{g} \leq a\} \cap \{|f| < \infty, |g| < \infty\}$$
$$\in \mathcal{F}.$$
いま
$$fg = \begin{cases} fg, & |f| < \infty, |g| < \infty \text{ のとき}, \\ \pm\infty, & f = \pm\infty, 0 < g < \infty \text{ のとき}, \\ 0, & f = \pm\infty, g = 0 \text{ のとき}, \\ \mp\infty, & f = \pm\infty, -\infty < g < 0 \text{ のとき}, \\ \pm\infty, & 0 < f < \infty, g = \pm\infty \text{ のとき}, \\ 0, & f = 0, g = \pm\infty \text{ のとき}, \\ \mp\infty, & -\infty < f < 0, g = \pm\infty \text{ のとき}, \\ \pm\infty, & f = \infty, g = \pm\infty \text{ のとき}, \\ \mp\infty, & f = -\infty, g = \pm\infty \text{ のとき} \end{cases}$$
であるから[3]，任意の $a \in \mathbb{R}$ に対して
$$\{fg \leq a\} = \{fg \leq a, |f| < \infty, |g| < \infty\}$$
$$\cup (\{\pm\infty \leq a\} \cap \{f = \pm\infty, 0 < g < \infty\})$$

---

[3] ここでは ∞ を $+\infty$ と表す．

$$\cup \left(\{0 \leq a\} \cup \{f = \pm\infty, g = 0\}\right)$$
$$\cup \left(\{\mp\infty \leq a\} \cup \{f = \pm\infty, -\infty < g < 0\}\right)$$
$$\cup \left(\{\pm\infty \leq a\} \cup \{0 < f < \infty, g = \pm\infty\}\right)$$
$$\cup \left(\{0 \leq a\} \cup \{f = 0, g = \pm\infty\}\right)$$
$$\cup \left(\{\mp\infty \leq a\} \cup \{-\infty < f < 0, g = \pm\infty\}\right)$$
$$\cup \left(\{\pm\infty \leq a\} \cup \{f = \infty, g = \pm\infty\}\right)$$
$$\cup \left(\{\mp\infty \leq a\} \cup \{f = -\infty, g = \pm\infty\}\right)$$
$$\in \mathcal{F}.$$

よって $fg \in \mathbb{M}$.

(iv) 任意の $a \in \mathbb{R}$ に対して

$$\{f \vee g \leq a\} = \{f \leq a, g \leq a\} = \{f \leq a\} \cap \{g \leq a\} \in \mathcal{F},$$
$$\{f \wedge g \leq a\} = \{f \leq a \text{ あるいは } g \leq a\} = \{f \leq a\} \cup \{g \leq a\} \in \mathcal{F}. \quad \blacksquare$$

▶ **定理 A.17** $\{f_n\}_{n=1}^{\infty} \subset \mathbb{M}$ とする.

(i) $f_n \nearrow f$ あるいは $f_n \searrow f$ ならば $f \in \mathbb{M}$.
(ii) $\limsup_n f_n \in \mathbb{M}$, $\liminf_n f_n \in \mathbb{M}$.
(iii) $\exists \lim_n f_n =: f$ ならば $f \in \mathbb{M}$.

! **注意 A.18** $f_n \leq f_{n+1}$ ($\forall n$), $\lim_{n \to \infty} f_n = f$ のとき $f_n \nearrow f$ と表す. 同様に $f_n \geq f_{n+1}$ ($\forall n$), $\lim_{n \to \infty} f_n = f$ のとき $f_n \searrow f$ と表す.

[証明] (i) $f_n \nearrow f$ のときは
$$\{f > a\} = \bigcup_{n \geq 1} \{f_n > a\} \in \mathcal{F},$$
$f_n \searrow f$ のときは
$$\{f < a\} = \bigcup_{n \geq 1} \{f_n < a\} \in \mathcal{F}.$$

(ii) $g_{np} := f_n \vee \cdots \vee f_{n+p}$ ($p \geq 0$) とすると, 定理 A.16(iv) より $g_{np} \in$

$\mathbb{M}$. $p \to \infty$ のとき $g_{np} \nearrow \sup_{m \geq n} f_m$ であるので,(i) より $\sup_{m \geq n} f_m \in \mathbb{M}$. $n \to \infty$ のとき $\sup_{m \geq n} f_m \searrow \limsup_n f_n$ であるので,再び (i) より $\limsup_n f_n \in \mathbb{M}$.

$\liminf_n f_n = -\limsup_n (-f_n)$ に注意すれば,いま,わかったことから $\liminf_n f_n \in \mathbb{M}$.

(iii) $^\exists \lim_n f_n =: f \underset{\text{iff}}{\Longleftrightarrow} \limsup_n f_n = \liminf_n f_n = f$ であるので (ii) より $f \in \mathbb{M}$. ∎

▷ **定義 A.19** $f : \Omega \to \mathbb{R}$ が $\operatorname{card} f(\Omega) < \aleph_0$ のとき,つまり $f(\Omega)$ が有限集合のとき,f は**単関数** (simple function) という.

【**例 A.20**】 $E \subset \Omega$ に対して,$\mathbf{1}_E$ を E の定義関数 (defining function),すなわち,

$$\mathbf{1}_E(\omega) = \begin{cases} 1, & \omega \in E, \\ 0, & \omega \notin E \end{cases}$$

とすると,$\mathbf{1}_E(\Omega) \subset \{0, 1\}$. したがって $\mathbf{1}_E$ は単関数である.逆に $f : \Omega \to \mathbb{R}$ が $f(\Omega) = \{0, 1\}$ ならば,$f = \mathbf{1}_E$,ただし $E = \{f = 1\}$ となる.

$f : \Omega \to \mathbb{R}$ が単関数のとき,

$$f(\Omega) = \{a_1, \ldots, a_n\} \quad (n = \operatorname{card} f(\Omega),\ a_i \neq a_j\ (i \neq j)),$$
$$E_j := \{f = a_j\} \quad (j = 1, \ldots, n)$$

とすると,$\{E_j\}_{j=1}^n$ は互いに素,すなわち,$E_i \cap E_j = \emptyset$ $(i \neq j)$ で $\Omega = \sum_{j=1}^n E_j$. そして

$$f = \sum_{j=1}^n a_j \mathbf{1}_{E_j} \tag{A.6}$$

と表現できる.

▶ **補題 A.21** 単関数 $f : \Omega \to \mathbb{R}$ に対して,f が $\mathcal{F}$-可測 $\underset{\text{iff}}{\Longleftrightarrow} E_1, \ldots, E_n \in \mathcal{F}$. ただし E_j は (A.6) における集合である.

[証明] "⇒" は $E_j = \{f = a_j\} \in \mathcal{F}\ (j = 1, \ldots, n)$. "⇐" は，$a \in \mathbb{R}$ に対して

$$J(a) = \{j; 1 \leq j \leq m, a_j \leq a\}$$

とおいたとき

$$\{f \leq a\} = \bigcup_{j \in J(a)} E_j \in \mathcal{F}. \qquad ■$$

▷ **定義 A.22**

$$\mathbb{S} = \mathbb{S}(\Omega, \mathcal{F}) := \{f;\ f : \Omega \to \mathbb{R} \text{ は } \mathcal{F}\text{-可測な単関数}\},$$
$$\mathbb{S}^+ = \mathbb{S}^+(\Omega, \mathcal{F}) := \{f \in \mathbb{S};\ \Omega\text{ 上で } f \geq 0\},$$
$$\mathbb{M}^+ = \mathbb{M}^+(\Omega, \mathcal{F}) := \{f \in \mathbb{M};\ \Omega\text{ 上で } f \geq 0\}.$$

A.3.2 $\mathbb{S}^+$ に対する積分

$(\Omega, \mathcal{F}, P)$ を確率空間とする．

▶ **補題 A.23** $f, g \in \mathbb{S}^+$ とする．
(i) $c \geq 0$ に対して $cf \in \mathbb{S}^+$.
(ii) $f + g \in \mathbb{S}^+$.
(iii) $fg \in \mathbb{S}^+$.
(iv) $f \vee g, f \wedge g \in \mathbb{S}^+$.

[証明] (i) $f \in \mathbb{S}^+, c \geq 0 \Rightarrow f \in \mathbb{M}, f \geq 0, \operatorname{card} f(\Omega) < \aleph_0$
$\Rightarrow cf \in \mathbb{M}\ \bigl[\odot\ \text{定理 A.16(i) より}\bigr], cf \geq 0,$
$\operatorname{card}(cf)(\Omega) \leq \operatorname{card} f(\Omega) < \aleph_0$
$\Rightarrow cf \in \mathbb{S}^+.$

(ii) $f, g \in \mathbb{S}^+ \Rightarrow f, g \in \mathbb{M}, f, g \geq 0, \operatorname{card} f(\Omega), \operatorname{card} g(\Omega) < \aleph_0$
$\Rightarrow f + g \in \mathbb{M}\ \bigl[\odot\ \text{定理 A.16(ii) より}\bigr], f + g \geq 0,$
$\operatorname{card}(f+g)(\Omega) \leq \operatorname{card} f(\Omega) \times \operatorname{card} g(\Omega) < \aleph_0$
$\Rightarrow f + g \in \mathbb{S}^+.$

(iii) $f, g \in \mathbb{S}^+ \Rightarrow f, g \in \mathbb{M}, f, g \geq 0, \mathrm{card}\, f(\Omega), \mathrm{card}\, g(\Omega) < \aleph_0$
$\quad\quad\quad \Rightarrow fg \in \mathbb{M} \ \big[\odot\ 定理\ \mathrm{A.16(iii)}\ より\big], fg \geq 0,$
$\quad\quad\quad\quad\quad \mathrm{card}(fg)(\Omega) \leq \mathrm{card}\, f(\Omega) \times \mathrm{card}\, g(\Omega) < \aleph_0$
$\quad\quad\quad \Rightarrow fg \in \mathbb{S}^+.$

(iv) $f, g \in \mathbb{S}^+$
$\quad \Rightarrow f, g \in \mathbb{M}, f, g \geq 0, \mathrm{card}\, f(\Omega), \mathrm{card}\, g(\Omega) < \aleph_0$
$\quad \Rightarrow f \vee g, f \wedge g \in \mathbb{M} \ \big[\odot\ 定理\ \mathrm{A.16(iv)}\ より\big], f \vee g, f \wedge g \geq 0,$
$\quad\quad \mathrm{card}(f \vee g)(\Omega), \mathrm{card}(f \wedge g)(\Omega) \leq \mathrm{card}\, f(\Omega) \times \mathrm{card}\, g(\Omega) < \aleph_0$
$\quad \Rightarrow f \vee g, f \wedge g \in \mathbb{S}^+.$ ∎

▷ **定義 A.24** $f \in \mathbb{S}^+$ が (A.6), すなわち

$$f = \sum_{j=1}^{n} a_j \mathbf{1}_{E_j}$$

と表されるとき，ただし，$\{E_j\}_{j=1}^{n} \subset \mathcal{F}$ は互いに素で $\Omega = \sum_{j=1}^{n} E_j$, そしてここでは単に $\{a_j\}_{j=1}^{n} \subset [0, \infty)$ とするとき[4]

$$\int_\Omega f\, dP := \sum_{j=1}^{n} a_j P(E_j)$$

と定義する．これを f の P に関する Ω での積分 (integral of f on Ω w.r.t.[5] P) という．

! **注意 A.25** $\int_\Omega f\, dP$ を
$\int_\Omega f(\omega) dP(\omega)$, あるいは $\int_\Omega f(\omega) P(d\omega)$, あるいは $\int_\Omega f$, あるいは $\int f$
などと書くこともある．

! **注意 A.26** 下の定理 A.27(iii) より積分 $\int_\Omega f\, dP$ は well-defined である．

---

4) $\{a_j\}_{j=1}^{n}$ が相異なることまでは課さない．
5) with respect to の省略形．

▶**定理 A.27** $f, g \in \mathbb{S}^+$ とする.

(i) $c \geq 0$ に対して $\int_\Omega (cf) dP = c \int_\Omega f \, dP$.

(ii) $\int_\Omega (f+g) dP = \int_\Omega f \, dP + \int_\Omega g \, dP$.

(iii) $f \leq g$ ならば $\int_\Omega f \, dP \leq \int_\Omega g \, dP$.

[証明] $f = \sum_{j=1}^m a_j \mathbf{1}_{E_j}$, $g = \sum_{k=1}^n b_k \mathbf{1}_{F_k}$, ただし $\{E_j\}_{j=1}^m, \{F_k\}_{k=1}^n \subset \mathcal{F}$ はそれぞれ互いに素で $\Omega = \sum_{j=1}^m E_j = \sum_{k=1}^n F_k$, $a_j, b_k \in [0, \infty)$ とする. このとき $1 = \sum_{j=1}^m \mathbf{1}_{E_j} = \sum_{k=1}^n \mathbf{1}_{F_k}$ より

$$f = \sum_{j=1}^m a_j \sum_{k=1}^n \mathbf{1}_{E_j} \mathbf{1}_{F_k} = \sum_{j=1}^m a_j \sum_{k=1}^n \mathbf{1}_{E_j \cap F_k} = \sum_{j=1}^m \sum_{k=1}^n a_j \mathbf{1}_{E_j \cap F_k},$$

$$g = \sum_{k=1}^n b_k \sum_{j=1}^m \mathbf{1}_{E_j} \mathbf{1}_{F_k} = \sum_{k=1}^n b_k \sum_{j=1}^m \mathbf{1}_{E_j \cap F_k} = \sum_{j=1}^m \sum_{k=1}^n b_k \mathbf{1}_{E_j \cap F_k}$$

と書き直すことができる.

(i) $cf = \sum_{j=1}^m ca_j \mathbf{1}_{E_j}$ であるので

$$\int_\Omega (cf) dP = \sum_{j=1}^m ca_j P(E_j) = c \sum_{j=1}^m a_j P(E_j) = c \int_\Omega f \, dP.$$

(ii) 上の f, g の表示式から

$$f + g = \sum_{j=1}^m \sum_{k=1}^n (a_j + b_k) \mathbf{1}_{E_j \cap F_k}$$

となるから

$$\int_\Omega (f+g) dP = \sum_{j=1}^m \sum_{k=1}^n (a_j + b_k) P(E_j \cap F_k)$$
$$= \sum_{j=1}^m a_j \sum_{k=1}^n P(E_j \cap F_k) + \sum_{k=1}^n b_k \sum_{j=1}^m P(E_j \cap F_k)$$
$$= \sum_{j=1}^m a_j P(E_j) + \sum_{k=1}^n b_k P(F_k)$$

$$\left[\begin{array}{l}\odot\ \Omega = \sum_{j=1}^{m} E_j = \sum_{k=1}^{n} F_k \text{ より } \sum_{k=1}^{n} P(E_j \cap F_k) = \\ P(E_j \cap \sum_{k=1}^{n} F_k) = P(E_j),\ \sum_{j=1}^{m} P(E_j \cap F_k) = \\ P(\sum_{j=1}^{m} E_j \cap F_k) = P(F_k)\end{array}\right]$$

$$= \int_{\Omega} f\, dP + \int_{\Omega} g\, dP.$$

(iii) まず

$$f \leq g \underset{\text{iff}}{\Longleftrightarrow} E_j \cap F_k \neq \emptyset \text{ なる } (j,k) \in \{1,\ldots,m\} \times \{1,\ldots,n\} \text{ に}$$
$$\text{対して } a_j \leq b_k$$

に注意せよ．これは

$$\int_{\Omega} f\, dP = \sum_{j=1}^{m} \sum_{k=1}^{n} a_j P(E_j \cap F_k)$$
$$= \sum_{\substack{1 \leq j \leq m, 1 \leq k \leq n; \\ E_j \cap F_k \neq \emptyset}} a_j P(E_j \cap F_k) + \sum_{\substack{1 \leq j \leq m, 1 \leq k \leq n; \\ E_j \cap F_k = \emptyset}} a_j P(E_j \cap F_k)$$
$$= \sum_{\substack{1 \leq j \leq m, 1 \leq k \leq n; \\ E_j \cap F_k \neq \emptyset}} a_j P(E_j \cap F_k)$$
$$\left[\odot\ E_j \cap F_k = \emptyset \text{ ならば } P(E_j \cap F_k) = 0\right]$$
$$\leq \sum_{\substack{1 \leq j \leq m, 1 \leq k \leq n; \\ E_j \cap F_k \neq \emptyset}} b_k P(E_j \cap F_k) \quad [\odot\ \text{上の注意より}]$$
$$= \sum_{\substack{1 \leq j \leq m, 1 \leq k \leq n; \\ E_j \cap F_k \neq \emptyset}} b_k P(E_j \cap F_k) + \sum_{\substack{1 \leq j \leq m, 1 \leq k \leq n; \\ E_j \cap F_k = \emptyset}} b_k P(E_j \cap F_k)$$
$$= \sum_{j=1}^{m} \sum_{k=1}^{n} b_k P(E_j \cap F_k) = \int_{\Omega} g\, dP$$

を含意する． ∎

▶**定理 A.28** $\{f_n\}_{n=1}^{\infty}, \{g_n\}_{n=1}^{\infty} \subset \mathbb{S}^+$ は $f_n \nearrow f$, $g_n \nearrow g$ とする．もし Ω 上で $f \leq g$ ならば

$$\lim_{n} \int_{\Omega} f_n\, dP \leq \lim_{n} \int_{\Omega} g_n\, dP$$

が成り立つ．

この定理の証明のために次の補題を用意する：

▶補題 A.29 $\{h_n\}_{n=1}^{\infty} \subset \mathbb{S}^+, E \in \mathcal{F}, a \geq 0$ が $h_n \nearrow h$, E 上で $h \geq a$ をみたすとき
$$\lim_n \int_\Omega h_n \mathbf{1}_E \, dP \geq aP(E)$$
が成り立つ．

! 注意 A.30 補題 A.23(iii) より $h_n \mathbf{1}_E \in \mathbb{S}^+$ であるので，積分 $\int_\Omega h_n \mathbf{1}_E \, dP$ が定義される．また，$h_n \mathbf{1}_E \leq h_{n+1} \mathbf{1}_E$ なので定理 A.27(iii) より $\int_\Omega h_n \mathbf{1}_E \, dP \leq \int_\Omega h_{n+1} \mathbf{1}_E \, dP$, したがって $\lim_n \int_\Omega h_n \mathbf{1}_E \, dP$ は単調増加極限として存在[6]する．

[補題 A.29 の証明] $a = 0$ のときは，右辺 $= 0 \leq$ 左辺 となるので，$a > 0$ とする．$0 < \varepsilon < a$ を任意に固定する．$E_n(\varepsilon) = \{\omega \in E; h_n(\omega) > a - \varepsilon\} = E \cap \{h_n > a - \varepsilon\}$ とおく．明らかに $E_n(\varepsilon) \in \mathcal{F}$, そして $E_n(\varepsilon) \nearrow E$ である．$E_n(\varepsilon)$ の定義より $h_n \mathbf{1}_E \geq h_n \mathbf{1}_{E_n(\varepsilon)} \geq (a - \varepsilon) \mathbf{1}_{E_n(\varepsilon)}$ であるので，定理 A.27(iii) より
$$\int_\Omega h_n \mathbf{1}_E \, dP \geq \int_\Omega (a-\varepsilon) \mathbf{1}_{E_n(\varepsilon)} \, dP = (a-\varepsilon) P(E_n(\varepsilon)), \quad \forall n \in \mathbb{N}.$$
ここで $P(E_n(\varepsilon)) \nearrow P(E)$ $(n \to \infty)$ に注意すると
$$\lim_n \int_\Omega h_n \mathbf{1}_E \, dP \geq (a-\varepsilon) P(E)$$
がわかる．

あとは，$\varepsilon \searrow 0$ とすると，
$$\lim_n \int_\Omega h_n \mathbf{1}_E \, dP \geq aP(E) - \varepsilon P(E) \to aP(E).$$
これは補題の不等式である． ∎

⟨問 A.31⟩ $E_n(\varepsilon) \nearrow E$ を確かめよ．

---

6) ただし無限大に発散している場合もあるかもしれない．

[**定理 A.28 の証明**]　$f_n \nearrow f$, $g_n \nearrow g$, $f \leq g$ とする．各 $n \in \mathbb{N}$ に対して $f_n = \sum_{j=1}^{m_n} a_{nj} \mathbf{1}_{E_{nj}}$ と表したとき

$$E_{nj} \text{ 上で } \lim_l g_l = g \geq f \geq f_n \geq a_{nj} \quad (j = 1, \ldots, m_n, n = 1, 2, \ldots)$$

であるので，補題 A.29 より

$$\lim_l \int_\Omega g_l \mathbf{1}_{E_{nj}} dP \geq a_{nj} P(E_{nj}) \quad (j = 1, \ldots, m_n, n = 1, 2, \ldots)$$

が成り立つ．ここで定理 A.27(ii) に注意して，この両辺を j について $1 \sim m_n$ まで足すと，

$$\begin{aligned}
\lim_l \int_\Omega g_l \, dP &= \lim_l \int_\Omega \sum_{j=1}^{m_n} g_l \mathbf{1}_{E_{nj}} dP \quad \left[\because \sum_{j=1}^{m_n} \mathbf{1}_{E_{nj}} = 1 \right] \\
&= \lim_l \sum_{j=1}^{m_n} \int_\Omega g_l \mathbf{1}_{E_{nj}} dP \\
&= \sum_{j=1}^{m_n} \lim_l \int_\Omega g_l \mathbf{1}_{E_{nj}} dP \\
&\geq \sum_{j=1}^{m_n} a_{nj} P(E_{nj}) = \int_\Omega f_n \, dP, \quad \forall n = 1, 2, \ldots.
\end{aligned}$$

最後に $n \to \infty$ とすれば

$$\lim_m \int_\Omega g_m \, dP \geq \lim_n \int_\Omega f_n \, dP. \qquad \blacksquare$$

▶**系 A.32**　$\{f_n\}_{n=1}^\infty, \{g_n\}_{n=1}^\infty \subset \mathbb{S}^+$ が $f_n \nearrow f$, $g_n \nearrow f$ ならば

$$\lim_n \int_\Omega f_n \, dP = \lim_n \int_\Omega g_n \, dP.$$

A.3.3　$\mathbb{M}^+$ に対する積分

前項同様に $(\Omega, \mathcal{F}, P)$ を確率空間とする．

▶**補題 A.33**　$f, g \in \mathbb{M}^+$ とする．
(i) $c \geq 0$ に対して $cf \in \mathbb{M}^+$.
(ii) $f + g \in \mathbb{M}^+$.
(iii) $fg \in \mathbb{M}^+$.

(iv) $f \vee g, f \wedge g \in \mathbb{M}^+$.

[証明]　(i) $f \in \mathbb{M}^+, c \geq 0 \Rightarrow f \in \mathbb{M}, f \geq 0$
$$\Rightarrow cf \in \mathbb{M} \ \bigl[\odot \text{ 定理 A.16(i) より}\bigr], cf \geq 0$$
$$\Rightarrow cf \in \mathbb{M}^+.$$

(ii) $f, g \in \mathbb{M}^+ \Rightarrow f, g \in \mathbb{M}, f, g \geq 0$
$$\Rightarrow f + g \in \mathbb{M} \ \bigl[\odot \text{ 定理 A.16(ii) より}\bigr], f + g \geq 0$$
$$\Rightarrow f + g \in \mathbb{M}^+.$$

(iii) $f, g \in \mathbb{M}^+ \Rightarrow f, g \in \mathbb{M}, f, g \geq 0$
$$\Rightarrow fg \in \mathbb{M} \ \bigl[\odot \text{ 定理 A.16(iii) より}\bigr], fg \geq 0$$
$$\Rightarrow fg \in \mathbb{M}^+.$$

(iv) $f, g \in \mathbb{M}^+ \Rightarrow f, g \in \mathbb{M}, f, g \geq 0$
$$\Rightarrow f \vee g, f \wedge g \in \mathbb{M} \ \bigl[\odot \text{ 定理 A.16(iv) より}\bigr],$$
$$f \vee g, f \wedge g \geq 0$$
$$\Rightarrow f \vee g, f \wedge g \in \mathbb{M}^+. \qquad \blacksquare$$

▶**定理 A.34**　任意の $f \in \mathbb{M}^+$ に対して $^\exists \{f_n\}_{n=1}^\infty \subset \mathbb{S}^+$ s.t. $f_n \nearrow f$.

[証明]　まず $x \in \mathbb{R}$ に対して，$\lfloor x \rfloor = x$ の整数部分, $\{x\} = x$ の小数部分 とする．このとき
$$x = \lfloor x \rfloor + \{x\}, \tag{A.7}$$
$$\lfloor x \rfloor \leq x < \lfloor x \rfloor + 1, \quad \text{したがって } 0 \leq \{x\} < 1 \tag{A.8}$$
に注意せよ．

任意の $f \in \mathbb{M}^+$ を固定する．各 $n \in \mathbb{N}$ に対して
$$f_n = \frac{\lfloor 2^n f \rfloor}{2^n} \wedge n$$
とおく．なお $f = \infty$ のときは $\lfloor 2^n f \rfloor = \infty$ と解する．次が成り立つ:

(a) $f_n \to f \ (n \to \infty)$,
(b) $f_n \leq f_{n+1} \ (^\forall n \in \mathbb{N})$,
(c) $f_n \in \mathbb{S}^+ \ (^\forall n \in \mathbb{N})$.

(a) について．$f = \infty$ のときは，$f_n = n \to \infty = f$. $f < \infty$ のときは，(A.8) より

$$f - \frac{1}{2^n} < \frac{\lfloor 2^n f \rfloor}{2^n} \le f,$$

したがって

$$\left(f - \frac{1}{2^n}\right) \wedge n \le f_n \le f \wedge n$$

となるので[7]，$n \to \infty$ とすると $f_n \to f$．

(b) について．まず

$$\lfloor 2x \rfloor \ge 2\lfloor x \rfloor \quad (\forall x \in \mathbb{R}) \tag{A.9}$$

に注意せよ．何となれば

$$\begin{aligned}\lfloor 2x \rfloor - 2\lfloor x \rfloor &= \lfloor 2(\lfloor x \rfloor + \{x\}) \rfloor - 2\lfloor x \rfloor = \lfloor 2\lfloor x \rfloor + 2\{x\} \rfloor - 2\lfloor x \rfloor \\ &= 2\lfloor x \rfloor + \lfloor 2\{x\} \rfloor - 2\lfloor x \rfloor \\ &= \lfloor 2\{x\} \rfloor \\ &= \begin{cases} 0, & 0 \le \{x\} < \frac{1}{2} \text{ のとき}, \\ 1, & \frac{1}{2} \le \{x\} < 1 \text{ のとき} \end{cases} \\ &\ge 0. \tag{A.10}\end{aligned}$$

$f = \infty$ のときは $f_n = n < n+1 = f_{n+1}$ となり (b) の不等式が成り立つ．$f < \infty$ のときは，(A.9) より

$$\frac{\lfloor 2^{n+1} f \rfloor}{2^{n+1}} = \frac{\lfloor 2 \cdot 2^n f \rfloor}{2^{n+1}} \ge \frac{2\lfloor 2^n f \rfloor}{2^{n+1}} = \frac{\lfloor 2^n f \rfloor}{2^n}.$$

よって

$$f_n = \frac{\lfloor 2^n f \rfloor}{2^n} \wedge n \le \frac{\lfloor 2^{n+1} f \rfloor}{2^{n+1}} \wedge n \le \frac{\lfloor 2^{n+1} f \rfloor}{2^{n+1}} \wedge (n+1) = f_{n+1}.$$

(c) について．集合 $E_{n,j}$ $(j = 1, \ldots, 2^n n)$，E_n を

$$E_{n,j} = \left\{ \frac{j-1}{2^n} \le f < \frac{j}{2^n} \right\}, \; E_n = \{f \ge n\}$$

とおくと，$E_{n,j}, E_n \in \mathcal{F}$，$\sum_{j=1}^{2^n n} E_{n,j} + E_n = \Omega$．そして各 $E_{n,j}$ 上では $j-1 \le 2^n f < j$，したがって $\frac{\lfloor 2^n f \rfloor}{2^n} = \frac{j-1}{2^n} < n$ となるから $f_n = \frac{j-1}{2^n} \wedge n = \frac{j-1}{2^n}$.

---

[7] ここで，$a \in \mathbb{R}$ に対して関数 $\mathbb{R} \ni x \mapsto x \wedge a \in \mathbb{R}$ が単調増加であることを使った．

E_n 上では $2^n f \geq n 2^n$, したがって $\frac{\lfloor 2^n f \rfloor}{2^n} \geq n$ となるから $f_n = \frac{\lfloor 2^n f \rfloor}{2^n} \wedge n = n$.
よって
$$f_n = \sum_{j=1}^{2^n n} \frac{j-1}{2^n} \mathbf{1}_{E_{n,j}} + n \mathbf{1}_{E_n} \in \mathbb{S}^+$$
がわかる. ∎

! **注意 A.35** 例 1.22 の X_n が $\{0,1\}$-値であることは, (A.10) より直ぐにわかる:
$$X_n(\omega) = \lfloor 2 \cdot 2^{n-1} \omega \rfloor - 2 \lfloor 2^{n-1} \omega \rfloor = \lfloor 2\{2^{n-1}\omega\} \rfloor$$
$$= \begin{cases} 0, & 0 \leq \{2^{n-1}\omega\} < \frac{1}{2}, \\ 1, & \frac{1}{2} \leq \{2^{n-1}\omega\} < 1. \end{cases}$$

▷ **定義 A.36** $f \in \mathbb{M}^+$ が, 適当な $\{f_n\}_{n=1}^\infty \subset \mathbb{S}^+$ に対して $f_n \nearrow f$ となっているとき
$$\int_\Omega f\, dP := \lim_n \int_\Omega f_n\, dP$$
と定義する. これを f の P に関する Ω での積分 (integral of f on Ω w.r.t. P) という.

! **注意 A.37** 定理 A.34 より, このような $\{f_n\}$ はいつでも存在する. また系 A.32 より, この積分の定義は well-defined である.

▶ **定理 A.38** $f, g \in \mathbb{M}^+$ とする.

(i) $c \geq 0$ に対して $\int_\Omega (cf) dP = c \int_\Omega f\, dP$.

(ii) $\int_\Omega (f+g) dP = \int_\Omega f\, dP + \int_\Omega g\, dP$.

(iii) $f \leq g$ ならば $\int_\Omega f\, dP \leq \int_\Omega g\, dP$.

[証明] 補題 A.23, 定理 A.27 と A.28 を用いればよい.

(i) $^\exists \{f_n\}_{n=1}^\infty \subset \mathbb{S}^+$ s.t. $f_n \nearrow f$

$\Rightarrow \{cf_n\}_{n=1}^\infty \subset \mathbb{S}^+$ [$\because$ 補題 A.23(i) より], $cf_n \nearrow cf$

$\Rightarrow \displaystyle\int_\Omega (cf)dP = \lim_n \int_\Omega (cf_n)dP$ [$\because$ 積分の定義]

$\qquad = c\lim_n \displaystyle\int_\Omega f_n\, dP$ [$\because$ 定理 A.27(i)]

$\qquad = c\displaystyle\int_\Omega f\, dP$ [$\because$ 積分の定義].

(ii) $^\exists \{f_n\}_{n=1}^\infty, ^\exists \{g_n\}_{n=1}^\infty \subset \mathbb{S}^+$ s.t. $f_n \nearrow f, g_n \nearrow g$

$\Rightarrow \{f_n + g_n\}_{n=1}^\infty \subset \mathbb{S}^+$ [$\because$ 補題 A.23(ii) より], $f_n + g_n \nearrow f+g$

$\Rightarrow \displaystyle\int_\Omega (f+g)dP = \lim_n \int_\Omega (f_n+g_n)dP$ [$\because$ 積分の定義]

$\qquad = \lim_n \Big(\displaystyle\int_\Omega f_n\, dP + \int_\Omega g_n\, dP\Big)$ [$\because$ 定理 A.27(ii)]

$\qquad = \lim_n \displaystyle\int_\Omega f_n\, dP + \lim_n \int_\Omega g_n\, dP$

$\qquad = \displaystyle\int_\Omega f\, dP + \int_\Omega g\, dP$ [$\because$ 積分の定義].

(iii) $^\exists \{f_n\}_{n=1}^\infty, ^\exists \{g_n\}_{n=1}^\infty \subset \mathbb{S}^+$ s.t. $f_n \nearrow f, g_n \nearrow g$ とする. もし $f \leq g$ ならば, 定理 A.28 より

$$\int_\Omega f\, dP = \lim_n \int_\Omega f_n\, dP \leq \lim_n \int_\Omega g_n\, dP = \int_\Omega g\, dP. \qquad \blacksquare$$

! 注意 A.39 $f \in \mathbb{M}^+$ に対して

$$\int_\Omega f\, dP = \sup\Big\{\int_\Omega \varphi\, dP; \varphi \in \mathbb{S}^+, \varphi \leq f\Big\}.$$

何となれば, "左辺 $\geq$ 右辺" は定理 A.38(iii) より明らかだし, "左辺 $\leq$ 右辺" は定理 A.34 と定義 A.36 より直ぐにわかるので….

$f \in \mathbb{M}^+$ に対する積分 $\int_\Omega f\, dP$ を上式の右辺で定義すると, それ自体は簡単ですっきりする. が, 定理 A.38 における積分の性質を証明する段になると, 同じようなことをやらなければならなくなり, 結局どちらで定義しても何も変わらないということになる. ということで我々は定義 A.36 によって積分 $\int_\Omega f\, dP$ を定義することにした.

▶ 定理 A.40（単調収束定理） $\{f_n\}_{n=1}^\infty \subset \mathbb{M}^+$ が $f_n \nearrow f$ ならば[8]

$$\lim_n \int_\Omega f_n \, dP = \int_\Omega f \, dP.$$

［証明］ 各 n に対して，$^\exists \{g_{n,k}\}_{k=1}^\infty \subset \mathbb{S}^+$ s.t. $g_{n,k} \nearrow f_n$ $(k \to \infty)$. このとき

$$g_{1,1} \leq g_{1,2} \leq \cdots \leq g_{1,n} \leq g_{1,n+1} \leq \cdots \leq f_1$$
$$\mathrel{\rotatebox{90}{$\leq$}}$$
$$g_{2,1} \leq g_{2,2} \leq \cdots \leq g_{2,n} \leq g_{2,n+1} \leq \cdots \leq f_2$$
$$\mathrel{\rotatebox{90}{$\leq$}}$$
$$\vdots \quad \vdots \quad\quad \vdots \quad \vdots \quad\quad \vdots$$
$$\mathrel{\rotatebox{90}{$\leq$}}$$
$$g_{n,1} \leq g_{n,2} \leq \cdots \leq g_{n,n} \leq g_{n,n+1} \leq \cdots \leq f_n$$
$$\mathrel{\rotatebox{90}{$\leq$}}$$
$$\vdots \quad \vdots \quad\quad \vdots \quad \vdots \quad\quad \vdots$$
$$\mathrel{\rotatebox{90}{$\leq$}}$$
$$f$$

となる．$h_n := g_{1,n} \vee \cdots \vee g_{n,n}$ とおくと，補題 A.23(iv) より $h_n \in \mathbb{S}^+$．そして上のことから，h_n は n に関して単調増加で

$$h_n \leq f_n \leq f \tag{A.11}$$

である．実際

$$h_{n+1} = g_{1,n+1} \vee \cdots \vee g_{n,n+1} \vee g_{n+1,n+1}$$
$$\geq g_{1,n+1} \vee \cdots \vee g_{n,n+1} \geq g_{1,n} \vee \cdots \vee g_{n,n} = h_n,$$
$$h_n \leq f_1 \vee \cdots \vee f_n = f_n \leq f$$

となるから．したがって $\lim_n h_n \leq \lim_n f_n = f$．一方，$m$ を止めるごとに

$$g_{m,n} \leq g_{1,n} \vee \cdots \vee g_{m,n} \vee \cdots \vee g_{n,n} = h_n, \quad ^\forall n \geq m$$

であるので $f_m = \lim_n g_{m,n} \leq \lim_n h_n$ $(^\forall m \geq 1)$．よって $f = \lim_m f_m \leq$

---
[8] 定理 A.17(ii) より $f \in \mathbb{M}^+$ である！

$\lim_n h_n \leq f$ がわかる.

さて, $\{h_n\} \subset \mathbb{S}^+$, $h_n \nearrow f$ がわかったので, 積分の定義より

$$\int_\Omega f \, dP = \lim_n \int_\Omega h_n \, dP.$$

ところで (A.11) より, 定理 A.38(iii) を適用して

$$\int_\Omega h_n \, dP \leq \int_\Omega f_n \, dP \leq \int_\Omega f \, dP,$$

よって

$$\lim_n \int_\Omega f_n \, dP = \int_\Omega f \, dP$$

を得る. ∎

▶ **系 A.41 (項別積分定理)** $\{f_n\}_{n=1}^\infty \subset \mathbb{M}^+$ に対して

$$\int_\Omega \left(\sum_{n=1}^\infty f_n\right) dP = \sum_{n=1}^\infty \int_\Omega f_n \, dP.$$

[証明] $F_n := \sum_{j=1}^n f_j$, $F := \sum_{n=1}^\infty f_n$ とおく. 補題 A.33(ii) より, $F_n \in \mathbb{M}^+$ ($\forall n$) で, 明らかに $F_n \nearrow F$. よって定理 A.40 を適用して

$$\int_\Omega F \, dP = \lim_n \int_\Omega F_n \, dP.$$

ところで定理 A.38(ii) より

$$\int_\Omega F_n \, dP = \int_\Omega \sum_{j=1}^n f_j \, dP = \sum_{j=1}^n \int_\Omega f_j \, dP$$

であるから, $n \to \infty$ として

$$\int_\Omega \left(\sum_{n=1}^\infty f_n\right) dP = \lim_{n \to \infty} \sum_{j=1}^n \int_\Omega f_j \, dP = \sum_{n=1}^\infty \int_\Omega f_n \, dP. \quad \blacksquare$$

▷ **定義 A.42** $f \in \mathbb{M}^+$ と $E \in \mathcal{F}$ に対して, 補題 A.33(iii) より $f \cdot \mathbf{1}_E \in \mathbb{M}^+$ であるので

$$\int_E f\,dP := \int_\Omega f \cdot \mathbf{1}_E\,dP$$

と定義する．これを f の P に関する E での積分という．

▶ **系 A.43** $f \in \mathbb{M}^+$ と互いに素な $\{E_n\}_{n=1}^\infty \subset \mathcal{F}$ に対して

$$\int_{\sum_{n=1}^\infty E_n} f\,dP = \sum_{n=1}^\infty \int_{E_n} f\,dP.$$

[証明]

$$\begin{aligned}
\text{左辺} &= \int_\Omega f \cdot \mathbf{1}_{\sum_{n=1}^\infty E_n}\,dP = \int_\Omega f \cdot \sum_{n=1}^\infty \mathbf{1}_{E_n}\,dP \\
&= \int_\Omega \Big(\sum_{n=1}^\infty f \cdot \mathbf{1}_{E_n}\Big)dP \\
&= \sum_{n=1}^\infty \int_\Omega f \cdot \mathbf{1}_{E_n}\,dP \quad [\odot \text{ 系 A.41}] = \text{右辺}. \quad \blacksquare
\end{aligned}$$

! **注意 A.44** $f \in \mathbb{M}^+$ に対して

$$\Phi_f(E) := \int_E f\,dP, \quad E \in \mathcal{F} \tag{A.12}$$

と定義すると，Φ_f は $(\Omega, \mathcal{F})$ 上の測度である．

▶ **定理 A.45（ファトゥの不等式）** $\{f_n\}_{n=1}^\infty \subset \mathbb{M}^+$ に対して

$$\int_\Omega \Big(\liminf_n f_n\Big)dP \le \liminf_n \int_\Omega f_n\,dP.$$

[証明] 各 n に対して $g_n := \inf_{k \ge n} f_k$ とおく．補題 A.33(iv) と定理 A.17(i) より $g_n \in \mathbb{M}^+$ である．明らかに $g_n \nearrow \liminf_n f_n$，$g_n \le f_n$ ($^\forall n$) である．よって単調収束定理（すなわち定理 A.40）と定理 A.38(iii) より

$$\int_\Omega \Big(\liminf_n f_n\Big)dP = \lim_n \int_\Omega g_n\,dP \le \liminf_n \int_\Omega f_n\,dP \quad \blacksquare$$

▷ **定義 A.46** $E \in \mathcal{F}$, $M(\omega)$ を $\omega \in E$ に関する命題とし,

$$N = \{\omega \in E; M(\omega) \text{ が成立しない}\}$$

とおく. N が P-零集合（すなわち $^\exists A \in \mathcal{F}$ s.t. $N \subset A$, $P(A) = 0$）であれば,「$M(\omega)$ が E の**ほとんどすべて** (almost all) の ω について成立する」, または「M が E 上**ほとんど至る所** (almost everywhere) で成立する」, または「M が E 上**ほとんど確実に** (almost surely) 成立する」といい,

$$M(\omega) \quad P\text{-a.a.} \ \omega \in E, \ 略して \ M(\omega) \ \text{a.a.} \ \omega \in E,$$

または

$$M \quad P\text{-a.e. on } E, \ 略して \ M \ \text{a.e. on } E,$$

または

$$M \quad P\text{-a.s. on } E, \ 略して \ M \ \text{a.s. on } E$$

と書く. $E = \Omega$ のときは, 簡単のため '$\in E$', 'on E' を省略することがある.

▶ **定理 A.47** $f, g \in \mathbb{M}^+$ とする.

(i) $P(N) = 0$ なる $N \in \mathcal{F}$ に対して $\int_N f \, dP = 0$.

(ii) $f = g$ a.e. on Ω ならば $\int_\Omega f \, dP = \int_\Omega g \, dP$.

(iii) $f \leq g$ a.e. on Ω ならば $\int_\Omega f \, dP \leq \int_\Omega g \, dP$.

(iv) $E \in \mathcal{F}$, $\int_E f \, dP < \infty$ ならば $f < \infty$ a.e. on E.

(v) $E \in \mathcal{F}$, $\int_E f \, dP = 0$ ならば $f = 0$ a.e. on E.

［証明］ (i) 2 段階で示す.
$1°$ $f \in \mathbb{S}^+$ のとき.
　$f = \sum_{j=1}^m a_j \mathbf{1}_{E_j} \ (a_j \geq 0, \ E_j \in \mathcal{F})$ とすると

$$\int_N f\,dP = \int_\Omega f\cdot \mathbf{1}_N\,dP = \int_\Omega \sum_{j=1}^m a_j \mathbf{1}_{E_j\cap N}\,dP$$
$$= \sum_{j=1}^m a_j P(E_j\cap N)$$
$$= 0 \quad \bigl[\because\ 0\le P(E_j\cap N)\le P(N)=0\bigr].$$

$\underline{2^\circ}$ $f\in \mathbb{M}^+$ のとき.

$^\exists \{f_n\}_{n=1}^\infty \subset \mathbb{S}^+$ s.t. $f_n \nearrow f$ より,$f_n\cdot \mathbf{1}_N \in \mathbb{S}^+$[cf. 補題 A.23(iii)] で,$f_n\cdot \mathbf{1}_N \nearrow f\cdot \mathbf{1}_N$ なので

$$\int_N f\,dP = \int_\Omega f\cdot \mathbf{1}_N\,dP = \lim_n \int_\Omega f_n\cdot \mathbf{1}_N\,dP$$
$$= \lim_n \int_N f_n\,dP = 0 \quad \bigl[\because\ 1^\circ\ \text{より}\bigr].$$

(ii) $N=\{f\neq g\}$ とおくと,$N\in \mathcal{F}$ で $P(N)=0$,そして $N^\complement$ 上で $f=g$ である.(i) より $\int_N f\,dP = \int_N g\,dP = 0$ に注意すれば,系 A.43 より

$$\int_\Omega f\,dP = \int_N f\,dP + \int_{N^\complement} f\,dP = \int_{N^\complement} f\,dP$$
$$= \int_{N^\complement} g\,dP = \int_N g\,dP + \int_{N^\complement} g\,dP = \int_\Omega g\,dP.$$

(iii) $N=\{f>g\}$ とおくと,$N\in \mathcal{F}$ で $P(N)=0$,そして $f\cdot \mathbf{1}_{N^\complement} \le g\cdot \mathbf{1}_{N^\complement}$ である.よって系 A.43 と (i),そして定理 A.38(iii) より

$$\int_\Omega f\,dP = \int_N f\,dP + \int_{N^\complement} f\,dP = \int_{N^\complement} f\,dP$$
$$\le \int_{N^\complement} g\,dP = \int_N g\,dP + \int_{N^\complement} g\,dP = \int_\Omega g\,dP.$$

(iv) $N=E\cap\{f=\infty\}$,$N_n = E\cap\{f\ge n\}$ とおく.このとき $N_n \in \mathcal{F}$,$N_n \searrow N$ である.$f\cdot \mathbf{1}_E \ge f\cdot \mathbf{1}_{N_n} \ge n\mathbf{1}_{N_n}$ より,

$$\infty > \int_E f\,dP \ge \int_{N_n} f\,dP \ge nP(N_n),$$

すなわち

$$P(N_n) \le \frac{1}{n}\int_E f\,dP < \infty.$$

$n \to \infty$ とすると
$$P(N) = \lim_n P(N_n) \leq \lim_n \frac{1}{n}\int_E f\,dP = 0.$$
これは $f < \infty$ a.e. on E を示している.

(v) $N = E \cap \{f > 0\}$, $N_n = E \cap \{f \geq \frac{1}{n}\}$ とおく. $N_n \in \mathcal{F}$ で $N_n \nearrow N$ である. $f \cdot \mathbf{1}_E \geq f \cdot \mathbf{1}_{N_n} \geq \frac{1}{n}\mathbf{1}_{N_n}$ より
$$0 = \int_E f\,dP \geq \int_{N_n} f\,dP \geq \frac{1}{n}P(N_n),$$
したがって $P(N_n) = 0$ $(\forall n \in \mathbb{N})$ がわかる. $n \to \infty$ とすると $P(N) = \lim_n P(N_n) = 0$. これは $f = 0$ a.e. on E を示している. ∎

A.3.4 $\mathbb{M}$ に対する積分

この項も $(\Omega, \mathcal{F}, P)$ は確率空間とする.

$f \in \mathbb{M}$ に対して, $f^+ := f \vee 0$, $f^- := (-f) \vee 0$ とおくと, $f^\pm \in \mathbb{M}^+$, $f = f^+ - f^-$, $|f| = f^+ + f^-$ である.

▷ **定義 A.48** $\int_\Omega f^+ dP < \infty$ あるいは $\int_\Omega f^- dP < \infty$ のとき,
$$\int_\Omega f\,dP := \int_\Omega f^+\,dP - \int_\Omega f^-\,dP$$
と定義する. これを f の P に関する Ω での積分 (integral of f on Ω w.r.t. P) という. $\int_\Omega f\,dP \in [-\infty, \infty]$ であることに注意せよ.

▷ **定義 A.49** $f \in \mathbb{M}$ が
$$\int_\Omega f^+ dP < \infty \text{ かつ } \int_\Omega f^- dP < \infty \left(\underset{\text{iff}}{\Longleftrightarrow} \int_\Omega |f|dP < \infty\right)$$
のとき, f は **P-可積分** (P-integrable) であるという.

! **注意 A.50** $f \in \mathbb{M}$ が, 適当な $g \in \mathbb{M}^+$ に対して $|f| \leq g$ かつ $\int_\Omega g\,dP < \infty$ をみたすならば, 明らかに f は P-可積分である.

▷ **定義 A.51**

$$\mathbb{M}_0 = \mathbb{M}_0(\Omega, \mathcal{F}, P) := \left\{ f \in \mathbb{M}; \int_\Omega f^+ dP < \infty \text{ あるいは } \int_\Omega f^- dP < \infty \right\},$$

$$\mathbb{L} = \mathbb{L}(\Omega, \mathcal{F}, P) := \left\{ f \in \mathbb{M}; \int_\Omega |f| dP < \infty \right\}.$$

▶ **定理 A.52** (i) $f \in \mathbb{L}$（あるいは $f \in \mathbb{M}_0$）と $c \in \mathbb{R}$ に対して，$cf \in \mathbb{L}$（あるいは $cf \in \mathbb{M}_0$），そして $\int_\Omega (cf) dP = c \int_\Omega f \, dP$．

(ii) $f, g \in \mathbb{L}$ に対して，$f + g \in \mathbb{L}$，そして $\int_\Omega (f+g) dP = \int_\Omega f \, dP + \int_\Omega g \, dP$．

(iii) $f, g \in \mathbb{M}_0$ が $f \leq g$ をみたすならば $\int_\Omega f \, dP \leq \int_\Omega g \, dP$．

[証明] (i) $f \in \mathbb{L}$（あるいは $f \in \mathbb{M}_0$）を固定する．3つの場合に分ける：
Case 1 $c > 0$ のとき．
  $(cf)^+ = cf^+, (cf)^- = cf^-$ より

$$\int_\Omega (cf)^\pm dP = \int_\Omega cf^\pm dP = c \int_\Omega f^\pm dP \quad [\text{cf. 定理 A.38(i)}]$$

であるから，$cf \in \mathbb{L}$（あるいは $cf \in \mathbb{M}_0$），そして

$$\int_\Omega cf \, dP = \int_\Omega (cf)^+ dP - \int_\Omega (cf)^- dP$$
$$= c \int_\Omega f^+ dP - c \int_\Omega f^- dP$$
$$= c \left(\int_\Omega f^+ dP - \int_\Omega f^- dP \right) = c \int_\Omega f \, dP.$$

Case 2 $c = 0$ のとき．
  $cf = 0$ より $(cf)^\pm = 0$，したがって $cf \in \mathbb{L}$，そして

$$\int_\Omega cf \, dP = \int_\Omega (cf)^+ dP - \int_\Omega (cf)^- dP = 0 = c \int_\Omega f \, dP.$$

Case 3 $c < 0$ のとき．
  $(cf)^+ = (-|c|f)^+ = |c|(-f)^+ = |c|f^-, (cf)^- = (-|c|f)^- = |c|(-f)^- = |c|f^+$ であるから

$$\int_\Omega (cf)^\pm dP = \int_\Omega |c| f^\mp dP = |c| \int_\Omega f^\mp dP.$$

よって $cf \in \mathbb{L}$ (あるいは $cf \in \mathbb{M}_0$) で,
$$\int_\Omega cf\,dP = \int_\Omega (cf)^+ dP - \int_\Omega (cf)^- dP$$
$$= |c| \int_\Omega f^- dP - |c| \int_\Omega f^+ dP$$
$$= c\Big(\int_\Omega f^+ dP - \int_\Omega f^- dP\Big) = c \int_\Omega f\,dP.$$

(ii) $f, g \in \mathbb{L}$ を固定する. $\mathbb{L}$ の定義より $\int_\Omega |f|dP, \int_\Omega |g|dP < \infty$ であるから, 定理 A.47(iv) より $P(|f|=\infty) = P(|g|=\infty) = 0$ である. いま,
$$N = \{f + g \text{ が定義されない}\}$$
$$= \{f = \infty, g = -\infty\} \cup \{f = -\infty, g = \infty\}$$

とおくと, $N \in \mathcal{F}$ で $P(N) = 0$ となる. $(f+g)\mathbf{1}_{N^c} = f\mathbf{1}_{N^c} + g\mathbf{1}_{N^c}$ は $\mathcal{F}$-可測で, $|(f+g)\mathbf{1}_{N^c}| \leq |f|\mathbf{1}_{N^c} + |g|\mathbf{1}_{N^c} \leq |f| + |g|$ より P-可積分である.

あと示すことは
$$\int_\Omega (f+g)\mathbf{1}_{N^c}\,dP = \int_\Omega f\,dP + \int_\Omega g\,dP$$

である. そのために $\tilde{f} = f\mathbf{1}_{|f|<\infty, |g|<\infty}$, $\tilde{g} = g\mathbf{1}_{|f|<\infty, |g|<\infty}$ とおくと, $\tilde{f}, \tilde{g}$ は実数値関数で $\tilde{f} = f$, $\tilde{g} = g$, $\tilde{f} + \tilde{g} = (f+g)\mathbf{1}_{N^c}$ P-a.e. である. したがって定理 A.47(ii) より
$$\int_\Omega (\tilde{f} + \tilde{g})dP = \int_\Omega \tilde{f}\,dP + \int_\Omega \tilde{g}\,dP$$

を示せばよいことになる. 以下, 簡単のために $\tilde{f}, \tilde{g}$ をそれぞれ f, g と書くことにする. $E = \{f+g \geq 0\}$, $F = \{f \geq 0\}$, $G = \{g \geq 0\}$ とおく. 系 A.43 より

$$\int_\Omega (f+g)dP = \int_\Omega (f+g)^+ dP - \int_\Omega (f+g)^- dP$$
$$= \int_E (f+g)^+ dP + \int_{E^c} (f+g)^+ dP$$
$$\quad - \int_E (f+g)^- dP - \int_{E^c} (f+g)^- dP$$

$$= \int_E (f+g)^+ dP - \int_{E^\complement} (f+g)^- dP \quad (A.13)$$

$$[\odot\ (f+g)^+ \mathbf{1}_{E^\complement} = 0, (f+g)^- \mathbf{1}_E = 0],$$

$$\int_E (f+g)^+ dP = \int_{E\cap F\cap G} (f+g)^+ dP + \int_{E\cap F\cap G^\complement} (f+g)^+ dP$$
$$+ \int_{E\cap F^\complement \cap G} (f+g)^+ dP + \int_{E\cap F^\complement \cap G^\complement} (f+g)^+ dP, \quad (A.14)$$

$$\int_{E^\complement} (f+g)^- dP = \int_{E^\complement \cap F\cap G} (f+g)^- dP + \int_{E^\complement \cap F\cap G^\complement} (f+g)^- dP$$
$$+ \int_{E^\complement \cap F^\complement \cap G} (f+g)^- dP + \int_{E^\complement \cap F^\complement \cap G^\complement} (f+g)^- dP. (A.15)$$

(A.14)を計算する：$E \cap F \cap G$ 上では $(f+g)^+ = f+g = f^+ + g^+$, $E \cap F \cap G^\complement$ 上では $(f+g)^+ + g^- = f+g+g^- = f^+$, $E \cap F^\complement \cap G$ 上では $(f+g)^+ + f^- = f+g+f^- = g^+$ に注意して，定理 A.38(ii) より

$$\int_{E\cap F\cap G} (f+g)^+ dP = \int_{E\cap F\cap G} (f^+ + g^+) dP$$
$$= \int_{E\cap F\cap G} f^+ dP + \int_{E\cap F\cap G} g^+ dP$$
$$= \int_{F\cap G} f^+ dP + \int_{F\cap G} g^+ dP \quad [\odot\ E \supset F \cap G],$$

$$\int_{E\cap F\cap G^\complement} (f+g)^+ dP + \int_{E\cap F\cap G^\complement} g^- dP = \int_{E\cap F\cap G^\complement} ((f+g)^+ + g^-) dP$$
$$= \int_{E\cap F\cap G^\complement} f^+ dP,$$

$$\int_{E\cap F^\complement \cap G} (f+g)^+ dP + \int_{E\cap F^\complement \cap G} f^- dP = \int_{E\cap F^\complement \cap G} ((f+g)^+ + f^-) dP$$
$$= \int_{E\cap F^\complement \cap G} g^+ dP.$$

これを (A.14) の右辺に代入すると

$$\int_E (f+g)^+ dP = \int_{F\cap G} f^+ dP + \int_{F\cap G} g^+ dP$$
$$+ \int_{E\cap F\cap G^\complement} f^+ dP - \int_{E\cap F\cap G^\complement} g^- dP$$
$$+ \int_{E\cap F^\complement \cap G} g^+ dP - \int_{E\cap F^\complement \cap G} f^- dP.$$

なお右辺の第 4 項は $E \cap F^\complement \cap G^\complement = \emptyset$ よりゼロであることに注意せよ．

次に (A.15) を計算する．$E^{\complement} \cap F \cap G^{\complement}$ 上では $(f+g)^- + f^+ = -f-g+f^+ = g^-$，$E^{\complement} \cap F^{\complement} \cap G$ 上では $(f+g)^- + g^+ = -f-g+g^+ = f^-$，$E^{\complement} \cap F^{\complement} \cap G^{\complement}$ 上では $(f+g)^- = f^- + g^-$ に注意して，定理 A.38(ii) より

$$\int_{E^{\complement} \cap F \cap G^{\complement}} (f+g)^- dP + \int_{E^{\complement} \cap F \cap G^{\complement}} f^+ dP = \int_{E^{\complement} \cap F \cap G^{\complement}} ((f+g)^- + f^+) dP$$
$$= \int_{E^{\complement} \cap F \cap G^{\complement}} g^- dP,$$

$$\int_{E^{\complement} \cap F^{\complement} \cap G} (f+g)^- dP + \int_{E^{\complement} \cap F^{\complement} \cap G} g^+ dP = \int_{E^{\complement} \cap F^{\complement} \cap G} ((f+g)^- + g^+) dP$$
$$= \int_{E^{\complement} \cap F^{\complement} \cap G} f^- dP,$$

$$\int_{E^{\complement} \cap F^{\complement} \cap G^{\complement}} (f+g)^- dP = \int_{E^{\complement} \cap F^{\complement} \cap G^{\complement}} (f^- + g^-) dP$$
$$= \int_{E^{\complement} \cap F^{\complement} \cap G^{\complement}} f^- dP + \int_{E^{\complement} \cap F^{\complement} \cap G^{\complement}} g^- dP$$
$$= \int_{F^{\complement} \cap G^{\complement}} f^- dP + \int_{F^{\complement} \cap G^{\complement}} g^- dP$$
$$[\odot \ E^{\complement} \supset F^{\complement} \cap G^{\complement}].$$

これを (A.15) の右辺に代入すると

$$\int_{E^{\complement}} (f+g)^- dP = -\int_{E^{\complement} \cap F \cap G^{\complement}} f^+ dP + \int_{E^{\complement} \cap F \cap G^{\complement}} g^- dP$$
$$- \int_{E^{\complement} \cap F^{\complement} \cap G} g^+ dP + \int_{E^{\complement} \cap F^{\complement} \cap G} f^- dP$$
$$+ \int_{F^{\complement} \cap G^{\complement}} f^- dP + \int_{F^{\complement} \cap G^{\complement}} g^- dP.$$

なお右辺の第 1 項は $E^{\complement} \cap F \cap G = \emptyset$ よりゼロであることに注意せよ．

いま，求めた 2 式を (A.13) に代入すると

$$\int_{\Omega} (f+g) dP$$
$$= \int_{F \cap G} f^+ dP + \int_{F \cap G} g^+ dP + \int_{E \cap F \cap G^{\complement}} f^+ dP$$
$$- \int_{E \cap F \cap G^{\complement}} g^- dP + \int_{E \cap F^{\complement} \cap G} g^+ dP - \int_{E \cap F^{\complement} \cap G} f^- dP$$
$$+ \int_{E^{\complement} \cap F \cap G^{\complement}} f^+ dP - \int_{E^{\complement} \cap F \cap G^{\complement}} g^- dP + \int_{E^{\complement} \cap F^{\complement} \cap G} g^+ dP$$

$$-\int_{E^{\complement}\cap F^{\complement}\cap G} f^{-} dP - \int_{F^{\complement}\cap G^{\complement}} f^{-} dP - \int_{F^{\complement}\cap G^{\complement}} g^{-} dP$$

$$= \int_{F\cap G} f^{+} dP + \int_{E\cap F\cap G^{\complement}} f^{+} dP + \int_{E^{\complement}\cap F\cap G^{\complement}} f^{+} dP$$

$$- \left(\int_{E\cap F^{\complement}\cap G} f^{-} dP + \int_{E^{\complement}\cap F^{\complement}\cap G} f^{-} dP + \int_{F^{\complement}\cap G^{\complement}} f^{-} dP \right)$$

$$+ \int_{F\cap G} g^{+} dP + \int_{E\cap F^{\complement}\cap G} g^{+} dP + \int_{E^{\complement}\cap F^{\complement}\cap G} g^{+} dP$$

$$- \left(\int_{E\cap F\cap G^{\complement}} g^{-} dP + \int_{E^{\complement}\cap F\cap G^{\complement}} g^{-} dP + \int_{F^{\complement}\cap G^{\complement}} g^{-} dP \right)$$

$$= \int_{F\cap G + E\cap F\cap G^{\complement} + E^{\complement}\cap F\cap G^{\complement}} f^{+} dP - \int_{E\cap F^{\complement}\cap G + E^{\complement}\cap F^{\complement}\cap G + F^{\complement}\cap G^{\complement}} f^{-} dP$$

$$+ \int_{F\cap G + E\cap F^{\complement}\cap G + E^{\complement}\cap F^{\complement}\cap G} g^{+} dP - \int_{E\cap F\cap G^{\complement} + E^{\complement}\cap F\cap G^{\complement} + F^{\complement}\cap G^{\complement}} g^{-} dP$$

[☉ 系 A.43]

$$= \int_{F} f^{+} dP - \int_{F^{\complement}} f^{-} dP + \int_{G} g^{+} dP - \int_{G^{\complement}} g^{-} dP$$

$$= \int_{\Omega} f^{+} dP - \int_{\Omega} f^{-} dP + \int_{\Omega} g^{+} dP - \int_{\Omega} g^{-} dP$$

[☉ $f^{+}\mathbf{1}_{F^{\complement}} = 0,\ f^{-}\mathbf{1}_{F} = 0,\ g^{+}\mathbf{1}_{G^{\complement}} = 0,\ g^{-}\mathbf{1}_{G} = 0$]

$$= \int_{\Omega} f\, dP + \int_{\Omega} g\, dP.$$

(iii) $f, g \in \mathbb{M}_0$ は $f \leq g$ とする.このとき $f^{+} \leq g^{+}$, $f^{-} \geq g^{-}$ であるから,定理 A.38(iii) より

$$\int_{\Omega} f^{+} dP \leq \int_{\Omega} g^{+} dP,$$
$$-\int_{\Omega} f^{-} dP \leq -\int_{\Omega} g^{-} dP.$$

ここで $\int_{\Omega} g\, dP < \infty$, すなわち, $\int_{\Omega} g^{+} dP < \infty$ の場合は,上の 1 つ目の不等式より $\int_{\Omega} f^{+} dP < \infty$. したがってこの 2 つの不等式を辺々加えて

$$\int_\Omega f\,dP = \int_\Omega f^+\,dP - \int_\Omega f^-\,dP$$
$$\le \int_\Omega g^+\,dP - \int_\Omega g^-\,dP = \int_\Omega g\,dP.$$

$\int_\Omega g\,dP = \infty$ の場合は

$$\int_\Omega f\,dP \le \infty = \int_\Omega g\,dP. \qquad \blacksquare$$

▶**補題 A.53 (ルベーグ–ファトゥの不等式)** $\{f_n\}_{n=1}^\infty \subset \mathbb{M}$ が，適当な $f \in \mathbb{M}^+$ に対して

$$\int_\Omega f\,dP < \infty \text{ かつ } |f_n| \le f \quad (^\forall n \ge 1)$$

をみたすならば，$\liminf_n f_n, \limsup_n f_n \in \mathbb{L}$ で，次の不等式が成り立つ：

$$\int_\Omega (\liminf_n f_n)dP \le \liminf_n \int_\Omega f_n\,dP$$
$$\le \limsup_n \int_\Omega f_n\,dP \le \int_\Omega (\limsup_n f_n)dP.$$

[証明] まず，注意 A.50 より $f_n \in \mathbb{L}\ (^\forall n)$ である．$N = \{f = \infty\}$ とすると $P(N) = 0$ である．$f\mathbf{1}_{N^c}$ は実数値関数で

$$-f\mathbf{1}_{N^c} \le f_n\mathbf{1}_{N^c} \le f\mathbf{1}_{N^c} \quad (^\forall n)$$

が成り立つ．これは

$$-f\mathbf{1}_{N^c} \le \liminf_n (f_n\mathbf{1}_{N^c}) \le \limsup_n (f_n\mathbf{1}_{N^c}) \le f\mathbf{1}_{N^c}$$
$$\qquad\qquad\ \|\qquad\qquad\qquad\ \|$$
$$\qquad (\liminf_n f_n)\mathbf{1}_{N^c}\quad (\limsup_n f_n)\mathbf{1}_{N^c}$$

を含意し，したがって $\liminf_n f_n, \limsup_n f_n \in \mathbb{L}$ がわかる．

さて $f\mathbf{1}_{N^c} + f_n\mathbf{1}_{N^c}, f\mathbf{1}_{N^c} - f_n\mathbf{1}_{N^c} \in \mathbb{M}^+$ であるから，ファトゥの不等式 [cf. 定理 A.45] より

$$\int_\Omega \liminf_n (f\mathbf{1}_{N^c} \pm f_n\mathbf{1}_{N^c})dP \le \liminf_n \int_\Omega (f\mathbf{1}_{N^c} \pm f_n\mathbf{1}_{N^c})dP. \qquad (A.16)$$

ここで定理 A.52(ii) より

$$\int_\Omega (f\mathbf{1}_{N^c} \pm f_n \mathbf{1}_{N^c})dP = \int_\Omega f\mathbf{1}_{N^c}\,dP \pm \int_\Omega f_n \mathbf{1}_{N^c}\,dP$$
$$= \int_\Omega f\,dP \pm \int_\Omega f_n\,dP.$$

したがって

$$\begin{cases} \liminf_{n} \int_\Omega (f\mathbf{1}_{N^c} + f_n\mathbf{1}_{N^c})dP = \int_\Omega f\,dP + \liminf_{n} \int_\Omega f_n\,dP, \\ \liminf_{n} \int_\Omega (f\mathbf{1}_{N^c} - f_n\mathbf{1}_{N^c})dP = \int_\Omega f\,dP + \liminf_{n}\bigl(-\int_\Omega f_n\,dP\bigr) \\ \hspace{4cm} = \int_\Omega f\,dP - \limsup_{n}\int_\Omega f_n\,dP. \end{cases} \quad (A.17)$$

一方

$$\liminf_{n}\bigl(f\mathbf{1}_{N^c} + f_n\mathbf{1}_{N^c}\bigr) = f\mathbf{1}_{N^c} + \liminf_{n} f_n\mathbf{1}_{N^c},$$
$$\liminf_{n}\bigl(f\mathbf{1}_{N^c} - f_n\mathbf{1}_{N^c}\bigr) = f\mathbf{1}_{N^c} + \liminf_{n}(-f_n\mathbf{1}_{N^c})$$
$$= f\mathbf{1}_{N^c} - \limsup_{n} f_n\mathbf{1}_{N^c}$$

であるので,再び,定理 A.52(ii) より

$$\int_\Omega \liminf_{n}(f\mathbf{1}_{N^c} + f_n\mathbf{1}_{N^c})dP = \int_\Omega f\mathbf{1}_{N^c}\,dP + \int_\Omega \liminf_{n} f_n\mathbf{1}_{N^c}\,dP$$
$$= \int_\Omega f\,dP + \int_\Omega \liminf_{n} f_n\,dP,$$
$$\int_\Omega \liminf_{n}(f\mathbf{1}_{N^c} - f_n\mathbf{1}_{N^c})dP = \int_\Omega f\mathbf{1}_{N^c}\,dP - \int_\Omega \limsup_{n} f_n\mathbf{1}_{N^c}\,dP$$
$$= \int_\Omega f\,dP - \int_\Omega \limsup_{n} f_n\,dP.$$

これと (A.17) を (A.16) に代入すれば求める不等式が得られる. ∎

▶**定理 A.54 (ルベーグの収束定理)** $\{f_n\}_{n=1}^\infty \subset \mathbb{M}$ が次の 2 つをみたすとする:

(a) $\exists g \in \mathbb{M}^+$ s.t. $\int_\Omega g\,dP < \infty,\ |f_n| \le g\ (\forall n)$,
(b) $f_n \to f$.

このとき

$$\int_\Omega (\lim_n f_n)\,dP = \lim_n \int_\Omega f_n\,dP.$$

[証明]　補題 A.53 より $f = \liminf_n f_n = \limsup_n f_n \in \mathbb{L}$ である．これをルベーグ–ファトゥの不等式に代入すると

$$\int_\Omega f\,dP \le \liminf_n \int_\Omega f_n\,dP \le \limsup_n \int_\Omega f_n\,dP \le \int_\Omega f\,dP.$$

これは明らかに定理の収束を示している．　■

【例 A.55】(積分記号下での微分)　$-\infty < a < b < \infty$ とする．$f : [a,b] \times \Omega \to \mathbb{R}$ は次をみたすとする：

(a) 各 $t \in [a,b]$ に対して，$f(t,\cdot)$ は P-可積分，

(b) 各 $\omega \in \Omega$ に対して，$f(\cdot,\omega)$ は $[a,b]$ で微分可能（ただし $t=a$, $t=b$ ではそれぞれ右微分，左微分である），

(c) $\exists g \in \mathbb{M}^+(\Omega,\mathcal{F})$ s.t. $\begin{cases} \left|\left(\dfrac{d}{dt}f\right)(t,\omega)\right| \le g(\omega) & (\forall t \in [a,b],\ \forall \omega \in \Omega), \\ \displaystyle\int_\Omega g(\omega)P(d\omega) < \infty. \end{cases}$

このとき

$$[a,b] \ni t \mapsto \int_\Omega f(t,\omega) P(d\omega) \in \mathbb{R}$$

は微分可能で

$$\frac{d}{dt} \int_\Omega f(t,\omega) P(d\omega) = \int_\Omega \left(\frac{d}{dt}f\right)(t,\omega) P(d\omega)$$

となる．

[証明]　まず，各 $t \in [a,b]$ に対して $\left(\frac{d}{dt}f\right)(t,\cdot)$ は $\mathcal{F}$-可測であることに注意せよ．これは，$t \in [a,b)$ のときは

$$\left(\frac{d}{dt}f\right)(t,\omega) = \lim_{n\to\infty} n\Big(f\big(t+\tfrac{1}{n},\omega\big) - f(t,\omega)\Big),$$

$t \in (a,b]$ のときは

$$\left(\frac{d}{dt}f\right)(t,\omega) = \lim_{n\to\infty} (-n)\Big(f\big(t-\tfrac{1}{n},\omega\big) - f(t,\omega)\Big),$$

そして $f\bigl(t+\frac{1}{n},\cdot\bigr)-f(t,\cdot)$, $f\bigl(t-\frac{1}{n},\cdot\bigr)-f(t,\cdot)$ の $\mathcal{F}$-可測性からわかる．

簡単のため
$$F(t) = \int_\Omega f(t,\omega)P(d\omega), \quad t\in[a,b]$$
とおく．

任意の $t\in[a,b]$ を固定する．$\{\delta_n^\pm\}_{n=1}^\infty \subset (0,\infty)$ を $\lim_{n\to\infty}\delta_n^\pm = 0$, $\delta_n^+ < b-t$, $\delta_n^- < t-a$ ($^\forall n$) なるものとする ($t=a$ のときは $\{\delta_n^+\}$ だけ，$t=b$ のときは $\{\delta_n^-\}$ だけである)．仮定 (b) より
$$\lim_{n\to\infty}\frac{f(t\pm\delta_n^\pm,\omega)-f(t,\omega)}{\pm\delta_n^\pm} = \Bigl(\frac{d}{dt}f\Bigr)(t,\omega), \quad ^\forall\omega\in\Omega.$$

平均値の定理より
$$^\forall\omega\in\Omega,\ 0 < {}^\exists\theta_{n,\omega}^\pm < 1$$
$$\text{s.t.}\quad \frac{f(t\pm\delta_n^\pm,\omega)-f(t,\omega)}{\pm\delta_n^\pm} = \Bigl(\frac{d}{dt}f\Bigr)(t\pm\theta_{n,\omega}^\pm\delta_n^\pm,\omega).$$

仮定 (c) より
$$\Bigl|\frac{f(t\pm\delta_n^\pm,\omega)-f(t,\omega)}{\pm\delta_n^\pm}\Bigr| = \Bigl|\Bigl(\frac{d}{dt}f\Bigr)(t\pm\theta_{n,\omega}^\pm\delta_n^\pm,\omega)\Bigr| \le g(\omega),$$
$$^\forall\omega\in\Omega,\ ^\forall n\in\mathbb{N}.$$

$\int_\Omega g(\omega)P(d\omega)<\infty$ であるから，ルベーグの収束定理を適用して
$$\lim_{n\to\infty}\int_\Omega \frac{f(t\pm\delta_n^\pm,\omega)-f(t,\omega)}{\pm\delta_n^\pm}P(d\omega) = \int_\Omega\Bigl(\frac{d}{dt}f\Bigr)(t,\omega)P(d\omega),$$
すなわち
$$\lim_{n\to\infty}\frac{F(t\pm\delta_n^\pm)-F(t)}{\pm\delta_n^\pm} = \int_\Omega\Bigl(\frac{d}{dt}f\Bigr)(t,\omega)P(d\omega)$$
がわかる．ゼロに収束する任意の正数列 $\{\delta_n^\pm\}$ に対してこれが成り立つので
$$\lim_{\delta\searrow 0}\frac{F(t\pm\delta)-F(t)}{\pm\delta} = \int_\Omega\Bigl(\frac{d}{dt}f\Bigr)(t,\omega)P(d\omega).$$

これはこの例の主張である． ∎

A.3.5　ヘルダーの不等式とミンコフスキーの不等式

▶**補題 A.56**　$p, q > 0, \frac{1}{p} + \frac{1}{q} = 1$ とする．このとき
$$st \leq \frac{s^p}{p} + \frac{t^q}{q}, \quad s, t \in [0, \infty].$$

ただし $s = \infty \ (t = \infty)$ のときは $s^p := \infty \ (t^q := \infty)$ とする．

[証明]　$s, t \in [0, \infty)$ としてよい．$t = 0$ のときは，左辺 $= 0 \leq \frac{s^p}{p} =$ 右辺となるので $t > 0$ としてよい．$f(x) = \frac{x^p}{p} + \frac{1}{q} - x \ (x \in [0, \infty))$ は，$f(1) = 0$, $f'(x) = x^{p-1} - 1$ より，

x	0	$\cdots$	1	$\cdots$	∞
f'		$-$	0	$+$	
f	$\frac{1}{q}$	$\searrow$	0	$\nearrow$	∞

の増減表をもつから，$f(x) \geq 0$, すなわち $x \leq \frac{x^p}{p} + \frac{1}{q}$ となる．

いま，$x = \left(\frac{s^p}{t^q}\right)^{\frac{1}{p}}$ とすると
$$\frac{s}{t^{\frac{q}{p}}} \leq \frac{1}{p}\frac{s^p}{t^q} + \frac{1}{q}.$$

両辺を t^q 倍すれば
$$st^{q(1-\frac{1}{p})} \leq \frac{s^p}{p} + \frac{t^q}{q}$$
$$\| $$
$$st.$$

これは求める不等式である．　■

$(\Omega, \mathcal{F}, P)$ を確率空間とする．

▶**定理 A.57（ヘルダーの不等式）**　$p, q > 0, \frac{1}{p} + \frac{1}{q} = 1$ とする．任意の $f, g \in \mathbb{M}^+(\Omega, \mathcal{F})$ に対して

$$\int_\Omega fg \, dP \leq \left(\int_\Omega f^p dP\right)^{\frac{1}{p}} \left(\int_\Omega g^q dP\right)^{\frac{1}{q}}.$$

この不等式を**ヘルダーの不等式**という．とくに $p = q = 2$ のときは**シュワルツの不等式**という．

[証明] まず，$f^p, g^q \in M^+(\Omega, \mathcal{F})$ である．何となれば，任意の $c \in \mathbb{R}$ に対して

$$\{f^p \leq c\} = \begin{cases} \{f \leq c^{\frac{1}{p}}\} \in \mathcal{F}, & c \geq 0, \\ \emptyset \in \mathcal{F}, & c < 0 \end{cases}$$

となるから．一般に $\int_\Omega f^p dP, \int_\Omega g^q dP \in [0, \infty]$ であるから次の3つの場合に分ける：

<u>Case 1</u> $\int_\Omega f^p dP = 0$ あるいは $\int_\Omega g^q dP = 0$,
<u>Case 2</u> $\int_\Omega f^p dP > 0, \int_\Omega g^q dP = \infty$ あるいは $\int_\Omega f^p dP = \infty, \int_\Omega g^q dP > 0$,
<u>Case 3</u> $0 < \int_\Omega f^p dP < \infty, 0 < \int_\Omega g^q dP < \infty$.

Case 1 のときは，定理 A.47(v) より，$f^p = 0$ P-a.e. あるいは $g^q = 0$ P-a.e., すなわち，$f = 0$ P-a.e. あるいは $g = 0$ P-a.e. したがって $fg = 0$ P-a.e. 再び定理 A.47(ii) より

$$\int_\Omega fg\, dP = 0 = \left(\int_\Omega f^p dP\right)^{\frac{1}{p}} \left(\int_\Omega g^q dP\right)^{\frac{1}{q}}.$$

Case 2 のときは

$$\left(\int_\Omega f^p dP\right)^{\frac{1}{p}} \left(\int_\Omega g^q dP\right)^{\frac{1}{q}} = \infty \geq \int_\Omega fg\, dP.$$

Case 3 のときは，補題 A.56 を

$$s = \frac{f}{\left(\int_\Omega f^p dP\right)^{\frac{1}{p}}}, \quad t = \frac{g}{\left(\int_\Omega g^q dP\right)^{\frac{1}{q}}}$$

として使うと

$$\frac{fg}{\left(\int_\Omega f^p dP\right)^{\frac{1}{p}} \left(\int_\Omega g^q dP\right)^{\frac{1}{q}}} \leq \frac{1}{p} \frac{f^p}{\int_\Omega f^p dP} + \frac{1}{q} \frac{g^q}{\int_\Omega g^q dP}.$$

両辺を P で積分すると

$$\frac{\int_\Omega fg\, dP}{\left(\int_\Omega f^p dP\right)^{\frac{1}{p}} \left(\int_\Omega g^q dP\right)^{\frac{1}{q}}} \leq \frac{1}{p} \frac{\int_\Omega f^p dP}{\int_\Omega f^p dP} + \frac{1}{q} \frac{\int_\Omega g^q dP}{\int_\Omega g^q dP} = \frac{1}{p} + \frac{1}{q} = 1.$$

よって件(くだん)の不等式を得る. ∎

▶定理 A.58 (ミンコフスキーの不等式) $1 \leq p < \infty$ とする. 任意の $f, g \in \mathbb{M}^+(\Omega, \mathcal{F})$ に対して

$$\left(\int_\Omega (f+g)^p dP\right)^{\frac{1}{p}} \leq \left(\int_\Omega f^p dP\right)^{\frac{1}{p}} + \left(\int_\Omega g^p dP\right)^{\frac{1}{p}}.$$

この不等式を**ミンコフスキー** (Minkowski) **の不等式**という.

[証明] $\int_\Omega (f+g)^p dP = 0$ のときは,明らかに件の不等式は成り立つ.次に問 1.39 より

$$\int_\Omega (f+g)^p dP \leq \int_\Omega 2^{p-1}(f^p + g^p)dP = 2^{p-1}\left(\int_\Omega f^p dP + \int_\Omega g^p dP\right)$$

なので

$$\int_\Omega (f+g)^p dP = \infty$$
$$\Rightarrow \int_\Omega f^p dP + \int_\Omega g^p dP = \infty$$
$$\Rightarrow \int_\Omega f^p dP = \infty \text{ あるいは } \int_\Omega g^p dP = \infty$$
$$\Rightarrow \left(\int_\Omega f^p dP\right)^{\frac{1}{p}} + \left(\int_\Omega g^p dP\right)^{\frac{1}{p}} = \infty = \left(\int_\Omega (f+g)^p dP\right)^{\frac{1}{p}}.$$

したがって $0 < \int_\Omega (f+g)^p dP < \infty$ としてよい.

また $p = 1$ のときは

$$\left(\int_\Omega (f+g)^p dP\right)^{\frac{1}{p}} = \int_\Omega (f+g)dP = \int_\Omega f\,dP + \int_\Omega g\,dP$$
$$= \left(\int_\Omega f^p dP\right)^{\frac{1}{p}} + \left(\int_\Omega g^p dP\right)^{\frac{1}{p}}.$$

したがって $1 < p < \infty$ とする.

$q > 0$ を $q = \frac{p}{p-1}$ ととると $\frac{1}{p} + \frac{1}{q} = 1$ である.

$$(f+g)^p = (f+g)(f+g)^{p-1} = f(f+g)^{p-1} + g(f+g)^{p-1}$$

より

$$\int_\Omega (f+g)^p dP = \int_\Omega f(f+g)^{p-1} dP + \int_\Omega g(f+g)^{p-1} dP$$

なので，ヘルダーの不等式より

$$\begin{aligned}
右辺 &\leq \left(\int_\Omega f^p dP\right)^{\frac{1}{p}} \left(\int_\Omega (f+g)^{(p-1)q} dP\right)^{\frac{1}{q}} \\
&\quad + \left(\int_\Omega g^p dP\right)^{\frac{1}{p}} \left(\int_\Omega (f+g)^{(p-1)q} dP\right)^{\frac{1}{q}} \\
&= \left(\left(\int_\Omega f^p dP\right)^{\frac{1}{p}} + \left(\int_\Omega g^p dP\right)^{\frac{1}{p}}\right) \left(\int_\Omega (f+g)^p dP\right)^{\frac{1}{q}}.
\end{aligned}$$

両辺を $\left(\int_\Omega (f+g)^p dP\right)^{\frac{1}{q}}$ で割れば求める不等式が従う． ∎

A.4　$C_0(\mathbb{R}^d)$ の可分性

件の可分性は確率論というよりは関数解析のカテゴリーに入るものと思う．しかしこれの重要性からその証明を他書に譲ることはできないと判断し，本節でこれを与えておく．

▶**定理 A.59**　$C_0(\mathbb{R}^d)$ は可分 (separable) である．すなわち，適当に $\{g_k\}_{k=1}^\infty \subset C_0(\mathbb{R}^d)$ を選んできて次が成り立つ：

$${}^\forall g \in C_0(\mathbb{R}^d),\ {}^\forall \varepsilon > 0,\ {}^\exists k \in \mathbb{N}\ \text{s.t.}\ \|g - g_k\|_\infty < \varepsilon.$$

この定理の証明のために，**ワイエルシュトラス** (Weierstrass) **の定理**が必要になる：

▶**補題 A.60**（ワイエルシュトラスの定理）　$n \in \mathbb{N},\ p = (p_1, \ldots, p_d) \in [0,1]^d$, $f \in C([0,1]^d)$, すなわち連続関数 $f : [0,1]^d \to \mathbb{R}$ に対して

$$B_n(p; f) := \sum_{(k_1,\ldots,k_d) \in \{0,1,\ldots,n\}^d} f\left(\frac{k_1}{n}, \ldots, \frac{k_d}{n}\right) \binom{n}{k_1} \cdots \binom{n}{k_d}$$
$$\times p_1^{k_1}(1-p_1)^{n-k_1} \cdots p_d^{k_d}(1-p_d)^{n-k_d}$$

とおく．このとき，任意の $\varepsilon > 0$ に対して

$$|f(p) - B_n(p;f)| \leq \left(\max_{x \in [0,1]^d} |f(x)|\right)\frac{d}{2\varepsilon^2 n} + \max_{\substack{x,y \in [0,1]^d; \\ |x-y| \leq \varepsilon}} |f(x) - f(y)|$$

が成り立つ[9]．

[証明] $n \in \mathbb{N}$, $p = (p_1, \ldots, p_d) \in [0,1]^d$ を固定する．適当な確率空間 $(\Omega, \mathcal{F}, P)$ 上に d 次元確率ベクトル $X_1, \ldots, X_n$ を

- $\{X_1, \ldots, X_n\} \perp\!\!\!\perp$,
- $P(X_i = (\varepsilon_1, \ldots, \varepsilon_d)) = p_1^{\varepsilon_1}(1-p_1)^{1-\varepsilon_1} \cdots p_d^{\varepsilon_d}(1-p_d)^{1-\varepsilon_d}$,
  $(\varepsilon_1, \ldots, \varepsilon_d) \in \{0,1\}^d, i = 1, \ldots, n$

となるようにとる．例えば

$$\Omega = \mathbb{R}^{nd} = \underbrace{\mathbb{R} \times \cdots \times \mathbb{R}}_{nd},$$

$$\mathcal{F} = \mathcal{B}^{nd},$$

$$P(d\omega_1 \cdots d\omega_{nd}) = \underbrace{((1-p_1)\delta_0 + p_1\delta_1) \times \cdots \times ((1-p_1)\delta_0 + p_1\delta_1)}_{n}$$

$$\times \cdots \times \underbrace{((1-p_d)\delta_0 + p_d\delta_1) \times \cdots \times ((1-p_d)\delta_0 + p_d\delta_1)}_{n}(d\omega_1 \cdots d\omega_{nd}),$$

$$X_i(\omega_1, \ldots, \omega_{nd}) = (\omega_i, \omega_{i+n}, \omega_{i+2n}, \ldots, \omega_{i+(d-1)n}), \quad i = 1, \ldots, n$$

とすればよい．X_{ij} を X_i の第 j 成分とすると

$$\{X_{ij}; 1 \leq i \leq n, 1 \leq j \leq d\} \perp\!\!\!\perp, \tag{A.18}$$

$$E[X_{ij}] = p_j, \ \sigma^2(X_{ij}) = p_j(1-p_j) \tag{A.19}$$

に注意せよ．$S_n = \sum_{i=1}^n X_i$ とおく．$k = (k_1, \ldots, k_d) \in \{0, 1, \ldots, n\}^d$ に対して

$$P(S_n = k) = \binom{n}{k_1} \cdots \binom{n}{k_d} p_1^{k_1}(1-p_1)^{n-k_1} \cdots p_d^{k_d}(1-p_d)^{n-k_d} \tag{A.20}$$

であるから，$f \in C([0,1]^d)$ に対して

---

[9] 志賀 [22, 定理 5.19], Stroock [23, §1.2] は $d = 1$ のときを扱っている．

$$E\Big[f\Big(\frac{S_n}{n}\Big)\Big]$$
$$= \sum_{k\in\{0,1,\ldots,n\}^d} f\Big(\frac{k}{n}\Big) P(S_n = k)$$
$$= \sum_{k\in\{0,1,\ldots,n\}^d} f\Big(\frac{k}{n}\Big) \binom{n}{k_1}\cdots\binom{n}{k_d} p_1^{k_1}(1-p_1)^{n-k_1}\cdots p_d^{k_d}(1-p_d)^{n-k_d}$$
$$= B_n(p;f).$$

したがって, 任意の $\varepsilon > 0$ に対して

$$|f(p) - B_n(p;f)| = \Big|f(p) - E\Big[f\Big(\frac{S_n}{n}\Big)\Big]\Big|$$
$$= \Big|E\Big[f\Big(\frac{S_n}{n}\Big) - f(p)\Big]\Big|$$
$$\leq E\Big[\Big|f\Big(\frac{S_n}{n}\Big) - f(p)\Big|\Big]$$
$$= E\Big[\Big|f\Big(\frac{S_n}{n}\Big) - f(p)\Big|; \Big|\frac{S_n}{n} - p\Big| > \varepsilon\Big]$$
$$\quad + E\Big[\Big|f\Big(\frac{S_n}{n}\Big) - f(p)\Big|; \Big|\frac{S_n}{n} - p\Big| \leq \varepsilon\Big]$$
$$\leq 2\max_{x\in[0,1]^d}|f(x)| P\Big(\Big|\frac{S_n}{n} - p\Big| > \varepsilon\Big)$$
$$\quad + \max_{\substack{x,y\in[0,1]^d; \\ |x-y|\leq\varepsilon}} |f(x) - f(y)|.$$

ここでチェビシェフの不等式, そして (A.18), (A.19) より

$$P\Big(\Big|\frac{S_n}{n} - p\Big| > \varepsilon\Big) \leq \frac{1}{\varepsilon^2} E\Big[\Big|\frac{S_n}{n} - p\Big|^2\Big]$$
$$= \frac{1}{\varepsilon^2} E\Big[\Big|\frac{1}{n}\sum_{i=1}^n (X_i - p)\Big|^2\Big]$$
$$= \frac{1}{\varepsilon^2}\frac{1}{n^2}\sum_{i,i'=1}^n E\big[\langle X_i - p, X_{i'} - p\rangle\big]$$
$$= \frac{1}{\varepsilon^2}\frac{1}{n^2}\sum_{i,i'=1}^n \sum_{j=1}^d E\big[(X_{ij} - p_j)(X_{i'j} - p_j)\big]$$
$$= \frac{1}{\varepsilon^2}\frac{1}{n^2}\sum_{i=1}^n \sum_{j=1}^d E\big[(X_{ij} - p_j)^2\big]$$

$$= \frac{1}{\varepsilon^2}\frac{1}{n^2}\sum_{i=1}^{n}\sum_{j=1}^{d}p_j(1-p_j) = \frac{1}{\varepsilon^2}\frac{1}{n}\sum_{j=1}^{d}p_j(1-p_j)$$

$$\leq \frac{d}{4\varepsilon^2 n} \quad \left[\because 0\leq t(1-t)\leq \tfrac{1}{4}\ (0\leq t\leq 1)\right]$$

に注意すれば，この評価を上式の最右辺に用いて補題の主張がわかる． ∎

⟨問 A.61⟩ (A.20)を示せ．

[定理 A.59 の証明] 3 段階で示す．

<u>1°</u> $x=(x_1,\ldots,x_d)\in\mathbb{R}^d$ と $\alpha=(\alpha_1,\ldots,\alpha_d)\in\underbrace{\mathbb{Z}_{\geq 0}\times\cdots\times\mathbb{Z}_{\geq 0}}_{d}$ (ただし $\mathbb{Z}_{\geq 0}:=\{0,1,2,\ldots\}$)に対して

$$x^{\alpha}:=x_1^{\alpha_1}\cdots x_d^{\alpha_d}$$

と定義する．$\alpha_i=0$ のときは $x_i^0:=1$ とする．明らかに関数 $x\mapsto x^{\alpha}$ は $C(\mathbb{R}^d)$ に属する．$x^{(0,\ldots,0)}=1$ に注意せよ．$\mathcal{P}$ を x^{α}, $\alpha\in\underbrace{\mathbb{Z}_{\geq 0}\times\cdots\times\mathbb{Z}_{\geq 0}}_{d}$

が生成する $C(\mathbb{R}^d)$ の部分空間とする．$\mathcal{P}$ は実係数の $x_1,\ldots,x_d$ の多項式全体である．

<u>2°</u> $N\in\mathbb{N}, f\in C([-N,N]^d)$ を固定する．$f_N(t):=f\bigl(N(2t_1-1),\ldots,N(2t_d-1)\bigr)\in C([0,1]^d)$ に対して，補題 A.60 を適用すると

$$|f_N(t)-B_n(t;f_N)|$$
$$\leq \Bigl(\max_{t\in[0,1]^d}|f_N(t)|\Bigr)\frac{2N^2 d}{\varepsilon^2 n}+\max_{\substack{t,s\in[0,1]^d;\\ |t-s|\leq\frac{\varepsilon}{2N}}}|f_N(t)-f_N(s)|,\quad t\in[0,1]^d.$$

ここで $P_n(x):=B_n\bigl((\tfrac{1}{2}(\tfrac{x_1}{N}+1),\ldots,\tfrac{1}{2}(\tfrac{x_d}{N}+1));f_N\bigr)$ とおくと $P_n\in\mathcal{P}$ で

$$\max_{x\in[-N,N]^d}|f(x)-P_n(x)|$$
$$\leq \Bigl(\max_{x\in[-N,N]^d}|f(x)|\Bigr)\frac{2N^2 d}{\varepsilon^2 n}+\max_{\substack{x,y\in[-N,N]^d;\\ |x-y|\leq\varepsilon}}|f(x)-f(y)|$$

となる．これは $R_N=\{P|_{[-N,N]^d}\,;P\in\mathcal{P}\}$ が $C([-N,N]^d)$ で稠密であることを示している．

<u>3°</u> 有理係数の $x_1,\ldots,x_d$ の多項式全体を $\mathcal{Q}$ と表すことにする．$\mathcal{Q}$ は可算集

合である.

$f \in C_0(\mathbb{R}^d), \varepsilon > 0$ を固定する. $N \in \mathbb{N}$ を $\mathrm{supp}(f) \subset (-N, N)^d$ となるようにとる. $f|_{[-N,N]^d} \in C([-N,N]^d)$ に対して,2° より

$$\exists P \in \mathcal{P} \text{ s.t. } \max_{x \in [-N,N]^d} |f(x) - P(x)| < \frac{\varepsilon}{2}.$$

P の係数を有理数で近似することにより

$$\exists Q \in \mathcal{Q} \text{ s.t. } \max_{x \in [-N,N]^d} |f(x) - Q(x)| < \varepsilon.$$

いま,$g \in C_0(\mathbb{R}^d)$ を

$$g(x) := h_N(x_1, \ldots, x_d) Q\big((x_1 \vee (-N)) \wedge N, \ldots, (x_d \vee (-N)) \wedge N\big)$$

とおくと $\|f - g\|_\infty < \varepsilon$ となる. ただし h_N は (2.6) で定義される関数である. 何となれば,Q の取り方から

$$\begin{aligned}
& \big|f\big((x_1 \vee (-N)) \wedge N, \ldots, (x_d \vee (-N)) \wedge N\big) \\
& \quad - Q\big((x_1 \vee (-N)) \wedge N, \ldots, (x_d \vee (-N)) \wedge N\big)\big| \\
& \leq \max_{y \in [-N,N]^d} |f(y) - Q(y)| < \varepsilon, \quad \forall x \in \mathbb{R}^d.
\end{aligned}$$

ここで $x \notin [-N,N]^d$ のときは,N の取り方から $f(x) = 0$. また $1 \leq \exists i \leq d$ s.t. $|x_i| > N$ より,$|(x_i \vee (-N)) \wedge N| = N$,したがって $((x_1 \vee (-N)) \wedge N, \ldots, (x_d \vee (-N)) \wedge N) \notin (-N,N)^d$ なので,$f\big((x_1 \vee (-N)) \wedge N, \ldots, (x_d \vee (-N)) \wedge N\big) = 0$. これと上の不等式より

$$\begin{aligned}
& |f(x) - g(x)| \\
& = |g(x)| \\
& = \big|h_N(x_1, \ldots, x_d) Q\big((x_1 \vee (-N)) \wedge N, \ldots, (x_d \vee (-N)) \wedge N\big)\big| \\
& \leq \big|Q\big((x_1 \vee (-N)) \wedge N, \ldots, (x_d \vee (-N)) \wedge N\big)\big| \\
& = \big|f\big((x_1 \vee (-N)) \wedge N, \ldots, (x_d \vee (-N)) \wedge N\big) \\
& \quad - Q\big((x_1 \vee (-N)) \wedge N, \ldots, (x_d \vee (-N)) \wedge N\big)\big| \\
& \leq \max_{y \in [-N,N]^d} |f(y) - Q(y)|.
\end{aligned}$$

一方，$x \in [-N, N]^d$ のときは，$g(x) = Q(x)$ より

$$|f(x) - g(x)| = |f(x) - Q(x)| \leq \max_{y \in [-N,N]^d} |f(y) - Q(y)|.$$

よって

$$\|f - g\|_\infty = \sup_{x \in \mathbb{R}^d} |f(x) - g(x)| \leq \max_{y \in [-N,N]^d} |f(y) - Q(y)| < \varepsilon.$$

最後に

$$\left\{ h_N(x_1, \ldots, x_d) Q\big((x_1 \vee (-N)) \wedge N, \ldots, (x_d \vee (-N)) \wedge N\big); \begin{array}{l} N \in \mathbb{N}, \\ Q \in \mathcal{Q} \end{array} \right\}$$
$$\subset C_0(\mathbb{R}^d)$$

が可算集合であることに注意すれば，$C_0(\mathbb{R}^d)$ の可分性がわかる． ∎

A.5 ガンマ関数

ガンマ関数は，Claim 2.20 において実変数関数として定義した．本節では，複素変数関数として再定義し，そのいくつかの性質を見て行く．ここで与える我々の証明は，関数論の標準的なテキストに載っているものとは，一味違ったものとなっていると思う．どうか味わってみて欲しい．

▷**定義 A.62** $s \in \mathbb{C}$, $\operatorname{Re} s > 0$ に対して

$$\Gamma(s) := \int_0^\infty e^{-t} t^{s-1} dt$$

とおく．これを**ガンマ関数** (gamma function) という．$\Gamma(\cdot)$ は $\{s \in \mathbb{C}; \operatorname{Re} s > 0\}$ 上絶対収束する．何となれば，$|e^{-t} t^{s-1}| = e^{-t} t^{\operatorname{Re} s - 1}$ なので….

▶**Claim A.63** (i) 任意の $0 < \varepsilon < 1$ に対して，$\Gamma(\cdot)$ は $\{s \in \mathbb{C}; \varepsilon \leq \operatorname{Re} s \leq \frac{1}{\varepsilon}\}$ 上一様収束する．したがって $\varepsilon \searrow 0$ とすれば，$\Gamma(\cdot)$ は $\{s \in \mathbb{C}; \operatorname{Re} s > 0\}$ で正則である．
(ii) $s \in \mathbb{C}$, $\operatorname{Re} s > 0$ に対して $\Gamma(s+1) = s\Gamma(s)$．とくに，$n \in \mathbb{N}$ に対して $\Gamma(n) = (n-1)!$．

[証明] (i) $\varepsilon \leq \operatorname{Re} s \leq \frac{1}{\varepsilon}$ (ただし $0 < \varepsilon < 1$) に対して

$$|e^{-t}t^{s-1}| = e^{-t}t^{\operatorname{Re} s-1} = \mathbf{1}_{(0,1]}(t)e^{-t}t^{\operatorname{Re} s-1} + \mathbf{1}_{(1,\infty)}(t)e^{-t}t^{\operatorname{Re} s-1}$$
$$\leq \mathbf{1}_{(0,1]}(t)t^{\varepsilon-1} + \mathbf{1}_{(1,\infty)}(t)e^{-t}t^{\frac{1}{\varepsilon}-1}$$

と評価されるので，$\Gamma(\cdot)$ は $\{s \in \mathbb{C}; \varepsilon \leq \operatorname{Re} s \leq \frac{1}{\varepsilon}\}$ 上で一様収束する．

(ii) 部分積分より

$$\text{左辺} = \int_0^\infty e^{-t}t^s dt = \int_0^\infty (-e^{-t})'t^s dt$$
$$= [-e^{-t}t^s]_0^\infty + \int_0^\infty e^{-t}st^{s-1} dt$$
$$= \text{右辺} \quad \begin{bmatrix} \odot & \lim_{t \searrow 0} e^{-t}t^s = 0, \\ & \lim_{t \to \infty} e^{-t}t^s = \lim_{t \to \infty} \frac{t^s}{e^t} = 0 \end{bmatrix}. \quad \blacksquare$$

▶ **補題 A.64** (i) $n \to \infty$ のとき

$$\prod_{k=1}^n \left(1 + \frac{s}{k}\right) e^{-\frac{s}{k}}$$

は $\mathbb{C}$ 上で広義一様収束する．したがって $\mathbb{C}$ で正則である．

(ii) $\displaystyle\prod_{k=1}^\infty \left(1 + \frac{s}{k}\right) e^{-\frac{s}{k}} \begin{cases} \neq 0, & s \in \mathbb{C} \setminus (-\mathbb{N}), \\ = 0, & s \in -\mathbb{N}. \end{cases}$

[証明] 簡単のため

$$a_k(s) := \left(1 + \frac{s}{k}\right)e^{-\frac{s}{k}} - 1 = \int_0^1 \left(\left(1 + \frac{ts}{k}\right)e^{-\frac{ts}{k}}\right)' dt$$
$$= \frac{s^2}{k^2} \int_0^1 (-t)e^{-\frac{ts}{k}} dt$$

とおく．絶対値をとると

$$|a_k(s)| \leq \frac{|s|^2}{k^2} \int_0^1 t|e^{-\frac{ts}{k}}| dt \leq \frac{|s|^2}{k^2} \int_0^1 t e^{\frac{t|s|}{k}} dt \leq \frac{|s|^2}{k^2} e^{\frac{|s|}{k}} \quad (\text{A.21})$$

となる．

(i) $m > n \geq 1$ に対して

$$\left|\prod_{k=1}^{m}\left(1+\frac{s}{k}\right)e^{-\frac{s}{k}} - \prod_{k=1}^{n}\left(1+\frac{s}{k}\right)e^{-\frac{s}{k}}\right|$$

$$= \left|\prod_{k=1}^{m}(1+a_k(s)) - \prod_{k=1}^{n}(1+a_k(s))\right|$$

$$= \left|\prod_{k=1}^{n}(1+a_k(s))\left(\prod_{k=n+1}^{m}(1+a_k(s)) - 1\right)\right|$$

$$= \left|\prod_{k=1}^{n}(1+a_k(s))\right|\left|\prod_{k=n+1}^{m}(1+a_k(s)) - 1\right|$$

$$= \left(\prod_{k=1}^{n}|1+a_k(s)|\right)\left|1 + \sum_{r=1}^{m-n}\sum_{n+1\le k_1<\cdots<k_r\le m} a_{k_1}(s)\cdots a_{k_r}(s) - 1\right|$$

$$\le \left(\prod_{k=1}^{n}(1+|a_k(s)|)\right)\left(\sum_{r=1}^{m-n}\sum_{n+1\le k_1<\cdots<k_r\le m}|a_{k_1}(s)|\cdots|a_{k_r}(s)|\right)$$

$$= \left(\prod_{k=1}^{n}(1+|a_k(s)|)\right)\left(1 + \sum_{r=1}^{m-n}\sum_{n+1\le k_1<\cdots<k_r\le m}|a_{k_1}(s)|\cdots|a_{k_r}(s)| - 1\right)$$

$$= \left(\prod_{k=1}^{n}(1+|a_k(s)|)\right)\left(\prod_{k=n+1}^{m}(1+|a_k(s)|) - 1\right)$$

$$\le \left(\prod_{k=1}^{n}e^{|a_k(s)|}\right)\left(\prod_{k=n+1}^{m}e^{|a_k(s)|} - 1\right) \quad \left[\odot\ 1+x \le e^x\ (^\forall x \in \mathbb{R})\right]$$

$$= e^{\sum_{k=1}^{n}|a_k(s)|}\left(e^{\sum_{k=n+1}^{m}|a_k(s)|} - 1\right)$$

$$\le e^{\sum_{k=1}^{n}|a_k(s)|}\left(\sum_{k=n+1}^{m}|a_k(s)|\right)e^{\sum_{k=n+1}^{m}|a_k(s)|}$$

$$\left[\odot\ x \ge 0\ \text{に対して}\ 0 \le e^x - 1 = \int_0^x (e^y)' dy = \int_0^x e^y dy \le xe^x\right]$$

$$= \left(\sum_{k=n+1}^{m}|a_k(s)|\right)e^{\sum_{k=1}^{m}|a_k(s)|}$$

$$\le \left(\sum_{k=n+1}^{m}\frac{|s|^2}{k^2}e^{\frac{|s|}{k}}\right)e^{\sum_{k=1}^{m}\frac{|s|^2}{k^2}e^{\frac{|s|}{k}}} \quad [\odot\ (A.21)]$$

$$\le \left(|s|^2 e^{\frac{|s|}{n+1}}\sum_{k=n+1}^{m}\frac{1}{k^2}\right)e^{|s|^2 e^{|s|}\sum_{k=1}^{m}\frac{1}{k^2}} \le |s|^2 e^{\frac{|s|}{n+1}} e^{|s|^2 e^{|s|}\zeta(2)}\left(\sum_{k=n+1}^{m}\frac{1}{k^2}\right).$$

(i) の主張はこのことから明らかである．ここで $\zeta(s) = \sum_{k=1}^{\infty}\frac{1}{k^s}\ (s>1)$ とする[10]．

---

[10] $\zeta(\cdot)$ は言わずと知れた**リーマンのゼータ関数** (Riemann's zeta function) である．

(ii) C を $\mathbb{C}$ のコンパクト集合で $C \subset \mathbb{C} \setminus (-\mathbb{N})$ とする．$\varepsilon > 0, R > 0$ を
$$\left|1 + \frac{s}{k}\right| \geq \varepsilon, \quad |s| \leq R \quad (\forall s \in C, \forall k \in \mathbb{N})$$
となるようにとる．このとき，$s \in C, k \in \mathbb{N}$ に対して

$$\left|\frac{1}{1 + a_k(s)}\right| = \left|\frac{1 + a_k(s) - a_k(s)}{1 + a_k(s)}\right| = \left|1 - \frac{a_k(s)}{1 + a_k(s)}\right|$$
$$\leq 1 + \left|\frac{a_k(s)}{1 + a_k(s)}\right|$$
$$= 1 + \left|\frac{\frac{s^2}{k^2} \int_0^1 (-t) e^{-\frac{ts}{k}} dt}{(1 + \frac{s}{k}) e^{-\frac{s}{k}}}\right|$$
$$= 1 + \left|\frac{1}{k^2} \frac{s^2}{1 + \frac{s}{k}} \int_0^1 (-t) e^{\frac{s}{k}(1-t)} dt\right|$$
$$\leq 1 + \frac{1}{k^2} \frac{|s|^2}{|1 + \frac{s}{k}|} \int_0^1 t e^{\frac{|s|}{k}(1-t)} dt$$
$$\leq 1 + \frac{1}{k^2} \frac{R^2}{\varepsilon} e^{\frac{R}{k}} \leq e^{\frac{1}{k^2} \frac{R^2}{\varepsilon} e^R}$$

であるから
$$\left|\prod_{k=1}^n \left(1 + \frac{s}{k}\right) e^{-\frac{s}{k}}\right| = \left|\prod_{k=1}^n (1 + a_k(s))\right| = \prod_{k=1}^n |1 + a_k(s)|$$
$$\geq \prod_{k=1}^n e^{-\frac{1}{k^2} \frac{R^2}{\varepsilon} e^R} = e^{-\frac{R^2}{\varepsilon} e^R \sum_{k=1}^n \frac{1}{k^2}} \geq e^{-\frac{R^2}{\varepsilon} e^R \zeta(2)}.$$

これは
$$\inf_{s \in C} \left|\prod_{k=1}^\infty \left(1 + \frac{s}{k}\right) e^{-\frac{s}{k}}\right| \geq e^{-\frac{R^2}{\varepsilon} e^R \zeta(2)} > 0$$

を含意する． ∎

▶**Claim A.65** (i) $\mathbb{C} \setminus \{0, -1, -2, \ldots\}$ 上で
$$\lim_{n \to \infty} \frac{n! n^s}{s(s+1) \cdots (s+n)} = \frac{e^{-\gamma s}}{s} \frac{1}{\prod_{k=1}^\infty (1 + \frac{s}{k}) e^{-\frac{s}{k}}}.$$
ただし γ は**オイラー** (Euler) **の定数**，すなわち $\gamma = \lim_{N \to \infty} \left(\sum_{n=1}^N \frac{1}{n} - \log N\right)$．
したがってこの関数は $\mathbb{C} \setminus \{0, -1, -2, \ldots\}$ において正則である．
(ii) $\operatorname{Re} s > 0$ に対して

$$\Gamma(s) = \lim_{n \to \infty} \frac{n! n^s}{s(s+1) \cdots (s+n)}.$$

したがって $\Gamma(\cdot)$ は $\mathbb{C} \setminus \{0, -1, -2, \ldots\}$ に解析接続できる．解析接続した関数，すなわち，右辺の関数を同じ $\Gamma(s)$ と表す．

(iii) $s = -m$ $(m \in \{0, 1, 2, \ldots\})$ は $\Gamma(\cdot)$ の 1 位の極で，そこでの留数は $\frac{(-1)^m}{m!}$ である．

[証明]　(i) まず，$s \in \mathbb{C} \setminus \{0, -1, -2, \ldots\}, n \in \mathbb{N}$ に対して

$$\frac{n! n^s}{s(s+1) \cdots (s+n)}$$
$$= \frac{1}{s} \frac{1 \cdot 2 \cdots n}{(s+1)(s+2) \cdots (s+n)} e^{s \log n}$$
$$= \frac{1}{s} \frac{e^{s(1+\frac{1}{2}+\cdots+\frac{1}{n})}}{\frac{1+s}{1} \cdot \frac{2+s}{2} \cdots \frac{n+s}{n}} e^{-s(1+\frac{1}{2}+\cdots+\frac{1}{n} - \log n)}$$
$$= \frac{1}{s} e^{-s(1+\frac{1}{2}+\cdots+\frac{1}{n} - \log n)} \frac{1}{(1+\frac{s}{1})e^{-s} \cdot (1+\frac{s}{2})e^{-\frac{s}{2}} \cdots (1+\frac{s}{n})e^{-\frac{s}{n}}}$$
$$= \frac{1}{s} e^{-s\left(\sum_{k=1}^{n} \frac{1}{k} - \log n\right)} \frac{1}{\prod_{k=1}^{n}(1+\frac{s}{k})e^{-\frac{s}{k}}}.$$

$n \to \infty$ とすると

$$\sum_{k=1}^{n} \frac{1}{k} - \log n \to \gamma,$$
$$\prod_{k=1}^{n} \left(1 + \frac{s}{k}\right) e^{-\frac{s}{k}} \to \prod_{k=1}^{\infty} \left(1 + \frac{s}{k}\right) e^{-\frac{s}{k}}$$

なので

$$\lim_{n \to \infty} \frac{n! n^s}{s(s+1) \cdots (s+n)} = \frac{e^{-\gamma s}}{s} \frac{1}{\prod_{k=1}^{\infty}(1+\frac{s}{k})e^{-\frac{s}{k}}}.$$

(ii) $s > 0$ に対して，件の等式を示すことができれば，一致の定理より (ii) の主張は従う．

$s > 0$ を固定する．$n \in \mathbb{N}$ に対して

$$\Gamma_n(s) := \int_0^n \left(1 - \frac{x}{n}\right)^n x^{s-1} dx$$

とおく．

$$0 \leq \mathbf{1}_{(0,n)}(x)\left(1 - \frac{x}{n}\right)^n x^{s-1} \leq \mathbf{1}_{(0,n)}(x)\left(e^{-\frac{x}{n}}\right)^n x^{s-1}$$

$$\left[\odot\ 0 \leq 1 - y \leq e^{-y}\ (0 \leq {}^\forall y \leq 1)\right]$$

$$= \mathbf{1}_{(0,n)}(x) e^{-x} x^{s-1}$$

$$\leq e^{-x} x^{s-1} \quad ({}^\forall n \in \mathbb{N},\ {}^\forall x > 0),$$

$$\lim_{n\to\infty} \mathbf{1}_{(0,n)}(x)\left(1 - \frac{x}{n}\right)^n x^{s-1} = e^{-x} x^{s-1} \quad ({}^\forall x > 0),$$

$$\int_0^\infty e^{-x} x^{s-1} dx = \Gamma(s) < \infty$$

より，ルベーグの収束定理を適用して

$$\lim_{n\to\infty} \Gamma_n(s) = \Gamma(s).$$

一方，部分積分より

$$\Gamma_n(s) = \int_0^n \left(1 - \frac{x}{n}\right)^n x^{s-1} dx$$

$$= \int_0^1 (1-y)^n (ny)^{s-1} n\, dy \quad \left[\odot\ \text{変数変換}\ y = \frac{x}{n}\right]$$

$$= n^s \int_0^1 (1-y)^n y^{s-1} dy$$

$$= n^s \int_0^1 (1-y)^n \left(\frac{y^s}{s}\right)' dy$$

$$= n^s \left\{\left[(1-y)^n \frac{y^s}{s}\right]_0^1 + \frac{n}{s}\int_0^1 (1-y)^{n-1} y^s dy\right\}$$

$$= n^s \frac{n}{s} \int_0^1 (1-y)^{n-1} \left(\frac{y^{s+1}}{s+1}\right)' dy$$

$$= n^s \frac{n}{s} \left\{\left[(1-y)^{n-1} \frac{y^{s+1}}{s+1}\right]_0^1 + \frac{n-1}{s+1} \int_0^1 (1-y)^{n-2} y^{s+1} dy\right\}$$

$$= n^s \frac{n(n-1)}{s(s+1)} \int_0^1 (1-y)^{n-2} \left(\frac{y^{s+2}}{s+2}\right)' dy$$

$$\vdots$$

$$= n^s \frac{n(n-1)\cdots 2}{s(s+1)\cdots(s+n-2)} \int_0^1 (1-y) \left(\frac{y^{s+n-1}}{s+n-1}\right)' dy$$

$$= n^s \frac{n(n-1)\cdots 2}{s(s+1)\cdots(s+n-2)} \left\{ \left[(1-y)\frac{y^{s+n-1}}{s+n-1} \right]_0^1 \right.$$
$$\left. + \frac{1}{s+n-1} \int_0^1 y^{s+n-1} dy \right\}$$
$$= n^s \frac{n!}{s(s+1)\cdots(s+n)}.$$

よって

$$\lim_{n\to\infty} \frac{n! n^s}{s(s+1)\cdots(s+n)} = \Gamma(s)$$

がわかる.

(iii) まず, $s \in \mathbb{C} \setminus \{0, -1, -2, \ldots\}$ に対して

$$s\Gamma(s) = \lim_{n\to\infty} s\frac{(n+1)!(n+1)^s}{s(s+1)\cdots(s+n+1)}$$
$$= \lim_{n\to\infty} \frac{n!(n+1)^{s+1}}{(s+1)(s+1+1)\cdots(s+1+n)}$$
$$= \lim_{n\to\infty} \frac{n! n^{s+1}}{(s+1)(s+1+1)\cdots(s+1+n)} \left(1 + \frac{1}{n}\right)^{s+1}$$
$$= \Gamma(s+1)$$

が成り立つことに注意せよ. この等式より, $m \in \mathbb{N}, s \in \mathbb{C} \setminus \{0, -1, -2, \ldots\}$ に対して

$$\Gamma(s+m) = \Big(\prod_{i=0}^{m-1}(s+i)\Big)\Gamma(s)$$

となる. 各 $m \in \mathbb{Z}_{\geq 0}$ に対して

$$\lim_{s\to -m}\big(s-(-m)\big)\Gamma(s) = \lim_{s\to -m}(s+m)\frac{\Gamma(s+m)}{\prod_{i=0}^{m-1}(s+i)}$$
$$[m=0 \text{ のときは } \prod_{i=0}^{-1}(s+i) = 1 \text{ と解する}]$$
$$= \lim_{s\to -m}(s+m)\Gamma(s+m)\frac{1}{\prod_{i=0}^{m-1}(s+m+(i-m))}$$
$$= \lim_{s\to 0} s\Gamma(s)\frac{1}{\prod_{i=0}^{m-1}(s-(m-i))}$$

A.5 ガンマ関数 285

$$= \lim_{s \to 0} \Gamma(s+1) \frac{1}{\prod_{j=1}^{m}(s-j)}$$
$$= \frac{1}{(-1)^m m!} = \frac{(-1)^m}{m!}.$$

これは，$s = -m$ は $\Gamma(\cdot)$ の 1 位の極で，そこでの留数は $\frac{(-1)^m}{m!}$ であることを示している． ∎

〈問 A.66〉 念のため，$\sum_{k=1}^{n} \frac{1}{k} - \log n$ の $n \to \infty$ のときの収束性を確かめよ．

以上のことをまとめると，次の定理となる：

▶ **定理 A.67** ガンマ関数 $\Gamma(\cdot)$ は $\mathbb{C}$ 上の有理型関数に解析接続でき，$\mathbb{C} \setminus \{0, -1, -2, \dots\}$ で正則，$s = -m \ (m \in \{0, 1, 2, \dots\})$ において 1 位の極をもち，そこでの留数は $\frac{(-1)^m}{m!}$ である．また，任意の $s \in \mathbb{C}$ に対して $\Gamma(s+1) = s\Gamma(s)$ が成り立つ．

最後に $\Gamma\left(\frac{1}{2}\right) = \sqrt{\pi}$ の別証明を与えておく：

[Claim 2.20(iii) の別証] 3 段階で示す．

$\underline{1°}$ $\lim_{n\to\infty} \sqrt{n} \int_0^{\pi/2} \cos^n \theta \, d\theta = 2^{-\frac{1}{2}} \Gamma\left(\frac{1}{2}\right).$

☉ まず

$$\sqrt{n} \int_0^{\pi/2} \cos^n \theta \, d\theta = \sqrt{n} \int_0^{\pi/2} e^{\log \cos^n \theta} \, d\theta$$
$$= \int_0^{\pi/2} \exp\left\{-\left(\frac{-\log \cos \theta}{\frac{\theta^2}{2}}\right) \frac{n\theta^2}{2}\right\} \sqrt{n} \, d\theta$$
$$= \int_0^{\sqrt{n} \pi/2} \exp\left\{-\left(\frac{-\log \cos \theta}{\frac{\theta^2}{2}}\right)\bigg|_{\theta = \frac{x}{\sqrt{n}}} \frac{x^2}{2}\right\} dx$$

$[\odot$ 変数変換 $x = \sqrt{n}\theta]$

$$= \int_0^{\infty} \mathbf{1}_{(0, \sqrt{n}\frac{\pi}{2})}(x) \exp\left\{-\left(\frac{-\log \cos \theta}{\frac{\theta^2}{2}}\right)\bigg|_{\theta = \frac{x}{\sqrt{n}}} \frac{x^2}{2}\right\} dx.$$

ここで
$$\frac{-\log\cos\theta}{\frac{\theta^2}{2}} > 1 \quad (0 < \theta < \tfrac{\pi}{2}),$$
$$\lim_{\theta\searrow 0}\frac{-\log\cos\theta}{\frac{\theta^2}{2}} = 1$$

に注意 [⊙ 前者は $f(\theta) = -\log\cos\theta - \frac{\theta^2}{2}$ $(0 < \theta < \frac{\pi}{2})$ としたとき, $f'(\theta) = \frac{\sin\theta}{\cos\theta} - \theta = \tan\theta - \theta > 0$ より f は $(0, \frac{\pi}{2})$ で狭義単調増加. $f(0+) = 0$ なので, $f(\theta) > 0$. したがって $\frac{-\log\cos\theta}{\frac{\theta^2}{2}} > 1$. 後者はロピタルの定理より $\lim_{\theta\searrow 0}\frac{-\log\cos\theta}{\frac{\theta^2}{2}} = \lim_{\theta\searrow 0}\frac{\tan\theta}{\theta} = 1$] すると, 任意の $x > 0$ に対して

$$0 \leq \mathbf{1}_{(0,\sqrt{n}\frac{\pi}{2})}(x)\exp\left\{-\left(\frac{-\log\cos\theta}{\frac{\theta^2}{2}}\right)\bigg|_{\theta=\frac{x}{\sqrt{n}}}\frac{x^2}{2}\right\} \leq e^{-\frac{x^2}{2}}, \quad \forall n \in \mathbb{N},$$

$$\lim_{n\to\infty}\mathbf{1}_{(0,\sqrt{n}\frac{\pi}{2})}(x)\exp\left\{-\left(\frac{-\log\cos\theta}{\frac{\theta^2}{2}}\right)\bigg|_{\theta=\frac{x}{\sqrt{n}}}\frac{x^2}{2}\right\} = e^{-\frac{x^2}{2}}$$

なので, ルベーグの収束定理より

$$\lim_{n\to\infty}\sqrt{n}\int_0^{\frac{\pi}{2}}\cos^n\theta\,d\theta = \int_0^\infty e^{-\frac{x^2}{2}}\,dx$$
$$= \int_0^\infty e^{-y}2^{-\frac{1}{2}}y^{-\frac{1}{2}}\,dy \quad [\odot\ \text{変数変換}\ y = \tfrac{x^2}{2}]$$
$$= 2^{-\frac{1}{2}}\Gamma\left(\frac{1}{2}\right).$$

2° $\int_0^{\frac{\pi}{2}}\cos^{2m}\theta\,d\theta = \frac{(2m)!}{(2^m m!)^2}\frac{\pi}{2}$ $(m \in \mathbb{Z}_{\geq 0})$.

⊙ 左辺を I_m と書くことにする. 部分積分より, $m \in \mathbb{N}$ に対して

$$I_m = \int_0^{\frac{\pi}{2}}\cos^{2m-1}\theta\,(\sin\theta)'\,d\theta$$
$$= \left[\cos^{2m-1}\theta\sin\theta\right]_0^{\frac{\pi}{2}} - \int_0^{\frac{\pi}{2}}(2m-1)\cos^{2m-2}\theta(-\sin\theta)\sin\theta\,d\theta$$
$$= (2m-1)\int_0^{\frac{\pi}{2}}\cos^{2m-2}\theta\,(1-\cos^2\theta)\,d\theta = (2m-1)\bigl(I_{m-1} - I_m\bigr).$$

整理すると $\frac{I_m}{I_{m-1}} = \frac{2m-1}{2m}$ となる. $I_0 = \frac{\pi}{2}$ であるので

$$I_m = \left(\prod_{k=1}^{m} \frac{I_k}{I_{k-1}}\right)I_0 = \left(\prod_{k=1}^{m} \frac{2k-1}{2k}\right)\frac{\pi}{2} = \left(\prod_{k=1}^{m} \frac{2k \cdot (2k-1)}{2k \cdot 2k}\right)\frac{\pi}{2}$$
$$= \frac{(2m)!}{(2^m m!)^2}\frac{\pi}{2}.$$

3° $\Gamma\left(\frac{1}{2}\right) = \sqrt{\pi}$.

☺ Claim A.65(ii), 2°, 1° より

$$\Gamma\left(\frac{1}{2}\right) = \lim_{m \to \infty} \frac{m! m^{\frac{1}{2}}}{\frac{1}{2}\left(\frac{1}{2}+1\right)\cdots\left(\frac{1}{2}+m\right)}$$
$$= \lim_{m \to \infty} \frac{m! m^{\frac{1}{2}}}{\frac{1 \cdot 3 \cdots (1+2m)}{2^{m+1}}}$$
$$= \lim_{m \to \infty} \frac{m! \cdot 2 \cdot 4 \cdots 2m \cdot m^{\frac{1}{2}} \cdot 2^{m+1}}{(2m+1)!}$$
$$= \lim_{m \to \infty} \frac{m! \cdot m! \cdot 2^m \cdot m^{\frac{1}{2}} \cdot 2^m \cdot 2}{(2m)!(2m+1)}$$
$$= \lim_{m \to \infty} \frac{(2^m \cdot m!)^2}{(2m)!} \frac{2m^{\frac{1}{2}}}{2m+1}$$
$$= \lim_{m \to \infty} \frac{\pi}{2} \frac{1}{\int_0^{\frac{\pi}{2}} \cos^{2m}\theta d\theta} \frac{2m^{\frac{1}{2}}}{2m+1}$$
$$= \lim_{m \to \infty} \frac{\pi}{2} \frac{1}{\sqrt{m}\int_0^{\frac{\pi}{2}} \cos^{2m}\theta d\theta} \frac{2m}{2m+1}$$
$$= \frac{\pi}{2} \lim_{m \to \infty} \frac{2^{\frac{1}{2}}}{\sqrt{2m}\int_0^{\frac{\pi}{2}} \cos^{2m}\theta d\theta} \lim_{m \to \infty} \frac{2m}{2m+1}$$
$$= \frac{\pi}{2} \frac{2^{\frac{1}{2}}}{2^{-\frac{1}{2}}\Gamma\left(\frac{1}{2}\right)} = \frac{\pi}{\Gamma\left(\frac{1}{2}\right)}.$$

したがって $\Gamma\left(\frac{1}{2}\right) = \sqrt{\pi}$. ∎

A.6 独立な実確率変数列の存在

本書での我々の立場は,「有限個の測度の直積測度は知っているが, 無限個の確率測度の無限直積確率測度は知らない」である. だから, 件の標題の証明が必要で, これを本節で与えておく.

▶**命題 A.68** $([0,1), \mathcal{B}([0,1)), d\omega)$ をルベーグ確率空間, $\{\mu_n\}_{n=1}^\infty$ を 1 次元分布列とする. このとき

$$^\exists \{X_n\}_{n=1}^\infty \colon ([0,1), \mathcal{B}([0,1)), d\omega) \text{ 上の独立な実確率変数列}$$
$$\text{s.t.} \quad \mu_{X_n} = \mu_n \quad (n = 1, 2, \ldots).$$

[証明] 簡単のため $([0,1), \mathcal{B}([0,1)), d\omega)$ を $(\Omega, \mathcal{F}, P)$ と書く. 3 段階で示す.
$\underline{1°}$ 例 1.22 で定義した $\{0,1\}$-値確率変数列をここでは d_n と表すことにする: $d_n(\omega) = \lfloor 2^n\omega \rfloor - 2\lfloor 2^{n-1}\omega \rfloor$. $\mathbb{N} \times \mathbb{N}$ から $\mathbb{N}$ への全単射 φ を 1 つとる（例えば $\varphi(k,l) = 2^{k-1}(2l-1)$).

$$U_k(\omega) := \sum_{l=1}^\infty \frac{1}{2^l} d_{\varphi(k,l)}(\omega), \quad k = 1, 2, \ldots$$

とおく. $0 \leq U_k(\omega) \leq 1 \ (^\forall \omega)$, $0 < U_k(\omega) < 1$ (a.e. ω) である. $\{d_n\}_{n=1}^\infty$ の独立同分布性より, $\{U_k\}_{k=1}^\infty$ も独立同分布, そして, 各 $k \in \mathbb{N}$ に対して

$$U_k \text{ の分布} = \sum_{n=1}^\infty \frac{d_n}{2^n} \text{ の分布} = U_{0,1} \quad [\text{cf. 注意 1.23(i)}]$$

となる.
$\underline{2°}$ $\mu \in \mathcal{P}$ に対して, $F_\mu(x) := \mu((-\infty, x])$, $x \in \mathbb{R}$ とおく[11]. そして

$$F_\mu^{-1}(\omega) := \inf\{x \in \mathbb{R}; F_\mu(x) \geq \omega\}, \quad \omega \in \Omega = [0,1).$$

$F_\mu^{-1}(\omega) \in \mathbb{R} \ (\omega \in (0,1))$, $F_\mu^{-1}(0) = -\infty$ である. $[0,1) \ni \omega \mapsto F_\mu^{-1}(\omega) \in [-\infty, \infty)$ は単調増加. 定義より, $\omega \in [0,1)$, $x \in \mathbb{R}$ に対して

$$F_\mu^{-1}(\omega) \leq x \Leftrightarrow \omega \leq F_\mu(x)$$

が成り立つ. これは次の含意よりわかる:
- $\omega \leq F_\mu(x) \Rightarrow F_\mu^{-1}(\omega) \leq x$,
- $F_\mu^{-1}(\omega) \leq x \Rightarrow F_\mu^{-1}(\omega) < x + \dfrac{1}{n} \quad (^\forall n)$
  $\Rightarrow {}^\forall n, \ {}^\exists y \in \mathbb{R} \ \text{s.t.} \ F_\mu(y) \geq \omega, \ y < x + \dfrac{1}{n}$

---
[11] F_μ を μ の**分布関数** (distribution function) という. $x \mapsto F_\mu(x)$ は単調増加, 右連続, そして $F_\mu(\infty) = 1$, $F_\mu(-\infty) = 0$ である.

$$\Rightarrow F_\mu\Big(x+\frac{1}{n}\Big) \geq F_\mu(y) \geq \omega \quad (^\forall n)$$
$$\Rightarrow F_\mu(x) = \lim_{n\to\infty} F_\mu\Big(x+\frac{1}{n}\Big) \geq \omega.$$

<u>3°</u> $\{\mu_n\}_{n=1}^\infty$ を 1 次元分布列とする．$X_k : \Omega \to \mathbb{R}$ を次のように定義する：

$$X_k(\omega) := \begin{cases} F_{\mu_k}^{-1}\big(U_k(\omega)\big), & 0 < U_k(\omega) < 1 \text{ のとき}, \\ 0, & U_k(\omega) = 0 \text{ あるいは } 1 \text{ のとき}. \end{cases}$$

任意の $x \in \mathbb{R}$ に対して

$$\{X_k(\omega) \leq x\} = \{0 < U_k(\omega) < 1\} \cap \{F_{\mu_k}^{-1}\big(U_k(\omega)\big) \leq x\}$$
$$\cup \{U_k(\omega) = 0 \text{ あるいは } 1\} \cap \{0 \leq x\}$$
$$= \{0 < U_k(\omega) < 1\} \cap \{U_k(\omega) \leq F_{\mu_k}(x)\}$$
$$\cup \{U_k(\omega) = 0 \text{ あるいは } 1\} \cap \{0 \leq x\}$$

より，X_k は実確率変数で

$$P(X_k \leq x) = P\big(U_k \leq F_{\mu_k}(x)\big) = F_{\mu_k}(x) = \mu_k\big((-\infty, x]\big).$$
$$\shortparallel$$
$$\mu_{X_k}\big((-\infty, x]\big)$$

これは $\mu_{X_k} = \mu_k$ を含意する．$\{U_k\}_{k=1}^\infty$ の独立性より $\{X_k\}_{k=1}^\infty$ は独立である． ∎

⟨問 **A.69**⟩ $\mathbb{N} \times \mathbb{N} \ni (k, l) \mapsto 2^{k-1}(2l-1) \in \mathbb{N}$ は全単射であることを確かめよ．

問の略解

　すべての問に略解を付けているわけではない．Claim に準ずるような問にはていねいな解を与えている．また一見すると簡単そうに見え，いざ証明する段になるとどうやっていいのか困ってしまう問にも略解を付けている．

1.33 $(\varphi')' \geq 0$ より，φ' は (a,b) で単調増加である．$a < x < y < b$, $0 < \alpha < 1$ とする．$x \leq s \leq \frac{s-\alpha x}{1-\alpha} \leq y$ ($x \leq s \leq \alpha x + (1-\alpha)y$) より，$\varphi'(s) \leq \varphi'\bigl(\frac{s-\alpha x}{1-\alpha}\bigr) = \frac{d}{ds}\bigl((1-\alpha)\varphi(\frac{s-\alpha x}{1-\alpha})\bigr)$．$s$ について x から $\alpha x + (1-\alpha)y$ まで積分すると

$$\varphi(\alpha x + (1-\alpha)y) - \varphi(x) = \int_x^{\alpha x + (1-\alpha)y} \varphi'(s)ds$$
$$\leq \int_x^{\alpha x + (1-\alpha)y} \varphi'\bigl(\frac{s-\alpha x}{1-\alpha}\bigr)ds$$
$$= \Bigl[(1-\alpha)\varphi\bigl(\frac{s-\alpha x}{1-\alpha}\bigr)\Bigr]_x^{\alpha x + (1-\alpha)y}$$
$$= (1-\alpha)\bigl(\varphi(y) - \varphi(x)\bigr).$$

これを書き直すと $\varphi(\alpha x + (1-\alpha)y) \leq \alpha \varphi(x) + (1-\alpha)\varphi(y)$ となる．

1.39 $\varphi(x) = x^p$ ($x \geq 0$) は凸関数なので [cf. 問 1.33], $\varphi\bigl(\frac{u+v}{2}\bigr) \leq \frac{\varphi(u)+\varphi(v)}{2}$. すなわち $(u+v)^p \leq 2^{p-1}(u^p + v^p)$.

2.69 $\xi, \eta \in \mathbb{R}$ に対して

$$E\bigl[e^{\sqrt{-1}\xi X} e^{\sqrt{-1}\eta Y}\bigr]$$
$$= E\Bigl[e^{\sqrt{-1}(-2\log R)^{\frac{1}{2}}(\xi \cos 2\pi S + \eta \sin 2\pi S)}\Bigr]$$
$$= \int_0^1 \int_0^1 e^{\sqrt{-1}(-2\log r)^{\frac{1}{2}}(\xi \cos 2\pi s + \eta \sin 2\pi s)} dr ds$$
$$= \int_0^\infty \int_0^{2\pi} e^{\sqrt{-1}\rho(\xi \cos \theta + \eta \sin \theta)} \frac{1}{2\pi} e^{-\frac{\rho^2}{2}} \rho \, d\rho d\theta$$
$$\bigl[\because 変数変換\ \rho = (-2\log r)^{\frac{1}{2}}, \theta = 2\pi s\bigr]$$
$$= \iint_{\mathbb{R}^2} e^{\sqrt{-1}(\xi x + \eta y)} \frac{1}{2\pi} e^{-\frac{x^2+y^2}{2}} dx dy$$

問の略解 291

$$[\odot \text{ 変数変換 } x = \rho\cos\theta, y = \rho\sin\theta]$$
$$= \Big(\frac{1}{\sqrt{2\pi}}\int_\mathbb{R} e^{\sqrt{-1}\xi x}e^{-\frac{x^2}{2}}dx\Big)\Big(\frac{1}{\sqrt{2\pi}}\int_\mathbb{R} e^{\sqrt{-1}\eta y}e^{-\frac{y^2}{2}}dy\Big).$$

2.70 (i) $\mu_{X,Y}(dxdy) = (\mu_X \times \mu_Y)(dxdy) = \frac{1}{2\pi}e^{-\frac{x^2+y^2}{2}}dxdy$.

(ii) (i) の右辺 $= \int_{\{x\neq 0\}} \frac{1}{2\pi}e^{-\frac{x^2}{2}}dx \int_\mathbb{R} e^{\sqrt{-1}\xi\eta}e^{-\frac{x^2\eta^2}{2}}|x|d\eta \quad [\odot \text{ 変数変換 } y = x\eta]$

$$= \int_\mathbb{R} e^{\sqrt{-1}\xi\eta}\frac{d\eta}{2\pi}\int_{\{x\neq 0\}}|x|e^{-\frac{x^2}{2}(1+\eta^2)}dx \quad [\odot \text{ フビニの定理}]$$

$$= \int_\mathbb{R} e^{\sqrt{-1}\xi\eta}\frac{1}{\pi}\Big[-\frac{1}{1+\eta^2}e^{-\frac{x^2}{2}(1+\eta^2)}\Big]_0^\infty d\eta$$

$$= \int_\mathbb{R} e^{\sqrt{-1}\xi\eta}\frac{1}{\pi}\frac{d\eta}{1+\eta^2} = \widehat{C_{0,1}}(\xi).$$

(iii)
$$\sqrt{\frac{2}{\pi}}\int_{(0,\infty)} e^{-\frac{1}{2}(x^2+\frac{|\xi|^2}{x^2})}dx$$

$$= \sqrt{\frac{2}{\pi}}\int_{(0,\infty)} e^{-\frac{|\xi|}{2}(u^2+\frac{1}{u^2})}\sqrt{|\xi|}du$$

$$= \sqrt{\frac{2|\xi|}{\pi}}\frac{1}{2}\Big(\int_{(0,\infty)} e^{-\frac{|\xi|}{2}(u^2+\frac{1}{u^2})}du + \int_{(0,\infty)} e^{-\frac{|\xi|}{2}(u^2+\frac{1}{u^2})}du\Big)$$

$$= \sqrt{\frac{2|\xi|}{\pi}}\frac{1}{2}\Big(\int_{(0,\infty)} e^{-\frac{|\xi|}{2}(u^2+\frac{1}{u^2})}du + \int_{(0,\infty)} e^{-\frac{|\xi|}{2}(\frac{1}{v^2}+v^2)}\frac{dv}{v^2}\Big)$$

$$= \frac{1}{\sqrt{2\pi\frac{1}{|\xi|}}}\int_{(0,\infty)} e^{-\frac{|\xi|}{2}((v-\frac{1}{v})^2+2)}\Big(1+\frac{1}{v^2}\Big)dv$$

$$= e^{-|\xi|}\frac{1}{\sqrt{2\pi\frac{1}{|\xi|}}}\int_{(0,\infty)} e^{-\frac{|\xi|}{2}(v-\frac{1}{v})^2}\Big(1+\frac{1}{v^2}\Big)dv$$

$$= e^{-|\xi|}\frac{1}{\sqrt{2\pi\frac{1}{|\xi|}}}\int_{-\infty}^\infty e^{-\frac{w^2}{2\frac{1}{|\xi|}}}dw = e^{-|\xi|}.$$

2.77 2次のユニタリ行列 $A = \begin{bmatrix} a & \overline{c} \\ c & b \end{bmatrix}$ $(a,b,c \in \mathbb{C})$ が $\begin{bmatrix} \overline{z} & \overline{w} \end{bmatrix}\begin{bmatrix} a & \overline{c} \\ c & b \end{bmatrix}\begin{bmatrix} z \\ w \end{bmatrix} \geq 0$ ($\forall z, \forall w \in \mathbb{C}$) をみたすとする. $\exists \theta \in \mathbb{R}$ s.t. $c = |c|e^{\sqrt{-1}\theta}$ とする ($c=0$ のときは $\theta \in \mathbb{R}$ は何でもよい). $z = s, w = re^{\sqrt{-1}\theta}$ (ただし $s, r \in \mathbb{R}$) に対して

$$0 \leq \begin{bmatrix} s & re^{-\sqrt{-1}\theta} \end{bmatrix}\begin{bmatrix} a & |c|e^{-\sqrt{-1}\theta} \\ |c|e^{\sqrt{-1}\theta} & b \end{bmatrix}\begin{bmatrix} s \\ re^{\sqrt{-1}\theta} \end{bmatrix}$$

$$= \begin{bmatrix} s & re^{-\sqrt{-1}\theta} \end{bmatrix}\begin{bmatrix} as + |c|r \\ |c|se^{\sqrt{-1}\theta} + bre^{\sqrt{-1}\theta} \end{bmatrix}$$

$$= as^2 + |c|rs + |c|rs + br^2 = as^2 + 2|c|rs + br^2$$

となる．ここで $s=1, r=0$ のとき $a \geq 0$． $s \in \mathbb{R}, r=1$ のとき $as^2+2|c|s+b \geq 0$ ($^\forall s \in \mathbb{R}$)．これは $\frac{1}{4}$ 判別式 $=|c|^2 - ab \leq 0$ を含意する．したがって $\det A \geq 0$．

2.78 $f \in L^1 \cap L^2$ を固定する．次の手順で示す（あらましなので細部を埋めて完成せよ）：

$\underline{1°}$
$$\int_{\mathbb{R}^d} |\widehat{f}(\xi)|^2 d\xi = \lim_{A_1,\ldots,A_d \to \infty} \frac{1}{A_1 \cdots A_d} \int_{[0,A_1]\times\cdots\times[0,A_d]} da_1 \cdots da_d$$
$$\times \int_{[-a_1,a_1]\times\cdots\times[-a_d,d_d]} |\widehat{f}(\xi)|^2 d\xi.$$

$\underline{2°}$ $1°$ の右辺の $\lim$ の中身
$$= \int_{\mathbb{R}^d}\int_{\mathbb{R}^d} f(x)\overline{f(y)} \prod_{j=1}^d 2\frac{1-\cos A_j(y_j-x_j)}{A_j(y_j-x_j)^2} dxdy$$
$$= \int_{\mathbb{R}^d}\int_{\mathbb{R}^d} f(\xi)\overline{f(\xi_1+\frac{\eta_1}{A_1},\ldots,\xi_d+\frac{\eta_d}{A_d})} \prod_{j=1}^d 2\frac{1-\cos\eta_j}{\eta_j^2} d\xi d\eta.$$

$\underline{3°}$ $\left|2° \text{の最右辺} - \int_{\mathbb{R}^d}\int_{\mathbb{R}^d} |f(\xi)|^2 \prod_{j=1}^d 2\frac{1-\cos\eta_j}{\eta_j^2} d\xi d\eta\right|$
$$= \left|\int_{\mathbb{R}^d}\int_{\mathbb{R}^d} f(\xi)\left(\overline{f(\xi_1+\frac{\eta_1}{A_1},\ldots,\xi_d+\frac{\eta_d}{A_d})} - \overline{f(\xi)}\right) \prod_{j=1}^d 2\frac{1-\cos\eta_j}{\eta_j^2} d\xi d\eta\right|$$
$$\leq \int_{\mathbb{R}^d} \prod_{j=1}^d 2\frac{1-\cos\eta_j}{\eta_j^2} d\eta \left|\int_{\mathbb{R}^d} f(\xi)\left(\overline{f(\xi_1+\frac{\eta_1}{A_1},\ldots,\xi_d+\frac{\eta_d}{A_d})} - \overline{f(\xi)}\right) d\xi\right|$$
$$\leq \int_{\mathbb{R}^d} \prod_{j=1}^d 2\frac{1-\cos\eta_j}{\eta_j^2} d\eta \sqrt{\int_{\mathbb{R}^d} |f(\xi)|^2 d\xi}$$
$$\times \sqrt{\int_{\mathbb{R}^d} \left|f(\xi_1+\frac{\eta_1}{A_1},\ldots,\xi_d+\frac{\eta_d}{A_d}) - f(\xi)\right|^2 d\xi}$$
$$\to 0 \quad (A_1,\ldots,A_d \to \infty).$$

2.88 (i) $f \in L^2$ とする．シュワルツの不等式，そしてフビニの定理より
$$\int_{\mathbb{R}^d} dx \left(\int_{\mathbb{R}^d} |f(x-y)|p_t(y)dy\right)^2 = \int_{\mathbb{R}^d} dx \left(\int_{\mathbb{R}^d} |f(x-y)|\sqrt{p_t(y)}\sqrt{p_t(y)}dy\right)^2$$
$$\leq \int_{\mathbb{R}^d} dx \left(\int_{\mathbb{R}^d} |f(x-y)|^2 p_t(y)dy\right)\left(\int_{\mathbb{R}^d} p_t(y)dy\right)$$
$$= \int_{\mathbb{R}^d} p_t(y)dy \int_{\mathbb{R}^d} |f(x-y)|^2 dx = \|f\|_2^2 < \infty.$$

これは $f * p_t \in L^2$ を示している．同様の計算により

問の略解　293

$$\|f * p_t - f\|_2^2 = \int_{\mathbb{R}^d} \Big|\int_{\mathbb{R}^d} f(x-y) p_t(y) dy - f(x)\Big|^2 dx$$

$$= \int_{\mathbb{R}^d} \Big|\int_{\mathbb{R}^d} (f(x-y) - f(x)) p_t(y) dy\Big|^2 dx$$

$$\leq \int_{\mathbb{R}^d} dx \Big(\int_{\mathbb{R}^d} |f(x-y) - f(x)| p_t(y) dy\Big)^2$$

$$\leq \int_{\mathbb{R}^d} p_t(y) dy \int_{\mathbb{R}^d} |f(x-y) - f(x)|^2 dx$$

$$= \int_{\mathbb{R}^d} p_1(\eta) d\eta \int_{\mathbb{R}^d} |f(x - \sqrt{t}\eta) - f(x)|^2 dx \to 0 \quad (t \searrow 0)$$

がわかる．

(ii) 例 2.87(iv) の証明を $f \in L^1 \cap L^2$ として見直すと，何の問題もなくうまく行くことがわかる．したがって $\widehat{g_t} = f * p_t$ となる．

2.89 $f \in L^2$ を固定する．$L^1 \cap L^2$ は L^2 で稠密なので，$\exists \{f_n\}_{n=1}^\infty \subset L^1 \cap L^2$ s.t. $\|f_n - f\|_2 < \frac{1}{n}$ ($\forall n$)．問 2.88 より，各 $n \in \mathbb{N}$ に対して，$\exists g_n \in L^1 \cap L^2$ s.t. $\|\widehat{g_n} - f_n\|_2 < \frac{1}{n}$.

$$\|g_m - g_n\|_2 = \Big(\frac{1}{2\pi}\Big)^{\frac{d}{2}} \|\widehat{g_m} - \widehat{g_n}\|_2$$

$$\leq \Big(\frac{1}{2\pi}\Big)^{\frac{d}{2}} (\|\widehat{g_m} - f_m\|_2 + \|f_m - f\|_2 + \|f - f_n\|_2 + \|f_n - \widehat{g_n}\|_2)$$

$$< \Big(\frac{1}{2\pi}\Big)^{\frac{d}{2}} \cdot 2 \cdot \Big(\frac{1}{m} + \frac{1}{n}\Big) \to 0 \quad (m, n \to \infty)$$

なので，$\exists g \in L^2$ s.t. $\|g_n - g\|_2 \to 0$ $(n \to \infty)$．このとき

$$\|\widehat{g} - f\|_2 \leq \|\widehat{g} - \widehat{g_n}\|_2 + \|\widehat{g_n} - f_n\|_2 + \|f_n - f\|_2$$

$$< (2\pi)^{\frac{d}{2}} \|g - g_n\|_2 + \frac{2}{n} \to 0 \quad (n \to \infty)$$

より $\widehat{g} = f$ となる．

3.8 変数変換 $\log x = y$ より，左辺 $= \int_{\log 2}^\infty \frac{dy}{y^{1+\varepsilon}} = \big[\frac{y^{-\varepsilon}}{-\varepsilon}\big]_{\log 2}^\infty =$ 右辺．

3.10 $l \geq 2$ のとき $\sum_{k=l}^\infty \frac{1}{k^2} = \sum_{k=l}^\infty \int_{k-1}^k \frac{dx}{k^2} < \sum_{k=l}^\infty \int_{k-1}^k \frac{dx}{x^2} = \int_{l-1}^\infty \frac{dx}{x^2} = \big[-\frac{1}{x}\big]_{l-1}^\infty = \frac{1}{l-1} \leq \frac{2}{l}$．$l = 1$ のときは $\sum_{k=1}^\infty \frac{1}{k^2} = 1 + \sum_{k=2}^\infty \frac{1}{k^2} < 1 + \frac{1}{2-1} = 2 \leq \frac{2}{1}$．

3.22 (i)
$$\text{左辺} = \sum_{n=1}^\infty \frac{1}{n^4} \int_X \Big|\sum_{k=1}^{n^2} f_k\Big|^2 d\mu = \sum_{n=1}^\infty \frac{1}{n^4} \sum_{k,l=1}^{n^2} \int_X f_k \overline{f_l} \, d\mu$$

$$= \sum_{n=1}^\infty \frac{1}{n^4} \sum_{k=1}^{n^2} \int_X |f_k|^2 d\mu \leq C \sum_{n=1}^\infty \frac{1}{n^2}.$$

(ii)
$$\text{左辺} = \sum_{n=1}^\infty \frac{1}{n^4} \int_X \max_{n^2 \leq m < (n+1)^2} \Big|\sum_{n^2 < k \leq m} f_k\Big|^2 d\mu$$

294　問の略解

$$\leq \sum_{n=1}^{\infty} \frac{1}{n^4} \int_X \sum_{n^2 \leq m < (n+1)^2} \Big|\sum_{n^2 < k \leq m} f_k\Big|^2 d\mu$$

$$= \sum_{n=1}^{\infty} \frac{1}{n^4} \sum_{n^2 \leq m < (n+1)^2} \sum_{n^2 < k \leq m} \int_X |f_k|^2 d\mu$$

$$\leq C \sum_{n=1}^{\infty} \frac{1}{n^4} \sum_{n^2 \leq m < (n+1)^2} (m-n^2)$$

$$= C \sum_{n=1}^{\infty} \frac{1}{n^4} \sum_{0 \leq l < (n+1)^2 - n^2} l = C \sum_{n=1}^{\infty} \Big(\frac{2}{n^2} + \frac{1}{n^3}\Big).$$

(iii) $n_N^2 \leq N < (n_N+1)^2$, したがって $\frac{1}{n_N^2} \geq \frac{1}{N} > \frac{1}{(n_N+1)^2}$ であるから

$$\Big|\frac{1}{N}\sum_{k=1}^N f_k\Big| = \Big|\frac{n_N^2}{N}\frac{1}{n_N^2}\sum_{k=1}^{n_N^2} f_k + \frac{n_N^2}{N}\frac{1}{n_N^2}\sum_{n_N^2 < k \leq N} f_k\Big|$$

$$\leq \frac{n_N^2}{N}\Big|\frac{1}{n_N^2}\sum_{k=1}^{n_N^2} f_k\Big| + \frac{n_N^2}{N}\frac{1}{n_N^2}\Big|\sum_{n_N^2 < k \leq N} f_k\Big|$$

$$\leq \Big|\frac{1}{n_N^2}\sum_{k=1}^{n_N^2} f_k\Big| + \frac{1}{n_N^2}\Big|\sum_{n_N^2 < k \leq N} f_k\Big|$$

$$\leq \Big|\frac{1}{n_N^2}\sum_{k=1}^{n_N^2} f_k\Big| + \frac{1}{n_N^2}\max_{n_N^2 \leq m < (n_N+1)^2}\Big|\sum_{n_N^2 < k \leq m} f_k\Big|.$$

(iv) $N \in \mathcal{B}$ を

$$N := \Big\{\sum_{n=1}^{\infty}\Big|\frac{1}{n^2}\sum_{k=1}^{n^2} f_k\Big|^2 = \infty$$

$$\text{あるいは } \sum_{n=1}^{\infty}\Big(\frac{1}{n^2}\max_{n^2 \leq m < (n+1)^2}\Big|\sum_{n^2 < k \leq m} f_k\Big|\Big)^2 = \infty\Big\}$$

とおく. (i) と (ii) より $\mu(N) = 0$. $N^\complement$ 上では

$$\lim_{n \to \infty}\Big|\frac{1}{n^2}\sum_{k=1}^{n^2} f_k\Big| = 0, \quad \lim_{n \to \infty}\frac{1}{n^2}\max_{n^2 \leq m < (n+1)^2}\Big|\sum_{n^2 < k \leq m} f_k\Big| = 0.$$

$\lim_{N \to \infty} n_N = \infty$ なので，これと (iii) より $\lim_{N \to \infty} \frac{1}{N}\sum_{k=1}^N f_k = 0$.

3.28 $\{\omega; n(\omega) = p\} \in \mathcal{F}$ $(p = 1, \ldots, n)$ を示せばよい. $\max_{1 \leq q \leq n} T_q$ は $\mathcal{F}$-可測であるので

$$\{\omega; n(\omega) = p\}$$
$$= \Big\{\omega;\ \begin{array}{l} T_1(\omega) < \max_{1 \leq q \leq n} T_q(\omega), \ldots, T_{p-1}(\omega) < \max_{1 \leq q \leq n} T_q(\omega), \\ T_p(\omega) = \max_{1 \leq q \leq n} T_q(\omega) \end{array}\Big\}$$

$$= \{T_1 < \max_{1 \leq q \leq n} T_q\} \cap \cdots \cap \{T_{p-1} < \max_{1 \leq q \leq n} T_q\} \cap \{T_p = \max_{1 \leq q \leq n} T_q\} \in \mathcal{F}.$$

3.29 (3.9)の右辺 $= \sum_{p=0}^{m-1} b_{p+1}\psi_{2^p}(\omega) = \sum_{p=0}^{m-1} b_{p+1}\varphi_{p+1}(\omega) = \sum_{p=1}^{m} b_p\varphi_p(\omega)$
$= $ (3.9)の左辺.

4.2
$$(4.3)\text{の最左辺} = \int_0^1 \frac{d}{dt}\Big(e^{\sqrt{-1}tx} - 1 - \sqrt{-1}tx + \frac{t^2x^2}{2}\Big)dt$$
$$= \int_0^1 \Big(e^{\sqrt{-1}tx}\sqrt{-1}x - \sqrt{-1}x + tx^2\Big)dt$$
$$= \sqrt{-1}x\int_0^1 \Big(e^{\sqrt{-1}tx} - 1 - \sqrt{-1}tx\Big)dt$$
$$= \sqrt{-1}x\int_0^1 dt \int_0^1 \frac{d}{ds}\Big(e^{\sqrt{-1}stx} - 1 - \sqrt{-1}stx\Big)ds$$
$$= \sqrt{-1}x\int_0^1 dt \int_0^1 \Big(e^{\sqrt{-1}stx}\sqrt{-1}tx - \sqrt{-1}tx\Big)ds$$
$$= -x^2 \int_0^1 t\,dt \int_0^1 \Big(e^{\sqrt{-1}stx} - 1\Big)ds$$
$$= -x^2 \int_0^1 t\,dt \int_0^1 ds \int_0^1 \frac{d}{dr}\Big(e^{\sqrt{-1}rstx}\Big)dr$$
$$= -x^2 \int_0^1 t\,dt \int_0^1 ds \int_0^1 e^{\sqrt{-1}rstx}\sqrt{-1}stx\,dr$$
$$= -\sqrt{-1}x^3 \int_0^1 t^2 dt \int_0^1 s\,ds \int_0^1 e^{\sqrt{-1}rstx}dr.$$

4.3 定義より $f(z)$ は $\frac{1}{z}$ の原始関数で $f(1) = 0$. D 上で
$$\big(ze^{-f(z)}\big)' = z'e^{-f(z)} + ze^{-f(z)}(-f'(z)) = e^{-f(z)}\Big(1 - z\cdot\frac{1}{z}\Big) = 0.$$
D は領域なので $ze^{-f(z)} = $ 定数. $ze^{-f(z)}\big|_{z=1} = 1$ より $z = e^{f(z)}$ $(z \in D)$ である.

4.4 $1 \leq j \leq k_n$, $\varepsilon > 0$ に対して
$$E[X_{nj}^2] = E[X_{nj}^2; |X_{nj}| < \varepsilon] + E[X_{nj}^2; |X_{nj}| \geq \varepsilon]$$
$$\leq \varepsilon^2 + \sum_{k=1}^{k_n} E[X_{nk}^2; |X_{nk}| \geq \varepsilon]$$

より
$$\max_{1 \leq j \leq k_n} E[X_{nj}^2] \leq \varepsilon^2 + \sum_{k=1}^{k_n} E[X_{nk}^2; |X_{nk}| \geq \varepsilon] \xrightarrow[\substack{\text{まず } n \to \infty \\ \text{次に } \varepsilon \to 0}]{} 0.$$

4.10 $|r(x)| = \big|\sqrt{-1}x^3 \int_0^1 \frac{t^2}{1+\sqrt{-1}xt}dt\big| \leq |x|^3 \int_0^1 \frac{t^2}{|1+\sqrt{-1}xt|}dt = |x|^3 \int_0^1 \frac{t^2}{\sqrt{1+x^2t^2}}dt$
$\leq |x|^3 \int_0^1 t^2 dt = \frac{|x|^3}{3}.$

4.11 (i) $E\big[|X|;A\big] = E\big[|X|;A\cap\{|X|\geq c\}\big] + E\big[|X|;A\cap\{|X|<c\}\big] \leq E\big[|X|;|X|\geq c\big] + cP(A)$. $P(|X|\geq c) \leq \frac{1}{c}E\big[|X|\big]$ [$\because$ チェビシェフの不等式] より

$$E\bigl[|X|;|X|\geq c\bigr]\leq \sup\Bigl\{E\bigl[|X|;B\bigr];P(B)\leq \frac{1}{c}E\bigl[|X|\bigr]\Bigr\}.$$

(ii) "⇒" について．前者は
$$\sup_{\lambda\in\Lambda}E\bigl[|X_\lambda|\bigr]=\sup_{\lambda\in\Lambda}\Bigl(E\bigl[|X_\lambda|;|X_\lambda|\geq c\bigr]+E\bigl[|X_\lambda|;|X_\lambda|<c\bigr]\Bigr)$$
$$\leq \sup_{\lambda\in\Lambda}E\bigl[|X_\lambda|;|X_\lambda|\geq c\bigr]+c<\infty.$$

後者は，(i) の 1 つ目の不等式より
$$\sup_{A;P(A)\leq\delta}\sup_{\lambda\in\Lambda}E\bigl[|X_\lambda|;A\bigr]\leq \sup_{A;P(A)\leq\delta}\sup_{\lambda\in\Lambda}\Bigl(E\bigl[|X_\lambda|;|X_\lambda|\geq \frac{1}{\sqrt{\delta}}\bigr]+\frac{1}{\sqrt{\delta}}P(A)\Bigr)$$
$$\leq \sup_{\lambda\in\Lambda}E\bigl[|X_\lambda|;|X_\lambda|\geq \frac{1}{\sqrt{\delta}}\bigr]+\sqrt{\delta}\to 0 \ \ (\delta\searrow 0).$$

"⇐" について．(i) の 2 つ目の不等式より
$$E\bigl[|X_\lambda|;|X_\lambda|\geq c\bigr]\leq \sup_{A;P(A)\leq\delta_c}E\bigl[|X_\lambda|;A\bigr]\leq \sup_{A;P(A)\leq\delta_c}\sup_{\mu\in\Lambda}E\bigl[|X_\mu|;A\bigr].$$

ただし $\delta_c:=\frac{1}{c}\sup_{\mu\in\Lambda}E\bigl[|X_\mu|\bigr]$． $\delta_c\searrow 0 \ (c\to\infty)$ なので
$$\sup_{\lambda\in\Lambda}E\bigl[|X_\lambda|;|X_\lambda|\geq c\bigr]\leq \sup_{A;P(A)\leq\delta_c}\sup_{\mu\in\Lambda}E\bigl[|X_\mu|;A\bigr]\to 0 \ \ (c\to\infty).$$

4.12 $|e^{-\alpha}-e^{-\beta}|=\bigl|\int_0^1(e^{-t\alpha-(1-t)\beta})'dt\bigr|=\int_0^1 e^{-(t\alpha+(1-t)\beta)}dt|\alpha-\beta|\leq|\alpha-\beta|$, $|e^w-1|=\bigl|\sum_{n=1}^\infty \frac{w^n}{n!}\bigr|\leq \sum_{n=1}^\infty \frac{|w|^n}{n!}=e^{|w|}-1$, $|e^w|=|e^w-1+1|\leq |e^w-1|+1\leq e^{|w|}-1+1=e^{|w|}$.

4.13 "⇐" について． $c>c_1>0$ に対して

$$\|X_n-X\|_1=E\bigl[|X_n-X|\bigr]$$
$$=E\bigl[|X_n-X|;|X_n-X|\geq c\bigr]$$
$$+E\Bigl[\frac{|X_n-X|}{1+|X_n-X|}(1+|X_n-X|);|X_n-X|<c\Bigr]$$
$$\leq E\bigl[|X_n-X|;|X_n-X|\geq c\bigr]+(1+c)\|X_n-X\|_0,$$

$$E\bigl[|X_n-X|;|X_n-X|\geq c\bigr]$$
$$\leq E\bigl[|X_n|;|X_n-X|\geq c\bigr]+E\bigl[|X|;|X_n-X|\geq c\bigr]$$
$$=E\bigl[|X_n|;|X_n|\geq c_1,|X_n-X|\geq c\bigr]+E\bigl[|X_n|;|X_n|<c_1,|X_n-X|\geq c\bigr]$$
$$+E\bigl[|X|;|X|\geq c_1,|X_n-X|\geq c\bigr]+E\bigl[|X|;|X|<c_1,|X_n-X|\geq c\bigr]$$
$$\leq E\bigl[|X_n|;|X_n|\geq c_1\bigr]+c_1P\bigl(|X|>c-c_1\bigr)$$
$$+E\bigl[|X|;|X|\geq c_1\bigr]+\frac{c_1}{c-c_1}E\bigl[|X_n|;|X_n|>c-c_1\bigr].$$

$\lim_{n\to\infty}\|X_n-X\|_0=0$ [cf. 定理 1.46(ii)] なので

$$\limsup_{n\to\infty} \|X_n - X\|_1$$
$$\leq \sup_{n\geq 1} E\big[|X_n - X|; |X_n - X| \geq c\big]$$
$$\leq \sup_{n\geq 1} E\big[|X_n|; |X_n| \geq c_1\big] + \frac{c_1}{c - c_1} \sup_{n\geq 1} E\big[|X_n|; |X_n| > c - c_1\big]$$
$$+ c_1 P(|X| > c - c_1) + E\big[|X|; |X| \geq c_1\big] \underset{\substack{\text{まず } c\to\infty \\ \text{次に } c_1\to\infty}}{\to} 0.$$

"$\Rightarrow$" について. $X_n \to X$ in L^1 とする. 定理 1.46(iii) より, $X_n \to X$ i.p. である. $E[|X_n|] \to E[|X|]$ より, $\sup_{n\geq 1} E[|X_n|] < \infty$. $c > 0$, $P(A) \leq \frac{1}{c^2}$ に対して

$$E\big[|X_n|; A\big] = E\big[|X_n - X + X|; A\big]$$
$$\leq E\big[|X_n - X|; A\big] + E\big[|X|; \{|X| < c\} \cap A\big]$$
$$+ E\big[|X|; \{|X| \geq c\} \cap A\big]$$
$$\leq \|X_n - X\|_1 + cP(A) + E\big[|X|; |X| \geq c\big]$$
$$\leq \|X_n - X\|_1 + \frac{1}{c} + E\big[|X|; |X| \geq c\big],$$
$$E\big[|X_n|; A\big] = E\big[|X_n|; \{|X_n| < c\} \cap A\big] + E\big[|X_n|; \{|X_n| \geq c\} \cap A\big]$$
$$\leq cP(A) + E\big[|X_n|; |X_n| \geq c\big] \leq \frac{1}{c} + E\big[|X_n|; |X_n| \geq c\big].$$

任意の $N \in \mathbb{N}$ に対して

$$\sup_{P(A)\leq \frac{1}{c^2}} \sup_{n\geq 1} E\big[|X_n|; A\big] \leq \sup_{n\geq N+1} \|X_n - X\|_1 + \frac{1}{c} + E\big[|X|; |X| \geq c\big]$$
$$+ \max_{1\leq n\leq N} E\big[|X_n|; |X_n| \geq c\big] \underset{\substack{\text{まず } c\to\infty \\ \text{次に } N\to\infty}}{\to} 0.$$

問 4.11(ii) より, $\{X_n; n \geq 1\}$ は一様可積分である.

4.16 $E[|X_\lambda|; |X_\lambda| \geq c] = E[|X_\lambda| \cdot 1; |X_\lambda| \geq c] \leq E[|X_\lambda| \cdot (\frac{|X_\lambda|}{c})^{p-1}; |X_\lambda| \geq c] \leq \frac{1}{c^{p-1}} E[|X_\lambda|^p]$ より, $\sup_{\lambda\in\Lambda} E[|X_\lambda|; |X_\lambda| \geq c] \leq \frac{1}{c^{p-1}} \sup_{\lambda\in\Lambda} E[|X_\lambda|^p] \to 0$ $(c \to \infty)$.

A.61 $k = (k_1, \ldots, k_d) \in \{0, 1, \ldots, n\}^d$ を固定する. (A.18) より

$$P(S_n = k) = P\Big(\sum_{i=1}^n X_{ij} = k_j \ (j = 1, \ldots, d)\Big)$$
$$= \prod_{j=1}^d P\Big(\sum_{i=1}^n X_{ij} = k_j\Big)$$

$$= \prod_{j=1}^{d} \sum_{\substack{\varepsilon_{1j},\ldots,\varepsilon_{nj}\in\{0,1\};\\ \varepsilon_{1j}+\cdots+\varepsilon_{nj}=k_j}} P(X_{1j}=\varepsilon_{1j},\ldots,X_{nj}=\varepsilon_{nj})$$

$$= \prod_{j=1}^{d} \sum_{\substack{\varepsilon_{1j},\ldots,\varepsilon_{nj}\in\{0,1\};\\ \varepsilon_{1j}+\cdots+\varepsilon_{nj}=k_j}} P(X_{1j}=\varepsilon_{1j}) \times \cdots \times P(X_{nj}=\varepsilon_{nj})$$

$$= \prod_{j=1}^{d} \sum_{\substack{\varepsilon_{1j},\ldots,\varepsilon_{nj}\in\{0,1\};\\ \varepsilon_{1j}+\cdots+\varepsilon_{nj}=k_j}} p_j^{\varepsilon_{1j}}(1-p_j)^{1-\varepsilon_{1j}} \times \cdots \times p_j^{\varepsilon_{nj}}(1-p_j)^{1-\varepsilon_{nj}}$$

$$= \prod_{j=1}^{d} \sum_{\substack{\varepsilon_{1j},\ldots,\varepsilon_{nj}\in\{0,1\};\\ \varepsilon_{1j}+\cdots+\varepsilon_{nj}=k_j}} p_j^{\varepsilon_{1j}+\cdots+\varepsilon_{nj}}(1-p_j)^{n-(\varepsilon_{1j}+\cdots+\varepsilon_{nj})}$$

$$= \prod_{j=1}^{d} p_j^{k_j}(1-p_j)^{n-k_j} \sum_{\substack{\varepsilon_{1j},\ldots,\varepsilon_{nj}\in\{0,1\};\\ \varepsilon_{1j}+\cdots+\varepsilon_{nj}=k_j}} 1$$

$$= \prod_{j=1}^{d} \binom{n}{k_j} p_j^{k_j}(1-p_j)^{n-k_j}.$$

A.66 $n \in \mathbb{N}$ に対して

$$\gamma_n := \sum_{k=1}^{n} \frac{1}{k} - \log n = 1 + \sum_{k=1}^{n-1} k \frac{1}{k(k+1)} - \log n$$

$$= 1 + \sum_{k=1}^{n-1} k\left(-\frac{1}{k+1} + \frac{1}{k}\right) - \log n$$

$$= \int_1^\infty \frac{dx}{x^2} + \sum_{k=1}^{n-1} k \int_k^{k+1} \frac{dx}{x^2} - \int_1^n \frac{dx}{x}$$

$$= \int_n^\infty \frac{dx}{x^2} + \int_1^n \frac{dx}{x^2} + \int_1^n \frac{\lfloor x \rfloor}{x^2} dx - \int_1^n \frac{dx}{x}$$

$$= \int_n^\infty \frac{dx}{x^2} + \int_1^n \frac{1+\lfloor x \rfloor - x}{x^2} dx$$

$$= \int_1^n \frac{1-\{x\}}{x^2} dx + \int_n^\infty \frac{dx}{x^2}.$$

これは γ_n の収束性と

$$\lim_{n\to\infty} \gamma_n = \int_1^\infty \frac{1-\{x\}}{x^2} dx$$

を示している.

参考文献

[1] G. Alexits, *Convergence problems of orthogonal series*, Pergamon Press, New York, 1961.
[2] 新井仁之, フーリエ解析学, 朝倉書店, 2003.
[3] P. Billingsley, *Convergence of probability measures*, 2nd ed., John Wiley & Sons, 1999.
[4] L. Carleson, On convergence and growth of partial sums of Fourier series, Acta Math. **116** (1966), 135–157.
[5] R. Durrett, *Probability: theory and examples*, 3rd ed., Duxbury, 2005.
[6] P. Erdős, On trigonometric sums with gaps, Magyar Tud. Akad. Mat. Kutato Int. Közl. **7** (1962), 37–42.
[7] C. Fefferman, Pointwise convergence of Fourier series, Ann. Math. **98** (1973), 551–571.
[8] 福島正俊, 確率論, 裳華房, 1998.
[9] 福山克司, 概周期函数系の相対測度の下に於ける, いくつかの極限定理について, 修士論文, 京都大学大学院理学研究科 (1987).
[10] K. Fukuyama, The central limit theorem for Rademacher system, Proc. Japan Acad. Ser. A Math. Sci. **70** (1994), 243–246.
[11] 福山克司, 間隙級数の極限定理と一様分布論, 数学 **62** (2008), 1–17.
[12] 舟木直久, 確率論, 朝倉書店, 2004.
[13] 伊藤清, 確率論, 岩波基礎数学選書, 岩波書店, 1991.
[14] M. Kac, Note on power series with big gaps, Amer. J. Math. **61** (1939), 473–476.
[15] 小谷眞一, 測度と確率, 岩波書店, 2005.
[16] 増田久弥, 関数解析, 裳華房, 1994.
[17] T. Murai, The central limit theorem for trigonometric series, Nagoya Math. J. **87** (1982), 79–94.
[18] 西尾真喜子, 確率論, 実教出版, 1978.
[19] W. Rudin, *Functional analysis*, 2nd ed., McGraw-Hill, 1991.
[20] R. Salem and A. Zygmund, On lacunary trigonometric series, Proc. Nat.

Acad. Sci. U.S.A. **33** (1947), 333–338.

[21] 佐藤坦, はじめての確率論 測度から確率へ, 共立出版, 1994.

[22] 志賀徳造, ルベーグ積分から確率論, 共立出版, 2000.

[23] D.W. Stroock, *Probability theory, an analytic view*, revised ed., Cambridge Univ. Press, 1999.

[24] S. Takahashi, On lacunary trigonometric series, *Proc. Japan Acad.* **41** (1965), 503–506.

[25] 高信敏, 詳解 測度と積分, 1.00 版, 金沢電子出版, 2007.

[26] 内田伏一, 集合と位相, 裳華房, 1986.

[27] 矢野公一, 距離空間と位相構造, 共立出版, 1997.

[28] K. Yosida, *Functional analysis*, 6th ed., Springer-Verlag, 1980.

定理索引

定理	ページ
定理 1.5	3
定理 1.6	4
定理 1.14	15
定理 1.17	16
定理 1.20	18
定理 1.21	21
定理 1.28	29
定理 1.29	33
定理 1.30	33
定理 1.31	35
定理 1.34	38
定理 1.36	40
定理 1.37	41
定理 1.38	42
定理 1.40	46
定理 1.41	48
定理 1.46	53
定理 2.7	62
定理 2.8	65
定理 2.30	85
定理 2.43	104
定理 2.45	107
定理 2.51	116
定理 2.60	121
定理 2.63	126
定理 2.72	136
定理 2.75	140
定理 2.81	153
定理 2.83	157
定理 2.84	157
定理 2.85	158
定理 3.4	172
定理 3.6	176

定理	ページ
定理 3.19	186
定理 3.24	191
定理 4.1	203
定理 4.8	209
定理 4.19	222
定理 A.5	233
定理 A.16	240
定理 A.17	243
定理 A.27	247
定理 A.28	248
定理 A.34	251
定理 A.38	253
定理 A.40	255
定理 A.45	257
定理 A.47	258
定理 A.52	261
定理 A.54	267
定理 A.57	270
定理 A.58	272
定理 A.59	273
定理 A.67	285

系	ページ
系 1.13	15
系 2.32	97
系 2.64	127
系 2.73	136
系 3.2	170
系 3.3	171
系 3.7	177
系 3.9	178
系 3.20	189
系 3.25	191
系 4.5	207

系	ページ
系 4.14	213
系 A.14	240
系 A.32	250
系 A.41	256
系 A.43	257

命題	ページ
命題 3.18	185
命題 A.11	237
命題 A.68	288

Claim	ページ
Claim 1.10	13
Claim 1.12	14
Claim 2.5	61
Claim 2.14	72
Claim 2.20	75
Claim 2.26	83
Claim 2.31	94
Claim 2.38	99
Claim 2.40	100
Claim 2.41	103
Claim 2.47	110
Claim 2.49	114
Claim 2.58	119
Claim 2.65	128
Claim 2.68	133
Claim 2.71	135
Claim 2.79	153
Claim 3.15	182
Claim A.63	278
Claim A.65	281

補題	ページ
補題 1.32	35
補題 1.42	48
補題 2.61	121
補題 2.74	136
補題 2.76	140
補題 3.1	168
補題 3.5	174
補題 3.17	184
補題 3.27	193
補題 4.9	209
補題 A.13	240
補題 A.21	244
補題 A.23	245
補題 A.29	249
補題 A.33	250
補題 A.53	266
補題 A.56	270
補題 A.60	273
補題 A.64	279

定義	ページ
定義 1.1	1
定義 1.3	2
定義 1.8	12
定義 1.11	14
定義 1.15	16
定義 1.16	16
定義 1.19	18
定義 1.24	28
定義 1.25	28
定義 1.27	29
定義 1.35	40
定義 1.44	53

定義 2.1	60	定義 A.48	260	注意 A.30	249	問 2.21	81
定義 2.3	60	定義 A.49	260	注意 A.35	253	問 2.25	82
定義 2.4	60	定義 A.51	261	注意 A.37	253	問 2.27	85
定義 2.9	65	定義 A.62	278	注意 A.39	254	問 2.29	85
定義 2.24	82			注意 A.44	257	問 2.39	100
定義 2.28	85	注意	ページ	注意 A.50	260	問 2.62	123
定義 2.33	98	注意 1.2	2			問 2.69	134
定義 2.34	98	注意 1.4	3	例	ページ	問 2.70	135
定義 2.36	99	注意 1.7	11	例 1.22	22	問 2.77	143
定義 2.37	99	注意 1.9	13	例 2.10	70	問 2.78	153
定義 2.42	104	注意 1.23	26	例 2.11	70	問 2.88	164
定義 2.44	107	注意 1.26	29	例 2.12	71	問 2.89	164
定義 2.48	114	注意 1.45	53	例 2.13	71	問 3.8	178
定義 2.50	115	注意 2.2	60	例 2.15	74	問 3.10	181
定義 2.53	117	注意 2.22	81	例 2.16	74	問 3.16	183
定義 2.55	118	注意 2.23	81	例 2.17	74	問 3.22	190
定義 2.59	121	注意 2.35	98	例 2.18	75	問 3.28	197
定義 2.80	153	注意 2.46	110	例 2.19	75	問 3.29	197
定義 2.82	156	注意 2.52	117	例 2.67	131	問 3.30	200
定義 3.13	182	注意 2.54	118	例 2.87	159	問 4.2	207
定義 3.23	191	注意 2.56	118	例 3.11	181	問 4.3	207
定義 A.2	232	注意 2.57	118	例 3.26	192	問 4.4	207
定義 A.3	233	注意 2.66	130	例 4.6	208	問 4.10	210
定義 A.4	233	注意 2.86	158	例 4.15	214	問 4.11	212
定義 A.9	236	注意 3.12	181	例 4.20	226	問 4.12	213
定義 A.10	237	注意 3.14	182	例 A.20	244	問 4.13	213
定義 A.12	239	注意 3.21	190	例 A.55	268	問 4.16	215
定義 A.15	240	注意 4.7	208			問 A.1	232
定義 A.19	244	注意 4.17	215	問	ページ	問 A.6	235
定義 A.22	245	注意 4.18	217	問 1.18	17	問 A.8	236
定義 A.24	246	注意 A.7	235	問 1.33	38	問 A.31	249
定義 A.36	253	注意 A.18	243	問 1.39	46	問 A.61	276
定義 A.42	256	注意 A.25	246	問 1.43	52	問 A.66	285
定義 A.46	258	注意 A.26	246	問 2.6	62	問 A.69	289

索 引

■ **数字／欧文**

$\sigma(\mathcal{G})$ viii
$\sqrt{-1}$ viii
$z \in \mathbb{C}$
   $\operatorname{Re} z$ viii
   $\operatorname{Im} z$ viii
   $\bar{z}$ viii
   $|z|$ viii
λ^d ix
   $\lambda^d(A)$ 12
   $\|f\|_p$ 118
   $L^p = L^p(\mathbb{R}^d, \lambda^d; \mathbb{C})$ 118
$a, b \in \mathbb{R}$
   $a \vee b$ ix
   $a \wedge b$ ix
   a^+ ix
   a^- ix
   $\lfloor a \rfloor$ ix
   $\lceil a \rceil$ ix
   $\{a\}$ ix
A
   $\mathbf{1}_A$ ix
   card A ix
   $\#A$ ix
   $A^\complement$ ix
$\aleph_0$ ix
$\aleph$ ix
$(\Omega, \mathcal{F}, P)$ 1
   $L^p = L^p(\Omega, \mathcal{F}, P)$ 28
   $L^\infty = L^\infty(\Omega, \mathcal{F}, P)$ 28
   $L^0 = L^0(\Omega, \mathcal{F}, P)$ 29
   $\mathbb{M}_0 = \mathbb{M}_0(\Omega, \mathcal{F}, P)$ 261
   $\mathbb{L} = \mathbb{L}(\Omega, \mathcal{F}, P)$ 261
$(\Omega, \mathcal{F})$ 2

$\mathbb{M} = \mathbb{M}(\Omega, \mathcal{F})$ 240
$\mathbb{S} = \mathbb{S}(\Omega, \mathcal{F})$ 245
$\mathbb{S}^+ = \mathbb{S}^+(\Omega, \mathcal{F})$ 245
$\mathbb{M}^+ = \mathbb{M}^+(\Omega, \mathcal{F})$ 245
$\sum_n A_n$ 2
$\{E_n\}$
   $\limsup_n E_n$ 2
   $\liminf_n E_n$ 2
   $\lim_n E_n$ 3
   $E_n \nearrow$ 3
   $\lim_n (\nearrow) E_n$ 3
   $E_n \searrow$ 3
   $\lim_n (\searrow) E_n$ 3
$\mathbb{R}^d$ 12, 232
   $\mathcal{O}^d = \mathcal{O}(\mathbb{R}^d)$ viii, 12, 83, 232
   $\mathcal{F}^d = \mathcal{F}(\mathbb{R}^d)$ viii, 83
   $\mathcal{B}^d = \mathcal{B}(\mathbb{R}^d)$ viii, 12, 233
   $\mathcal{H}^d$ 14, 233
   $\mathcal{K}^d = \mathcal{K}(\mathbb{R}^d)$ 83
   $\mathcal{C}^d$ 235
   $\mathcal{P}^d = \mathcal{P}(\mathbb{R}^d)$ 59
   $\mathcal{L}^d = \mathcal{L}(\mathbb{R}^d)$ 98
   $C(\mathbb{R}^d)$ 82
   $C_b(\mathbb{R}^d)$ 82
   $C_\infty(\mathbb{R}^d)$ 82
   $C_0(\mathbb{R}^d)$ 82
$x, y \in \mathbb{R}^d$
   $\langle x, y \rangle$ 12
   $|x|$ 12
$-\infty \leq a < b \leq \infty$
   $(a, b]$ 13, 233
   (a, b) 233
$\mu_X = \mu_{X_1, \ldots, X_d}$ 15

索 引

$\{X_1,\ldots,X_n\} \perp\!\!\!\perp$　16
$\{X_\lambda\}_{\lambda\in\Lambda} \perp\!\!\!\perp$　16
$\{A_j\}_{j=1}^n \perp\!\!\!\perp$　18
$\{A_\lambda\}_{\lambda\in\Lambda} \perp\!\!\!\perp$　18
X^+　28
X^-　28
$E[X]$　28
$\|X\|_p$　28
$\|X\|_\infty$　28
$\operatorname{ess\,sup}|X(\omega)|$　28
$\|X\|_0$　29
$X = Y \text{ in } L^p$　29
$X, Y \in L^2$
　$\langle X, Y \rangle$　28
　$\sigma^2(X)$　40
　$\operatorname{cov}(X, Y)$　40
$f : \mathbb{R}^d \to \mathbb{R}$
　f^+　40
　f^-　40
$X_n \to X$
　$X_n \to X$ a.s.　53
　$X_n \to X$（概収束）　53
　$X_n \to X$ i.p.　53
　$X_n \to X$（確率収束）　53
　$X_n \to X$ in L^p　53
　$X_n \to X$（L^p-収束）　53
　$X_n \to X$ in law　116
　$X_n \to X$（法則収束）　116
$\mathcal{P}^1$
　δ_a　70
　$Bin(n, p)$　70
　G_p　71
　$NB(m, p)$　71
　$P(\lambda)$　74
　E_λ　74
　$U_{a,b}$　74
　$C_{m,c}$　75
　$N(m, v)$　75
$\mathbb{Z}_{\geq 0}$　72
$\Gamma(s)$　75, 278
$B(s, t)$　75
$f, g \in C(\mathbb{R}^d)$
　$\|f\|_\infty$　82
　$\operatorname{supp}(f)$　82
　$f \vee g$　82

$f \wedge g$　82
$f \cdot g$　82
$\operatorname{dis}(x, A)$　84
$\mu, \nu, \mu_1, \ldots, \mu_n \in \mathcal{P}^d$
　D_μ　60
　$\mu(dx) = p(x)dx$　65
　L_μ　85
　$\langle \mu, f \rangle$　98
　$\mu_n \to \mu$ vaguely　99
　$\mu_n \to \mu$（漠収束）　99
　$\mathcal{U}(\mu)$　99
　$U_{\varepsilon;f_1,\ldots,f_n}(\mu)$　99
　$\rho(\mu, \nu)$　100
　$\mu_n \to \mu$ weakly　114
　$\mu_n \to \mu$（弱収束）　114
　$\widehat{\mu}$　118
　$\mu * \nu$　153
　$\mu_1 * \cdots * \mu_n$　157
　μ^{*n}　157
$\mathcal{O}(\mathcal{P}^d)$　100
$f, g \in L^1(\mathbb{R}^d, \lambda^d; \mathbb{C})$
　$\widehat{f}$　118
　$f * g$　158
$f(x; a, b)$　121
$\mathbb{Z}_{\geq x}$　143
$E[X; A]$　169
$(X, \mathcal{B}, \mu)$　185
　$L^2(X, \mathcal{B}, \mu; \mathbb{C})$　185
l^2　191
$\delta_{i,j}$　192
$U_\delta(x)$　232
$\mathcal{P}(\Omega)$　236
$f, g, f_n \in \mathbb{M}$
　$f \vee g$　240
　$f \wedge g$　240
　$f_n \nearrow f$　243
　$f_n \searrow f$　243
　f^+　260
　f^-　260
$\zeta(s)$　280
$\mu \in \mathcal{P}^1$
　F_μ　288

a.a.　258
a.e.　258
a.s.　258

c.1) 140
c.2) 140
c.3) 140
ceiling 関数 (ceiling function) ix
d 次元ボレル可測関数 (d-dimensional Borel measurable function) 12
d 次元ボレル集合 (d-dimensional Borel set) 12, 233
d 次元ボレル集合族 (d-dimensional Borel σ-algebra) 12, 233
d 次元分布 (d-dimensional distribution) 59
d 次元区間 (d-dimensional interval) 233
d 次元ルベーグ測度 (d-dimensional Lebesgue measure) ix
d 次元左半開区間 (d-dimensional left half-open interval) 233
d 次元確率分布 (d-dimensional probability distribution) 59
d 次元確率測度 (d-dimensional probability measure) 59
d 次元確率ベクトル (d-dimensional random vector) 14
δ-近傍 (δ-neighborhood) 232

$\mathcal{F}$-可測 ($\mathcal{F}$-measurable) 12, 239
$\mathcal{F}/\mathcal{B}^d$-可測 ($\mathcal{F}/\mathcal{B}^d$-measurable) 14
F_σ 集合 (F_σ set) 97
floor 関数 (floor function) ix

G_δ 集合 (G_δ set) 97
Γ.1) 90
Γ.2) 90
Γ.3) 90

iff viii
i.i.d. 178

L.1) 85
L.2) 85
L.3) 85
L^p-有界 (L^p-bounded) 215
λ-系 (λ-system) 236
λ.1) 236
λ.2) 236
λ.3) 236

μ-連続集合 (μ-continuity set) 104
P-可積分 (P-integrable) 260
P.1) 2
P.2) 2
P.3) 2
π-系 (π-system) 236
π-λ 定理 (π-λ theorem) 237
σ-加法族 (σ-algebra) 1
σ.1) 1
σ.2) 1
σ.3) 1

■ あ行
アダマールの間隙条件 (Hadamard's lacunary condition) 217
イェンセンの不等式 (Jensen's inequality) 35
位相 (topology)
　$\mathcal{P}^d$ の―― (―― of $\mathcal{P}^d$) 100
一様可積分 (uniformly integrable) 209
一様分布 (uniform distribution) 74
一様有界 (uniform bounded) 191
オイラーの定数 (Euler's constant) 281

■ か行
開集合 (open set)
　$\mathbb{R}^d$ の―― (―― of $\mathbb{R}^d$) 232
ガウス分布 (Gauss distribution) 75
確率 (probability) 2
確率空間 (probability space) 1
確率測度 (probability measure) 1
確率分布 (probability distribution) 16
確率法則 (probability law) 16
確率密度関数 (probability density function) 65
可測空間 (measurable space) 2
加法性 (additivity)
　強―― (strong ――) 4
　劣―― (sub――) 4
含意 (implication) viii, 2
含意する (imply) viii
カントール集合 (Cantor set) 79
　――の自己相似性 (self-similarity) 82

ガンマ関数 (gamma function)　75, 278
幾何分布 (geometric distribution)　71
期待値 (expectation)　28
共分散 (covariance)　40
共役数 (conjugate)　viii
極限 (limit)
　　下―― (inferior ――)　2
　　上―― (superior ――)　2
虚数単位 (imaginary unit)　viii
虚部 (imaginary part)　viii
距離 (distance, metric)
　　点 x と集合 A の―― (distance between x and A)　84
　　$\mathcal{P}^d$ の―― (metric on $\mathcal{P}^d$)　100
クロネッカーのデルタ (Kronecker's delta)　192
クロネッカーの補題 (Kronecker's lemma)　174
項別積分定理 (termwise integration theorem)　256
コーシー分布 (Cauchy distribution)　75
コルモゴロフの不等式 (Kolmogorov's inequality)　168

■ さ行

三角整列 (triangular array)　202
事象 (event)　2
　　可測―― (measurable ――)　2
　　極限―― (limit ――)　3
　　空―― (empty ――)　2
　　差―― (difference ――)　2
　　積―― (intersection ――)　2
　　全―― (total ――)　2
　　余―― (complement ――)　2
　　和―― (union ――)　2
指数分布 (exponential distribution)　74
実確率変数 (real random variable)　12
実部 (real part)　viii
収束 (convergence)
　　L^p-―― (L^p-――)　53
　　概―― (almost sure ――)　53
　　確率―― (―― in probability)　53
　　弱―― (weak ――)　114
　　漠―― (vague ――)　99
　　法則―― (―― in law)　116
シュワルツの不等式 (Schwarz inequality)　33, 270
純不連続 (purely discontinuous)　60
小数部分 (fractional part)　ix
乗法系 (multiplicative system)　191
乗法族 (multiplicative class)　236
正規族 (normal family)　107
正規分布 (normal distribution)　75
整数部分 (integral part)　ix
正則性 (regularity)　94
正定符号 (positive definite)　119
絶対値 (absolute value)　viii
絶対連続 (absolutely continuous)　60

■ た行

台 (support)　82
大乗法系 (augmented multiplicative system)　215
タイト (tight)　107
互いに素 (mutually exclusive)　2
畳み込み (convolution)
　　f と g の―― (―― of f and g)　159
　　μ と ν の―― (―― of μ and ν)　153
単位分布 (unit distribution)　70
単関数 (simple function)　244
単調収束定理 (monotone convergence theorem)
　　確率測度に関する―― (―― w.r.t. probability measures)　5
　　期待値に関する―― (―― w.r.t. expectations)　30, 255
単調性 (monotonicity)　4
チェビシェフの不等式 (Chebyshev's inequality)　40
定義関数 (defining function)　ix
ディンキン族 (Dynkin class)　236
ディンキン族定理 (Dynkin class theorem)　237
デルタ分布 (delta distribution)　70
特異 (singular)　61
特性関数 (characteristic function)　118

独立 (independent)
    $\{A_j\}_{j=1}^n$ は—— 18
    $\{A_\lambda\}_{\lambda\in\Lambda}$ は—— 18
    $\{X_1,\ldots,X_n\}$ は—— 16
    $\{X_\lambda\}_{\lambda\in\Lambda}$ は—— 16
独立同分布 (independent identically distributed) 178
凸関数 (convex function) 35
ド・モアブル–ラプラスの中心極限定理 (de Moivre-Laplace's CLT) 208

■ な行

2 項分布 (binomial distribution) 70
濃度 (cardinality) ix
    可算の—— ix
    連続の—— ix
ノルム (norm)
    L^0 の擬—— (pseudo-—— of L^0) 48
    L^∞ の—— (—— of L^∞) 46
    L^p の—— (—— of L^p) 42
    $\mathbb{R}^d$ の—— (—— of $\mathbb{R}^d$) 232

■ は行

排反 (exclusive) 2
パスカル分布 (Pascal distribution) 71
等しい
    L^p で—— 29
微分 (differential)
    積分記号下での—— 268
標準正規分布 (standard normal distribution) 75
標本空間 (sample space) 2
標本点 (sample point) 2

ファトゥの不等式 (Fatou's inequality)
    期待値に関する—— (—— w.r.t. expectations) 30, 257
フーリエ変換 (Fourier transform) 118
不動点 (fixed point)
    $K \mapsto S_0(K) \cup S_1(K)$ の—— 82
負の 2 項分布 (negative binomial distribution) 71
不連続点 (discontinuity point) 60
分散 (variance) 40
分布関数 (distribution function) 288

平均値 (mean) 28
ベータ関数 (beta function) 75
ヘルダーの不等式 (Hölder's inequality) 33, 270
ポアソン分布 (Poisson distribution) 74
包除公式 (inclusion-exclusion formula) 4
補集合 (complement) ix
ほとんど至る所 (almost everywhere) 258
ほとんど確実に (almost surely) 258
ほとんどすべて (almost all) 258
ボホナーの定理 (Bochner's theorem) 140
ボレル–カンテリの補題 (Borel-Cantelli's lemma) 21
本質的上限 (essential supremum) 28
本質的に有界 (essentially bounded) 29

■ ま行

マクレイシュの中心極限定理 (McLeish's CLT) 209
ミンコフスキーの不等式 (Minkowski's inequality) 272

■ ら行

ラデマッハー–メンショフの定理 (Rademacher-Men'shov theorem) 186
ラドン–ニコディムの定理 (Radon-Nikodym theorem) 65
リース–バナッハの定理 (Riesz-Banach theorem) 98
リース–バナッハの定理(スペシャル・ケース) (Riesz-Banach theorem (special case)) 85
リーマンのゼータ関数 (Riemann's zeta function) 280
リンデベルグ–フェラーの中心極限定理 (Lindeberg-Feller's CLT) 222
リンデベルグ条件 (Lindeberg's condition) 203
リンデベルグの中心極限定理 (Lindeberg's CLT) 203

ルベーグ–ファトゥの不等式
　　(Lebesgue-Fatou's inequality)
　確率測度に関する—— (—— w.r.t.
　　expectations)　5
　期待値に関する—— (—— w.r.t.
　　expectations)　30, 266
ルベーグ確率空間 (Lebesgue probability
　　space)　22
ルベーグの収束定理 (Lebesgue's
　　convergence theorem)　30, 267
ルベーグ分解 (Lebesgue's
　　decomposition)　62
レヴィの反転公式 (Lévy's inversion
　　formula)　121
レヴィの連続性定理 (Lévy's continuity
　　theorem)　136
連続 (continuous)　60

■ わ行

ワイエルシュトラスの定理 (Weierstrass
　　theorem)　273

〈著者紹介〉

髙信　敏（たかのぶ　さとし）

1957 年　茨城県に生まれる
1982 年　東京都立大学大学院理学研究科修士課程修了
現　在　金沢大学理工研究域数物科学系教授
　　　　理学博士
専　攻　確率論

共立講座　数学の魅力 4 確率論 *Probability Theory* 2015 年 5 月 25 日　初版 1 刷発行	著　者　髙信　敏　ⓒ 2015 発行者　南條光章 発行所　共立出版株式会社 　　　　〒112-0006 　　　　東京都文京区小日向 4-6-19 　　　　電話番号　03-3947-2511（代表） 　　　　振替口座　00110-2-57035 　　　　共立出版ホームページ 　　　　http://www.kyoritsu-pub.co.jp/ 印　刷　大日本法令印刷 製　本　ブロケード
検印廃止 NDC 417.1 ISBN 978-4-320-11159-2	　一般社団法人 　　　　　　　自然科学書協会 　　　　　　　会員 Printed in Japan

─────────────────────────

JCOPY　〈出版者著作権管理機構委託出版物〉
本書の無断複製は著作権法上での例外を除き禁じられています．複製される場合は，そのつど事前に，出版者著作権管理機構（TEL：03-3513-6969，FAX：03-3513-6979，e-mail：info@jcopy.or.jp）の許諾を得てください．

「数学探検」「数学の魅力」「数学の輝き」の3部からなる数学講座

共立講座 数学の輝き 全40巻予定

新井仁之・小林俊行・斎藤 毅・吉田朋広 編

数学の最前線ではどのような研究が行われているのでしょうか？大学院に入ってもすぐに最先端の研究をはじめられるわけではありません。この「数学の輝き」では、「数学の魅力」で身につけた数学力で、それぞれの専門分野の基礎概念を学んでください。一歩一歩読み進めていけばいつのまにか視界が開け、数学の世界の広がりと奥深さに目を奪われることでしょう。現在活発に研究が進みまだ定番となる教科書がないような分野も多数とりあげ、初学者が無理なく理解できるように基本的な概念や方法を紹介し、最先端の研究へと導きます。

① 数理医学入門
鈴木 貴著　画像処理／生体磁気／逆源探索／細胞分子／細胞変形／粒子運動／熱動力学／他‥‥‥272頁・本体4000円

② リーマン面と代数曲線
今野一宏著　リーマン面と正則写像／リーマン面上の積分／有理型関数の存在／アーベル積分の周期他 2015年6月発売予定

③ スペクトル幾何
浦川 肇著　リーマン計量の空間と固有値の連続性／最小正固有値のチーガーとヤウの評価／他‥‥‥2015年6月発売予定

④ 結び目の不変量
大槻知忠著　絡み目のジョーンズ多項式／組みひも群とその表現／絡み目のコンセビッチ不変量／他 2015年7月発売予定

■ 主な続刊テーマ ■

- 岩澤理論‥‥‥‥‥‥‥‥‥‥‥尾崎 学著
- 楕円曲線の数論‥‥‥‥‥‥‥‥小林真一著
- ディオファントス問題‥‥‥‥‥平田典子著
- 素数とゼータ関数‥‥‥‥‥‥‥小山信也著
- 保型関数‥‥‥‥‥‥‥‥‥‥‥志賀弘典著
- 保型形式と保型表現‥‥‥池田 保・今野拓也著
- $K3$曲面‥‥‥‥‥‥‥‥‥‥‥金銅誠之著
- 可換環とスキーム‥‥‥‥‥‥‥小林正典著
- 有限単純群‥‥‥‥‥‥‥‥‥‥北詰正顕著
- 代数群‥‥‥‥‥‥‥‥‥‥‥‥庄司俊明著
- D加群‥‥‥‥‥‥‥‥‥‥‥‥竹内 潔著
- カッツ・ムーディ代数とその表現‥山田裕史著
- リー環の表現論とヘッケ環 加藤 周・榎本直也著
- リー群のユニタリ表現論‥‥‥‥平井 武著
- 対称空間の幾何学‥‥‥田中真紀子・田丸博士著
- 非可換微分幾何学の基礎 前田吉昭・佐古彰史著
- リー群の格子部分群‥‥‥‥‥‥木田良才著
- シンプレクティック幾何入門‥‥‥高倉 樹著
- グロモフ-ウィッテン不変量と量子コホモロジー‥‥‥‥‥‥‥‥‥‥‥‥‥‥前野俊昭著
- 3次元リッチフローと幾何学的トポロジー‥‥‥‥‥‥‥‥‥‥‥‥‥‥‥‥戸田正人著
- 力学系‥‥‥‥‥‥‥‥‥‥‥‥林 修平著
- 多変数複素解析‥‥‥‥‥‥‥‥辻 元著
- 反応拡散系の数理‥‥‥‥長山雅晴・栄伸一郎著
- 粘性解‥‥‥‥‥‥‥‥‥‥‥‥小池茂昭著
- 確率微分方程式‥‥‥‥‥‥‥‥谷口説男著
- 確率論と物理学‥‥‥‥‥‥‥‥香取眞理著
- ノンパラメトリック統計‥‥‥‥前園宜彦著
- 機械学習の数理‥‥‥‥‥‥‥‥金森敬文著
- 超離散系‥‥‥‥‥‥‥‥‥‥‥時弘哲治著

【各巻】　A5判・上製本・税別本体価格
≪読者対象：学部4年次・大学院生≫

※続刊のテーマ、執筆者、発売予定等は予告なく変更される場合がございます

共立出版

http://www.kyoritsu-pub.co.jp/
https://www.facebook.com/kyoritsu.pub